二级注册建造师继续教育培训教材

建 筑 工 程

（上册）

北京市建筑业联合会　主编

中国建筑工业出版社

图书在版编目（CIP）数据

建筑工程：上、下册/北京市建筑业联合会主编. ——
北京：中国建筑工业出版社，2020.4
二级注册建造师继续教育培训教材
ISBN 978-7-112-25026-4

Ⅰ. ①建⋯ Ⅱ. ①北⋯ Ⅲ. ①建筑工程-继续教
育-教材 Ⅳ. ①TU

中国版本图书馆 CIP 数据核字（2020）第 059745 号

本教材内容丰富，基本涵盖了建筑工程的专业知识。教材主要包括：建筑工程项目管理、建筑工程新技术与技术管理、建筑工程施工信息化技术与应用、建筑工程法律法规四方面内容。

责任编辑：张智芊 朱晓瑜 赵晓菲
责任校对：焦 乐

二级注册建造师继续教育培训教材
建筑工程
北京市建筑业联合会 主编

*

中国建筑工业出版社出版、发行（北京海淀三里河路 9 号）
各地新华书店、建筑书店经销
霸州市顺浩图文科技发展有限公司制版
北京建筑工业印刷厂印刷

*

开本：787×1092 毫米 1/16 印张：28¾ 字数：697 千字
2020 年 5 月第一版 2020 年 6 月第三次印刷
定价：**118.00**元（上、下册）
ISBN 978-7-112-25026-4
（35781）

二级注册建造师继续教育培训教材

建筑工程

编写委员会

主　　编：栾德成

副 主 编：冯　义　石　萌

编　　委：杜　冰　刘国柱　张奎波　付敬华　张显来

　　　　　周予启　唐永讯　杨震卿　路　强　谢　婧

　　　　　黄中营　李素霞　尹　硕

编写人员：王　昕　李世昌　谢　群　郭婷婷　孙　亮

　　　　　卢　焱　史　媛　刘　强　任耀辉　韦　达

　　　　　王振辉　李东华　黄　虓　张士兴　王　仑

　　　　　王泽强　陶英麒　张评壹　沈勃斌　张　弛

　　　　　武长迪　杨　健　孙志国　赵树森　汪志彦

　　　　　王志明　周千帆　彭　波　刘金周　付　亮

　　　　　赵　华　王　浩　刘向科　周建兵　冯开玉

　　　　　柏　凯　张应杰　赵艺蒙　焦　冉　刘　伟

　　　　　黄　勇　李建华　段先军　雷素素　刘计宅

　　　　　李海兵　陶　星　舒　晶　杨　丹　任淑梅

　　　　　王先龙　白明哲　杨　希　周　昊　刘国柱

　　　　　张奎波

前　　言

　　注册建造师的执业素养，不仅是其获取和扩大执业空间的基础和条件，而且关系企业的效益和持续健康发展。重视和坚持注册建造师的继续教育，是建立现代化企业管理的应有之义，也是引导注册建造师自律、自尊、自强的必要举措。

　　注册建造师按规定参加继续教育，是申请初始注册、延续注册、增项注册和重新注册（以下统称注册）的必要条件。

　　本教材，既可作为2020～2025年期间建筑专业二级注册建造师参加继续教育的学习教材，也可作为院校毕业生考取建筑专业注册建造师执业资格的学习教材，还可供建筑专业工程技术人员、管理人员参考学习。

　　本教材内容丰富，基本涵盖了建筑工程的专业知识。教材主要包括：建筑工程项目管理、建筑工程新技术与技术管理、建筑工程施工信息化技术与应用、建筑工程法律法规四方面内容。

　　本教材是编写组全体人员共同协作的结果。在本教材编写过程中，参考了许多专家、学者的有关成果和部分文献资料，在此一并表示诚挚的感谢。

　　由于编者水平有限，难免有不妥和遗漏之处，敬请广大读者提出宝贵意见，以便今后修订时参考。

编委会

2020 年 4 月

目　　录

上　　册

下　　册

1 建筑工程项目管理

建造师是以专业技术为依托、以工程项目管理为主业的执业注册专业技术人员，按照住房和城乡建设部的规划，建立建造师个人执业资格制度，通过诚信和执业监管，强化执业人员在工程建设中的权力、义务和法律责任，建立行之有效的工程质量终身责任制，施工单位的技术负责人，项目负责人、技术负责人应取得建造师注册证书。执业规划要求建造师必须掌握施工管理和组织的理论知识，并应具备相应的技术和技能。同时，作为普遍发展趋势，建造师的知识和技能必须具有全面性，应具备对建筑工程项目实施全过程组织和管理的能力，以及不同工程总承包模式的管理能力，这要求建造师应成为懂管理、懂技术、懂经济、懂法规，具有较高综合素质的复合型人才。为此，建造师在掌握专业理论知识的基础上，应不断地学习和更新知识体系，提高工程管理素养，增强工程管理能力。

1.1 建筑工程项目管理的新发展

建筑工程项目管理是指从事工程项目管理的企业，受工程项目业主方委托，对工程建设全过程或分阶段进行专业化管理和服务活动。在建筑领域的理论和实践中，已经奠定了自己重要的地位。在过去的 20 多年内，建筑工程项目管理在我国的经济建设和城市化进程中得到了广泛的运用和巨大的发展。近年来，随着社会、经济、管理、技术学科领域出现的一些新理论、新方法，深刻地影响着建筑工程项目管理的理论和实践。作为影响的结果，建筑工程项目管理不断地在实践中积极地进行探索和发展，已经由传统的质量目标、进度目标、费用目标三大目标管理发展成为更广泛、更全面、更符合实现多目标的全过程管理。对于这些发展，建造师应将其看作职业发展中的机遇，努力地去把握发展趋势，掌握管理新理念、新方法，并且积极主动地在项目管理中采用信息技术应用，通过理论和实践的紧密结合，提高项目管理整体管理水平。

1.1.1 管理新理念

管理是在特定的环境下，对组织所拥有的资源进行有效的计划、组织、领导和控制，以便达成既定的组织目标的过程。项目管理是运用专门的知识、技能、工具和方法，使项目能够在有限资源限定条件下，实现或超过设定的需求和期望。

建筑工程项目管理的发展，最深刻的莫过于管理理念的变化，作为科学发展观的核心内容，可持续发展观以人为本、新的价值观等新理念开始影响着建筑工程项目管理的发展，它们不仅充实、发展着建筑工程项目管理的理论基础，也促进着其方法和手段的进步。从管理理念、管理方法和信息技术应用三个方面，可以大致勾画出建筑工程项目管理领域的发展趋势（图 1-1）。

这些趋势集中体现了服务社会、以人为本、提高效率的管理理念，它们是：

1. 管理理念

建筑工程项目管理发展，首先表现在建筑工程项目管理理念的变化。近年来建筑工程

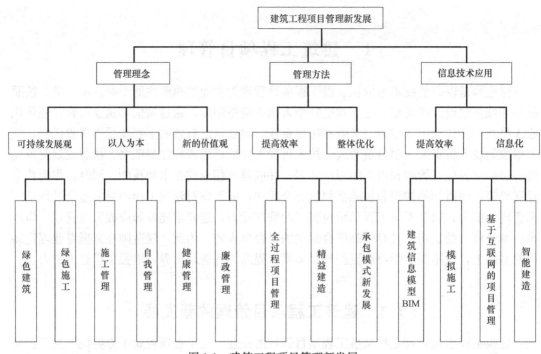

图 1-1　建筑工程项目管理新发展

项目管理理念最显著的变化有三个方面：

可持续发展观：随着全球经济的快速发展，使得资源紧缺成为一种普遍性危机，作为资源消耗主要行业的建筑业的发展方向，成为政府、行业、企业关注的重点。工程师们要建设具有更低生命周期成本、节约资源、有利于环境保护的建筑。建筑业要用新的、环保、清洁的技术和可再生能源，以及更高效的管理来取代或革新传统的生产方式。

以人为本：从产品角度而言，注重为使用者提供更舒适、更健康、更安全、更绿色生产和生活的场所；从管理角度而言，人越来越成为工程管理中最基本的要素。

新的价值观：将安全、健康、公平和廉洁的理念运用到建筑工程项目管理的实践中。

（1）可持续发展观

2003 年《圣保罗宣言》中提出的"新的发展观"，认为环境问题与经济和社会发展问题同等重要，主张把生态、经济和社会结合起来实现"可持续的发展"。2018 年 6 月 20 日，联合国发布《可持续发展目标报告》，将可持续发展确定为 17 个目标，共计 169 项具体目标，计划在 2030 年之前努力完成，使可持续发展目标最终成为全球每个国家和每个地区所有人的现实。

可持续发展作为一个发展目标，要减少对不可再生材料和能源的大量使用；利用创造新材料、发明新技术，更有效地使用可再生和不可再生资源；存储和保护不可再生资源和生态承载能力，使得它们以满足后代及日益增长的人口需求；建筑工程全部的生产活动要关注社会、公众、健康和公平，同时为人们提供更可持续的最终产品。因此，"可持续的发展"寻求三种关系的平衡：经济发展、环境保护及社会公平。

为达到可持续发展的目标，工程师们必须寻找新的途径和管理方法，更多地利用可再生资源来满足社会的资源和能源需求。在可持续发展观指引下，世界范围内的建筑企业和建造师已经开始行动。

1) 公司管理：可持续发展观开始成为公司的发展战略。这一变化开始于卓有远见的承包商，他们未将新的发展观当作威胁，而是当作差异化的机遇和创新的催化剂。例如，国际一流的承包商从可持续发展趋势中看到了巨大的商业和道德价值，他们从公司管理层、项目层、职员层都对可持续发展作出了承诺，并采取措施执行贯彻。主动通过生产模式或服务模式的改变，不遗余力地致力于传统生产力向绿色生产力的转变，改变建筑行业传统的竞争基础。

2) 设计管理：绿色建筑作为一种建筑产品应运而生。设计者和开发者正在建造绿色建筑物，设计者尽可能地在降低这些建筑的成本；同时，为使用者提供舒适、健康、安全、友好型的场所。设计过程中，工程管理者开始尝试用诸如全生命周期成本等方法对设计进行评价和管理。作为产品的检验，许多发达国家的技术和管理专家还制定出绿色建筑评价标准，评估建筑的绿色"成分"，我国《绿色建筑评价标准》GB/T 50378 已经发布，将对绿色建筑设计起到推动作用。

3) 材料管理：基于绿色建材的使用评价方法。项目管理者在项目之初或建造过程中不断强调采用清洁生产技术、少用自然资源和能源、大量使用工业或城市固态废物，生产出无毒害、无污染、无放射性，以及有利于环境保护、节约能源和人体健康的绿色建筑材料，并按照严格的标准和规范化的管理方法将绿色建筑材料应用到建筑上。

4) 施工管理：工程的参与方对绿色施工已经开始重视并加以推广。建造师在组织施工时，在保证质量、安全等基本要求的前提下，已经开始考虑如何通过科学管理和技术进步，最大限度地节约资源并减少对环境负面影响的施工活动，实现节能、节地、节水、节材和环境保护。

（2）以人为本

以人为本的理念已经深入到社会生活的方方面面，它对建筑业的影响主要反映在两个方面：一是生产的产品，要考虑为使用者创造舒适、安全、健康的场所；二是在建筑工程项目管理中要认识到，人是管理要素中最基本、最重要的。从这两个方面来看，建筑工程项目管理又有了新的发展。

绿色建筑产品以为人们提供更舒适、更健康、更安全和更节能的居住环境为己任，追求促进社会可持续发展的理念。为此，这种建筑充分利用天然条件和人工手段创造室内的合理布局，尽量减少使用合成材料，充分利用资源，为居住者创造一种接近自然的环境；另一方面，绿色建筑在建筑的全寿命周期内，尽可能地控制和减少对自然环境的使用和破坏，最大限度地节约资源（节能、节地、节水、节材），其目的就是要成为与自然和谐共生的建筑（图1-2）[①]。在设计和建设过程中，通过预先制定环境定位计划和提升建筑智能化，做到被动和主动双向节能，始终坚持低碳、低水、低排放三原则。

作为一种发展，建筑工程师关注的重点已经不仅仅只是单个的绿色建筑，他们认为"一枝独秀不是春，万紫千红春满园"。因此，绿色城市、生态城市、宜居城市开始应运而生。建筑工程项目管理中，精益建造借鉴精益生产的思想，结合建设项目的专属特点，对建设过程进行改造，形成以使用者为中心的管理理念。与传统的建筑管理理论和方法相

---

① http://www.horti-expo2019.com/. 植物园.

图 1-2　绿色建筑

比，精益建造把完全满足使用者需求作为最高层次目标，使建筑产品的价值得到更好的认定、创造和传递。精益建造通过建筑工程项目实现价值的转移，使得建筑工程项目实施者的目标更清晰、明确，完成的产品更符合使用者的需求。

以人为本管理，指在管理过程中以人为出发点和中心，围绕着激发和调动人的主动性、积极性、创造性展开的——以实现人与企业共同发展为目标的一系列管理活动，强调了人是管理中最基本的要素。人是能动的，与环境是一种交互作用，创造良好的环境可以促进人的发展和企业的发展。以人为本的管理实践包括在建筑工程项目组织中建立自我管理机制，围绕着激发和调动人的主动性、积极性、创造性来展开管理活动。精益建造也强调管理中人的因素，认为让施工人员自身保证产品质量的可靠是可行的，避免事后检查。通过临时会议实行全面质量管理，每个工作人员都可以各抒己见，及时解决施工过程中遇到的所有问题。

（3）新的价值观

新的价值观使得安全、健康、公平和廉洁问题在世界范围里受到空前关注。建筑工程师们已经开始尝试从建筑工程项目管理的角度，对建设过程、施工场所的安全、健康、公平和廉洁进行管理，并将它们有机集成到工程项目管理流程中，实现"安全工程、廉洁工程"目标。建筑工程建造过程中面对的腐败问题，可以说是一个世界性的话题。建造师如何正确对待腐败问题关系到自身的职业生涯，一个公开、公平、公正的管理制度不但符合社会公众的利益，还可有效地遏制工程建设中的腐败问题，也符合建造师自身的长远利益。因此，建造师及工程参与者的职业道德建设越来越受到政府、研究者和工程管理者的重视。

1）安全管理：安全理念、安全保证体系、文明施工措施、健康制度正在被越来越多的企业重视和接受。有关安全、健康的法律法规正在建立和健全。建立强有力的安全管理体系已成为业内人士的共识。

2）廉政管理：建立廉政管理的制度，形成廉政监督的法律、法规体系是建筑业廉政管理的趋势。2001 年，国际咨询工程师联合会（FIDIC）出版了工程咨询业务廉洁管理指南，提出了廉洁管理的原则和工程咨询公司的廉洁管理框架，包括道德规范、政策宣示、检查表格等可操作性的管理工具。我国建设工程合同中的《建设工程廉政责任书》，以合同承诺方式对工程各方进行廉政管理和实施的。

2. 管理方法

生产效率的提高始终是建筑工程项目管理关注的焦点，提高生产效率对于建筑企业而言，可以提供更有价格优势的产品，生产的产品更好地满足市场要求。事实上，这些年以来，通过新的管理方法和模式的应用，建筑工程领域劳动生产率已有很大提高，这与建筑工程项目管理专家和实践者的努力是分不开的。

（1）全过程项目管理

工程项目管理模式正在逐步地由单一的专业性管理向整合各个阶段管理的全过程项目管理模式发展。全过程项目管理抛弃原有概念、设计、施工的建设程序，转而采用一种更具整合性的方法。以平行模式而非序列模式来实施建设工程项目的活动，整合所有相关专业部门积极参与到项目的概念、设计和施工的整个过程，强调系统集成与整体优化，提高了管理的效率和质量。图1-3形象地显示了全过程项目管理。

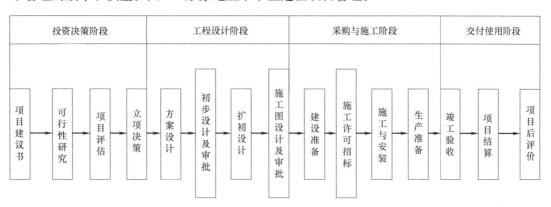

图1-3　全过程项目管理

（2）精益建造

精益建造对自动化装配企业产生了革命性的影响，现在精益建造也开始在建筑业应用，它可以最大限度地满足顾客需求，甚至是个性化需求；改进工程质量，减少浪费；保证项目完成预定的目标并实现所有劳动力工程的持续改进。精益建造对提高生产效率是显而易见的，根据项目实施计划，可以及时进行动态调整供料，最大限度地避免大量库存造成的浪费。它强调施工中的持续改进和零缺陷，不断提高施工效率，从而实现建筑企业利润最大化的系统性生产管理模式。精益建造更强调面向建筑产品的全生命周期进行动态的控制，更好地保证项目完成预定的目标。

（3）承包模式

传统的建筑工程承包模式是设计—招标—施工，它是我国建筑工程最主要的承包模式。然而，随着市场坏境变化，越来越多的业主把合作经营看作是设计、建造和项目融资的一种手段，很多承包商开始靠提供有吸引力的融资条件，而不是靠单一的先进的技术来赢得合同。承包商将触角伸向建筑工程的前期，并向后期延伸，目的是体现自己的技术能力和管理水平，更重要的是，这样做不仅能提高建筑工程承包的利润，还可以更有效地提高效率。

例如，工程总承包模式和施工总承包模式已成为大型建筑工程项目中广为采用的模式。对于工程项目的实践者，设计—建造模式（Design and Building，以下简称 DB 模式）和设计采购建造模式（Engineering Procurement and Construction，以下简称 EPC）已经不是什么新鲜事物，在国外它们都经历了很长时间的发展历程，在大型工程中使用得比较成熟。然而值得注意的是，这些承包模式的两种发展趋势：①通常应用于大型建筑工程项目的承包模式，已开始应用于一般的建筑工程项目中；②承包模式不断地根据项目管理的发展，繁衍出新的模式。这些发展趋势说明了我国建筑工程项目管理逐渐走向成熟[①]。

目前，很多国内外很多项目实施代建制的模式。所谓代建制是指项目业主通过招标的方式，选择社会专业化的项目管理单位（代建单位），负责项目的投资管理和建设组织实施工作，项目建成后交付使用单位的制度。代建制最早起源于美国的建设经理制，是指业主委托一个称为建设经理的人来负责整个工程项目的管理，包括可行性研究、设计、采购、施工和竣工试运行等工作，但不承包工程费用。建设经理作为业主的代理人，在业主委托的业务范围内以业主名义开展工作，如有权自主选择设计师和承包商，业主则对建设经理的一切行为负责。代建制在我国政府投资项目中运用较多，多为专业项目管理公司，为政府提供专业化的项目管理。与建设经理制相比，无论是在代理人的定义上还是在选择程序上，代建制都更具科学性和先进性。

BOT 模式也是近几年在基础设施建设方面较为常用。BOT（Build Operate Transfer，以下简称 BOT）即建造—运营—移交模式。这种模式是 20 世纪 80 年代国外兴起的一种依靠私人资本进行基础设施建设的融资和建造的项目管理模式，或者说是基础设施国有项目民营化。它是指东道国政府开放本国基础设施建设和运营市场，吸收国外资金授给项目公司以特许权，由该公司负责融资和组织建设，建成后负责运营及偿还贷款，在特许期满时将工程移交给东道国政府。我国深圳沙角 B 电厂、上海黄浦江延安东路隧道复线工程、广州深圳高速公路、海南东线高速公路、三亚凤凰机场等一些项目采用了此种模式，这对于解决当时基础设施瓶颈矛盾、缓解资金紧张以及加快经济发展都起到了一定的作用。

PPP 模式（Public-Private Partnership），即政府和社会资本合作，是公共基础设施中的一种项目运作模式。在该模式下，鼓励私营企业、民营资本与政府进行合作，参与公共基础设施的建设。PPP 以市场竞争的方式提供服务，主要集中在纯公共领域、准公共领域。它不仅是一种融资手段，而且是一次体制机制变革，涉及行政体制改革、财政体制改革、投融资体制改革。我国 PPP 模式迅速发展时期开始于 2014 年，经过几年的培育和发展，已经在基础设施领域取得长足发展，根据 2018 年 9 月 14 日，财政部公布的最新统计数据显示，截至 2018 年 7 月底，全国 PPP（政府和社会资本合作）综合信息平台项目库累计入库项目 7867 个、投资额 11.8 万亿元。已签约落地项目 3812 个、投资额 6.1 万亿元，已开工项目 1762 个、投资额 2.5 万亿元[②]。

3. 信息技术应用

信息技术应用于建筑工程项目管理，其目的是提高工程建设活动的效率。随着计算机技术的成熟发展及普及，计算机的技术成果越来越多地被用于各行各业。建筑业也不例

---

① 林鸣、陈建华，马士华. 基于"3TIMS"平台的工程项目动态联盟集成化管理模式 [J]. 基建优化，2005（4）.
② http://www.gov.cn/xinwen/2018-09/16/content_5322372.htm.

外，作为一种发展趋势，信息化是一种最直接的成果，而且其方法随着软件的不断更新换代，信息处理的成效越来越高。信息化在建筑业带来的最直接的成效是：实现信息交流，便于协调，实现环保无纸化办公，减少成本。

（1）建筑信息模型

建筑信息模型（Building Information Modeling，简称 BIM）正在引发建筑行业一次革命性的变革。该模型利用三维数字技术为基础，集成了建筑工程项目各种相关信息的工程数据模型，BIM 技术具有在数字虚拟空间中，提前模拟营建生命周期各项活动及事先模拟各种可能的情境，配合陆续开发的数字化产品工具接力整合运用，在设计时间可侦测设计错误与冲突，避免延伸至施工阶段，减少不必要施工成本支出，以提升工程效率及质量。如图 1-4 所示，这改善了易建性、预算的控制和整个建筑生命周期的管理，并提高了所有参与人员的生产效率。许多大型建筑通过采用建模技术以整合设计、生产和运营活动，大大提高了生产效率。BIM 最重要的优势主要与下列三个基本理念相关：

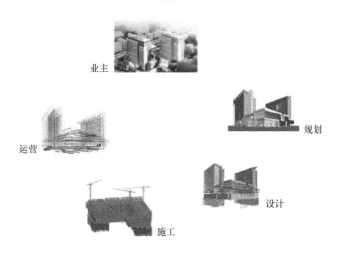

图 1-4　BIM 应用到建筑项目周期各个阶段

1）数据库替代绘图；

2）分布式模型；

3）工具＋流程＝BIM 价值。

（2）虚拟施工

虚拟施工是 BIM 技术在施工阶段的运用，它是一种在虚拟环境中建模、模拟、分析建筑设计与施工过程的数字化、可视化技术。利用这种技术，施工现场输出的同步画面可向各方展示工程流程、进度、形象，其结果使参与工程各方的沟通、协调更加高效。当然，计算机也可以将实际施工过程虚拟实现，它采用虚拟现实和结构仿真等技术，在高性能计算机等设备的支持下对施工活动中的人、财、物、信息流动过程进行数字化和可视化模拟。虚拟施工可以优化建筑项目设计、优化施工过程、优化施工管理活动，提前发现设计和施工中存在的问题，特别是二维平面无法反应冲突碰撞等问题，通过模拟找到解决问题的方法，进而获得最佳的设计和施工方案，用于指导真实的施工。虚拟施工的应用将大大降低返工成本和管理成本。

（3）基于网络的项目管理

建筑项目管理中最让人赏心悦目的技术是计算机、互联网和企业内部网络的应用。互联网作为一种手段，已广泛使用在同一工程上专家之间的协作、沟通与联系，不同工程项目之间的合作、协调、资源调配，以及采购必需品和服务等各个方面上。

基于网络的项目管理系统通过采用网络信息技术建立中心数据库，提供建筑工程的信息服务，促进建筑工程各参与方的交流与合作，不断更新数据库中的数据，使得业主、设计师、监理工程师和承包商及时地掌握工程各项动态变化，并做出分析与决策。基于网络的项目管理为建筑企业提供了一套更广阔、高效的工具，使得建筑企业可以尝试更多地涉及不同地域的工程项目。基于网络的项目管理将会对一个项目组织的技术、工作环境、人际关系、开发过程引发工程产业分工结构的重组（图 1-5）。

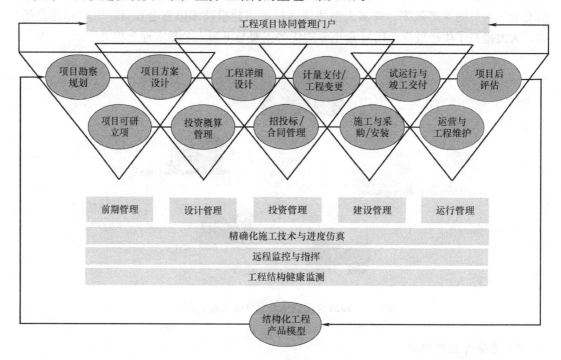

图 1-5　某种形式的基于网络的项目管理

（4）智能建造新产业

伴随着建筑产业升级，集建筑算法设计与机器人智能建造技术为一体的全新产业开始出现。3D 打印技术、建筑机器人，在通过具有具备工程师知识的专业人员的控制下，建筑工人不必在工地从事砌筑工作；更可能的是，让工人盯着屏幕查看各种参数，指挥机器人现场工作。建筑业的智能建造过程，不同于以往传统落后的生产方式，生产效率将获得前所未有的发展，对建筑业的发展和升级具有引领作用。

1.1.2　管理新方法

近年来出现在建筑领域新的施工和管理方法中，虚拟施工是最具代表性的一个，随着这种技术方法的成熟和推广，它有可能引起建筑工程项目管理的方式以及项目实施组织的模式产生革命性变革。

1. 虚拟施工的定义

简单地说，虚拟施工就是"先试后建"，在工程开始施工前，对建筑项目的设计方案进行检测分析，对项目施工方案进行模拟、分析与优化，从而发现施工中可能出现的问题，在施工前就采取预防措施，直至获得最佳的施工方案，从而指导真实的施工。虚拟施工是施工领域的新技术，它将三维模型用于模拟建造一个建筑工程项目，不仅考虑时间维，还考虑其他维数，如材料、机械、人力、空间、安全等，可以扩展到"N维"。

当前，建筑领域的可视化研究与应用有：三维（3D）建模技术或BIM技术，BIM技术主要集成了建筑项目本身的相关信息，属于静态信息，主要用于项目设计分析；四维技术是基于三维模型，引入时间因素，进行施工进度的可视化展示；五维技术是基于三维模型引入时间因素和资源（如成本、人员、材料）因素（图1-6）。

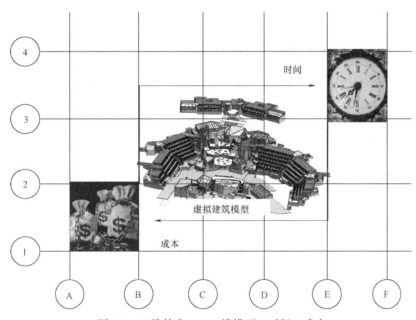

图1-6 五维技术——三维模型＋时间＋成本

2. 虚拟施工的作用

虚拟施工本身不消耗施工资源，却又能事先看到并了解施工的过程和结果，可以大大降低管理成本和返工成本，减少风险，增强管理者对施工过程的控制能力。虚拟施工的作用主要是：

（1）分析与优化

虚拟施工技术可以在建筑工程的设计阶段，对建筑设计进行分析与优化，确保设计的可施工性。完善可实施的设计方案是建筑项目顺利实施的前提和保证。

建筑项目设计由建筑设计、结构设计、建筑设备设计等组成。通常，这三方面设计由各专业设计师完成。在施工过程中，这些设计将转变为集成在一起的建筑构件，结果是碰撞或冲突时常出现，如建筑设备与结构之间的冲突。这不仅会增加设计和施工返工成本，浪费资源，严重时会影响施工的进度。这也是建筑工程经常出现工期延迟、费用增加的主要原因之一。造成问题的主要原因，就是缺乏一个有效的协同工作及检测平台。虚拟施工技术为此提供了一个有效的平台，可以用于设计冲突、可施工性的检测，以及多方沟通、分析。现有技术下，基本可以实现专业设计汇总，且检测、修改过程实现自动化操作，这样可以减少设计检测的时间。通过虚拟技术，设计检测已经成为设计优化、提高设计质量的一个重要手段，它能确保设计的可施工性，使施工过程顺利进行。

（2）先试后建

在施工开始前，制定完善的施工方案是十分重要的。虚拟施工技术不仅可以测试和比较不同的施工方案，还可以根据要求优化施工方案。

采用虚拟施工技术可模拟和分析相关施工方案，通过模拟可发现不合理的施工程序、设备调用程度与冲突、资源的不合理利用、安全隐患（如碰撞）、作业空间不充足等问题，也可以及时更新施工方案以解决相关问题。施工方案优化是一个重复的过程，即"初步施工方案—模拟—发现问题—更新方案"，直到在真实施工之前找到一个最佳的施工方法，尽最大可能实现"零碰撞、零冲突、零返工"，从而大大降低返工成本，减少资源浪费与冲突及安全问题。不仅如此，虚拟施工技术也为总承建商、设计单位及业主提供了一个沟通与协作平台，帮助各方及时、快捷地解决各种问题，从而大大提高工作效率，节省大量的时间。

2019年9月25日正式投入运营的北京大兴国际机场，是国家为满足北京地区航空运输需求，增强我国民航竞争力，促进北京南北城区均衡发展和京津冀协同发展，更好地服务全国对外开放的一项重要工程，全部工程建成后将是世界上最大的空港，被英媒评为"新世界七大奇迹"之榜首。机场建设总投资约800亿元，建筑设计规模巨大，涉及的行业、专业众多，包括旅客值机、登机、运行保障、场道、航空货物地面处理、仓储，机务维修、办公医疗等，参与单位设立的指挥部就有二十多家，设计单位、施工单位、监理单位上百家，分包单位、材料供应单位更是不计其数，而且工程设计功能各不相同，工程结构设计复杂程度，施工难度、工期要求，都是创机场建设历史记录的，施工中运用了大量的3D模型，对设计、施工过程进行了优化，最大限度减少各种设计、施工冲突，保证了按期竣工和投入运营（图1-7～图1-9）。

图1-7　北京大兴国际机场旅客换乘中心效果图

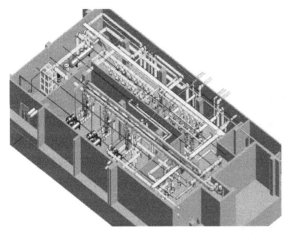

图 1-8　北京大兴国际机场旅客换乘中心建筑设备碰撞检测图

图 1-9　北京大兴国际机场旅客换乘中心建筑设备设备设计三维图与实景图

3. 虚拟施工的应用

（1）在施工过程控制和管理中的应用

建筑工程的施工控制和管理是复杂的、动态的、集成的，贯穿于每个工程的全生命周期，尤其是现代的大型工程项目，工期长、工程量大，涉及多专业协调，大量资金和材料调度、施工机械、设备的管理。五维技术管理信息系统有效地整合整个工程项目的信息并加以集成，实现施工管理和控制的信息化、集成化、可视化和智能化。这种技术的合成不仅是一种可视的媒介，使用户看到物体变化过程的图形模拟，而且能对整个形象变化过程进行优化和控制。这样有利于保障现场作业的安全；按时间模拟施工进度，可以对工期进行比较精确的计算和控制，有助于人、机、料、资金的统筹和调度，实现对建筑施工的交互式可视化和信息化管理。

（2）在施工方案的选择及优化中的应用

合理选择施工方案是工程施工组织设计的核心，它包括确定施工流向和施工程序，选择施工方法和施工机械，安排施工顺序等。对于某些结构复杂、工程量大的工程而言，在施工方案的选择上有一定的难度，然而通过虚拟施工过程，可以对各分部工程的施工方案进行虚拟施工和演示，为施工方案的比较和选择带来极大便利。

（3）施工场地的平面布置

传统的施工平面布置图，以图纸形式绘制，无法给人直观立体效果及相互时间、空间关系，也不易及时反映场地布置的动态变化，此时的施工平面布置只能根据施工经验进行。

在虚拟现实系统中，首先建立该工程所有地上地下已有和拟建建筑物、施工设备、各场地实体、临时设施、库房加工厂、管线道路等实体的 3D 模型，通过 VRML（虚拟现实建模语言）赋予各 3D 实体动态属性，实现对各对象的实时交互及随时间的动态变化，形成 4D 场地模型，在 4D 场地模型中，可以随时修改各实体的造型和位置（图 1-10）。

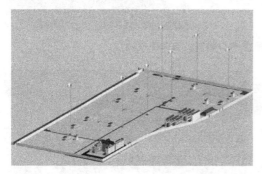

图 1-10　施工场地布置模拟与实际对比图

在系统中，通过建立统一实体属性数据库，存入各实体的位置坐标、存在时间及设备型号等信息，包括临时设施、材料堆放场地、材料加工厂区、仓库、生活文化区等设施实体的占地面积，能存放数量及其他各种信息。通过漫游虚拟场地，不仅可以直观地了解场地布置，通过鼠标放置看到各实体的相关信息，在按规范布置场地时提供极大的方便，同时还可通过修改数据库的信息来更改不合理之处，系统还可根据存入数据库的规范信息和场地优化方案，协助组织人员确定更合理的场地位置、运输路线规划和运输方案（图 1-11）。

图 1-11　施工场地布置局部详图

（4）施工过程的动态管理

施工过程的管理是保证施工进度、工程质量、安全施工的根本。传统的管理主要依靠管理者的丰富经验，在材料、人力、设备的安排上依靠事先的施工组织设计，但这在施工中不一定能满足实际情况的需要，在工程未来风险上，也只能依靠管理者的经验性预测，对于安全隐患，更不能及时反映。

在虚拟现实系统中，通过进行多个方案优化，事先已确定的虚拟施工过程，与进度计划同步链接。管理者可以随时看任意时间应达到的施工进度情况，通过储存在数据库中的信息，能实现了解各个施工设备、材料、场地情况的信息，以便提前准备相关材料和设施，及时而准确地控制施工进度。通过对未来状况的虚拟施工演示，可提前发现未来可能出现的施工问题和安全隐患，及时控制，以保证人员安全和避免不必要的损失。通过演示，还可发现施工方案的不足之处，以便进行修改，保证工程质量。

虚拟施工使施工变得可视化，这极大地便利了项目参建者与管理者之间的交流，特别是不具备建筑工程专业知识的业主，通过施工模拟，业主可以了解承包商所做的工作内容，以及完成建筑工程的保证措施。该建筑工程项目通过施工过程的可视化，建立了业主与承包商无障碍交流的平台。通过这种可视化的模拟，缩短了现场工作人员熟悉项目施工内容、方法的时间，大大减少了现场人员在工程施工初期犯错误的时间和成本。可视化模型生成的施工图片，分发给分包商和施工人员可作为可视化的工作操作说明。

4. 虚拟施工案例

虚拟施工技术目前在大型企业、大型项目中已经或多、或少地开始采用，但是采用的广度、深度仍然不够，在整个项目管理的过程中或者施工中，还属于阶段性、局部性，未来的虚拟施工还具有非常广阔的发展空间。

国内某航空公司，为了适应未来航空业的高速发展，经过充分的市场调研，计划新建一大型飞机维修机库，飞机维修库能够维修目前国内外主流机型，包括空客 A380、波音 777 等大型主流机型飞机。航空公司在完成设计方案后，通过公开招标方式，确定某大型施工国企为施工总承包单位。

作为施工总承包单位的该企业，组织相应的技术人员，对机库施工进行多次技术研讨，成立了施工专家组，专家组对机库结构进行了多个施工方案比较，确定了采用吊装（边桁架）＋整体提升的方法。为了对施工过程的网架受力状况、施工机械布置、临时支撑设置进行全面的施工技术准备，该企业技术人员通过 BIM 技术模拟网架施工、提升过程，解决了复杂网架结构的施工难题，工程实际组织过程中，因为采用了虚拟技术，工期、施工质量、安全、成本均实现了计划目标（图 1-12）。

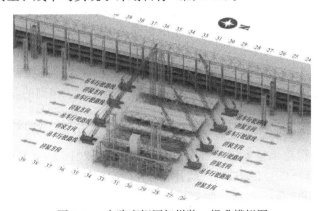

图 1-12　大跨度钢网架拼装、提升模拟图

1.2　建筑工程项目工程总承包管理

1.2.1　建筑工程项目承包模式

1. 承包模式概述

现代项目管理研究和理论的飞速发展，与之相适应的建设项目管理模式也在不断发展，目前国际上运用较多的主要有以下八种项目管理模式：

DBB 模式，即设计—招标—建造（Design—Bid—Build）模式；

CM 模式，建设—管理（Construction—Management）模式；

DB 模式，设计—建造模式（Design—Build Method）模式；

BOT 模式，建造—运营—移交（Build—Operate—Transfer）模式；

PMC 模式，项目承包（Project Management Contractor）模式；

EPC 模式，设计—采购—建造（Engineering—Procurement—Construction）模式；

Partnering 模式，合伙（Partnering）模式；

PPP 模式，即政府和社会资本合作（Public Private Partnership）模式。

随着工程项目承包模式发展的日趋成熟，其应用范围越来越广，正由大型基础设施、重工业建设工程，转向民用、新行业工程项目，传统的设计—招标—建造模式正被其他不同的承包模式取代。各种承包模式从不同角度，对建造师的知识结构和管理能力提出了更高的要求。

传统的设计—招标—建造模式是我国建筑工程领域基本的承包模式，这种模式发展至今缺点越来越明显。例如：建筑工程建设持续时间长；各方的协调难度大，责任不容易界定；承包的角色被严格限定在施工阶段，无法参与项目的设计工作，这可能造成设计的可施工性差。为了克服上述缺点，更好地服务建筑业主，不同的建筑工程承包模式就相应地发展起来。而且，随着技术、管理、市场需要的不断发展，各种承包模式也在不断演进。目前，建筑工程承包模式的发展趋势是：

1）满足业主对产品的更高层次的要求。业主希望用更短的时间，花更少的精力，获得质优价廉的产品。

2）对承包商提出了更高要求。建筑工程承包模式的发展和变化要求承包商提供从设计采购到建设、管理、运营等全过程服务，承包商不但要掌握技术，能管理，还要拥有雄厚的资金实力与融资能力。

3）体现设计与施工一体化，集成管理的思想。承包模式的发展重点集中在设计、施工等阶段的有效衔接上，减少重复工作量和协调管理难度，承包商的业务开始朝着项目的前期和上游发展，其利润重心向产业链前端和后端转移。

4）基于承发包模式演变和发展势态，住房和城乡建设部 2016 年 5 月 20 日颁发了《关于进一步推进工程总承包发展的若干意见》（建市〔2016〕93 号文）和《建设项目工程总承包管理规范》GB/T 50358，阐述了推行工程总承包的重要性和必要性，并参照国际惯例新版 FIDIC 合同文本，明确了工程总承包管理的具体意见，完善了总承包管理制度。这表明建设主管部门，大力推进建筑工程由不同主体的施工总承包向以工程总承包模式的方向发展，工程总承包模式优越性就在于：能够把生产要素和资源最佳的配置在工程项目上；减少管理环节；真正体现了风险与效益、责任与权力、过程与结果的统一。

2. 建筑工程总承包

（1）建筑工程总承包概念

工程总承包是在单独立项工程建设项目的总承包层面采用的设计施工一体化承包方式，目前在工业与基础设施工程方面已经大规模推广了工程总承包模式。

建筑工程总承包是指从事工程总承包的企业按照与建设单位签订的合同，对建筑工程项目的设计、采购、施工等实行全过程的承包，并对工程的质量、安全、工期、造价等全面负责的承包方式。建筑工程总承包模式代表了现代西方工程项目管理的主流，是建筑工程项目管理模式（CM）和设计、施工的有机结合，可以达到缩短工期、降低投资、更好服务业主的目的。

我国 1998 年 3 月 1 日起施行的《中华人民共和国建筑法》，为建筑工程项目推行工程总承包管理提供了法律依据："提倡对建筑工程实行总承包，禁止将建筑工程肢解发包。建筑工程的发包单位可以将建筑工程的勘察、设计、施工、设备采购一并发包给一个工程总承包单位，也可以将建筑工程勘察、设计、施工、设备采购的一项或者多项发包给一个工程总承包单位；但是，不得将应当由一个承包单位完成的建筑工程肢解成若干部分发包给几个承包单位。"（引自《中华人民共和国建筑法》第 24 条）。

原建设部于 2006 年推出了专业工程"设计施工一体化"的资质管理，2011 年和国家工商行政管理总局联合推出了新版本的"工程总承包合同示范文本（试行）"，国家九部委于 2012 年进一步推出了"标准设计施工总承包招标文件"（含合同的通用条款）。

"工程总承包是指从事工程总承包的企业按照与建设单位签订的合同，对工程项目的设计、采购、施工等实行全过程的承包，并对工程的质量、安全、工期和造价等全面负责的承包方式。工程总承包一般采用设计—采购—施工总承包或者设计—施工总承包模式。"（引自住房和城乡建设部《关于进一步推进工程总承包发展的若干意见》，建市〔2016〕93 号文）。

"工程总承包——依据合同约定对工程建设项目的设计、采购、施工、试运行等实行全过程或若干阶段的承包"（引自《建设项目工程总承包管理规范》GB/T 50358）。

"加快推行工程总承包。装配式建筑原则上应采用工程总承包模式。政府投资工程应完善建设管理模式，带头推行工程总承包。加快完善工程总承包相关的招标投标、施工许可、竣工验收等制度规定。"（引自国务院办公厅《关于促进建筑业持续健康发展的意见》国办发〔2017〕19 号文）。

"工程总承包单位应当建立与工程总承包相适应的组织机构和管理制度，形成项目设计、采购、施工、试运行管理以及质量、安全、工期、造价、节约能源和生态环境保护管理等工程总承包综合管理能力。"（引自住房和城乡建设部与国家发展改革委《房屋建筑和市政基础设施项目工程总承包管理办法》建市规〔2019〕12 号文）。

（2）工程总承包管理的优势及存在的问题

1）工程总承包管理的优势

① 建筑工程总承包有利于优化资源配置。国外实行工程总承包的经验证明：有效地减少了资源占用与管理成本。在我国工程实践中，则从三个层面体现了它的优越性。

业主摆脱了工程建设过程中的杂乱事务管理，减少了专业化管理的程度，避免了人员与资金的浪费；总承包商减少了变更、争议、纠纷和索赔的耗费，使资金、技术、管理各个环节衔接更加紧密，更有利于体现其竞争力；分包商的社会分工、专业化程度由此得以提高，促进了分包商专业技能的提高；政府部门可以集中力量解决建筑市场最突出的问题，有利于实行风险保障制度，因为唯有综合实力强的大承包商，才易获得保证担保。

② 建筑工程总承包有利于优化组织结构并形成规模经济。一是能够重构工程总承包、施工承包、专业分包三大梯度塔式结构形态；二是可以在组织形式上实现从单一型承包业态向综合型、现代开放型的转变，最终整合成资金、技术、管理密集型的大型承包企业；三是便于扩大市场份额，形成有竞争力的大型承包企业；四是增强了我国建筑企业参与国际竞争的实力，提高了我国建筑企业的质和量，依靠管理赢得国际市场。

③ 建筑工程总承包有利于提高工程管理水平。在强化设计责任的前提下，通过概念设计与价格的双重竞标，把"投资无底洞"消灭在工程发包之初，进而有效地控制工程造价。实行整体性发包，招标成本可以大幅度降低，提高全面履约能力，确保工程质量和工期。实践证明：建筑工程总承包最便于充分发挥大承包商所具有的较强技术力量、管理能力和丰富经验的优势，实现市场调节下的优胜劣汰。同时，由于各建设环节均置于总承包商的指挥下，各环节的综合协调余地大大增强，这对于确保建筑工程目标的实现十分有利。建筑工程总承包商作为建设活动的总协调者，为了提高效率，会积极地使用最有效的管理手段。例如，建立起计算机管理系统，使各项工作实现了电子化、信息化、自动化和标准化，提高管理水平和效率，大力增强我国承包企业的国际承包竞争力。

2）我国工程总承包存在的主要问题

项目工程总承包已在我国石油和石化等工业建设项目中得到成功应用，在我国建筑业中的应用比重还较小，还需要政府、行业、企业等参与方的共同努力。

建筑工程项目总承包的基本出发点是借鉴工业生产组织的经验，实现建设生产过程的组织集成化、专业化，以克服由于设计与施工的分离致使投资增加，以及克服由于设计和施工的不协调而影响建设进度、质量等弊病。建筑项目工程总承包的主要意义并不在于总价包干和"交钥匙"，其核心是通过设计与施工过程的组织集成，促进设计与施工的紧密结合，以达到为项目建设增值的目的。

项目工程总承包在我国主要存在问题：一是工程实行总承包的项目少。除了国家规定的项目外，采用工程总承包模式的工程比例较低。二是工程总承包企业的技术水平不足，工程总承包涵盖设计、施工、采购等环节，特别是设计方面的技术水平相对较低。三是工程总承包管理的专业人才缺少，工程总承包管理不但需要技术人员，更需要设计、规划、金融、财务、保险、采购、运行等多专业的复合型人才。

（3）工程总承包两种主要模式

建筑工程总承包将传统上彼此独立的设计、采购、施工、试运行等环节有机地组织在一起，进行整体统筹管理，提高工程建设水平，缩短建设总工期，降低工程投资。目前在我国有许多承包企业在这方面已进行了有效的探索，在建筑领域运用比较成熟的总承包模式主要有两种：即设计—建造模式（Design—Build，DB 模式）和设计—采购—建造模式（Engineering—Procurement—Construction，EPC 模式）（图 1-13）。

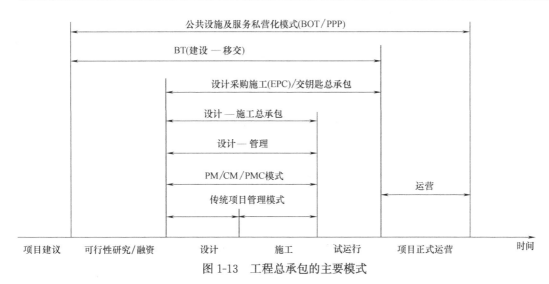

图 1-13 工程总承包的主要模式

1）设计—建造模式（Design—Build，DB 模式）

设计—建造模式是指由单一承包商承担建筑工程的设计与施工，并对承包建筑工程的质量、安全、工期、造价全面负责。这种承包模式于 20 世纪 80 年代初开始在西方国家出现，现已成为主要的建筑工程承包模式。据统计，1984～1991 年间，英国 DB 合同的市场份额由 5% 增加至 15%；20 世纪 90 年代初期到中期，15%～20% 的工程基于 DB 模式。美国的发展情况与英国相似，据美国设计—建造协会的统计，采用 DB 模式的项目达到 40%；2015 年达到 50%，成为建筑市场主要的承包模式。同样在亚洲的新加坡，公共工程增长到了 16%，私人工程增长到了 34.5%。

在设计—建造模式中，业主在项目需求原则确定以后，只需要选定一家公司负责项目的设计与施工，也可能委托自己的顾问工程师准备更详细的设计纲要和招标文件。中标的承包商将负责该项目的设计和施工。设计—施工总承包商需有相应的设计与施工能力，也可以是由设计、施工企业组成的承包联合体。无论哪种情况，通常总承包商都居于领导地位，这对总承包商的管理能力和技术能力都提出了更高的要求。设计—建造模式是近年建筑市场出现的一种新的管理模式，是技术、经济、管理和法规的整合，是实现业主要求的时间、成本和质量"最佳"组合的主要途径之一。在这种模式中，项目的设计、施工是一个有机的整体。设计—建造模式参与项目各方的关系如图 1-14 所示。

设计—建造模式对于总承包商而言，最大的好处是能统筹的考虑项目的设计与施工，充分展示总承包商的技术和管理能力。整体而言，设计—建造模式有以下特点：

① 高效率。业主和承包商密切合作，完成项目规划至验收工作，减少了协调费用和时间。承包商能统筹规划设计和施工，便于进度控制，缩短建设工期。承包商可将其设计、施工、市场运作的知识和经验融入设计中。设计在业主、承包商有效地控制下，可以达到建筑工程施工成本节约的目的；同时，使工程设计更加的合理和实用，可施工性增强，避免了设计与施工之间可能产生的矛盾。

② 责任单一。设计—建造模式下的承包商承担了建筑工程设计和建造的全部责任，这种责任明确单一的承包方式，避免了工程建设过程中各方相互推诿和扯皮。如果业主能有效地控制，可显著降低工程成本和缩短建设周期。

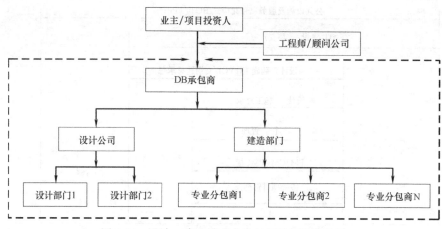

图 1-14　设计—建造模式中参与项目各方的关系

　　③ 对业主的管理能力要求较高。在这种模式中，业主管理项目的内容减少了，但管理质量的要求更高了。在建设过程中业主不参与设计过程，对设计控制程度降低，业主对建筑质量（包括设计质量）的控制主要取决于业主招标时对建筑功能描述书的质量要求，以及对方案富有远见的指导性思想。从这个角度看，业主需要具备更全面、丰富的专业知识和经验。为此，业主通常会聘请高水平的工程咨询公司作为其专业顾问，协助业主管理工程。

　　2）设计—采购—建造模式（Engineering—Procurement—Construction，EPC 模式）

　　国际上通行的设计—采购—建设模式是业主将工程设计、采购、施工和试车服务工作全部委托给一个工程总承包单位去组织实施，在总价合同条件下，对其承包的工程的质量、安全、工期、造价全面负责。与传统的工程承包模式相比，EPC 模式不需要等工程设计完成后，才开始招标选择施工和材料设备供应承包商，当业主的建设意向确定后，即可委托给 EPC 总承包商来实施。而 EPC 承包商根据业主要求，围绕建设要求、功能定位，以质量、安全和成本为目标，以进度为主线自行组织工程的设计、采购和施工工作。在这种模式中参与项目各方的关系，如图 1-15 所示。

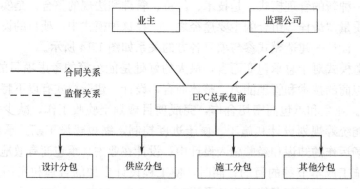

图 1-15　设计—采购—建造模式中参与项目各方的关系

　　设计—采购—建设模式中，对专业分包的能力提出了更高的要求。EPC 模式中，一般都将整个工程项目划分成若干相对独立的工作包，由不同的专业分包商负责各个工作包的设计、制造或提供材料与构件并负责施工与安装。分包商的设计工作由建筑师负责协调，建筑师由承包商提供，自有或单独委托，工程构件、设备制造或供货、施工由总承包商协调。虽然这种协调对施工程序进行了详细规定，但仍然有许多一时难以确定或未预料到的问题，留给专业分包商在工程项目进行过程中逐步解决。专业承包商必须保证其分包部分的工程施工与其他分包商的工程在设计和管理上的准确衔接。这种双重的协调反馈，依靠项目相关各方均能遵循公认的控制程序、规范和技术标准。但在国内，目前经常采取的方式是：由设计院提供专业、完整的施工图设计，然后分包给专业施工单位完成施工任务，只有少量分包工程的施工图设计，有时亦称二次设计或深化，是由专业分包商独立完成的并施工建造，这种状况主要是由于我国专业分包商的专业技术能力和设计能力不能满足要求所致。另外也与我国传统的"照图施工"管理理念有关。

设计—采购—建设模式对于总承包商而言，最大的好处是能统筹考虑项目的设计、采购、施工，充分展示总承包商的技术和管理能力。整体而言，设计—采购—建设模式有以下特点：

① 业主整体控制。业主把工程设计、采购、施工和开车调试工作委托给工程总承包商负责组织实施，业主只负责整体性的、原则性的和项目目标的管理和控制。业主可以自行组建管理机构，也可以委托专业工程咨询公司代表业主管理和控制。业主介入项目组织实施的程度较低。

② 总承包商统一实施。总承包商对工程的设计、采购、施工的实施是整体计划、统一组织、统一协调和统一实施，更能发挥总承包商的主观能动性，运用其技术能力和管理经验，为业主和承包商自身创造更多的效益。

③ 高效率。总承包商统一负责实施，保证了整个建设过程的连续性，充分整合施工和材料设备供应方的优势，并将其体现在工程设计成果中，从而使得工程能够早日动工完成并投入运行。可以避免设计、采购、承包商之间的矛盾和责任推诿；提高了工作效率，减少了协调工作量。

④ 风险责任突出。设计—采购—建造模式使总承包商承担了较高的风险，特别是在经济和工期方面，总承包商承担的责任和风险比传统承包模式要大，这意味着总承包人是EPC总承包项目的第一责任人。

（4）建筑工程项目总承包管理的工作程序

工程总承包企业在业主经过招标确定后，依据合同承担建筑工程任务时，应建立与工程总承包项目规模、特点相适应的项目管理组织，以承担建设项目工程总承包合同约定的任务。

承担项目总承包管理的组织通常是企业所属项目部或专门的项目管理公司，一般以项目部为管理单位进行工程的全过程管理。项目部是在工程总承包企业法定代表人授权和支持下，为实现项目目标，由项目经理组建并领导的项目管理组织。

项目部对工程的管理是在项目实施过程中，对项目的各方面进行策划、组织、监测和控制，并把项目管理知识、技能、工具和技术应用于项目活动中，以达到项目目标的全部活动。

建筑工程项目总承包方项目管理的工作程序如下：

1）项目启动：在工程总承包合同条件下，任命项目经理，组建项目部。

2）项目初始阶段：进行项目策划，编制项目管理计划和项目实施计划。项目策划要明确项目目标和工作范围，分析项目风险以及采取的应对措施，确定项目各项管理原则、措施和进程。

3）设计阶段：编制初步设计或基础工程设计文件，进行设计审查，编制施工图设计或详细工程设计文件。

4）采购阶段：为完成项目从执行组织外部获取设备、材料和服务的过程，采买、催交、检验、运输、与施工办理交接手续。

5）施工阶段：施工开工前的准备工作，现场施工包括建筑、安装、竣工试验。

6）试运行阶段：在工程完成竣工试验后，组织进行的包括合同目标考核验收在内的全部试验。

7）合同收尾：取得合同目标考核证书，办理决算手续，清理各种债权债务缺陷通知期限满后取得履约证书。

8）项目管理收尾：办理项目资料归档，进行项目总结，对项目部人员进行考核评价，解散项目部。

（5）建筑工程项目总承包设计管理

在建筑工程的建设过程中需要认识和重视设计与施工之间的密切关系，这两者无疑应被当作一个完整的系统来看待。设计阶段的工作是一个创造性的活动，它创造了对新建筑的描述，成果表现为图纸和设计说明；施工阶段是以管理和组织为重要特征，需要界定有关活动和资源，从而将设计变为现实的过程。因而建筑师和建造师的工作彼此相互联系，建造师积极参与设计管理，能及时发现设计中存在的问题，从有利于施工的角度，充分发挥建造师自身的专业知识和技能，这对于建筑工程项目的成功能起到事半功倍的效果。

建造师适当介入建筑工程设计，可以确保建筑的可施工性，降低建造成本，提高施工质量。现在建筑业已形成的共识是：只是依靠设计方的力量来完成建筑的设计任务，往往会由于技术、经验的局限而忽略了构造、结构、功能等的合理性，增加建筑建造成本，给建筑的施工带来诸多的棘手问题。因此，有必要引入多方的力量参与项目的设计管理，建造师作为建筑工程建设的重要参与者，应充分发挥施工管理、技术、经验等方面的优势，积极参与建筑设计，优化建筑设计，使建筑功能、安全性得到合理的提升，更好地实现建筑工程的质量、成本和进度目标。

施工图设计是对建筑物、设备、管线等工程对象的布局、尺寸、选用材料、构造、相互关系、施工及安装质量要求的详细图纸和说明，是指导施工的直接依据。因此，这个阶段建造师参与设计管理的重点是：关注设计的使用功能及质量要求是否满足设计文件和合同中关于质量目标的具体描述，各专业设计是否协调一致，并审查设计单位提交的设计图纸和设计文件内容是否准确完整，能够满足施工条件。

工程设计中的忽略和错误，会给施工带来了很多的困难，要处理这些忽略和错误，往往会造成进度延长、成本增加和质量降低。因此，建造师非常有必要作为独立于设计者的一方，检查设计图纸中的忽略和错误，并敦促设计人员及时改正，避免对施工造成影响。

施工图阶段的设计管理是方案设计和初步设计的延续，这个阶段设计已经完成了构思、优化等步骤，开始将设计绘制成蓝图并交付实施。因此，施工图设计管理应该充分体现前期设计的原则，确保前期确定的设计思路符合业主的需求，施工图阶段的优化方案能够体现在设计中，并得到进一步的细化。

在管理施工图设计时，应把握这样几个原则：是否符合有关部门对方案设计的审批要求；是否满足使用功能和施工工艺的要求；是否对方案设计、初步设计进行了科学、有效的优化；是否确保质量的耐久性、安全的可靠性、经济的合理性；设计深度和内容是否符合施工图设计阶段要求。按照这些原则，对施工图设计进行管理，与方案设计阶段和初步设计阶段不同，施工图设计阶段的管理，应更注重细节，关注各专业的搭接和协调，更注重施工的可行性，具体而言，主要有以下内容：

1）设计内容的可施工性；

2）设计图纸的规范性；

3）建筑造型与立面设计的协调性；

4）建筑平面设计；

5）建筑空间设计；

6）建筑装修设计的功能性、实用性；

7）建筑结构设计；

8）建筑设备设计；

9）建筑水、电、自控等设计；

10）建筑城市规划、环境、消防、卫生等要求是否满足；

11）各专业设计是否有冲突，并提出协调解决的方式；

12）设计—建造承包模式能有效地整合建筑工程的建设过程，进而达到缩短工期、降低投资的目的。以北京某化工厂定向安置房工程建设为例，详细说明设计—建造模式的运作方式。

（6）承包模式案例

1）案例背景

根据该核心区控制性详细规划指标要求，项目的总图规划、建筑设计、景观设计达到经济、合理、美观。由于该项目购买人群的特殊性，要求项目在合理控制造价的同时，建成宜居的典范，体现"滨水宜居新城"的城市定位，在技术、节能、环保、外观、材料上要有所创新。

2）为什么选择设计—建造模式

开发商为一家北京之外的公司，新进入北京房地产市场，对北京的设计资源了解有限。因此开发商进行分析、评价后，认为传统的建设模式存在如下问题：

① 本工程属于民生工程，原化工厂拆迁后，周围居民要求回迁的意愿高，导致工期紧张，如果按照传统的设计、施工招标需要分阶段进行，严重影响总体竣工时间。

② 普遍采用的设计—招标—建造模式协调工作量大，建设过程中信息传递层次过多，存在信息损失和变形，从而使开发商最初的要求出现失真现象，同时也使得交易成本加大，项目周期相对延长，开发商的投资回报速度相应放缓；

③ 施工单位方面对工期的压力，由于很难从管理上寻求解决方案，只能采用赶工、加班的办法，从而会导致一系列质量通病的出现，如防水发生渗漏等问题；

④ 设计—招标—建造模式使得施工单位对项目运作的前期参与甚少，一些本来可以在设计阶段避免的质量通病无法避免；同时，由于施工单位前期过少的参与，对该商家标

准店的总体文化氛围不甚了解，从而在施工过程中无法充分站在业主的文化需求上，考虑施工重点的安排和布置；

经过审慎分析和考虑，开发商管理层决定，在北京房地产建设中采用设计—建造模式，以克服传统建设中暴露出来的问题。

3）设计—建造模式的运作

设计—建造模式的关键是选择一个合格的承包商，并在招投标初期制定建筑工程项目的要求和建设标准。因此，承包商在投标准备时，应着重说明其能满足业主建设要求和标准的技术能力、管理能力和施工措施。在此，本案例着重介绍该工程的前期运作步骤，具体如下：

① 确定项目需求

业主分析并确定了该回迁房的地点、规模、功能、装饰装修、质量要求、投资大小及需要满足的法律法规等，这些要求通过业主自己的工程师或者外聘的顾问公司制定的设计概要来体现。对于在建筑某些部位设计方面的定式要求，业主以设计草图的形式包含在招标文件的设计概要里，这样一来，虽然由承包商完成施工图，但是该回迁房的整体和细节要求和标准已经有了详尽的规定；换而言之，一切尽在业主掌控之中。

② 邀请招标

邀请承包商进行投标。大多数情况下，在进行投标前业主将对承包商进行资格预审。承包商可以与设计单位组成联合体参加资格预审，当然对一些同时具备设计和施工能力的公司，也可以单独进行资格申报，而且其优势更加明显。在进行资格预审时，承包商的技术能力、管理水平、财务状况、同类工程的经验作为主要的考虑条件。由于进行设计—建造模式的投标是既耗时又耗力的工作，因而确定参与投标设计，建造承包商一般不宜过多。

提供设计方案的承包商在接到邀请函后，会同其负责建筑设计、结构设计和机电设计的工程师一起按照业主的要求进行设计优化和具体化。设计优化和具体化中，承包商需要将业主对建筑的要求与建筑所处位置、可施工性结合在一起，并反映到建筑施工图设计中，这一步工作是评价设计建造承包商水平和能力的关键。根据建筑工程项目的规模，投标的周期将为2~5个月。

③ 评标

进行设计方案评价和承包商的选择，经过一定的评标程序决定哪一种方案最符合业主的要求。一般对设计方案可以从与招标文件的符合性、设计的创意和项目的成本等方面进行评判。

通常有下列四种评标模式：

第一种：业主对技术标书和投标报价进行打分，总分最高的投标商将赢得该工程；

第二种：业主只对技术标书进行评价打分，投标报价可以根据技术标书的得分情况进行调整，调整后的最低价将赢得该工程；

第三种：业主给定承包总价，评标过程中只对承包商的技术标书的编制情况进行评价；

第四种：与传统的项目采购方式（设计—招标—建造）类似，工程将交给符合基本条件和呈报最低报价的承包商进行工程建设。

在该回迁房的评标中，采用第一种和第三种相结合的方式进行评标，其目的是突出承包商的设计能力和管理能力。

④ 施工和交付

中标的承包商正式与公司签订合同，合同中清晰界定各方的工作范围、设计费用、付款方式、设计进度、施工进度等方面的要求。承包商在建设过程中将施工图设计和施工两方面的工作紧密衔接，该回迁房施工在设计工作进行到一定阶段时就开始施工，在该工程项目工期要求比较紧的情况下，设计—建造模式有效地节约了工期。

承包商施工过程中，业主委派自己的项目管理班子监督项目的运行，监督的重点是业主确定的建设要求和标准是否实现。最终，承包商建设的工程项目，各项指标均到达业主的要求，并顺利地移交业主使用。

4）案例评价

北京某化工厂定向安置房选择设计—建造模式建设工程，总体而言达到了业主的要求和标准。从建设结果看，这种方式可以节约时间，节省投资，有效地减少业主管理项目的费用和精力。特别是，如果在工程项目期初就确定完整、详细的招标方案，将能很好地满足业主对建筑项目的要求。这种模式的运行，对业主和承包商提出了更高的要求。

对业主而言，在建筑项目初期需要明确对工程项目的具体要求，并将这些要求反映在建筑的设计标准中。要求和标准越具体，业主对建设项目的控制就越有效。这对业主的专业能力和管理能力提出了更高的要求，通常业主可以通过聘请工程咨询公司来帮助其完成这项工作。

确保工程的施工图设计和施工进度，保证工程按计划完成，使业主能够如期入住。

设计阶段即确定本工程的质量目标，施工阶段确保结构工程的质量，尤其是结构安全可靠，不仅要保证结构工程外在质量，更重要的是要保证结构工程的内在质量。

对承包商而言，在建筑项目起初，多大程度上能满足业主对建筑项目的要求和标准，是其中标的关键，这反映的是承包商技术和管理的综合能力。在实施过程中，如何在合同约定的工期和造价下完成工程，这又体现了承包商的施工能力和管理水平。

1.2.2　建筑工程施工总承包管理

建筑工程项目施工是形成工程实体的生产活动，管理这样一个过程，涉及施工团队的建立、管理制度的设置、资源的协调、施工现场以及分包商的管理等内容。建造师掌握这一过程的运行方式和管理方法是其必备的专业素养。

建筑工程施工总承包是业主将一个工程项目的全部施工内容依法发包给具备施工总承包资质的企业。因此，建筑工程施工总承包的对象是工程施工阶段由施工总承包商对业主负总责的建筑工程施工活动。这种承包模式的组织结构包括了总承包商及其管理的专业分包商和劳务分包商，总承包商对分包商实行统一管理、监督和协调，分包商按照合同的约定对总承包商负责（图1-16）。

承包商获得一个建筑工程的施工总承包合同后，如何组织好工程的施工是一项复杂的系统工程，它需要对发包人或项目管理公司编制的项目管理规划大纲进一步细化，形成项目管理实施规划，即施工组织设计，涉及项目施工管理机构的设置，施工过程的质量管理、进度管理、安全管理、造价管理和合同管理等。

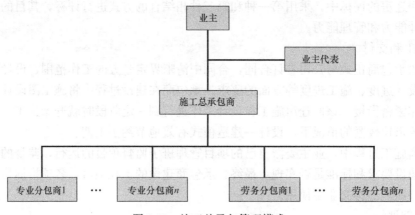

图 1-16　施工总承包管理模式

1. 施工组织设计管理

施工组织设计是我国在工程建设领域长期沿用下来的名称，西方国家一般称为施工计划或工程项目管理计划，是一个以施工项目为对象编制的，用以指导施工的技术、经济、计划和管理的综合性文件。

2009 年，原建设部发布了国家标准《建筑施工组织设计规范》GB/T 50502，对建筑工程施工组织设计文件的编制、实施与管理进行了规定。北京市 2016 年对地方标准《建筑工程施工组织设计管理规程》重新进行修订和出版。

（1）施工组织设计的分类

在《建筑施工组织设计规范》GB/T 50502 中，施工组织设计按编制对象，分为施工组织总设计、单位工程施工组织设计和施工方案。

在北京市地方标准《建筑工程施工组织设计管理规程》DB11/T 363 中，将施工组织设计文件按编制对象和编制阶段，分为工程项目招投标阶段的投标施工组织设计和施工实施阶段的施工组织总设计、单位工程施工组织设计、施工方案、专项施工方案和技术交底等文件。

投标施工组织设计：工程招投标阶段，投标单位根据招标文件、设计文件及工程特点编制的施工组织设计文件。

施工组织总设计：针对由若干单位工程组成的群体工程或特大型工程项目编制的，对整个项目施工过程起统筹规划、总体控制作用的施工组织设计文件。

单位工程施工组织设计：以单位工程为对象编制的，用以指导、制约其施工全过程并实现各项目标的施工组织设计文件。

施工方案：以分部分项工程或以某项施工内容为对象编制的，用以具体指导其施工过程的技术与组织方案。

专项施工方案：以危险性较大的分部分项工程为对象，内容相对独立、完整的安全技术与组织方案。是施工方案的一种。

技术交底：工程施工前，由管理人员向参与施工相关人员讲解并沟通安全、质量及技术要求的活动。包括施工组织总设计交底、单位工程施工组织设计交底、施工方案和专项施工方案技术交底、施工作业交底等。

在我国工程建设中，大型房屋建筑工程标准一般指：25层以上的房屋建筑工程；高度100m及以上的构筑物或建筑物工程；单体建筑面积3万 m^2 及以上的房屋建筑工程；单跨跨度30m及以上的房屋建筑工程；建筑面积10万 m^2 及以上的住宅小区或建筑群体工程；单项建安合同额1亿元及以上的房屋建筑工程。具备上述规模的建筑工程很多只需编制单位工程施工组织设计，需要编制施工组织总设计的建筑工程，其规模应当超过上述大型建筑工程的标准，通常需要分期分批建设，可称为特大型项目。

（2）施工组织设计的编制原则、依据和主要内容

1）投标施工组织设计的编制宜符合《投标施工组织设计编制规程》DB11/T 1629的要求，并应符合下列原则：

① 符合性：应根据招标文件中的具体要求进行编制，响应招标文件中有关工程质量、安全、进度、造价、绿色施工等方面的要求；

② 针对性：针对投标工程的使用功能、结构类型、地质条件、环境因素等特征，结合企业自身条件制订相应的技术方案及管理措施；

③ 实用性：应深度合理、内容齐全、文字简练、图表清晰、装帧工整朴实。

2）施工组织总设计、单位工程施工组织设计和施工方案的编制必须遵循工程建设程序，并应符合下列要求：

① 应符合施工合同中有关工程质量、安全、进度、绿色施工等方面的要求；

② 坚持科学的施工程序和合理的施工顺序，考虑季节性施工特点，采用流水施工和网络计划等方法，科学配置资源，合理布置现场，实现均衡施工，达到合理的经济技术指标；

③ 符合绿色施工管理要求，推广应用绿色施工技术，实现节能、节地、节水、节材和环境保护的管理目标；

④ 积极开发和推广使用新技术、新工艺、新材料、新设备；

⑤ 与质量、环境和职业健康安全管理体系有效结合。

3）施工组织设计的编制依据和主要内容见表1-1。

施工组织设计的编制依据和主要内容　　　　　　　　　　表1-1

	投标施工组织设计	施工组织总设计	单位工程施工组织设计	施工方案	专项施工方案
编制依据	1. 工程项目招标文件、补充招标文件、答疑文件等； 2. 有关工程建设的法律、法规、规范性文件和标准； 3. 工程勘察、设计文件等； 4. 工程项目现场踏勘情况及相关资料	1. 与工程建设有关的法律、法规、规范性文件和标准； 2. 施工合同文件； 3. 工程勘察、设计文件； 4. 工程施工范围内的现场条件、工程地质及水文地质、气象等自然条件； 5. 与工程有关的资源供应情况	1. 与工程建设有关的法律、法规、规范性文件和标准； 2. 施工组织总设计； 3. 工程施工合同文件； 4. 工程勘察、设计文件； 5. 工程施工范围内的工程水文地质及气象等自然条件； 6. 与工程有关的资源供应情况	1. 有关技术标准； 2. 工程设计文件； 3. 单位工程施工组织设计； 4. 与施工方案内容有关的法律、法规、规范性文件和标准	1. 工程设计文件； 2. 有关技术标准； 3. 单位工程施工组织设计； 4. 与专项施工方案有关的法律、法规、规范性文件

	投标施工组织设计	施工组织总设计	单位工程施工组织设计	施工方案	专项施工方案
编制内容	1. 编制说明； 2. 编制依据； 3. 工程项目概况； 4. 工程项目管理目标； 5. 工程项目重点、难点分析及对策； 6. 施工部署； 7. 主要施工方法及"四新技术"应用； 8. 实现管理目标的保证措施	1. 编制依据； 2. 工程项目概况； 3. 施工管理目标； 4. 施工部署； 5. 总体资源配置； 6. 施工总进度计划； 7. 施工总平面布置	1. 编制依据； 2. 工程概况； 3. 施工部署； 4. 施工准备； 5. 主要施工方法； 6. 主要施工管理措施； 7. 主要经济技术指标； 8. 施工现场平面布置	1. 编制依据； 2. 施工部位或项目概况与分析； 3. 施工安排； 4. 施工准备； 5. 施工工艺要求； 6. 质量要求； 7. 季节性施工措施； 8. 其他要求	1. 编制依据； 2. 专项工程概况； 3. 施工计划； 4. 施工工艺要求； 5. 施工安全保证措施； 6. 劳动力计划

（3）施工组织设计文件的管理

1）各类施工组织设计文件应严格执行编制与审批程序。通常情况下，宜按表1-2的要求组织编制和审批工作。

各类施工组织设计文件审批程序　　　　　　表1-2

施工组织设计文件类别	投标/施工单位			监理单位
	主持编制人	组织编制人	审批人	审核批准
投标施工组织设计	单位技术负责人	相关技术人员	单位法人代表	/
施工组织总设计	项目负责人	项目技术负责人	单位技术负责人	项目总监理工程师
单位工程施工组织设计	项目负责人	项目技术负责人	单位技术负责人	项目总监理工程师
专项施工方案	项目负责人	项目技术负责人	单位技术负责人	项目总监理工程师
一般施工方案	项目技术负责人	技术员或主管工长	项目技术负责人	项目总监理工程师
重点、难点、特殊分部分项工程施工方案	项目负责人	项目技术负责人	单位技术负责人	项目总监理工程师
专业分包工程的施工方案	由专业分包单位的项目负责人主持编制,由专业分包单位技术负责人审批,并报总承包单位项目技术负责人审核确认			项目总监理工程师
专业分包工程的专项施工方案	由专业分包单位的项目负责人主持编制,专业分包单位的技术负责人审批,并报总承包单位技术负责人审核确认			项目总监理工程师

北京市京建法〔2018〕22号文规定对于建设规模和技术难度较大的工程项目，其施工组织设计应由施工单位技术负责人组织专家评审，主要包括下列工程：

① 单项工程建筑面积在5万 m² 以上，群体建筑面积在20万 m² 以上或建安造价估算金额在5亿元以上的房屋建筑工程；建安造价估算金额在2亿元以上的市政基础设施工程；

② 建筑高度大于100m的超高层建筑工程；钢筋混凝土结构单跨30m以上（或钢结构单跨36m以上）的建筑工程；单跨跨度超过40m的桥梁工程；

③ 装配式混凝土结构工程；

④ 地下暗挖工程；

⑤ 采用的新技术可能影响工程施工质量安全，尚无国家、行业及地方技术标准的工程；

⑥ 其他建筑规模和技术难度较大的工程。

2）专项施工方案的管理

北京市京建法〔2018〕22 号文规定，对建筑工程施工存在下列情形之一的，应在施工前编制专项施工方案：

①《关于实施危险性较大的分部分项工程安全管理规定有关问题的通知》（建办质〔2018〕31 号）等规定的危险性较大的分部分项工程；

②《北京市建设工程施工安全风险分级管控技术指南（试行）》（京建发〔2018〕424 号）规定的存在重大风险和较大风险的分部分项工程；

③防水工程、混凝土工程、装配式混凝土结构工程、预应力混凝土工程、钢筋工程、钢结构工程、装配式钢结构工程、超高层混凝土泵送等涉及主体结构质量安全的分部分项工程；

④建筑装饰装修工程、屋面工程、建筑给水排水及采暖工程、通风与空调工程、建筑电气、智能建筑工程、建筑节能工程、幕墙安装工程等涉及主要使用功能的分部分项工程；

⑤施工现场消防、施工暂设、临时用电、有限空间作业等涉及施工安全管理的；

⑥冬期施工、雨期施工等季节性施工的；

⑦施工试验、施工测量、施工监测等技术质量控制的；

⑧采用新技术可能影响工程施工质量安全，尚无国家、行业及地方技术标准的分部分项工程；

⑨其他需要编制专项施工方案的情形。

3）危险性较大分部分项工程安全专项施工方案的管理

① 依据：《危险性较大的分部分项工程安全管理规定》住房和城乡建设部〔2018〕37 号令、住房和城乡建设部办公厅《关于实施〈危险性较大的分部分项工程安全管理规定〉有关问题的通知》（建办质〔2018〕31 号文），《北京市房屋建筑和市政基础设施工程危险性较大的分部分项工程安全管理实施细则》（京建施〔2019〕11 号）。

② 专项方案的编制：施工单位应根据上述文件的相关规定并参考"北京市危险性较大分部分项工程安全专项施工方案专家论证细则"的编制内容编制危险性较大分部分项工程安全专项施工方案。

③ 专项方案的审核、审批：专项施工方案应当由施工单位技术负责人审核签字、加盖单位公章，并由总监理工程师审查签字、加盖执业印章后方可实施。

④ 危大工程实行专业分包并由专业分包单位编制专项施工方案的，专项施工方案应当由专业分包单位技术负责人及施工总承包单位技术负责人共同审核签字并加盖单位公章，并由总监理工程师审查签字、加盖执业印章后方可实施。

⑤ 危大工程实行专业承包的，专项施工方案应当由专业承包单位技术负责人及建设单位技术负责人共同审核签字并加盖单位公章，由施工总承包单位技术负责人审核签字，并由总监理工程师审查签字、加盖执业印章后方可实施。

⑥ 超过一定规模的危大工程专项施工方案除应当履行本条前三款规定的审核审查程序外，还应当由负责工程安全质量的建设单位代表审批签字。

⑦ 专项方案的论证：超过一定规模的危险性较大的分部分项工程专项方案应当由施工单位组织召开专家论证会。实行施工总承包的，由施工总承包单位组织召开专家论证会。专家论证前专项施工方案应当履行完专项方案的审核、审批手续。图 1-17 是北京市危险性较大分部分项工程安全专项施工方案论证程序。

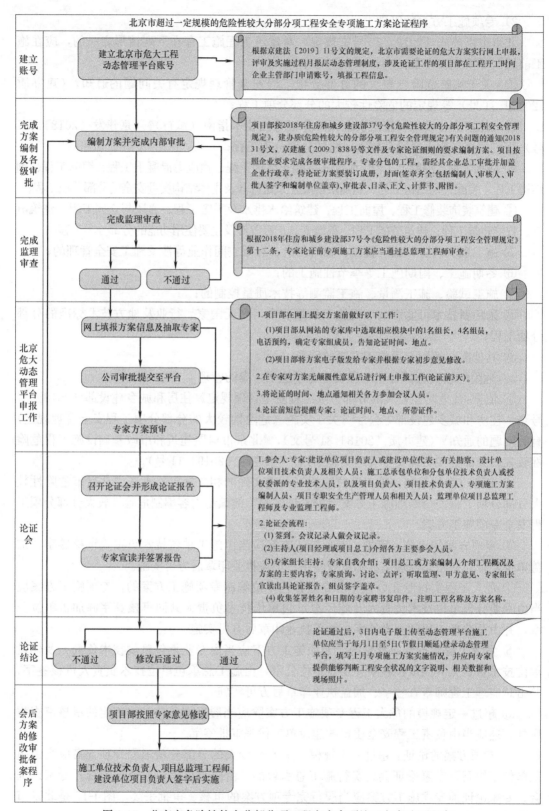

图 1-17　北京市危险性较大分部分项工程安全专项施工方案论证程序

⑧ 2019年10月17日北京市住房和城乡建设委员会发布《北京市危大工程专家管理办法》（京建发〔2019〕396号），将危大工程专家库分五个专业类别，分别为：岩土工程、模架工程（包括幕墙工程和钢结构工程）、吊装与拆卸工程、拆除工程、安全管理。并且规定专项施工方案专家论证会组织单位通过动态管理平台专家库中选取不少于5名专家，其中必须包括一名安全管理类专家。

⑨ 专项方案的实施：不需专家论证的专项方案，经施工单位审核合格后报监理单位，由项目总监理工程师审核签字后实施；需要论证的专项方案，施工单位应当根据论证报告修改完善专项方案，并经施工单位技术负责人、项目总监理工程师、建设单位项目负责人签字后，方可组织实施。实行施工总承包的，应当由施工总承包单位、相关专业承包单位技术负责人签字。施工单位对专项施工方案的实施负安全质量主体责任。

4）有限空间安全专项施工方案的管理

对有限空间施工安全管理的规定，依据《北京市房屋建筑和市政基础设施工程有限空间作业安全管理规定》（京建法〔2019〕14号），有限空间作业专项施工方案的编制、审批、验收，按照《北京市房屋建筑和市政基础设施工程危险性较大的分部分项工程安全管理实施细则》的有关规定执行。专项施工方案的主要内容应当包括：

① 编制依据：相关法律、法规、规章、规范性文件、标准、规范及施工图设计文件、施工组织设计等；

② 有限空间的概况：有限空间名称、位置、设计参数；

③ 危险有害物质情况：有限空间内含有的硫化氢、一氧化碳、二氧化碳、苯、氨等有毒有害气体的名称、浓度、预警值、报警值；

④ 风险评估等级及管控措施；

⑤ 通风检测设备及使用方法；

⑥ 应急救援设备和使用方法，应急救援措施；

⑦ 施工管理人员、作业人员、监护人员配备和分工。

5）施工组织设计应实行动态管理，并符合下列规定：

① 施工组织设计文件的实施管理实行分级负责。编制单位负责组织实施，项目部生产管理系统负责具体落实，审批单位负责监督检查。施工组织设计文件未经审批，不得进行施工。项目施工前应进行施工组织设计逐级交底；项目施工过程中，应对施工组织设计的执行情况进行检查、分析并适时调整。

② 施工组织设计文件的审批单位应对施工组织设计的实施情况进行监管，并形成记录。

③ 有关法律法规、标准规范和相关文件的规定发生重大调整的；设计文件（包括图纸、设计变更、工程洽商）发生重大变化的；施工条件发生重大变化的；原施工组织设计或专项施工方案中主要施工方法、施工工法、施工措施发生变化的；其他需要修改或补充施工组织设计及专项施工方案的情形。以上情况出现时，施工组织设计应及时进行修改或补充，重新履行相关审批程序后，方可组织实施。

6）施工组织设计应在工程竣工验收后归档。施工组织设计是工程档案资料的重要组成部分，应按照工程资料及竣工档案管理的相关规定收集、整理、归档。

2. 项目施工管理机构设置

项目经理部是施工项目管理的机构，它是由项目经理在企业法定代表人授权和职能部门的支持下按照企业的相关规定组建的，代表企业进行项目管理的一次性的现场组织机构，承担项目实施的管理任务和目标实现的全面责任。

项目经理部应由项目经理或项目负责人领导，接受组织职能部门的指导、监督、检查、服务和考核，并负责对项目资源的合理使用和动态管理。项目经理部应在项目启动前建立，并在项目竣工验收、审计完成后按企业内部规定和与业主合同约定解体。建立项目经理部应遵循下列步骤：

1）根据项目管理规划大纲确定项目经理部的管理任务和组织结构；

2）根据项目管理目标责任书进行目标分解与责任划分；

3）确定项目经理部的组织设置形式；

4）对项目经理进行授权，确定主要人员的职责、分工和权限；

5）制定工作制度、考核制度与奖惩制度；

6）项目经理部的组织结构应根据项目的规模、结构、复杂程度、专业特点、人员素质和地域范围确定；

7）项目经理部所制订的规章制度，应报上一级组织管理层批准；

8）项目经理部的人员配置应满足现场的经营、计划、合同、工程、技术、质量、安全、成本、劳务、物资、机具、生活和文明施工等需要，并在此基础上动态的设置、优化部门，通常一个项目经理部应包括经营核算、工程技术、物资设备、质量、安全管理等部门，图 1-18 是某建筑工程项目经理部的组织机构图。

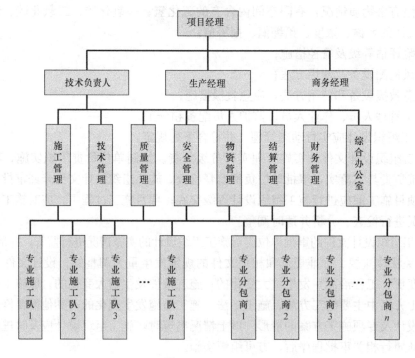

图 1-18　某建筑工程项目经理部组织机构图

施工项目经理部实行项目经理责任制，项目经理责任制的核心是项目经理承担实现项目管理目标责任书确定的全部责任，它是评价项目经理绩效的依据。项目管理目标责任书应在项目实施之前，由法定代表人或其授权人与项目经理协商制定，应包括如下内容：项目施工管理实施目标；企业公司层级与项目经理部之间的责任、权限和利益分配；项目施工总承包范围内设计、采购、施工、劳务分包、专业分包等管理内容和要求；项目施工需用资源的提供方式和核算办法；法定代表人向项目经理委托的特殊事项；项目经理部应承担的风险；项目施工管理目标评价的原则、内容和方法；对项目经理部进行奖惩的依据、标准和办法；项目经理解职和项目经理部解体的条件及办法。

3. 项目施工合同管理

项目经理部应建立合同管理制度，并设立专门机构或人员负责合同管理工作，其合同管理的主要内容是合同的订立、实施、控制和综合评价等工作，有效的合同管理机制是保证建筑工程项目施工顺利的基础，项目经理部应树立重视合同管理的理念，加强项目合同管理工作。图 1-19 显示了项目合同管理的程序和内容。

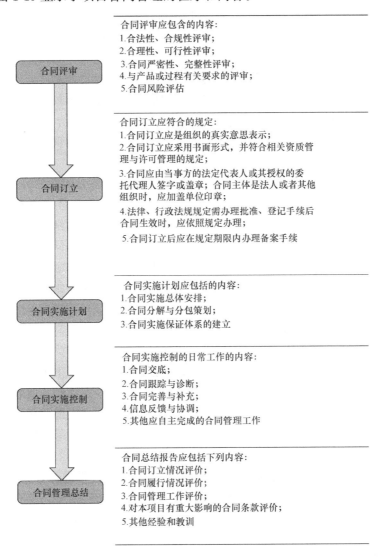

图 1-19 项目合同管理程序

项目合同实施计划的制定是项目经理部合同管理的一项重要工作，合同的实施要满足施工进度对劳动力、资源、设备的供应要求。为此，项目经理部要在充分讨论的基础上，建立合同实施保证体系。合同实施保证体系应与其他管理体系协调一致，须建立合同文件沟通方式、编码系统和文档系统，这要求项目经理部实现电子化管理。承包商应对其同时承接的合同作总体协调安排。承包商所签订的各分包合同及自行完成工作责任的分配，应能涵盖主合同的总体责任，在价格、进度、组织等方面符合主合同的要求，并为项目经理部争取最大化的经济利益。完善的合同实施保证体系能够保证项目合同实施控制的有效进行，确保项目目标的实现。

项目的合同管理不只是完成工程的履约，而是要全面分析合同的各项条款，制定详细的合同落实制度或措施，在实现合同履约的同时，完成公司交于项目的各项内部指标，如利润指标等。

高度重视工程的总承包合同条款。我国的建筑业属于高度市场化的行业，截至 2018 年底，全国共有建筑业企业 95400 个，建筑企业竞争激烈，招标文件设定诸多条款，建筑企业为了中标，需要对招标文件进行响应，才能在众多投标企业中获得业主的认可。中标企业公司应对项目进行全面的合同交底，与项目建立合同管理协调制度，划分合同管理的职责、内容。项目经理部作为合同的执行层，必须设立专人负责项目合同管理，对合同条款进行分析，与建设单位进行二次谈判，如对承包项目的范围、清单项目的描述不明确的、变更估价、风险调差、担保、结算、违约责任、不可抗力、争议等，争取有利于项目部的条款，并获得最大的利益。

项目部要加强分包合同管理。建筑工程项目总承包商与各分包商的合同签订要及时、规范、有效。在工程的实施过程中，有些分包工程经常出现签订合同不及时，为了抢进度，导致合同谈判滞后，把某些重要的经济条款放到工程干完后再细谈。这样的操作程序会使总承包商在项目的实施过程中非常被动，达不到预期的分包合同目的，极易使双方发生合同经济纠纷。建筑施工企业往往对总包合同的签订较为重视，而对分包合同的形式、条款及订立审查程序等存有较大的随意性，致使在分包合同中对建筑工程项目的工期、质量、安全、变更调整、结算条款、违约责任等其中一项或几项用词模糊不清，造成分包合同难以有效执行，从而必然影响到总包合同的正常履行。如遇分包商违约发生纠纷后，总承包商也因无合同约定，无法依法追究其民事违约责任。因此，作为建筑工程项目总承包商，应在施工前及时做好分包合同的签订工作，在分包合同或协议书中明确分包工程的范围、结算方式、质量技术要求、工期、双方的责任和义务以及最终结算验收的标准等。另外，总承包商的现场项目部还需对分包工程的施工过程实施现场跟踪监督管理，加强过程控制，对现场管理的方式，如质量监督、安全检查、施工组织配合等方面，均应在分包合同或协议书中得到确认。

重视采购合同管理。采购合同签订后，合同管理需要全过程进行管理，对于工期长，采购量大，市场供应充足，要根据市场情况，对合同分阶段进行考核，及时根据合同条款调整执行内容、工程量等，确保实现供应期间的价格优势，努力降低工程成本。

重视项目商务风险管理。项目商务风险管理要基于合同签订、执行的过程控制，对风险发生概率、损失进行评判，制定防范措施，重点对相关商务人员、流程、资料、凭证等方面进行管理，签订合同的人员必须符合要求，防止无权或越权签订无效合同，防止合同的执行流于形式，防止合同执行资料缺失，将商务风险控制在最小影响范围内。

4. 项目施工进度管理

项目经理部应组织建立项目进度管理制度，制定符合主合同和项目管理大纲的进度管理目标，目标应按项目实施过程、专业、阶段或实施周期进行分解。项目经理部应按一定的程序进行进度管理：制定进度计划；进行进度计划交底，落实责任；实施进度计划，跟踪检查，对存在的问题分析原因并纠正偏差，必要时对进度计划进行调整；编制进度报告，报送至公司层级、业主、监理等部门。图 1-20 显示了项目进度管理的程序和内容。

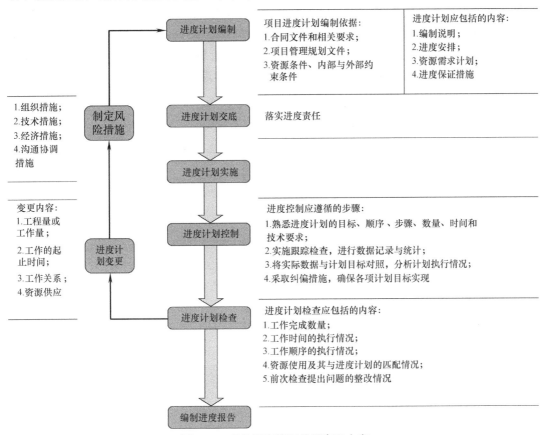

图 1-20　项目进度管理的程序和内容

在建筑工程项目实施过程中，进度控制是一项重要管理内容，其中，对关键线路上的工作的控制是管理的重点。因其可利用的机动时间最短，如果关键线路上的工作拖期，有可能影响到总工期的实现。随着工程的进展，有些非关键线路上的工作因各种原因拖期，及有可能造成关键线路的改变成为关键工作，在进行进度分析时应随时注意这种变化，及时调整。

5. 项目施工质量管理

建筑工程质量事关人民群众生命财产安全，事关经济建设投资效益，事关社会的和谐与稳定。近些年来，随着社会事业的不断进步和发展，公众的质量意识和维权意识也越来越强，社会各界对工程质量的要求越来越高，各类媒体对工程质量的关注度也是越来越高。随着我国行政管理体制改革的深入，已形成了一个从政府到项目层面的各参与主体、施工承包方的质量控制体系，为社会公众提供高质量、高品位的建筑产品。

（1）施工项目各方质量主体责任

工程质量是众多的因素共同作用而形成的结果。目前，在工程质量形成的过程中，建设领域存在着许多系统性的问题，这些问题会演化为导致工程质量事故的直接原因。主要表现在作为工程质量责任主体的企业和个人，质量意识不强，责任制没有得到充分的落实。

分析表明：很多较大的工程质量事故，90％以上都可以通过强化质量责任意识避免。据2007年全国工程质量安全检查统计分析，勘察、设计、施工三大环节执行工程建设强制性标准的符合率分别为72.29％、80.65％、55.96％（图1-21）。各责任主体质量行为的符合率分别为：建设单位93.01％，勘察设计单位75.03％，施工单位58.90％，监理单位59.91％，工程质量检测机构94.8％，施工图审查机构97.21％（图1-22）。数据显示施工单位在质量意识和责任制落实上，还有很多工作需要努力。

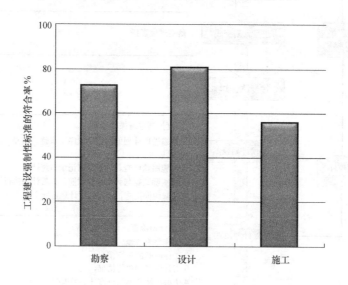

图 1-21　工程建设强制性标准合格率

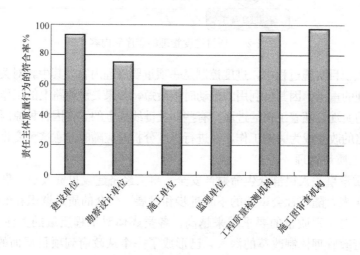

图 1-22　责任主体质量行为合格率

按照《建筑法》《建设工程质量管理条例》等相关法律、法规的规定，施工单位对建设单位的施工质量负责。因此，施工承包方应当建立相应的工程质量管理体系，设立项目管理机构，明确项目负责人，配备与工程项目规模和技术难度相适应的施工现场管理人员和专业技术人员，强化质量责任制，对施工生产全过程进行质量管理。

建设、勘察、设计、施工、监理、检测、监测、施工图审查、预拌混凝土生产等建设工程有关单位和人员应当依照法律、法规、工程建设标准和合同约定从事工程建设活动，承担质量责任。

在 2014 年至 2015 年住房和城乡建设部工程质量治理两年行动深入推进之际，住房和城乡建设部陆续出台了建设工程五方主体责任项目负责人质量终身责任制管理办法。2015年 1 月，北京市住房和城乡建设委员会印发《北京市建设工程质量终身责任承诺制实施办法》（京建法 1 号），对建设工程五方主体做了细化，包括建设、勘察、设计、施工总承包、监理单位的法定代表人、项目负责人和为建筑主体或者承重结构供应预拌混凝土、预制混凝土构件、钢筋的企业的法定代表人，应当按照实施办法要求签署法定代表人授权书、工程质量终身责任承诺书。

（2）施工总承包方质量管理

1）施工总承包方质量管理程序和内容

项目经理部质量管理应遵照国务院《建设工程质量管理条例》、北京市《建设工程质量条例》和《质量管理体系》GB/T 19000 族标准的要求，建立持续改进质量管理体系，设立专职管理部门或专职人员，质量管理应坚持预防为主的原则，按照策划、实施、检查、处置的循环方式进行系统运作。图 1-23 显示了项目质量管理的程序和内容。

2）施工总承包方质量保证体系

在建设过程的各个阶段，通过组织保证、过程管理保证和制度保证，形成完整质量保证体系，质量保证体系的部门根据工程进度、参与施工的专业等情况，进行动态的调整、完善，以保证施工全工程质量体系的完整性、有效性。质量保证体系如图 1-24 所示。

建立并保持行之有效的规范化的质量管理体系，是保持质量水平的有效手段。在项目建设过程中，按照 ISO 9000 相关标准文件规定规范运作，同时，要求参与项目实施的所有专业分包单位及材料供应商都通过 ISO 9000 认证。通过 ISO 9000 体系的强制性的标准化管理，有效地保证工程质量稳定受控。

3）施工承包方的质量责任

① 依法经营责任

施工承包方对建设工程施工质量负责。施工承包方应当按照工程建设标准、施工图设计文件施工，使用合格的建筑材料、建筑构配件和设备，不得偷工减料，加强施工安全管理，实行绿色施工。

施工承包方应当依法取得相应等级的资质证书，并在其资质等级许可的范围内承揽工程。禁止施工承包方超越本单位资质等级许可的业务范围或者以其他施工承包方的名义承揽工程。禁止施工单位允许其他单位或者个人通过挂靠方式，以本单位的名义承揽工程。禁止施工单位通过挂靠方式，以其他施工单位的名义承揽工程。

② 总包质量管理责任

建设工程实行总承包的，总承包单位应当对全部建设工程质量负责；建设工程勘察、

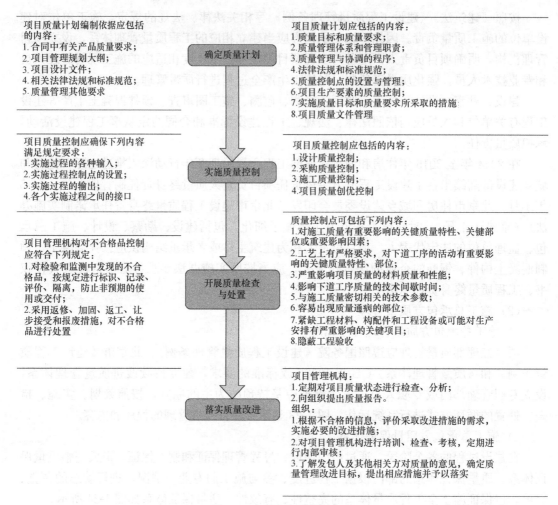

项目质量计划编制依据应包括的内容：
1.合同中有关产品质量要求；
2.项目管理规划大纲；
3.项目设计文件；
4.相关法律法规和标准规范；
5.质量管理其他要求

确定质量计划

项目质量计划应包括的内容：
1.质量目标和质量要求；
2.质量管理体系和管理职责；
3.质量管理与协调的程序；
4.法律法规和标准规范；
5.质量控制点的设置与管理；
6.项目生产要素的质量控制；
7.实施质量目标和质量要求所采取的措施；
8.项目质量文件管理

项目质量控制应确保下列内容满足规定要求：
1.实施过程的各种输入；
2.实施过程控制点的设置；
3.实施过程的输出；
4.各个实施过程之间的接口

实施质量控制

项目质量控制应包括的内容：
1.设计质量控制；
2.采购质量控制；
3.施工质量控制；
4.项目质量创优控制

项目管理机构对不合格品控制应符合下列规定：
1.对检验和监测中发现的不合格品，按规定进行标识、记录、评价、隔离，防止非预期的使用或交付；
2.采用返修、加固、返工、让步接受和报废措施，对不合格品进行处置

开展质量检查与处置

质量控制点可包括下列内容：
1.对施工质量有重要影响的关键质量特性、关键部位或重要影响因素；
2.工艺上有严格要求，对下道工序的活动有重要影响的关键质量特性、部位；
3.严重影响项目质量的材料质量和性能；
4.影响下道工序质量的技术间歇时间；
5.与施工质量密切相关的技术参数；
6.容易出现质量通病的部位；
7.紧缺工程材料、构配件和工程设备或可能对生产安排有严重影响的关键项目；
8.隐蔽工程验收

落实质量改进

项目管理机构：
1.定期对项目质量状态进行检查、分析；
2.向组织提出质量报告。
组织：
1.根据不合格的信息，评价采取改进措施的需求，实施必要的改进措施；
2.对项目管理机构进行培训、检查、考核，定期进行内部审核；
3.了解发包人及其他相关方对质量的意见，确定质量管理改进目标，提出相应措施并予以落实

图 1-23　项目质量管理程序

设计、施工、设备采购的一项或者多项实行总承包的，总承包单位应当对其承包的建设工程或者采购的设备的质量负责。

施工承包方不得转包或者违法分包工程。

总承包单位依法将建设工程分包给其他单位的，分包单位应当按照分包合同的约定对其分包工程的质量向总承包单位负责，总承包单位与分包单位对分包工程的质量承担连带责任。

③ 技术管理责任

施工承包方必须按照工程建设标准、施工图设计文件施工，不得擅自修改工程设计，使用合格的建筑材料、建筑构配件和设备，不得偷工减料。

施工承包方在施工过程中发现设计文件和图纸有差错的，应当及时提出意见和建议。

④ 材料设备质量控制责任

施工承包方必须按照工程设计要求、施工技术标准和合同约定，对建筑材料、建筑构配件、设备和商品混凝土进行检验，检验应当有书面记录和专人签字；未经检验或者检验不合格的，不得使用。

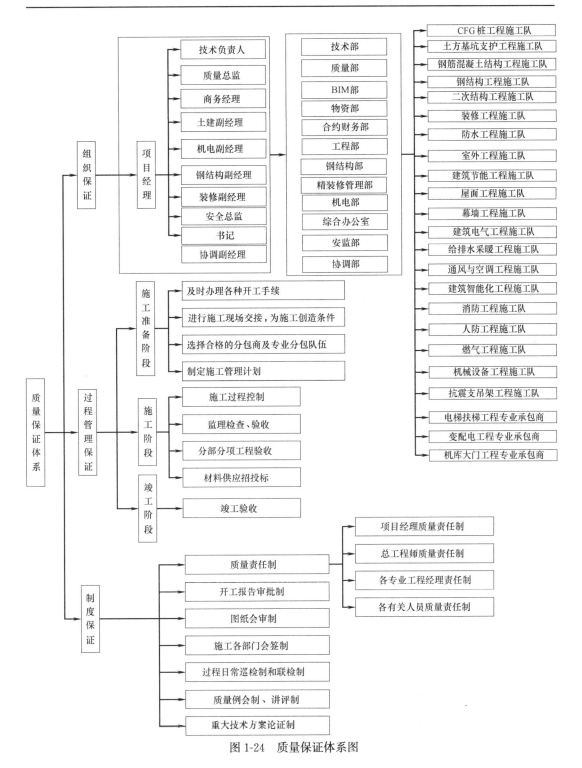

图 1-24 质量保证体系图

施工承包方可以采取合同方式约定采购的建筑材料、建筑构配件和设备，并对采购的建筑材料、建筑构配件和设备质量负责。

施工承包方应当按照规定对建筑材料、建筑构配件和设备、预拌混凝土、混凝土预制构件及有关专业工程材料进行进场检验；实施监理的建设工程，应当报监理单位审查；未经审查或者经审查不合格的，不得使用。

建筑材料、建筑构配件和设备进场时，供应单位应当按照规定提供真实、有效的质量证明文件。结构性材料、重要功能性材料和设备进场检验合格后，供应单位应当按照规定报送供应单位名称、材料技术指标、采购单位和采购数量等信息。供应涉及建筑主体和承重结构材料的单位，其法定代表人还应当签署工程质量终身责任承诺书。

预拌混凝土生产单位应当具备相应资质，对预拌混凝土的生产质量负责。

预拌混凝土生产单位应当对原材料质量进行检验，对配合比进行设计，按照配合比通知单生产，并按照法律法规和标准对生产质量进行检查验收。

⑤ 工序过程质量控制责任

施工承包方必须建立、健全施工质量的检验制度，严格工序管理，做好隐蔽工程的质量检查和记录。施工承包方应当按照规定对隐蔽工程、检验批、分项和分部工程进行自检。实施监理的建设工程，施工单位自检合格后应当报监理单位进行验收。经验收不合格的，监理单位应当要求施工单位整改并重新报验。隐蔽工程在隐蔽前，施工承包方应当通知建设单位和建设工程质量监督机构。未经监理单位验收或者经验收不合格，施工单位将隐蔽部位隐蔽的，监理单位应当要求施工单位停工整改，采取返工、检测等措施，并重新报验。

施工人员对涉及结构安全的试块、试件以及有关材料，应当在建设单位或者工程监理单位监督下现场取样，并送具有相应资质等级的质量检测单位进行检测。

⑥ 质量问题处理责任

施工承包方对施工中出现质量问题的建设工程或者竣工验收不合格的建设工程，应当根据规定负责返修。

⑦ 质量保修责任

施工承包方对已竣工验收合格并交付使用的工程要按规定承担保修责任。施工承包方在向建设单位提交工程竣工验收报告时，应当向建设单位出具质量保修书。质量保修书中应当明确建设工程的保修范围、保修期限和保修责任等。

⑧ 质量培训责任

施工承包方应当建立、健全教育培训制度，加强对职工的教育培训；未经教育培训或者培训考核不合格的人员，不得上岗作业。

⑨ 质量责任处理

施工承包方违反质量管理规定或造成质量事故的，根据相关条例和文件，由相应的主管部门给予经济处罚或行政处罚。

4）施工质量控制的措施和方式

在工程项目施工质量控制过程中，施工承包方应当采用以下措施和方法确保施工质量满足标准、规范和合同的要求。

① 施工质量控制的措施

a. 加强质量管理制度建设

施工单位应依照国家和北京市相关法律法规和管理规定，建立质量保证体系，制定相应质量管理制度，必须严格按照设计文件和施工技术质量标准和规范进行施工。在施工组织设计中细化保证工程质量的具体措施，特别是施工方案和技术交底制度，材料、设备、构配件进场检验及储存管理制度，施工试验检测管理制度，检验批、分项、分部、单位工程质量自检、申报、签认制度，隐蔽工程及关键部位质量预检、复验和验收制度等。

b. 完善施工现场质量管理

施工单位应设立独立的工程质量管理部门，配备专业齐备且具有相应能力的质量管理人员。施工单位工程质量管理部门应对工程项目部人员配备、施工技术方案的制定、质量体系的运行、工程实体质量等情况进行定期检查，并应对项目部质量管理情况进行评价。对于工程项目存在的质量问题，应提出处理意见，并督促工程项目部落实整改。

施工单位工程项目部应配备与工程项目相适应的技术质量管理组织机构。施工单位负责人和工程项目负责人在抓施工生产进度的同时必须抓工程质量管理。施工单位要严格依照工程质量验收标准对进场的建筑材料设备和施工过程进行检查，并形成检查记录。施工检查记录应有施工工长（班组长）组织自检并签字认可，报质量检查员检查合格签字认可，再报项目部专业技术质量负责人复检合格签字后，方可报送监理单位监理工程师进行检查、验收并签字确认。对于重要分项、分部工程，以及单位（子单位）工程竣工验收前必须由施工单位技术质量负责人组织单位技术质量部门人员进行现场检查，并形成检查记录签字认可，合格后方可报送监理单位总监理工程师进行检查、验收并签字认可。

专业分包单位分包工程施工质量必须由其质量检查员和技术质量负责人检查签字认可，形成检查记录，报发包单位检查验收。发包单位质量检查员和专业技术质量负责人检查合格签字，报送监理单位监理工程师进行检查、验收。未经监理工程师检查签字认可，不得进入下一道工序施工。

c. 强化关键岗位人员管理

施工单位工程项目部应按照政府部门有关管理规定配备与工程规模和技术难度相适应的、业务素质高且具有项目质量管理工作实际经验的工程质量管理人员。2010年北京市住房和城乡建设委员会《关于加强北京市建设工程质量施工现场管理工作的通知》（京建发111号文）对项目部关键岗位人员有如下规定：

建筑面积在5万 m^2 以下的工程，项目部技术质量负责人应具有中级以上技术职称；建筑面积在5万 m^2 以上10万 m^2 以下的工程，项目部技术质量负责人应具有高级以上技术职称；建筑面积在10万 m^2 以上的工程，项目部技术质量负责人应具有高级以上技术职称，并应有相应技术职称2年以上类似工程建设技术质量管理工作经验。

建筑面积在5万 m^2 以下的工程质量检查员人数土建专业不应少于2名，水电专业各不应少于1人；建筑面积在5万 m^2 以上10万 m^2 以下的工程，质量检查员人数土建专业不应少于4名，水电专业各不应少于2人；10万 m^2 以上的工程质量检查员人数土建专业不应少于6名，水电专业各不应少于3人。分包单位工程项目管理部应至少配备2名质量检查员，并纳入总包单位管理。质量检查员应具有中级以上技术职称或从事质量管理工作5年以上，并取得企业培训上岗证书。

建筑面积在5万 m^2 以下的工程施工试验管理人员人数不应少于1名；建筑面积在5万 m^2 以上10万 m^2 以下的工程，施工试验管理人员人数不应少于2名；10万 m^2 以上的施工试验管理人员人数不应少于3名。分包单位工程项目管理部应至少配备1名施工试验管理人员，并应纳入总包单位管理。施工试验管理人员应具有初级以上技术职称或从事质量管理工作 3 年以上，并取得企业培训上岗证书。

从事工程建设活动的专业技术人员应当具备相应专业技术资格或者注册执业资格，按照规定接受继续教育；其中关键岗位专业技术人员应当按照相关行业职业标准和规定经培训考核合格。

建设工程一线作业人员应当按照相关行业职业标准和规定经培训考核合格。建设工程有关单位应当建立健全一线作业人员的教育、培训制度，定期开展职业技能培训。

2018 年北京市住房和城乡建设委员会《关于加强房屋建筑和市政基础设施工程施工技术管理工作的通知》（京建法 22 号文）对施工技术人员岗位职责，做出了明确规定。

d. 以工作质量确保施工质量

施工质量是由工程建设的管理者和操作者共同创造的，人们的业务能力、技术水平、事业心、责任感、思想政治素质都直接和间接地影响到施工质量。统计资料表明，有88%的质量安全事故都是人为因素造成的。因此，施工承包商要始终坚持"以人为本"，调动人的积极性，增强人的责任感，发挥人的主导作用，规范人的操作行为，提高人的工作质量，以优异的工作质量确保优质的工程质量。

e. 贯彻以预防为主的方针

"预防为主、防患于未然、把质量问题消灭在萌芽状态"是现代质量管理的基本理念。施工承包商要加强对影响施工质量因素的控制，要从事后质量检查把关转向事前和事中质量控制，要从对工程实体质量的检查转向对工作质量和工序质量的检查。

f. 全面控制施工过程、重点控制工序质量

工程项目是由若干个分项、分部工程所组成的，要确保整个工程的质量，就必须使每一个分项、分部工程都符合质量标准，而每一个分项、分部工程又是通过若干工序组成的，因此工序质量决定了工程项目的质量，要确保工程质量就必须严格控制工序质量。只有上一道工序被确认质量合格后，方能准许下一道工序开始施工。只有每一道工序质量都符合要求，整个工程的施工质量才能得到保障。

北京市住房和城乡建设委员会 2010 年京建发 111 号文件规定，项目部应建立工程质量数字图文记录制度。建设工程主体结构施工过程中，钢筋安装工程、混凝土试件留置、防水工程施工等施工过程和隐蔽工程隐蔽验收时，施工单位必须在监理单位见证下拍摄不少于一张照片留存于施工技术资料中。拍摄的照片应标注拍摄时刻、拍摄人、拍摄地点，以及照片对应的工程部位和检验批。

g. 严格控制投入品的质量

工程实体是由大量的、若干种类的原材料、半成品、构配件组成的，施工过程中还需要使用许多种机具设备、采用各种不同的施工工艺和方法，如果投入品的质量不符合要求，那么工程质量也就不可能符合要求。因此，施工承包商对投入品的订货、采购、检查、验收、取样、试验等进行全过程控制、层层把关，对施工工艺和方案要进行充分的论证，做到工艺先进、技术可行、经济合理、环境无害、安全可靠，这样才能保证工程质量。

h. 严把分项工程质量检验评定关

分项工程质量是分部工程质量和单位工程质量的基础。如果分项工程质量不符合等级要求，分部工程、单位工程的质量等级也不可能符合要求。分项工程质量等级评定的正确

与否直接关系到分部工程、单位工程质量等级评定的真实性和可靠性。因此，施工承包商在进行分项工程质量检验评定时，一定要严把质量关，一切用数据说话，避免出现判断错误。

② 施工质量控制的方式

施工质量控制方式可以分为系统控制方式、因素控制方式和分级分层控制方式。

a.系统控制方式。系统控制方式是把施工阶段的质量控制看成由事前控制、事中控制、事后控制组成的系统控制过程。

b.因素控制方式。因素控制方式是对影响工程实体质量的人员因素、材料因素、机械设备因素、施工方法因素、环境因素进行全面的控制。

c.分级、分层控制方式。分级、分层控制方式是将工程划分为若干层次，即全部工程可以分解为单位工程、分部工程、分项工程、工序等层次，从最基本的工序质量控制入手，逐层确保上一级工程质量。从而以工序质量保证分项工程的质量，以分项工程的质量保证分部工程的质量，以分部工程的质量保证单位工程的质量，以单位工程的质量保证整体工程的质量。

5）施工作业准备状态的质量控制

对施工作业准备状态的质量控制主要包括以下几个方面：

① 施工技术准备的控制

施工承包商首先应做好施工技术准备，主要内容包括熟悉和审查工程项目的施工图纸，对项目所在地的自然条件、技术条件进行深度分析，编制项目施工图预算和施工预算，编制项目施工组织设计等，对技术含量高的专业分项还应编制专业施工方案以及相应的保证工程质量的技术措施。施工项目经理部应组织现场技术人员、施工管理人员以及分包单位的主要负责人进行图纸和规范的学习，做到掌握图纸和规范的技术要求，对在图纸学习过程中发现的问题及时反馈给业主和设计单位。

② 施工技术交底的控制

施工项目经理部必须建立规范的三级技术质量交底制度。施工组织设计交底文件应当由项目技术负责人组织编制，经项目负责人审批后，由项目负责人或项目技术负责人对项目主要管理人员进行交底。专项施工方案交底文件应当由项目相关技术人员编制，经项目技术负责人审批后，由其编制人员或者项目技术负责人对专业工长进行交底。施工作业交底文件应当由专业工长编制，经项目专业技术人员审批后，由专业工长对专业施工班组或专业分包作业人员进行交底。技术质量交底必须有针对性和可操作性。

在每一个分项工程开始实施施工前均要进行技术交底。在施工项目经理部项目技术负责人的组织下，主管技术工作的专业工程师负责编制技术交底书，技术交底书需经施工项目经理部技术负责人批准后才能执行。对于关键部位或技术复杂、施工难度大的检验批、分项工程的技术交底书，施工项目经理部技术负责人应组织相关专业人员进行认真审核，重点是要审核施工方法、施工工艺、机械选择、施工顺序、进度安排以及质量保证措施等是否切实可行。没有做好技术交底的分项工程和工序，不得正式实施。

③ 进场材料构配件的质量控制

施工承包商要加强对物资供应商的选择和材料进场的管理。对于结构施工阶段的模板架料、商品混凝土供应商的确定、钢筋原材及加工成品采用，机电安装和装修阶段的材料和设备供应等，均应以产品质量优良、材料价格合理、服务到位等为标准，进行"货比三家"，建立合格物资分供方数据库，定期进行考评，确保选择最优秀的物资分供方。对于材料、半成品及成品进场要按技术规范、图纸和施工要求进行严格检验，不合格的物资应一律退货。选择供应商时，对纳入政府或施工承包企业不良信息的供应商，要注意进行审查和甄别，不得将其作为合格供应商，防止发生供应质量风险。

④ 施工机械设备的质量控制

施工承包商应当积极做好施工机械设备性能及工作状态的控制工作，只有状态良好、性能满足施工需要的机械设备才允许进行现场作业。

⑤ 现场劳动组织及操作人员的质量控制

现场劳动组织及操作人员的质量控制具体包括如下内容：

a. 现场劳动力组织的控制。施工承包商选用劳务分包单位需要进行考察、评审，评审合格的劳务分包单位才能进场施工。从事施工作业活动的操作人员数量必须满足施工作业进度需要，相应各类工种配置应能保证施工作业有序而持续的进行。

b. 现场作业人员的控制。施工作业人员应按规定经考核后持证上岗，从事特殊作业的人员（如电焊工、电工、起重工、架子工、爆破工）必须持证上岗。施工机械设备操作人员（如电梯工、塔吊司机、信号工、装载机）必须有合格的上岗证书，并熟练掌握操作维护技术。

c. 现场施工人员的质量教育。施工项目开工前，由施工项目经理部技术负责人牵头负责，针对工程特点，组织制定本项目的质量教育计划。施工项目经理部相关负责人员，应参与和指导各分包方的质量教育。施工操作人员的质量教育，可由各分包方组织进行。

⑥ 检验、测量和试验设施的质量控制

施工承包商应保证所有在施工现场使用的检验、测量和试验设备，均应在有效的合格校准周期内。严禁未经校准或报废的检验、测量和试验设备流入施工生产过程中。在用、封存、报废的检测、测量和试验设施应按施工承包商的专门规定进行分别标识、存放管理。施工项目经理部负责对分承包方所使用的检验、测量和试验设备进行监督检查，并建立台账。

⑦ 施工环境状态的控制

施工环境状态的控制具体包括如下内容：

a. 施工作业环境的控制。所谓施工作业环境主要是指水电或动力供应、施工照明、安全防护设备、施工场地空间条件和通道、交通运输和道路条件等。这些条件将直接影响到施工能否顺利进行，乃至施工质量的保证度。施工承包商应及时做好施工作业环境方面的有关准备工作，并经项目监理工程师检查确认后，方可进行施工，并进行动态管理，持续保证正常。

b. 现场自然环境条件的控制。施工承包商对于未来施工期内自然环境条件可能出现对施工作业质量的各种不利影响因素，应有充分的认识，并做好充足的技术、物资准备，采取有效措施以保证工程质量。例如：对严寒冬季的防冻；对夏季的防高温；对雨季的防洪与排水等。

6）施工作业运行过程的质量控制

施工作业运行过程的质量控制具体包括如下内容：

① 测量复核控制

施工承包商对于凡涉及施工作业技术活动基准和依据的技术参数，都应该严格进行专人负责的复核性检查，以避免基准失误给整个工程质量带来难以弥补的或全局性的危害。例如工程的定位、轴线、标高，预留孔洞的位置和尺寸，混凝土配合比、预制构件尺寸等。不同类型的工程有不同的测量复核的内容和要求。例如，民用建筑的测量复核有：建筑物定位测量、基础施工测量、楼层轴线检测、楼层间高层传递检测、埋件的定位测量等。

② 工序过程质量控制

工序过程质量控制具体包括如下内容：

a. 建立质量例会制度

施工项目经理部应从三个方面建立质量例会制度及工作内容：

施工项目经理部要结合现场施工的实际情况，每周召开一次质量例会。由项目经理或质量负责人总结上周施工的质量情况、质量存在的问题及解决问题的办法，以及需要各专业分包单位协助配合事项；分析上周质量活动中存在的不足或问题，以及本周施工中所需注意的事项。

将每周质量例会中提出的质量问题进行汇总，及时召集项目技术人员和具体施工操作人员对问题进行会诊，分析其产生的原因，找出问题结症和相关因素，制定切实可行的预防和纠正措施方案。由项目经理部派人负责落实检查方案、措施的实施效果，以便做出准确、合理的调整。

b. 推行挂牌制度

包括技术交底挂牌、施工部位挂牌、验收部位挂牌、原材料加工、操作管理制度挂牌和半成品、成品标识挂牌。

c. 问题追究制度

对于施工过程中发生的质量问题，按下列程序进行追究和处理：组织会诊；查明原因；追查责任人；限期整改；验收整改结果；写出总结报告；制定新规范。

d. 奖惩制度

施工项目经理部可以依据国家的质量验收规范，结合工程项目创优质量目标制定详细的验收标准和奖惩细则，在工程施工的全过程中，定期对施工作业进行检查和评比，对评比结果进行公开奖惩。同时分包合同条款中应有明确，可执行、可量化的质量奖惩制度。

e. 特殊过程的质量控制

对于在施工质量计划中界定的特殊过程，应当设置工序质量控制点进行控制，除执行一般过程控制的规定外，还应由专业技术人员编制专门的作业指导书，经项目经理部技术负责人审批后执行。

除此之外，还包括实行样板制度、首段首件验收制度，严格执行三检制度。

③ 质量控制点的管理

施工质量控制点是为了保证施工质量，将施工中的关键部位与薄弱环节作为重点而进行控制的对象。项目施工承包商在拟定施工质量控制工作计划时，应首先确定质量控制点，并分析其可能产生的质量问题，预先制定对策和采取措施。

凡对施工质量影响大的特殊工序、操作、施工顺序、技术、材料、机械、自然条件、施工环境等均可作为质量控制点来控制。

施工承包商在工程施工前，应列出质量控制点的名称和控制内容、检验标准及方法，提交项目监理工程师审查批准后，在此基础上实施质量预控。

④ 见证取样控制

见证取样是指在项目监理工程师的见证下，由施工承包方的现场试验人员对工程项目使用的材料、半成品、构配件及工序活动效果进行现场取样，并送交有资质的试验室进行试验的过程。

为确保工程质量，房屋建筑工程项目中的工程材料、承重结构的混凝土试块、承重墙体的砂浆试块、结构工程的受力钢筋（包括接头）必须实行见证取样。

北京市住房和城乡建设委员会 2013 年发布的《北京市施工现场材料管理工作导则（试行）》（536 号文）中规定，钢材、保温材料、防水卷材见证取样检验不合格的，不再进行二次复试，相应批次材料应按照规定程序进行退场处理。

⑤ 施工质量资料控制

施工承包商可以采用施工质量跟踪档案的方法，对各分包单位所施工的分部分项工程的每道工序质量形成过程实施严密、细致和有效的监督控制。

施工质量跟踪档案是施工全过程期间实施质量控制活动的全景记录，包括各自的有关文件、图纸、试验报告、材料合格证、质量自检单、项目监理单位的质量验收单、各工序的质量记录、不符合项报告及处理情况等。施工质量跟踪档案不仅对工程施工期间的质量控制有重要作用，而且可以为查询工程施工过程质量情况以及工程维修管理提供大量有用的资料信息。

7) 施工作业运行结果的质量控制

施工作业运行结果的质量管理的内容具体包括如下：

施工作业运行结果主要是指工序的产出品、已完分项分部工程及已完准备交验的单位工程。施工作业运行结果的控制是指对施工过程中间产品及最终产品的控制。只有施工过程中间产品的质量均符合要求，才能保证最终单位工程产品的质量。

① 基槽（基坑）验收。由于基槽开挖质量状况对后续工程质量的影响较大，需要将其作为一个关键工序或一个检验批进行验收。在基槽开挖验收时，施工承包商应当报请勘察设计单位的有关人员和监理工程师共同参加，由建设单位报请工程质量监督部门对验收过程进行监督。如果通过现场检查、测试确认地基承载力达到设计要求、地质条件与设计相符，则由监理工程师会同有关单位共同签署验收资料。如果达不到设计要求或与勘察设计资料不相符，则应由原设计单位提出处理方案，采取措施进行处理或工程变更，经施工承包商实施完毕后重新检验。

② 工序交接验收。工序交接是指施工作业活动中一种必要的技术停顿、作业方式的转换及作业活动效果的中间确认。上道工序质量应该满足下道工序的施工条件和要求。每道工序完成后，施工承包商应该按下列程序进行质量自检：工序操作人员在其作业结束后必须进行自检；不同工序交接、转换时必须由相关人员进行交接检查；施工承包商专职质量检查员进行专项检查。经施工承包商按上述程序进行自检确认合格后，再报请监理工程师进行复核确认。

③ 隐蔽工程验收。隐蔽工程验收是在检查对象被覆盖前，对其质量进行的最后一道

检查验收，是工程质量控制的一个关键过程。隐蔽工程验收程序：施工作业人员完成隐蔽施工内容，施工承包商质量人员按有关技术规范、规程、施工图纸进行自检。自检合格后，填写报验申请表，并附有关证明材料、试验报告、复试报告等，报送专业监理工程师；专业监理工程师收到报验申请表后，首先应对质量证明材料进行审查，并在合同规定的时间内到现场进行检查（检测或核查），施工承包商的专职质量检查员及相关施工人员应随同一起到现场，如果涉及不同专业内容隐蔽的，应按照先内、后外，先专业，后土建的原则进行验收；经现场检查，如果符合质量要求，专业监理工程师及有关人员在报验申请表及隐蔽工程检查记录上签字确认，准予施工承包商隐蔽、覆盖，进入下一道工序施工。

④ 检验批质量验收。检验批合格质量应符合规定：主控项目和一般项目的质量经抽样检验合格；具有完整的施工操作依据、质量检查记录。

检验批的质量验收除对质量资料的核查外，还要对其主控项目、一般项目进行检查。其中，主控项目必须全部符合要求，即主控项目的检查具有否决权。一般项目的抽查结果允许有轻微缺陷，因为其对检验批的基本性能仅造成轻微影响；但不允许有严重缺陷，因为严重缺陷会显著降低检验批的基本性能，如《混凝土结构工程施工质量验收规范》GB 50204 钢筋安装第 5.5.3 条规定，钢筋安装偏差应符合：梁板类构件上部钢筋保护层厚度合格率应达到 90% 及以上，且不得有超过允许偏差表中数值的 1.5 倍。

⑤ 分项工程质量验收。分项工程应按主要工种、材料、施工工艺、设备类别等进行划分。如混凝土结构工程中按主要工种分为模板工程、钢筋工程、混凝土工程等分项工程；按施工工艺又分为预应力、现浇结构、装配式结构等分项工程。分项工程质量合格规定如下：分项工程所含的检验批均应符合合格质量的规定；分项工程所含的检验批的质量验收记录应完整。

⑥ 分部（子分部）工程质量验收。分部（子分部）工程质量合格规定：分部（子分部）工程所含分项工程的质量均验收合格；质量控制资料应完整；地基与基础、主体结构和设备安装等分部工程有关安全及功能的检验和抽样检测结果应符合有关规定；观感质量验收应符合要求。

分部（子分部）工程的质量验收在其所含各分项工程质量验收合格的基础上进行。首先，分部工程的各分项工程必须已验收且相应的质量控制资料文件必须完整，这是验收的基本条件。此外，由于各分项工程的性质不尽相同，因此，作为分部工程不能简单地组合后加以验收，尚需增加以下两类检查：

涉及安全和使用功能的地基基础、主体结构、有关安全及重要使用功能的安装分部工程，应进行有关见证取样送样试验或抽样检测。如建筑物垂直度、标高、全高测量记录，建筑物沉降观测测量记录，节能材料的复试、实体检测记录、无障碍设施的检查记录、给水管道通水试验记录，暖气管道、散热器压力试验记录，照明动力全负荷试验记录等。

观感质量验收在工程实际中难以具体指标确定，只能以观察、触摸或简单测量的方式进行，并综合给出质量评价。

⑦ 单位工程质量验收。单位（子单位）工程质量验收"合格"的规定：单位（子单位）工程所含分部（子分部）工程的质量均应验收合格；质量控制资料应完整；单位（子单位）工程所含分部工程有关安全和功能的检测资料应完整；主要功能项目的抽查结果应

符合相关专业质量验收规范的规定；观感质量验收应符合要求。

单位工程完工后，施工总承包单位应当按照规定进行质量自检；自检合格后，向建设单位提交工程竣工报告，监理单位应当组织单位工程质量竣工预验收。

工程竣工验收应当形成经建设、勘察、设计、施工、监理等单位项目负责人签署的工程竣工验收记录，作为工程竣工验收合格的证明文件。工程竣工验收记录中各方意见签署齐备的日期为工程竣工时间。

工程竣工验收合格，且消防、人民防空、环境卫生设施、防雷装置等应当按照规定验收合格后，工程建设方可交付使用。

为规范工程竣工验收行为，提高验收效率，北京市住房和城乡建设委员会2018年发布《北京市建设工程竣工联合验收实施细则（试行）》（481号文），大力促进推广联合验收工作，文件规定：由市住房和城乡建设委员会负责质量监督的项目由市住房城乡建设委牵头开展联合验收工作，其他项目均由各区住房和城乡建设部门牵头开展联合验收工作。验收单位有市区两级的规划国土部门、住房城乡建设部门、交通部门、城市管理部门、质量技术监督部门、民防部门、水务部门、消防部门、档案行政主管部门以及给水、排水、热力、燃气、电力等市政公用服务企业。

轨道交通工程的单位工程验收合格且相关专项验收合格后，方可组织项目工程验收。项目工程验收合格且按照规定完成不载客试运行后，方可组织工程竣工验收。

轨道交通工程竣工验收合格，且消防、人民防空、运营设备和设施、环境保护设施、防雷装置、特种设备、卫生、供电、档案等按照规定验收后，方可交付试运营。轨道交通工程质量保修期限自交付试运营之日起计算。

通信工程、有线广播电视传输覆盖网、环境保护设施、特种设备等交付使用前应当按照规定验收。

交通、消防、环保、人民防空、通信等工程的竣工验收备案，应当按照相关法律、法规和规章的规定执行。

⑧ 住宅工程分户验收。

北京市规定，住宅工程在按照国家规范要求内容进行工程竣工验收时，对每一户及单位工程公共部位进行的专门验收，并在分户验收合格后出具工程质量竣工验收记录。

住宅工程竣工验收时，建设单位应当先组织施工和监理单位有关人员进行质量分户验收。已选定物业公司的，物业公司应当参加住宅工程质量分户验收工作。

住宅工程质量分户验收应当依据设计图纸的要求，在确保工程地基基础和主体结构安全可靠的基础上，以检查工程观感质量和使用功能质量为主，主要包括以下检查内容：建筑结构外观及尺寸偏差；门窗安装质量；地面、墙面和顶棚面层质量；防水工程质量；采暖系统安装质量；给水、排水系统安装质量；室内电气工程安装质量；其他规定、标准中要求分户检查的内容。

住宅工程质量分户验收应当按照以下程序进行：

a. 在分户验收前根据房屋情况确定检查部位和数量，并在施工图纸上注明；

b. 按照国家有关规范要求的方法，对本规定要求的分户验收内容进行检查；

c. 填写检查记录，发现工程观感质量和使用功能不符合规范或设计文件要求的，书面责成施工单位整改并对整改情况进行复查；

d. 分户验收合格后，必须按户出具由建设、施工、监理单位负责人签字或签章确认的《住宅工程质量分户验收表》，并加盖建设、施工、监理单位质量验收专用章。

住宅工程质量分户验收不合格的，建设单位不得组织单位工程竣工验收。住宅工程竣工验收前，施工单位要制作工程标牌，并镶嵌在建筑外墙显著部位。工程标牌应包括以下内容：工程名称、竣工日期；建设、设计、监理、施工单位全称；建设、设计、监理、施工单位负责人姓名。

北京市《住宅工程质量保修规程》DB11/T 641 规定，住宅工程建设单位应当在《住宅质量保证书》中注明以下事项：保修范围和保修期限；施工单位工程质量保修负责人姓名、电话以及办公地点；物业公司名称、电话；工程质量保修程序和处理时限；建设单位工程质量保修监督电话。

住宅工程交付使用时，《住宅工程质量分户验收表》应当作为《住宅质量保证书》的附件一并交给业主。

8）建筑工程质量事故案例分析

建筑工程质量是众多的因素共同作用而形成的结果，虽然不同的质量事故原因不同，但典型的质量事故在某些因素上又可能有共性，通过典型案例介绍，建造师可以了解质量管理中的重点。

① 某单位办公楼屋面工程质量事故案例

A. 案例介绍

某单位办公楼工程，框架结构，地上 4 层，建筑面积 13460m²，2016 年 5 月 30 日开工，2017 年 9 月 30 日竣工。本工程屋面采用卷材防水，防水保护层采用 20mm 厚 1：3 水泥砂浆粘贴 10mm 厚彩色釉面防滑地砖。在连续潮湿高温的天气下，2017 年 7 月屋面施工后防水卷材和屋面砖发生了鼓起和变形。

B. 事故原因

经过现场勘查和对屋面构造做法分析，可能有以下几方面原因所致：

a. 本屋面工程保温材料的施工采用正置式保温方法，即把保温层置于屋面防水层与结构层之间。保温材料下部的找坡层，采用轻集料加气混凝土，厚度超过 100mm 的部位采用加气块铺设，上部用 30mm 厚加气混凝土找平，施工加气混凝土时，现场浇水湿润基层，导致保温层水饱和，加上天气潮湿防水层下面的湿气不能得到及时的排出，气体膨胀从而造成防水卷材起鼓。

b. 屋面构造复杂，施工人员在施工过程中未按要求检查排气管道是否通畅，部分排气管道堵塞，致使防水层下部空间湿气膨胀又不能及时排出，造成防水层和屋面砖起鼓开裂。

c. 由于屋面防水卷材与屋面砖之间未设立隔离层，屋面砖的起鼓对屋面防水卷材产生拉力（屋面砖和防水卷材之间通过水泥砂浆粘接），造成屋面防水卷材被拉裂，导致屋面渗漏的现象发生，同时也造成防水卷材的使用年限大大降低及经济上的重大损失。

C. 处理方法

根据现场实际情况和上述原因分析，采取了以下修复方案：

a. 将起鼓部位的屋面砖取下，疏通被堵塞的排气管道。

b. 对拉裂的防水层进行修复，并进行 24h 蓄水试验。

c. 在防水层与屋面砖水泥之间设立隔离层，用 200g/m 无纺布隔离层。隔离层上设立 40mm 细石保护层，内配 Φ6@200 钢筋网片，同时设立分隔缝，间距不大于 6m。经设计核算结构荷载满足要求。

d. 按照规范要求对起鼓部位的屋面砖留置分格缝，并在缝内镶嵌沥青砂，即给屋面砖留有一定的变形空间。

e. 按照规范要求对起鼓的屋面砖与女儿墙相交部位留置伸缩缝，并在缝内镶嵌沥青砂。

f. 各道工序完成后按照规范要求进行 24h 蓄水试验。

D. 实施效果

针对该工程屋面砖大面积起鼓问题，经细致研究后，按照国家有关规范标准编制维修方案，严格依照方案进行施工，对屋面砖留置分格缝，女儿墙根部与屋面砖相交处设置伸缩缝，缝内镶嵌沥青砂，压光；整改后经 24h 蓄水试验屋面未出现渗漏。经过一个冬季、雨季后，屋面砖未出现起鼓。

E. 案例分析

在施工过程中，施工人员未及时发现排气管道被堵塞，防水层下部湿气无法及时排出，导致保温层内部水气膨胀，防水层被拉裂和屋面砖起鼓开裂。

屋面应按照《屋面工程质量验收规范》GB 50207 中第 4.4.1 条的规定：块体材料、水泥砂浆或细石混凝土保护层与卷材、涂膜防水层之间，应设置隔离层和第 4.4.2 条的规定：隔离层可采用干铺塑料布、土工布、卷材或铺抹低强度等级砂浆。

本工程屋面做法中，设计未设置隔离层，施工单位也未按照规范提出，设计做法有缺陷，是导致屋面出现问题的一个主因。

屋面排汽管道应按照《屋面工程技术规范》GB 50345 中第 4.4.5 条的规定执行；排气屋面排气道应纵横贯通，不得堵塞。排气管应安装牢固，位置正确，封闭严密。

该工程在施工中设置的分格面积不标准，为了防止上述问题的发生，应按照《屋面工程质量验收规范》GB 50207 中第 4.5.2 条的规定执行：块体材料保护层应留设分格缝，分格纵横向间距不宜大于 10m，分格缝宽度宜为 20mm。第 4.5.5 条的规定执行：块体材料、水泥砂浆或细石混凝土保护层与女儿墙、山墙之间，预留宽度为 30mm 的缝隙，缝内宜填塞聚苯乙烯泡沫塑料，并用密封材料嵌填严密。

加强对施工人员的培训，提高施工人员的质量意识，落实施工作业的技术、质量、安全等方面的交底。

施工管理人员应尽到其管理责任，严格施工程序的检查和验收，不能把不合格质量带入下道工序，严格尽责才能有好的质量效果。

6. 项目施工成本管理

项目经理部组织应建立、健全工程项目全面成本管理责任体系，明确业务分工和职责关系，把管理目标分解到各项技术工作、管理工作中。工程项目全面成本管理责任体系应包括两个层次：

(1) 组织管理层。由企业公司层级部门负责，根据工程项目成本及盈利水平测算管理决策，确定工程项目的合同价格和成本计划，确定工程项目管理层的成本目标。

(2) 项目经理部。负责工程项目成本的管理，实施成本控制，实现工程项目管理目标责任书中的成本目标。项目经理部的成本管理应包括成本计划、成本控制、成本核算、成本分析和成本考核。图1-25显示了工程项目成本管理的程序和内容。

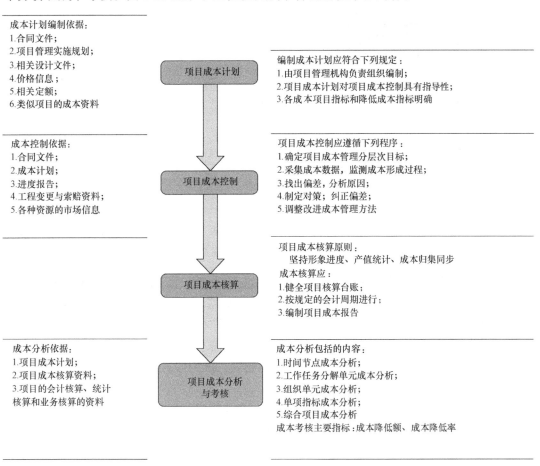

成本计划编制依据：
1.合同文件；
2.项目管理实施规划；
3.相关设计文件；
4.价格信息；
5.相关定额；
6.类似项目的成本资料

编制成本计划应符合下列规定：
1.由项目管理机构负责组织编制；
2.项目成本计划对项目成本控制具有指导性；
3.各成本项目指标和降低成本指标明确

成本控制依据：
1.合同文件；
2.成本计划；
3.进度报告；
4.工程变更与索赔资料；
5.各种资源的市场信息

项目成本控制应遵循下列程序：
1.确定项目成本管理分层次目标；
2.采集成本数据，监测成本形成过程；
3.找出偏差，分析原因；
4.制定对策，纠正偏差；
5.调整改进成本管理方法

项目成本核算原则：
　　坚持形象进度、产值统计、成本归集同步
成本核算应：
1.健全项目核算台账；
2.按规定的会计周期进行；
3.编制项目成本报告

成本分析依据：
1.项目成本计划；
2.项目成本核算资料；
3.项目的会计核算、统计核算和业务核算的资料

成本分析包括的内容：
1.时间节点成本分析；
2.工作任务分解单元成本分析；
3.组织单元成本分析；
4.单项指标成本分析；
5.综合项目成本分析
成本考核主要指标：成本降低额、成本降低率

项目成本计划 → 项目成本控制 → 项目成本核算 → 项目成本分析与考核

图1-25　项目成本管理程序

实施成本控制需要借助一些方法，常用的有价值工程和赢得值法。在这里再给读者介绍一种更简便、易行的方法，它适合于不同规模的建筑工程项目——横道图分析投资偏差法。图1-26是横道图分析投资偏差，它是用不同的横道分别代表计划工作的预算费用、已完成工作的预算费用、已完成工作的实际费用，横道的长度与其数值成正比，具体工作的费用、进度偏差可以通过图表直观地反映出来，数值也可以计算出来，经过分析可以将造成偏差的原因也填入表格，在今后的管理中可以重点关注。

7.项目信息化管理

（1）工程项目管理信息化的现状分析及问题

目前我国在工程项目管理信息化管理中有着自身的特点，从管理层与业务层以及处理层入手开发项目管理软件系统。而一些建筑企业也在从自身管理的需要或业务处理的需求出发，各自进行管理与业务处理两个层面的软件开发尝试。但是都没有很好地解决工程项目管理的模式不同、需求多变问题。主要原因是以下几点：

1）建筑企业对信息化认识不准确，对建设工程管理信息系统的开发及应用重视不足。

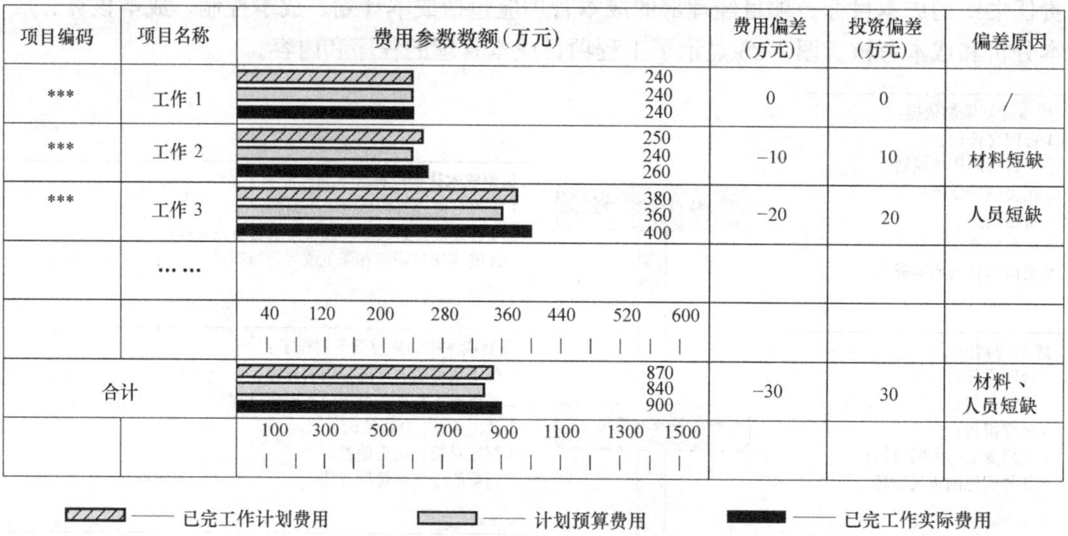

项目编码	项目名称	费用参数数额(万元)		费用偏差(万元)	投资偏差(万元)	偏差原因
***	工作 1		240 240 240	0	0	/
***	工作 2		250 240 260	−10	10	材料短缺
***	工作 3		380 360 400	−20	20	人员短缺
	……					
		40 120 200 280 360 440 520 600				
合计			870 840 900	−30	30	材料、 人员短缺
		100 300 500 700 900 1100 1300 1500				

▨▨▨ —— 已完工作计划费用　　□ —— 计划预算费用　　■ —— 已完工作实际费用

图 1-26　横道图分析投资偏差法

企业把信息化建设当作是一项"说起来重要，做起来次要"的工作，企业从领导到职工普遍存在一种思想。他们认为，信息化就是配备几台电脑，能上网，或者建立自己的网页，宣传公司的业绩，用电脑代替手工劳动，通过电脑制作标书实现办公室自动化等等，这就实现了企业的信息化。或者在建设工程中业主有明确需求时，才会为了履行合同，被动地去组织信息化要求，没有主动建立信息化管理制度，认为信息化是可有可无的。显而易见，这种观念是片面的、错误的。

2）建筑企业业务流程及组织机构改造滞后，企业管理与流程再造不匹配。企业的流程再造是企业管理方式向扁平化方向发展所进行的根本性再思考和彻底性再设计，是对企业传统管理体系直至产权体系的根本性变革。一部分建筑企业尚未使用管理信息系统进行管理，所以在建设工程项目管理过程中的业务流程还保持着原有的形式，组织机构还停留在过去的组织模式，依靠人力、手工收集、整理汇总信息，对信息没有分析，更谈不上信息的共享。

3）缺乏统一的建筑工程信息化标准规范。如国内的建筑设计企业虽然已基本实现了电脑出图，但这些众多的图形电子文档并未或很少能在其后的建筑施工、建设监理、物业管理中得到利用，许多基础工作又在各个建设管理环节重复进行等。同时，由于缺乏统一的建筑工程信息化标准规范，不同软件间尤其是同单位部门间的数据信息不能共享，设计、管理、生产的数据不能进行有效的交流；有的还存在文档系统、设备管理系统、投资管理系统等公共的基础数据编码不一致，子系统的编码方式也各有不同，导致数据重复输入、数据质量难以有效控制、数据共享和关联程度不够等，从而产生"信息孤岛"。

（2）解决工程项目信息化问题的主要途径

各类建筑企业要增强对工程项目信息化管理的认识。由于信息技术是十分专业的领域，发展又非常迅猛，新概念和技术层出不穷，非信息领域的人员往往难以把握。不同部门只是站在各自部门的角度提出模糊的需求。由于工程项目信息化管理是一个系统工程，不同部门之间有大量的数据和信息需要交换和共享，因此需要根据业务的需求，提出整体的框架，在整体的框架之下解决各部门的具体需求。如达不成对整体框架的共识，部门之间就会存在很多分歧，工程项目管理的信息化建设就很难推进。

重构企业管理系统，使之符合项目管理信息化的要求。企业在开发基于网络平台的多项目管理系统或大型、特大型项目的管理系统时，必须将项目管理系统的设计纳入企业管理系统中通盘考虑，需要考虑以下几个方面：

1) 在企业和大型项目内推行现代项目管理方法和制度，改革企业传统的业务流程；

2) 改革企业的管理组织和管理职能的分配，明确分离部门业务与项目业务；

3) 改变企业组织、管理模式、企业的业务流程和企业管理组织的责权利的划分，实现真正意义上的项目管理信息化；

4) 建设企业的核心业务管理和应用系统。

建立科学规范的项目管理系统。管理系统应包括项目管理模式的确定、项目管理组织设置、项目管理组织职能分解、项目管理工作流程、项目管理信息流程和比较成熟的项目管理规章。在网络平台上的项目管理信息化还必须解决企业和项目的信息交换，企业和项目信息整合与标准化问题。这一套系统的有效运作是项目管理信息化的基础，过于追求计算机、网络和项目管理应用软件的先进性，而不在项目管理系统上花时间和费用是无法实现管理现代化目标的。

加强项目管理人员的信息化意识，建设多层次信息管理平台。项目实施过程中对外涉及业主、监理、设计、地方政府和上级管理机关等多方利益关系人，涉及合同管理、现场施工管理、财务管理、概预算管理、材料设备管理等多个环节。因此，工程项目信息化建设应充分考虑不同参与方的需求，建立一个涵盖施工现场管理、项目远程监控、项目多方协作、企业知识和情报管理等多层次的软件系统和网络信息平台，能够自动生成面向不同主体的数据，实现各种资源的信息化。

建立健全信息管理制度。信息管理制度是工程项目管理信息系统得以正常运行的基础，建立制度的目的就是为了规范信息管理工作，规范和统一信息编码体系，规范和统一信息的输入和输出报表，规范建设工程项目信息流，促进建设工程项目管理工作的规范化、程序化和科学化。

8. 职业健康安全与环境管理

建筑工程要确保有较好的经济效益和社会效益，施工现场管理至关重要。建筑工程施工现场管理涉及施工组织、绿色施工管理和环境管理。施工现场管理井然有序会对现场全体施工人员的生产率产生积极影响，同时卓有成效的现场管理还能提高施工的安全性，形成环境友好型的工地，更是企业综合管理水平的体现，是落实"以现场保市场"理念具体实践。

建造师已经非常熟知如何管理施工现场的程序和方法了，大多数施工现场都能符合相关部门和标准化的要求。我国建筑工程施工现场管理的水平，与国际知名承包商的差别更多的是在细节上，而正是这些细节却极大地影响了生产效率。因此，要提高我国建筑工程施工现场管理的水平，现在需要的是以人为本、注重细节，从被动要求管理，向主动提高管理上发展。下面着重对建筑工程施工现场管理的几个细节进行阐述。

(1) 施工现场布局规划总体要求

施工现场的整体布局规划对建筑工程施工的效率有很大的影响，它是施工现场管理的重要内容，对于大型、复杂、群体性工程更是极为重要。合理的现场布局规划能将总承包商、分包商以及各专业施工队有机地联系在一起，按照合理的分工有序地进行施工。良好的施工现场有助于人流、机械流、物流的畅通，确保施工生产活动顺利高效的进行。施工现场管理不仅反映建筑业的生产水平，也反映一个建筑企业的精神面貌和管理水平，对企业的社会效益和经济效益都会产生直接的影响。目前很多现场都设置视频监控系统来加强信息化管理和现场安全管理。图 1-27 为某工程现场设置的视频监控系统。

 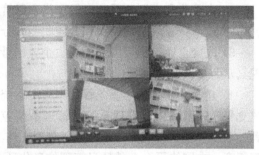

图 1-27　现场设置视频监控系统

施工现场布局规划主要涉及现场临时设施、材料搬运、材料存储以及材料装卸的规划，需要综合考虑建筑工程各个因素及其相互关系。

施工现场布局规划由总承包商设计、投资、管理，但也需要顾及业主、监理工程师、工程量多、尺寸大对工程起直接影响的分包商的需要和要求，以及现场需要执行的有关标准和规定。施工现场布局规划主要应包括以下几个方面的内容：

1）现场空间分配材料配送、材料存储和临时设备的现场区域（图 1-28～图 1-33）；

图 1-28　现场消防泵房　　　　　　　　图 1-29　现场工人生活区

图 1-30　现场宿舍　　　　　　　　图 1-31　木料码放

图 1-32　现场钢筋存放区

图 1-33　砖及砌块存放区

2）进出现场的道路和场内前往作业区的道路，包括运输道路（图 1-34、图 1-35）；

图 1-34　现场主要道路硬化

图 1-35　现场非主要道路可铺设碎石防尘

3）材料装卸包括现场横向和纵向的材料搬运、提升设备，包括叉式起重车和起重机（图 1-36）；

4）临时设施办公室、存储设施、封闭垃圾站、旱地工棚、卫生设施以及临时供水、供电和供暖系统（图 1-37～图 1-40）；

5）现场出入口通道、安全维护护栏、临边防护（图 1-41～图 1-48）；

图 1-36　施工现场起重机交臂作业

图 1-37　现场临时办公区

图 1-38　封闭垃圾站

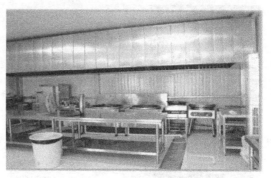

图 1-39　现场食堂制作间

图 1-40　太阳能热水系统

图 1-41　出入口安全防护

图 1-42　安全维护护栏

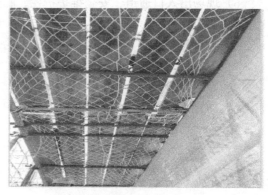

图 1-43　操作架下安全网防护

图1-44 坑、槽、沟边防护

图1-45 电梯井道临时防护

图1-46 电梯井首层水平安全网

图1-47 楼梯周边防护围栏

6）标志、路障和设施保护普通民众免受现场施工事故伤害，如图1-49所示施工现场标志；

图1-48 施工现场孔洞周边防护围栏

图1-49 施工现场标志牌

在现场布局规划中，建造师应重点考虑材料装卸、劳动生产率、设备限制和现场限制四个方面的因素，它们会对现场的秩序井然、高效运作、减少机械台班、二次搬运产生巨大影响。

7）施工现场标识管理

现场存在安全风险的重要部位和关键岗位必须设置能提供相应安全信息的安全警示牌。根据有关规定，现场出入口、施工起重机械、临时用电设施、脚手架、通道口、楼梯口、孔洞、基坑边沿、爆炸物及有毒有害物质存放处等属于存在安全风险的重要部位，应当设置明显的安全警示标牌。

为加强施工现场安全标志的管理，规范安全警示标志的设置，使作业人员能迅速发现、分辨危险部位或环境，对防范事故提供信息支持，确保生产过程中的安全，设置安全警示标志应遵循以下原则并符合国家标准《安全标志及其使用导则》GB 2894 的规定：图形、尺寸、色彩、材质应符合标准。

a. 安全：设置后本身不能存在潜在危险，保证安全；

b. 醒目：设置的位置应醒目；

c. 便利：设置的位置和角度应便于人们观察或捕获信息；

d. 协调：同一场所设置的各标志牌之间应尽量保持其高度、尺寸及与周围环境的协调统一；

e. 合理：尽量用适量的安全标志反映出必要的安全信息，避免漏设和滥设；

f. 安全标志分为禁止标志（红色）、警告标志（黄色）、指令标志（蓝色）和提示标志（绿色）。图 1-50 为常见的几种安全信息标志。

图 1-50　安全信息标志

（2）施工现场机械管理

建筑机械设备是建筑施工企业至关重要的施工工具，是现代建筑业的主要生产手段，也是建筑生产力的重要组成部分。建筑机械设备是企业竞争实力的表现，也是企业的外部形象之一。加强机械设备管理，对提高生产效率、降低工程成本、缩短工期和提高工程质量，降低人为安全风险具有重要作用。施工现场机械管理主要包括以下几方面内容：

1）根据生产需要，选择性能和负荷能力均适用的机械设备，使建筑生产建立在先进合理的物质技术基础上；

2）对设备种类多、数量多，使用高峰期明显的现场，要根据施工计划，充分合理调整机械作业配置，采用自购或租赁方式，统筹管理机械使用，提高全部机械的使用效率；

3）建立、健全机械设备使用、管理责任制，执行生产、技术、安全操作规程，保证安全生产，节约费用，从而提高使用机械设备的经济效益；

4）做好机械设备的运输、安装、使用、拆卸等工作，提高其利用率，降低故障率；

5）做好维修保养，使机械设备经常处于良好的技术状态，保证正常运转；

6）做好机械设备的日常管理工作，如验收、登记、保管、调拨、处理、报废等，并保存完整的技术经济资料；

7）对机械设备及时更新改造。

（3）施工现场临时设施管理

现场的临时设施包括现场办公室、生活用房、材料存储，水电加工房（棚）等，由于建筑工程和承包商的不同，现场办公室的类型也多种多样。无论形式如何，施工现场临时设施必须遵循因地制宜的原则，适合施工现场生产、生活和管理的需要，并考虑以下几个因素：

1）成本可控——施工现场临时设施的成本必须控制在投标预算的范围之内，并考虑业主、监理工程师和建筑工程的要求；

2）现场空间——施工现场可供使用的空间会对选择临时设施的类型产生实质性影响，尽可能紧凑的安排设施和设施的空间是解决问题的首要考虑；

3）可得性——考虑获得一个满足使用功能的临时设施，以及施工完成后如何以最小的代价去处理临时设施，是获得临时设施同时需要考虑的两个重要问题。

施工现场临时设施施工要结合各个项目现场的实际情况，确保建筑工程周边环境及人身安全，推动工程项目现场安全的健康发展，临时设施管理应满足以下基本要求：

1）利用永久性和组装式施工设施，减少设施的建造量，考虑设施的重复利用性；

2）现场临时设施应按照施工总平面布置图，进行科学合理布置，少占施工用地；

3）临时设施的设置应符合相关安全、消防标准规定，体现企业文化内涵；

4）坚持"四节一环保""绿色施工"的原则；

5）建立健全临时设施管理制度和日常检查制度。

随着专业化生产的出现，施工现场临时设施多采用标准化的建造方式，采用装配式房屋，各功能房间按模数单元设计，分割组合灵活、拆装方便、结构合理、使用舒适、可重复使用三次以上。标准化建造能满足施工现场的不同需要，建设速度快，使用后不留任何废弃物，费用经多次摊销后，非常经济，对于树立企业形象、营造环境友好型工地都有积极意义。

现场临时用电配电箱防护棚的标准化布置，防护棚防护措施全部使用预制定型材料加工，这样既保证各配线箱防护棚的一致性，又可以重复使用（图1-51、图1-52）。

施工现场大门处安全文明施工五版两图宣传橱窗的设置标准化（图1-53）。

（4）施工现场道路管理

能否恰到好处地规划前往施工现场的道路和场内道路是关系到施工效率的关键性问题。施工现场涉及的所有进场道路都要尽可能地优先满足如下要求：

1）在可能的条件下道路应直通所达地点。这些地点包括储料区、安装区以及工作现场入口。

2）道路必须建造得坚固、耐用，在使用期间能经受住负载、运输和天气条件变化的考验。

图 1-51　临时用电箱防护棚

图 1-52　配电箱内标准配置

图 1-53　五版两图宣传橱窗

3）道路要满足各种车辆以及承载物的通过，这涉及道路宽度、转弯半径以及道路斜度或坡度。为挖掘作业建造运输道路时，要使用卡车或铲土机。

4）道路应确保在施工期间不会被迫迁移或重置位置。施工现场内的道路，要根据施工部署，坚持正确的施工顺序，临时道路施工后，在后期拆除时，再施工室外管线和正式道路。

5）道路应尽量减少粉尘量。进出施工现场的道路，由于各种运送建筑材料的车辆、上下班的工人进出频繁，成为施工现场路面硬化的重点和核心。目前较好的硬化方法是采用铺设预制混凝土板或钢板，该做法最大的优势就是拆装方便，可重复使用。

6）现场出入口应设置洗车设备，如果道路使用土质材料建造，就必须制定粉尘控制计划，如定期洒水、裸露土方进行苫盖（图 1-54、图 1-55）。

（5）施工现场安全管理

2017 年 1 月 12 日，国务院办公厅发布《安全生产"十三五"规划》（国办发 3 号

文），对新时期全国安全状况进行了分析，并对今后"十三五"期间安全工作提出了明确

图 1-54　出入口洗车设备　　　　　　　图 1-55　非作业区裸土进行覆盖

要求。当前，我国仍处于新型工业化、城镇化持续推进的过程中，安全生产工作面临许多挑战。经济社会发展、城乡和区域发展不平衡，安全监管体制机制不完善，全社会安全意识、法治意识不强等深层次问题没有得到根本解决。

2018 年 3 月，住房和城乡建设部决定在全国开展"建筑施工安全专项治理两年行动"，对房屋建筑和市政基础设施工程安全关键领域及薄弱环节进行集中治理，有效防控施工现场重大安全风险，确保全国房屋建筑和市政基础设施工程生产安全事故总量下降，为决胜全面建成小康社会创造良好的安全环境。

作为建设工程的主体责任单位，建筑施工企业必须采取强有力的手段，进一步改善安全生产环境，强化安全生产条件，制定一系列有效措施，加大落实安全生产责任制度，立足于构建安全生产的长效机制，创新安全生产的组织和管理方式，全面完成安全生产的目标任务。

1）建筑工程安全目标管理体系的建立和实施

建立安全生产控制指标体系，对安全生产情况实行定量控制和考核，是国家安全生产管理工作的一项重要举措。《国务院关于进一步加强企业安全生产工作的通知》（国发〔2010〕23 号）规定："严格落实安全目标考核，对各地区、各有关部门和企业完成年度生产安全事故控制指标情况进行严格考核，并建立激励约束机制。"

建筑工程安全生产的目的和任务必须转化为安全生产管理目标，通过对安全目标分解、实施、检查、整改、总结、提高的循环管理，达到建筑施工本质安全的目的，实现安全生产。因此，建筑施工企业应建立安全目标管理制度，制定安全生产总目标。企业内部各层级、各部门、各岗位，从上到下围绕企业安全生产的总目标，制定分管目标，确定管理措施，安排工作进度，有效地组织实施，并对责任目标严格考核，保证安全总目标的实现。

建筑工程安全目标管理体系的建立和实施可分为四个阶段，即安全管理目标的制定、安全目标体系的建立、安全管理目标的实施、目标的评价与考核。

① 安全管理目标的制定

建筑工程安全管理目标的制定应满足国家法律法规的规定和上级管理部门的要求，结

合本单位安全生产中长期规划，综合分析本单位安全管理绩效和施工现场危险因素，明确可量化的安全管理目标。一般情况下，建筑工程安全管理目标应包含以下几方面：

a. 安全控制指标

绝对指标：是指在建筑施工过程中发生的生产安全事故起数或伤亡人数，主要指标有：事故起数、死亡、重伤人数等。

相对指标：是指根据企业生产类型和规模大小等因素确定的生产安全事故发生的频率或严重程度，主要指标有：亿元营业收入死亡率、万人死亡率等。

b. 安全投入指标

安全生产费用是指建设工程按照规定标准提取，在成本中列支，专门用于完善和改进工程项目安全生产条件的资金。

c. 安全创优指标

建设工程在安全生产、环境保护达标竞赛活动中取得的荣誉称号。主要包括创建"安全标准化示范工程""绿色安全工地"等。

d. 安全工作指标

按照安全管理考核划分，可包括：

安全技术管理目标，如：安全技术方案、安全技术交底覆盖面等；

安全教育管理目标，如：新工人入厂"三级教育率"、特种作业人员持证率等；

安全检查管理目标，如：施工现场安全达标率、隐患整改率等；

安全活动管理目标，如：安全月、安全周、百日安全活动等；

安全文化管理目标，如：企业安全文化建设等。

② 安全目标体系的建立

为实现企业安全生产总目标，项目部应将工程项目安全管理目标细分为工作目标，分解到项目部各管理部门（管理岗位）和所有分包方、分供方，根据不同的施工阶段和分部分项工程的风险控制要点，制订节点目标，落实到作业班组，直至每个施工人员，建立一个由总目标、分目标、子目标构成的自上而下的分级的目标体系。某公司安全目标管理分解如图1-56所示。

安全目标管理的核心是安全目标的网络化、细分化，形成横向到边，纵向到底的目标连锁体系，把人和目标的实现紧密地扣在一起，激发各级责任者为实现目标而自觉地采取措施，提高全员的安全意识，实现全员参与、全员管理和全过程管理。

③ 安全目标管理的实施

结合目前的安全管理手段，确保安全目标得到落实的主要措施有：落实各级安全生产责任制及安全防范能力等，重点做好以下工作：

加强全员安全知识、技能的培训，提高职工安全技术素质；编制、修订各类安全管理制度；落实安全技术措施；加强各类安全检查，及时消除事故隐患；确定危险岗位，管理危险设备；制订应急预案，提高防范能力，重点突出以下工作：

a. 建立安全目标分级负责的安全责任制

按照"谁主管、谁负责""管项目必须管安全"的工作原则，项目部应完善各级安全生产责任制，通过与分包队伍签订《安全生产协议书》，分解安全目标，明确管理要求，划分管理责任；与各岗位管理人员签订《安全生产责任书》，细化工作目标，梳理管理流

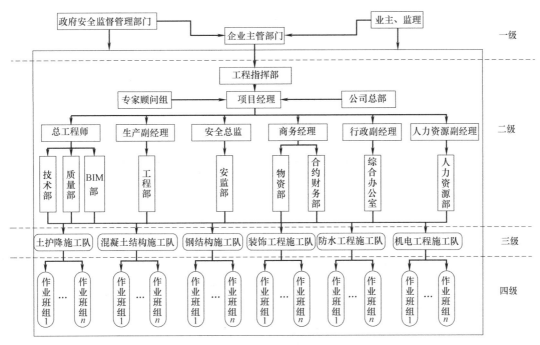

图 1-56　安全目标管理分解图

程，制定工作标准。在过程控制中，明确责任部门，严把安全"七关"，即：安全教育关、方案关、交底关、设施关、验收关、检查关、投入关，保证安全措施的落实，实现安全管理目标。

b. 完善各级目标管理组织，建立安全生产保证体系

项目部应建立安全生产领导小组，建立以项目经理为第一责任人的安全生产保证体系，加强对目标管理工作的领导、协调，加快各层级间安全信息的收集、处理、传递，使各部门、各环节、各层级互相了解、互相促进、推动目标管理顺利而扎实地开展。项目经理部主要负责人与各分包单位主要负责人签订安全生产责任状，分包单位主要负责人再与本单位施工负责人签订安全生产责任状，使安全生产工作责任到人，层层负责。项目安全生产保证体系如图 1-57 所示。

各分包负责人和项目部分管责任人，要以加强施工现场作业控制为重点，把定期检查、专项检查、日常巡查和安全教育相结合，确保工程项目施工实现安全、优质、高效地完成的安全生产目标。

2）安全生产标准化达标建设

《国务院关于进一步加强企业安全生产工作的通知》（国发〔2010〕23 号）规定："全面开展安全达标。深入开展以岗位达标、专业达标和企业达标为内容的安全生产标准化建设，凡在规定时间内未实现达标的企业要依法暂扣其生产许可证、安全生产许可证，责令停产整顿；对整改逾期未达标的，地方政府要依法予以关闭。"

近年来，建筑业全力推进安全质量标准化建设，各地建设行政主管部门、各施工企业逐步建立、完善了安全生产规章制度和安全技术管理标准，为全面开展"安全达标"活动打下坚实基础。

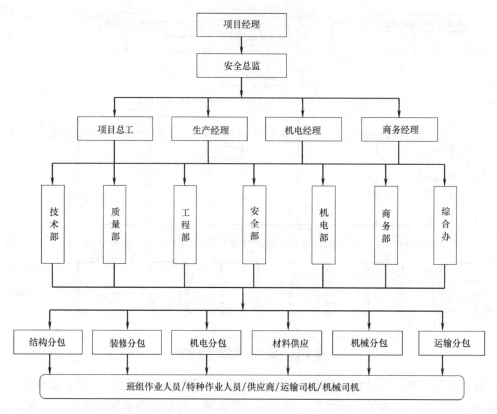

图 1-57　项目部安全生产保证体系

安全生产标准化达标建设包括岗位达标、专业达标和企业达标三方面内容。

① 岗位达标

岗位达标是指依照岗位标准，通过考核、评定或鉴定等方式对岗位人员的知识、技能、素质、操作、管理等进行全面评价，确认其是否达到岗位标准的过程，是企业标准化的基本条件和重要基础。

岗位达标的核心是岗位标准化，它是以安全生产责任制为核心，通过制定岗位工作标准，规范管理（或作业）流程，实现岗位操作标准化，确保行为安全，做到"三不伤害"（不伤害自己、不伤害别人、不被别人伤害）。

根据建筑工程施工现场的作业特点，项目部岗位达标重点应落在班组标准化建设上。

其主要内容有：

a. 建立班组安全责任制，明确班组长安全职责，按要求配备群众安全监督员；

b. 班组定期开展安全活动，做到"人员、时间、内容"三落实，并有详细记录；

c. 各工种操作规程及标准齐全，明示于岗，重要岗位实行操作许可制度；

d. 班组人员经安全培训合格，特种作业人员持证上岗，会正确穿戴和使用劳保用品；

e. 上岗前做好班前讲话，认真落实安全技术交底，了解本岗作业危险因素和防范措施，掌握自救、互救和应急处置措施；

f. 作业现场清洁、有序，安全通道畅通，各类标识和安全警示标志醒目；

g. 在作业时严格做到"眼观六面、安全定位、措施得当、安全操作"。

项目部管理人员岗位达标建设应包括以下内容：

a. 岗位人员基本要求：年龄、学历、上岗资格证书、职业禁忌等；

b. 岗位知识和技能要求：熟知本岗位或本专业安全技术标准和规范，能辨识本岗位或本专业危险有害因素（危险源），掌握预防控制措施、自救互救及应急处置措施；

c. 行为安全要求：严格履行审核审批、安全交底和安全交接班等规章制度，对危险施工工序进行旁站，对关键操作进行安全确认，不具备安全作业条件严禁违章作业；

d. 装备护品要求：生产设备及其安全设施、工具的配置、使用、检查和维护，个体防护用品的配备和使用，应急设备器材的配备、使用和维护；

e. 岗位管理要求：明确工作任务，强化岗位培训，开展隐患排查，加强安全检查，分析事故风险，铭记防范措施并严格落实到位。

项目部安全管理人员的配备：

建设工程项目应当成立由项目经理负责的安全生产管理小组，小组成员应包括企业派驻到项目的专职安全生产管理人员，根据 2008 年住房和城乡建设部《建筑施工企业安全生产管理机构设置及专职安全生产管理人员配备办法》（建质 91 号文），专职安全生产管理人员的配置为：

a. 建筑工程、装修工程按照建筑面积：

1 万 m² 及以下的工程至少 1 人；

1 万～5 万 m² 的工程至少 2 人；

5 万 m² 以上的工程至少 3 人，应当设置安全主管，按土建、机电设备等专业设置专职安全生产管理人员。

b. 土木工程、线路管道、设备按照安装总造价：

5000 万元以下的工程至少 1 人；

5000 万～1 亿元的工程至少 2 人；

1 亿以上的工程至少 3 人，应当设置安全主管，按土建、机电设备等专业设置专职安全生产管理人员。

c. 劳务分包企业建设工程项目施工人员 50 人以下的，应当设置 1 名专职安全生产管理人员；50～200 人的，应设 2 名专职安全生产管理人员；200 人以上的，应根据所承担的分部分项工程施工危险实际情况增配，并不少于企业总人数的 5‰。

安全生产培训教育要求：

a. 新入场从业人员是指新入场的学徒工、实习生、委托培训人员、合同工、新分配的院校学生、参加劳动的学生、临时借调人员、相关方人员、劳务分包人员等。

b. 三级教育分为公司（分公司）级、项目级、班组级安全教育。

公司级岗前安全教育内容应当包括：国家、省市及有关部门制定的安全生产方针、政策、法规、标准、规程；安全生产基本知识；本单位安全生产情况及安全生产规章制度和劳动纪律；从业人员安全生产权利和义务；有关事故案例等。培训时间不少于 15 小时。

项目级安全教育的主要内容包括：本项目的安全生产状况；本项目工作环境、工程特点及危险因素；所从事工种可能遭受的职业伤害和伤亡事故；所从事工种的安全职责、操作技能及强制性标准；自救互救、急救方法、疏散和现场紧急情况的处理、发生安全生产事故的应急处理措施；安全设备设施、个人防护用品的使用和维护；预防事故和职业危害的措施及应注意的安全事项；有关事故案例；《北京市建设工程施工现场作业人员安全知识手册》；其他需要培训的内容。培训时间不少于 15 小时。

北京市为强化建筑业从业人员的安全培训教育工作，有效消除人的不安全行为所造成的生产安全事故隐患，2018 年 2 月 24 日，制定了《北京市建筑施工项目从业人员体验式安全培训教育管理办法（试行）》（京建法 4 号文），对项目从业人员：施工总承包单位的项目管理人员、专业分包单位的项目管理人员、劳务分包单位的管理人员和所有在一线参与施工的作业工人（包括班组长），全面开展体验式安全教育，每年应进行不少于两次体验式安全培训，每次培训时长应不少于 2 学时，新入场和转场人员应于进场后 7 日内完成体验式安全培训，可将体验式安全培训学时纳入三级安全培训教育的项目安全培训学时。

班组级安全教育的内容包括：岗位安全操作规程；岗位之间工作衔接配合的安全与职业卫生事项；本工种的安全技术操作规程、劳动纪律、岗位责任、主要工作内容、本工种发生过的案例分析；《北京市建筑施工作业人员安全生产知识教育培训考核试卷》；其他需要培训的内容。培训时间不少于 20 小时。

三级教育结束后，施工单位（项目部）组织参加培训人员进行考试，考试时间为 90 分钟，得分 60 分（含）以上的为合格。

采用新工艺、新技术、新设备、新材料施工时，应对操作人员进行有针对性的安全教育。

c. 对安全生产管理有重大影响的重要、关键岗位人员（包括：重要操作岗位人员、技术人员、管理人员等）应进行具有针对性的专业技能和岗位教育。

② 专业达标

专业达标是指建筑工程各个专业依据政府或企业制订的相关标准实现标准化的过程。住房和城乡建设部 2018 年发布了《建筑施工易发事故防治安全标准》JGJ/429。

项目部应及时收集整理和识别相关的标准、规范和规程，在建设和生产作业过程中采用并遵循。实施过程中，相关管理人员根据标准规范和规程的要求设计检查表，逐一对照落实。

建筑施工安全专业技术管理应包括以下内容：

a. 基坑支护、土方作业安全技术；

b. 脚手架安全防护技术，包括扣件式钢管脚手架、悬挑式脚手架、门型钢管脚手架、碗扣式脚手架、附着式升降脚手架、承插型盘扣式钢管支架、满堂脚手架等；

c. 模板支架安全技术；

d. "三宝（安全帽、安全带、安全网）、四口（预留洞口、电梯井口、通道口、楼梯口）"及临边防护；

e. 施工用电；

f. 大型机械设备，包括塔式起重机、施工升降机、物料提升机等；

g. 施工机具、高处作业吊篮；

h. 起重吊装安全技术；

i. 拆除工程安全技术；

j. 文明施工安全技术要求等。

③ 企业达标

企业达标是建筑施工企业根据《企业安全生产标准化基本规范》AQ/T 9006 及行业相关考核评分标准达到规范要求的状态，是企业安全生产水平和能力的综合体现。

a．企业要从组织机构、安全投入、规章制度、教育培训、装备设施、现场管理、隐患排查治理、重大危险源监控、职业健康、应急管理以及事故报告、绩效评定等方面，严格对应评定标准要求，建立完善安全生产标准化建设实施方案，加强标准培训，广泛组织开展安全班组创建活动、危险预知训练、安全讲座、安全知识竞赛、岗位和专业大练兵、技术比武、全员持证上岗、师傅传帮带等切合实际、形式多样的活动，营造浓厚氛围，不断提升职工的安全素质和意识，推动安全达标工作。

b．企业安全生产费用提取和使用管理办法

安全费用按照"企业提取、政府监管、确保需要、规范使用"的原则进行管理。

建设工程施工企业以建筑安装工程造价为计提依据。各建设工程类别安全费用提取标准如下：

矿山工程为 2.5%；

房屋建筑工程、水利水电工程、电力工程、铁路工程、城市轨道交通工程为 2.0%；

市政公用工程、冶炼工程、机电安装工程、化工石油工程、港口与航道工程、公路工程、通信工程为 1.5%。

建设工程施工企业提取的安全费用列入工程造价，在竞标时，不得删减，列入标外管理。国家对基本建设投资概算另有规定的，从其规定。

企业在上述标准的基础上，根据安全生产实际需要，可适当提高安全费用提取标准。

c．建设工程施工企业安全费用应当按照以下范围使用：

完善、改造和维护安全防护设施设备支出（不含"三同时"要求初期投入的安全设施），包括施工现场临时用电系统、洞口、临边、机械设备、高处作业防护、交叉作业防护、防火、防爆、防尘、防毒、防雷、防台风、防地质灾害、地下工程有害气体监测、通风、临时安全防护等设施设备支出；

配备、维护、保养应急救援器材、设备支出和应急演练支出；

开展重大危险源和事故隐患评估、监控和整改支出；

安全生产检查、评价（不包括新建、改建、扩建项目安全评价）、咨询和标准化建设支出；

配备和更新现场作业人员安全防护用品支出；

安全生产宣传、教育、培训支出；

安全生产适用的新技术、新标准、新工艺、新装备的推广应用支出；

安全设施及特种设备检测检验支出；

其他与安全生产直接相关的支出。

3）安全技术管理规定

① 建筑工程预防高处坠落事故若干规定

a．本规定适用于脚手架上作业、各类登高作业、外用电梯安装作业及洞口临边作业等可能发生高处坠落的施工作业。

b．施工单位的法定代表人对本单位的安全生产全面负责。施工单位在编制施工组织设计时，应制定预防高处坠落事故的安全技术措施。

c. 项目经理对本项目的安全生产全面负责。项目经理部应结合施工组织设计，根据建筑工程特点编制预防高处坠落事故的专项施工方案，并组织实施。

d. 所有高处作业人员应接受高处作业安全知识的教育；特种高处作业人员应持证上岗，上岗前应依据有关规定进行专门的安全技术签字交底。采用新工艺、新技术、新材料和新设备的，应按规定对作业人员进行相关安全技术签字交底。

e. 高处作业人员应经过体检，合格后方可上岗。施工单位应为作业人员提供合格的安全帽、安全带等必备的安全防护用具，作业人员应按规定正确佩戴和使用。

f. 施工单位应按类别，有针对性地将各类安全警示标志悬挂于施工现场各相应部位，夜间应设红灯示警。

g. 高处作业前，应由项目分管负责人组织有关部门对安全防护设施进行验收，经验收合格签字后，方可作业。安全防护设施应做到定型化、工具化，防护栏杆以黄黑（或红白）相间的条纹标示，盖件等以黄（或红）色标示。需要临时拆除或变动安全设施的，应经项目分管负责人审批签字，并组织有关部门验收，经验收合格签字后，方可实施。

h. 物料提升机应按有关规定由其产权单位编制安装拆卸施工方案，产权单位分管负责人审批签字，并负责安装和拆卸；使用前与施工单位共同进行验收，经验收合格签字后，方可作业。物料提升机应有完好的停层装置，各层联络要有明确信号和楼层标记。物料提升机上料口应装设有联锁装置的安全门，同时采用断绳保护装置或安全停靠装置。通道口走道板应满铺并固定牢靠，两侧边应设置符合要求的防护栏杆和挡脚板，并用密目式安全网封闭两侧。物料提升机严禁乘人。

i. 施工外用电梯应按有关规定由其产权单位编制安装拆卸施工方案，产权单位分管负责人审批签字，并负责安装和拆卸；使用前与施工单位共同进行验收，经验收合格签字后，方可作业。施工外用电梯各种限位应灵敏可靠，楼层门应采取防止人员和物料坠落措施，电梯上下运行行程内应保证无障碍物。电梯轿厢内乘人、载物时，严禁超载，载荷应均匀分布，防止偏重。

j. 移动式操作平台应按相关规定编制施工方案，项目分管负责人审批签字并组织有关部门验收，经验收合格签字后，方可作业。移动式操作平台立杆应保持垂直，上部适当向内收紧，平台作业面不得超出底脚。立杆底部和平台立面应分别设置扫地杆、剪刀撑或斜撑，平台应用坚实木板满铺，并设置防护栏杆和登高扶梯。

k. 各类作业平台、卸料平台应按相关规定编制施工方案，项目分管负责人审批签字并组织有关部门验收，经验收合格签字后，方可作业。架体应保持稳固，不得与施工脚手架连接。作业平台上严禁超载。

l. 脚手架应按相关规定编制施工方案，施工单位分管负责人审批签字，项目分管负责人组织有关部门验收，经验收合格签字后，方可作业。作业层脚手架的脚手板应铺设严密，下部应用安全平网兜底。脚手架外侧应采用密目式安全网做全封闭，不得留有空隙。密目式安全网应可靠固定在架体上。作业层脚手板与建筑物之间的空隙大于150mm时应作全封闭，防止人员和物料坠落。作业人员上下应有专用通道，不得攀爬架体。

m. 附着式升降脚手架和其他外挂式脚手架应按相关规定由其产权单位编制施工方案，产权单位分管负责人审批签字，并与施工单位在使用前进行验收，经验收合格签字后，方可作业。附着式升降脚手架和其他外挂式脚手架每提升一次，都应由项目分管负责

人组织有关部门验收，经验收合格签字后，方可作业。附着式升降脚手架和其他外挂式脚手架应设置安全可靠的防倾覆、防坠落装置，每一作业层架体外侧应设置符合要求的防护栏杆和挡脚板。附着式升降脚手架和其他外挂式脚手架升降时，应设专人对脚手架作业区域进行监护。

n. 模板工程应按相关规定编制施工方案，施工单位分管负责人审批签字；项目分管负责人组织有关部门验收，经验收合格签字后，方可作业。模板工程在绑扎钢筋、粉刷模板、支拆模板时应保证作业人员有可靠立足点，作业面应按规定设置安全防护设施。模板及其支撑体系的施工荷载应均匀堆置，并不得超过设计计算要求。

o. 吊篮应按相关规定由其产权单位编制施工方案，产权单位分管负责人审批签字，并与施工单位在使用前进行验收，经验收合格签字后，方可作业。吊篮产权单位应做好日常例保和记录。吊篮悬挂机构的结构件应选用钢材或其他适合的金属结构材料制造，其结构应具有足够的强度和刚度。作业人员应按规定佩戴安全带；安全带应挂设在单独设置的安全绳上，严禁安全绳与吊篮连接。

p. 施工单位对电梯井门应按定型化、工具化的要求设计制作，其高度应在 1.5～1.8m 范围内。电梯井内不超过 10m 应设置一道安全平网；安装拆卸电梯井内安全平网时，作业人员应按规定佩戴安全带。

q. 施工单位进行屋面卷材防水层施工时，屋面周围应设置符合要求的防护栏杆。屋面上的孔洞应加盖封严，短边尺寸大于 1.5m 时，孔洞周边也应设置符合要求的防护栏杆，底部加设安全平网。在坡度较大的屋面作业时，应采取专门的安全措施。

② 建筑工程预防坍塌事故若干规定

a. 凡从事建筑工程新建、改建、扩建等活动的有关单位，应当遵守本规定。

b. 本规定所称坍塌是指施工基坑（槽）坍塌、边坡坍塌、基础桩壁坍塌、模板支撑系统失稳坍塌及施工现场临时建筑（包括施工围墙）倒塌等。

c. 施工单位的法定代表人对本单位的安全生产全面负责，施工单位在编制施工组织设计时，应制定预防坍塌事故的安全技术措施。

d. 项目经理对本项目的安全生产全面负责。项目经理部应结合施工组织设计，根据建筑工程特点，编制预防坍塌事故的专项施工方案，并组织实施。

e. 基坑（槽）、边坡、基础桩、模板和临时建筑作业前，施工单位应按设计单位要求，根据地质情况、施工工艺、作业条件及周边环境编制施工方案，单位分管负责人审批签字，项目分管负责人组织有关部门验收，经验收合格签字后，方可作业。

f. 土方开挖前，施工单位应确认地下管线的埋置深度、位置及防护要求后，制定防护措施，经项目分管负责人审批签字后，方可作业。土方开挖时，施工单位应对相邻建（构）筑物、道路的沉降和位移情况进行观测。

g. 施工单位应编制深基坑（槽）、高切坡、桩基和超高、超重、大跨度模板支撑系统等专项施工方案，并组织专家审查。

h. 本规定所称深基坑（槽）是指开挖深度超过 5m 的基坑（槽），或深度未超过 5m 但地质情况和周围环境较复杂的基坑（槽）。超高、超重、大跨度模板支撑系统是指高度 8m 及以上，或跨度 18m 及以上，或施工总荷载（设计值）大于 $15kN/m^2$ 以上，或集中线荷载（设计值）大于 $15kN/m$ 的模板支撑系统。

i. 施工单位应作好施工区域内临时排水系统规划，临时排水不得破坏相邻建（构）筑物的地基和挖、填土方的边坡。在地形、地质条件复杂，可能发生滑坡、坍塌的地段挖方时，应由设计单位确定排水方案。场地周围出现地表水汇流、排泄或地下水管渗漏时，施工单位应组织排水，对基坑采取保护措施。开挖低于地下水位的基坑（槽）、边坡和基础桩时，施工单位应合理选用降水措施降低地下水位。

j. 基坑（槽）、边坡设置坑（槽）壁支撑时，施工单位应根据开挖深度、土质条件、地下水位、施工方法及相邻建（构）筑物等情况设计支撑。拆除支撑时应按基坑（槽）回填顺序自下而上逐层拆除，随拆随填，防止边坡塌方或相邻建（构）筑物产生破坏，必要时应采取加固措施。

k. 基坑（槽）、边坡和基础桩孔边堆置各类建筑材料的，应按规定距离堆置。各类施工机械距基坑（槽）、边坡和基础桩孔边的距离，应根据设备重量、基坑（槽）、边坡和基础桩的支护、土质情况确定，并不得小于1.5m。

l. 基坑（槽）作业时，施工单位应在施工方案中确定攀登设施及专用通道，作业人员不得攀爬模板、脚手架等临时设施。

m. 机械开挖土方时，作业人员不得进入机械作业范围内进行清理或找坡作业。

n. 地质灾害易发区内施工时，施工单位应根据地质勘查资料编制施工方案，单位分管负责人审批签字，项目分管负责人组织有关部门验收，经验收合格签字后，方可作业。施工时应遵循自上而下的开挖顺序，严禁先切除坡脚。爆破施工时，应防止爆破震动影响边坡稳定。

o. 施工单位应防止地面水流入基坑（槽）内造成边坡塌方或土体破坏。基坑（槽）开挖后，应及时进行地下结构和安装工程施工，基坑（槽）开挖或回填应连续进行。在施工过程中，应随时检查坑（槽）壁的稳定情况。

p. 模板作业时，施工单位对模板支撑宜采用钢支撑材料作支撑立柱，不得使用严重锈蚀、变形、断裂、脱焊、螺栓松动的钢支撑材料和竹材作立柱。支撑立柱基础应牢固，并按设计计算严格控制模板支撑系统的沉降量。支撑立柱基础为泥土地面时，应采取排水措施，对地面平整、夯实，并加设满足支撑承载力要求的垫板后，方可用以支撑立柱。斜支撑和立柱应牢固拉接，行成整体。

q. 基坑（槽）、边坡和基础桩施工及模板作业时，施工单位应指定专人指挥、监护，出现位移、开裂及渗漏时，应立即停止施工，将作业人员撤离作业现场，待险情排除后，方可作业。

r. 楼面、屋面堆放建筑材料、模板、施工机具或其他物料时，施工单位应严格控制数量、重量，防止超载。堆放数量较多时，应进行荷载计算，并对楼面、屋面进行加固。

s. 施工单位应按地质资料和设计规范，确定临时建筑的基础形式和平面布局，并按施工规范进行施工。施工现场临时建筑与建筑材料等的间距应符合技术标准。

t. 临时建筑外侧为街道或行人通道的，施工单位应采取加固措施。禁止在施工围墙墙体上方或紧靠施工围墙架设广告或宣传标牌。施工围墙外侧应有禁止人群停留、聚集和堆砌土方、货物等的警示。

u. 施工现场使用的组装式活动房屋应有产品合格证。施工单位在组装后进行验收，经验收合格签字后，方能使用。对搭设在空旷、山脚等处的活动房应采取防风、防洪和防

暴雨等措施。

v.深基坑特别是稳定性差的土质边坡、顺向坡，施工方案应充分考虑雨季施工等诱发因素，提出预案措施。

w.冬季解冻期施工时，施工单位应对基坑（槽）和基础桩支护进行检查，无异常情况后，方可施工。

③ 洞口防护安全规定

a.1.5m×1.5m以下的孔洞，应用坚实盖板封闭，有防止挪动、位移的固定措施，盖板应加警示标识。

b.超过1.5m×1.5m以上的孔洞，四周必须搭设两道不低于1.2m的防护栏杆，孔洞中间支挂水平安全网。洞口尺寸过大，无法全部支挂水平安全网的，应按照临边防护标准进行防护。

c.伸缩缝和后浇带处，应加固定盖板防护，并加警示标识。

d.电梯井口必须设置高度不低于1.5m的固定式防护门。

e.电梯井首层应设双层水平安全网。首层以上和有地下室的电梯井内，每隔两层且不大于10m设一道水平安全网，网边缘距电梯井墙壁不大于150mm。

④ 施工现场悬挑式钢平台、剪力墙结构悬挑平台安全规定

悬挑式钢平台的设置，施工单位须依据《建筑施工高处作业安全技术规范》JGJ 80中的有关规定，编制专项施工方案，并由本单位施工技术、安全等部门的专业技术人员审核，由施工单位技术负责人审批，并报监理审核签字后方可实施；

悬挑式钢平台每次进场组装前，应由项目技术负责人对组装作业人员进行书面安全技术交底。组装完成后，应组织对悬挑式钢平台的整体结构进行验收；

悬挑式钢平台每次安装之前，应由项目技术负责人组织对安装作业人员进行书面安全技术交底；安装后，项目技术负责人应依据专项施工方案组织安装验收，合格后方可使用；

遇有六级（含）以上强风、浓雾等恶劣天气，必须停止悬挑式钢平台安装作业；

悬挑式钢平台上的操作人员不应超过2人；

对于多次周转使用的悬挑式钢平台及构配件，施工单位应及时检查结构（形态）的安全状况，必要时应对其进行相关检测。发现有杆件变形、开焊、松动、严重锈蚀等情况，应及时进行维修完善并组织验收，否则不得继续使用；

悬挑式钢平台主绳、保险绳吊点应分别设置，保险绳应张紧，严禁使用花篮螺栓调节钢丝绳。悬挑式钢平台临边应设置不低于1.5m的防护栏杆，栏杆内侧设置硬质材料的挡板；

悬挑式钢平台悬挑长度不宜大于5m，承载面积应不大于20m²，长宽比应不大于1.5：1。

悬挑式钢平台搁支点和上部拉接点必须位于建筑结构上；

墙体（结构）上的吊点螺栓预留孔位置的选择应使钢丝绳与平台两侧垂直面的夹角不大于5°。悬挑式钢平台两侧的下吊点应设置在护栏外边，并确保建筑结构、脚手架及支撑体系无干涉。每个吊点的受力钢丝绳均须独立设置，不得采用钢丝绳从平台下兜底的方式。钢丝绳两端与上下吊点连接处宜采用心形环加以保护，钢丝绳不得处于受剪状态；

墙体（结构）上的吊点（环）设置及要求；

悬挑式钢平台三面临边应以硬质材料作围挡，高度不小于 1.5m，且严禁开孔；

悬挑式钢平台主梁搁支点必须与楼板或洞口结构固定，防止移动；

悬挑式钢平台内侧必须设置荷载（吨位）标示牌，且应注明各种物料放置数量和码放要求；

悬挑式钢平台结构的悬挑主梁应使用整根的槽钢（或工字钢）；

悬挑式钢平台应满铺 50mm 厚的木板，并固定牢固，使用钢板时应焊接；

悬挑式钢平台的临边护栏上严禁挤靠放置物料或探出护栏放置物料，物料放置高度应低于护栏高度；

悬挑式钢平台安装时，必须在下方地面设立警戒区域并设有看护人员。悬挑式钢平台钢丝绳的松紧不宜使用花篮螺栓调节，钢丝绳不宜接长使用。悬挑式钢平台安装应保持外侧略高于内侧。

悬挑式钢平台安装时墙体吊环节点要求：

a. 吊环应使用直径 25mm 以上 Q235-A 圆钢制作，环体的内径以 100mm 为宜（图 1-58）；

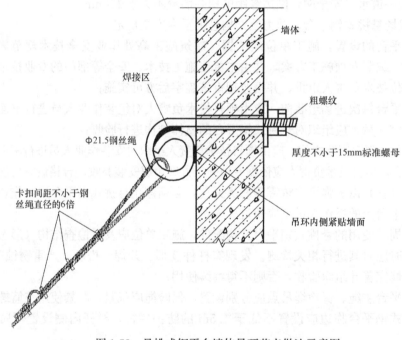

图 1-58　悬挑式钢平台墙体吊环节点做法示意图

b. 吊环焊接部分应采用双面焊，焊缝长度不小于 120mm；

c. 吊环在弯制及焊接过程中应保证原材的各项性能指标，避免因加工工艺导致吊环承（性能指标）降低；

d. 预留孔须单独设置，成孔套管采用内径 25mm 以上 PVC 管，预留在墙体内；

e. 吊环安装时应使环体垂直向下，吊环内侧贴紧墙面；

f. 墙内应采用 100mm×100mm×10mm 铁垫片紧贴墙面，应用双螺母拧紧，螺栓伸出螺母长度不得小于 3 扣。

悬挑式钢平台墙体吊环节点做法要求：

a. 墙体绑扎钢筋的同时下放直径 80mm 以上 PVC 套管，应与墙体钢筋夹角成 45°左右，用 14♯铅丝绑扎牢固，确保浇筑混凝土时套管不发生位移；

b. 套管内应用锯末填实，浇筑完混凝土拆除模板后将套管内的锯末掏空；

c. 将钢丝绳头用钢丝绳卡进行连接后，穿过 PVC 套管伸入室内，将长 500mm、直径 48mm 的钢管穿入从 PVC 套管伸进来的钢丝绳头内（图 1-59）；

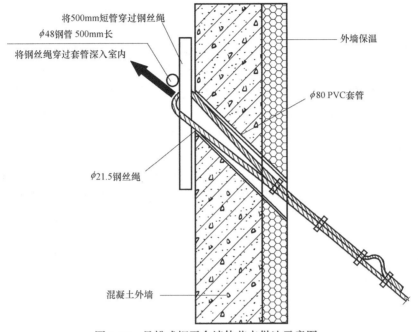

图 1-59　悬挑式钢平台墙体节点做法示意图

d. 将另一根长 500mm、直径 48mm 的钢管与穿过钢丝绳环的钢管垂直焊接，防止穿过钢丝绳环的钢管脱落（图 1-60），焊接位置应在竖直钢管的中间偏上位置；

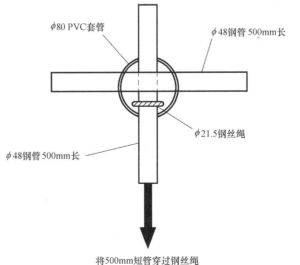

图 1-60　墙体节点做法示意图

e.安装或提升卸料平台时，先用塔吊将卸料平台稍稍吊起，使钢丝绳处于不受力状态，再将焊好的"十字"形钢管穿入从 PVC 套管伸进来的钢丝绳内。

⑤ 脚手架安全规定

a.脚手架支搭、拆除及所用构件必须符合相应《脚手架安全技术规范》和《北京市建设工程施工现场安全防护标准》的规定，施工单位必须编制落地式与悬挑式脚手架及模板支架专项施工方案，包括搭设要求、基础处理、杆件间距、连墙杆设置、拆除程序等内容，并附有设计计算书，施工详图及大样图。其方案经监理单位确认后，由施工单位组织实施。

b.使用工具式脚手架必须经过设计和编制施工方案，经技术部门负责人审批。附着升降脚手架的供应单位必须提供设计、制造该脚手架的法定资质证书及出厂合格证，所用各种材料、工具和设备的质量合格证、材质单等质量文件。附着升降脚手架的安装单位必须提供法定的安装资质证书。作业人员必须经过专业培训并取得上岗证书。

c.严禁使用木、竹脚手架和钢木、钢竹混搭脚手架。整体高度超过 24m 时，严禁使用单排脚手架。

d.脚手架基础必须平整坚实，有排水措施；架体必须支搭在底座（托）或通长脚手板上；脚手架施工操作面必须满铺脚手板，离墙面不得大于 200mm，不得有空隙和探头板、飞跳板；操作面外侧应设一道护身栏杆和一道 180mm 高的挡脚板；内立杆与建筑物距离大于 150mm 时必须进行封闭；脚手架施工层操作面下方净空距离超过 3m 时，必须设置一道水平安全网，双排架里口与结构外墙间水平网无法防护时可铺设脚手板；架体必须用密目安全网沿外架内侧进行封闭，安全网之间必须连接牢固，封闭严密，并与架体固定。

e.脚手架必须按楼层与结构拉接牢固，拉接点垂直距离不得超过 4m，水平距离不得超过 6m，拉接必须使用刚性材料；脚手架必须设置连续剪刀撑（十字盖），宽度不得超过 7 根立杆，斜杆与水平面夹角应为 45°～60°；人行马道宽度不小于 1m，斜道的坡度不大于 1∶3；运料马道宽度不小于 1.5m，斜道的坡度不大于 1∶6；拐弯处应设平台，按临边防护要求设置防护栏杆及挡脚板，防滑条间距不大于 300mm。

⑥ 施工用电安全规定

a.施工单位应按《施工现场临时用电安全技术规范》规定编写施工现场临时用电组织设计。施工现场临时用电中，对涉及外电线路及电气设备防护、电动施工机具和手持电动工具的用电安全，应做专项方案，制定相应的防护措施、操作规程。

b.施工现场临时用电必须采用 TN-S 系统，符合"三级配电逐级保护"，达到"一机、一箱、一闸、一漏"的要求。电箱设置、线路敷设、接零保护、接地装置、电气连接、漏电保护等各种配电装置应符合《施工现场临时用电安全技术规范》和《北京市建设工程施工现场安全防护标准》要求。

c.配电箱、开关箱及其电器配件必须使用合格产品，完好可靠。配电箱、开关箱应标明编号、分路标记、用途。配电箱的各控制回路应标明所控制的设备名称。保护接零和工作接零的端子应分隔设置，并作明显标识。箱门应完好并配有门锁，由专人负责管理。防雷接地点、保护接零的接地点及重复接地点应作明显标识。

d.架空线路敷设必须采用绝缘导线，敷设应符合要求。室内配线必须采用绝缘导线

或电缆，敷设应符合要求。架空线路和室内配线必须有短路保护和过载保护。

e. 对电工、电动机具的操作工和焊工应按规定配置防护用品，对操作工人应进行用电安全教育。使用电焊机应单独设开关，电焊机外壳应做接零或接地保护；电焊机一次线长度应小于 5m，二次线长度应小于 30m；电焊把线应双线到位，不得借用金属管道、金属脚手架、轨道及结构钢筋做回路地线；电焊机装设应采取防埋、防浸、防雨、防砸措施。

f. 应制定电器线路及设备用电的安装、巡检、维修、定期测试的制度，落实责任人。检修各类配电箱、开关箱，电器设备和电力施工机具时，必须切断电源，拆除电气连接并悬挂警示标牌；试车和调试时应确定操作程序和设立专人监护。

⑦ 拆除工程安全防护规定

a. 建筑拆除工程必须由具备爆破与拆除工程专业承包资质的单位施工，严禁将工程转包；

b. 拆除作业前，施工单位应检查建筑物内各类管线情况，确认全部切断、无异物后方可施工；

c. 在拆除工程作业中，发现不明物体，应立即停止施工，采取相应的应急措施，保护现场，及时向有关部门报告；

d. 拆除前，应进行风险评估，编制转向施工方案。拆除工程施工时必须严格遵守拆除工程专项安全技术方案及相关标准；

e. 地上地下管线应按建设单位出具的《地上、地下管线及建（构）筑物资料移交单》对作业范围内的管线采取保护措施；

f. 拆除工程应划定施工作业区域，设置围挡和警示标志，专人监管；

g. 拆除现场应有专人负责，现场作业人员必须佩戴个人防护用品；

h. 严禁立体交叉拆除作业；

i. 人工拆除建筑墙体，严禁采用掏掘或推倒的方法；

j. 雨、雪、雾天气及风力大于四级时不得进行拆除作业；

k. 电气焊作业时，必须清除附近区域的易燃物、可燃物；

l. 中途停止拆除时，拆除区域不得有可能倾倒、坍塌的构筑物。

⑧ 施工现场必备的安全资料

北京市建设工程施工现场安全资料管理应执行《建设工程施工现场安全管理资料规程》和《建设工程安全监理规程》。

施工现场应保存施工企业的安全生产许可证，项目部专职安全员等安全管理人员的考核合格证，建设工程施工许可证等复印件，及施工现场安全监督备案登记表，地上、地下管线及建（构）筑物资料移交单，安全防护、文明施工措施费用支付统计，工程概况表，项目重大危险源控制措施，项目重大危险源识别汇总表，危险性较大的分部分项工程专家论证表和危险性较大的分部分项工程汇总表，北京市施工现场检查表，安全技术交底汇总表，作业人员安全教育记录表，安全资金投入记录，特种作业人员登记表，生产安全事故应急预案，违章处理记录等相关资料。

建设、施工、监理等单位应将施工现场安全资料的形成和积累纳入工程建设管理的各个环节，逐级建立健全工程施工现场安全资料岗位责任制，对施工现场安全资料的真实性、完整性和有效性负责。施工现场安全资料应随工程进度同步收集、整理，并保存到工程竣工。施工现场安全工作的负责人应负责本单位施工现场安全资料的全过程管理工作。施工过程中施工现场安全资料的收集、整理工作应有专人负责。

4）安全生产隐患排查治理长效机制建设

安全生产事故隐患，是指企业违反安全生产法律、法规、规章、标准、规程和安全生产管理制度的规定，或者因其他因素在生产经营活动中存在可能导致事故发生的物的不安全状态、人的不安全行为和管理上的缺陷。事故致因理论认为，人员伤亡是事故的后果，事故发生往往是由于人的不安全行为和物的不安全状态造成的，生产安全事故隐患就是导致事故发生的直接原因。开展安全生产隐患的排查治理，能从根本上防止人的不安全行为，消除物的不安全状态，改进管理缺陷，有效防范和遏制建筑生产安全事故。

建筑工程施工现场由于施工阶段、施工工艺、施工环境的变化，作业人员流动性大，工种多，高处作业和交叉作业多，极易产生各类隐患。定期组织开展隐患排查，及时发现问题，消除隐患，能极大地促进施工现场安全生产。

建筑工程安全事故隐患排查治理工作，包括以下几项内容：

① 隐患排查的内容和范围事故隐患通常分为一般事故隐患和重大事故隐患。一般事故隐患是指危害和整改难度较小，发现后能够立即整改排除的隐患；重大事故隐患是指危害和整改难度较大，应当全部或者局部停产停业，并经过一定时间整改治理方能排除的隐患，或者因外部因素影响致使生产经营单位自身难以排除的隐患。

② 事故隐患的排查和治理

a. 建立安全生产隐患排查组织机构。工程项目隐患排查治理工作小组应由项目负责人牵头，由工程管理人员、工程技术人员、专职安全管理人员和其他相关人员组成。

b. 制定隐患排查治理工作方案，明确排查重点，落实责任分工，制定隐患排查检查表。

c. 对排查出的事故隐患，要建立事故隐患台账，逐一登记。一般事故隐患应按照五定原则（定人员、定时间、定责任、定标准、定措施），立即组织隐患整改。

d. 重大事故隐患应填报重大事故隐患登记表，及时报送企业主管部门，报告内容包括：隐患的现状及其产生原因；隐患的危害程度和整改难易程度分析；隐患的治理方案。

e. 制定重大事故隐患专项治理方案，内容包括：治理的目标和任务；采取的方法和措施；经费和物资的落实；负责治理的机构和人员；治理的时限和要求；安全措施和应急预案。

f. 项目负责人按照治理方案组织整改，企业主管部门进行督察督办，重大事故隐患实行隐患销案制度，整改完成后，由专业机构或主管部门进行验收评估。

③ 建立隐患排查治理长效机制

a. 建筑施工企业应建立安全生产隐患排查治理制度，分级组织开展隐患排查治理活动；建立健全隐患排查治理信息报送制度和隐患数据库，对重大隐患进行挂牌督办、分级监控，实现隐患登记、整改、销案的全过程管理。

b. 定期组织隐患排查"回头看"，对基础数据进行统计分析，及时摸清施工现场的危险源，查找安全管理中的薄弱环节，制定有针对性的防范措施。

c. 严格奖罚，确保实效。认真总结隐患排查治理工作成效和经验，加大宣传力度，表彰先进，典型引路。对不落实隐患排查治理活动的工程项目，或者对排查出的重大隐患治理不力，造成后果的，加重处罚。

d. 做好"三结合""三深入"，进一步深化隐患排查治理工作。

把隐患排查治理工作和日常监督管理相结合。隐患排查治理工作是以安全生产检查为手段，但不能混同于日常安全监督检查。工程项目的日检、周检和月检制度，重在及时纠正现场违章，发现过程隐患，对查出的安全隐患进行整改和复查。企业和项目部的检查、整改及复查情况应作好书面记录，作为隐患排查治理工作的考核依据。

把隐患排查治理工作和安全专项治理相结合。运用隐患排查治理工作数据，加强对深基坑、高大模板支撑系统、建筑起重机械装拆使用、高处作业吊篮安装使用等危险性较大工程专项治理，组织开展季节性施工、节假日、重大活动等重点时段的专项检查。

把隐患排查治理工作和安全生产考核相结合，加强对项目部关键岗位人员安全履责情况的检查，强化安全监督检查制度的落实，进一步完善企业安全生产保障体系。

深入开展安全教育培训工作。通过开展隐患排查治理专项培训，提高管理人员的安全责任意识和专业技能水平；通过推进农民工夜校建设，强化操作人员安全意识和安全技能，提高广大一线作业人员的安全素质。

深入开展安全标准化达标活动。通过创建"三标"（岗位达标、专业达标、企业达标）活动，强化责任落实，规范安全管理，提高施工现场的综合管理水平。

深化企业安全生产主体责任的落实。开展隐患排查治理活动，有助于企业不断完善安全生产管理制度，加大安全投入，推进技术改造，改善安全生产条件，提高安全生产水平。

e. 安全检查

安全检查可分为：公司级安全检查、分公司级的安全检查、项目部的安全检查。按照企业制定的检查制度主要检查以下内容：查思想、查制度、查管理、查领导、查违章、查隐患、查记录。

安全检查的形式：定期安全检查，季节性安全检查，临时性安全检查，节假日安全检查，专项安全检查，经常性安全检查等。

检查记录的内容包括：对现场安全生产情况的评价、发现的问题、存在的事故隐患等，对检查中发现的事故隐患能立即整改应立即整改，不能立即整改应及时签发隐患整改通知书，建立登记、整改、复查记录台账，制定整改计划和方案，按照定人、定时间、定措施、定经费的原则进行整改，落实整改责任人和监督人，在隐患没有排除前，必须采取可靠的防护措施，确保施工人员的人身安全和国家财产不受损失。

5）建筑施工企业领导现场带班制度

① 领导带班制度的规定文件

《国务院关于进一步加强企业安全生产工作的通知》（国发〔2010〕23号）规定："强化生产过程中管理的领导责任。企业主要负责人和领导班子成员要轮流现场带班。"

领导干部轮流现场带班制度，是落实企业安全生产主体责任、严格企业安全管理的根本举措。建设工程施工现场应进一步建立、完善领导现场带班制度。

领导现场带班的范围：建筑工程领导现场带班范围的确定，应以建筑施工现场为落脚点，建设工程各方责任主体都包含在领导带班范畴，如：工程建设单位、监理单位、施工总承包单位、专业承包单位、劳务分包单位等。

领导现场带班的主体：2010 年国务院 23 号文件规定，现场轮流带班的责任主体是企业主要负责人和领导班子成员（副总经理、总工程师、副总工程师）。工程项目层级现场轮流带班的领导包括：甲方负责人、工程总监、项目经理、生产经理、项目技术负责人及专业分包项目经理。

企业负责人每月检查不少于其工作日的 25％，项目负责人每月带班生产时间不得少于本月施工时间的 80％。对于下设无独立法人资格的分公司的企业，分公司负责人（即分公司经理、分公司主管质量安全和生产工作的副经理、分公司总工程师或主任工程师）每月检查不少于其工作日的 25％。

② 领导现场带班责任制

建筑施工企业领导带班检查安全职责：

a. 安全带班领导是企业安全生产现场管理和事故处置的第一责任人，做好当班安全生产的领导和指挥工作，全面深入了解企业安全生产状况，协调组织好安全生产工作；

b. 全面掌握当期安全生产情况，认真组织对重点部位、关键环节、危险源点进行检查巡视，发现隐患及时消除，监督各项安全规章制度的落实；

c. 带班期间，发生生产安全事故或突发事件，应迅速组织应急救援，确保生产作业人员生命安全。

项目负责人带班生产安全职责：

a. 项目负责人带班生产是指项目负责人在施工现场组织协调工程项目的质量安全生产活动。带班领导要把保证安全生产作为第一位的责任，全面掌握当班安全生产状况，加强对重点部位、关键环节、危险源点的检查，并指导现场人员安全作业；

b. 及时发现和组织消除事故隐患和险情，及时制止违章违规行为，严禁违章指挥；

c. 当现场出现重大安全隐患或遇到险情时，及时采取紧急处置措施，并立即下达停工令，组织涉险区域人员及时有序撤离到安全地带。

③ 领导现场带班制度的实施

a. 建筑施工企业领导班子成员和副总工程师应定期到施工现场巡查，统筹协调和处理安全生产方面的有关问题。

b. 在节假日连续生产作业期间，建筑施工企业要建立领导轮流安全值班制度，并定时巡查。

④ 企业领导轮流值班应遵循下列要求：

a. 安全值班领导在生产作业时间内不得离开工作岗位。如因有事离岗时，必须事先通知安排其他领导顶替班，顶替班领导未到位，不得离开工作岗位；

b. 建立安全轮流值班记录制度。值班领导应真实准确填写当天值班的情况，并按要求做好轮流值班记录的交接手续。安全值班领导的通信方式要在各施工现场公布，以便及时了解生产安全情况；

c. 领导安全值班计划安排和值班情况要定期公示，接受群众监督，并建立安全值班档案。

d. 项目负责人在同一时期只能承担一个工程项目的管理工作。项目负责人带班生产时，要全面掌握工程项目质量安全生产状况，加强对重点部位、关键环节的控制，及时消除隐患。认真做好带班生产记录并签字存档备查。项目负责人每月带班生产时间不得少于本月施工时间的 80%。因其他事务需离开施工现场时，应向工程项目的建设单位请假，经批准后方可离开。离开期间应委托项目相关负责人负责其外出时的日常工作。

e. 项目部其他领导应实行施工现场安全值班制度，值班领导在生产作业时间内不得离开工作岗位，并与施工人员同时上下班。

f. 施工现场安全值班实行交接班制度。值班领导应当向接班的领导详细告知当前施工现场安全存在的问题、需要注意的事项等，并认真填写交接班记录。

g. 项目部建立领导现场带班管理档案，带班资料存档备查。

h. 建筑施工企业对项目部领导带班情况进行定期检查，对检查的情况、发现的问题和隐患整改情况进行记录并存档。

6）施工现场消防及环境保护

① 施工现场消防管理

为了有效预防火灾，规范施工现场消防安全管理，改变施工现场消防管理中的薄弱环节，杜绝消防设施安装、施工暂设搭建中的随意性和违章现象，施工现场的保卫消防必须按照"谁主管，谁负责"的原则，实行施工总承包的，由总承包企业负责，分包企业向总承包企业负责，接受总承包企业的统一领导和监督检查。为确保施工现场消防管理工作的有序进行，应满足如下几点规定：

a. 施工现场应当建立消防教育制度，加强对消防知识的培训，未经教育培训人员，不得上岗作业；

b. 施工现场应根据工程规模，建立相应的保卫、消防组织，配备保卫、消防人员，并配备足够、符合要求的消防器材设备；

c. 施工组织设计要有保卫、消防措施方案及设施平面图；

d. 施工现场应实行区域管理，施工区与生活区要有严格明确的划分；

e. 施工现场发生各类案件及火灾事故要立即报告建设行主管部门及公安部门，并保护好现场，配合公安机关开展工作。

图 1-61、图 1-62 为某施工现场进行消防演练。

图 1-61　消防设备试射　　　　　　　　图 1-62　消防设备灭火演练

② 施工现场环境保护

为加强建设工程施工现场管理，防止因建筑施工对环境的污染，施工现场环境保护应遵循如下规定：

a. 工程的施工组织设计中应有防治扬尘、噪声、固体废物和废水等污染环境的有效措施，并在施工作业中认真组织实施（图 1-63、图 1-64）；

图 1-63　施工现场防噪声覆盖　　　　　图 1-64　生活区办公区设封闭式垃圾箱

b. 施工现场应建立环境保护管理体系，责任落实到人，并保证有效运行；

c. 对施工现场防治扬尘、噪声、水污染及环境保护管理工作进行检查；

d. 定期对职工进行环保法规知识培训考核。

7）施工现场职业健康保障措施

① 施工现场劳动保护措施

a. 接触粉尘、有毒有害气体等有害、危险施工环境的作业职工，按有关规定发放个人劳动保护用品，日常专人监督检查使用情况，以确保正常使用；

b. 现场设立专职或兼职机械管理员，负责机械保养工作，减少施工机械不正常运转造成的噪音；

c. 对于噪音超标的机械设备，采用消音器或屏蔽措施降低噪音。场内运输机械行驶过程中，只许按低音喇叭，严禁长时间鸣笛；

d. 对经常接触有噪音的职工，教育工人提高自我防护意识，落实个人防护用品配备，如佩带耳塞消除影响；

e. 按照劳动法的要求，做好职工的劳动保护装备工作，根据每个工种的人数以及劳动性质，由物资部门负责采购，配备充足而且必要的劳动保护用品。同时加强行政管理，落实劳动保护措施；

f. 采购劳动保护用品时，必须审核产品的生产许可证、产品合格证和安全鉴定证，确保产品的质量和使用安全；对于未列入国家生产许可证管理范围的劳动防护用品，按劳动防护用品许可证制度进行质量管理；

g. 施工人员必须分工按规定配齐劳动保护用品，并佩戴上岗。进入施工现场的其他人员必须佩戴安全帽，闲杂人员不得出入施工现场；

h. 由项目安全领导小组负责对施工人员进行劳动保护方面的检查，对漏配、缺配劳动保护用品的施工人员，责令补发劳动保护用品；对不按规定佩戴劳动保护用品上岗的人员，进行批评教育，并责令其改正，对拒不改正的人员，将采取罚款、停岗等措施予以

惩罚；

i. 公司级劳动保护部门要加强对现场劳动保护工作的领导、监督、检查，指导现场将劳动保护工作落实到位，保证员工的健康；

j. 要落实劳动保护工作的资金，严禁挪作其他用途。

② 医疗卫生保护措施

a. 医疗保证措施

项目部联系医院，全面负责医疗卫生和传染病、地方病防治的监测监督工作，落实防治措施，做好职工的健康教育工作。对施工现场出现的疫情信息，及时向上一级医疗卫生机构报告。对内规范管理、对外加强协调联系，营造一个良好的内外卫生防疫工作环境；

夏季发放防暑药品，防止中暑。冬季发放防寒防冻药品，防止冻伤；春秋两季是传染病、病毒性疾病高发季节，医务人员将加强对职工的健康检查，做好预防接种工作，搞好环境卫生，切断蚊蝇等传媒生物孳生源，有效控制疾病的流行；

在紧急救援预案中建立突发疫情应急处理方案；按照《中华人民共和国传染病防治法》和《中华人民共和国国内交通检疫条例》的有关规定，以及《国家鼠疫控制应急预案》，在工地发生突发性高危疾病、人身意外伤亡事故时，启动应急预案，确保病人或伤员及时到医院就医。

b. 卫生保证措施

工地卫生管理主要包括环境卫生、食堂卫生和个人卫生三大部分。

环境卫生保证措施：

工地配备一定数量的环境卫生清扫人员，每天对工地的环境卫生进行打扫，尤其是职工宿舍周围的环境卫生。每天做到场地清洁，房屋四周排水畅通，无污水死水、无病毒滋生的腐质物堆，生活垃圾统一装入垃圾箱并及时运往指定的垃圾场；2019 年 11 月 27 日，北京市十五届人大常委会第十六次会议表决通过《关于修改<北京市生活垃圾管理条例>的决定》，施工现场要按照要求，对垃圾进行分类管理不得混装混运，不得随意倾倒、丢弃、遗撒、堆放；

积极开展爱卫活动，消除蚊蝇孳生源，开展灭鼠防鼠活动，同时抓好消毒、杀虫工作；

保持施工场地的整洁，每天下班后，施工人员应及时对施工场地进行整理，保证做到材料分类成堆，机械设备停放有序。

食堂卫生保证措施：

设立食堂卫生监督机制，由项目部组织对食堂卫生进行不定期抽查，全体员工进行监督，确保食堂卫生；

对食堂工作人员实行委外职业培训，学习食品卫生有关的规范和法规；食堂工作人员统一着装，保持自身的清洁、卫生；

加强饮食管理，保证职工的营养素供给。严格按照《食品卫生法》要求搞好职工食堂饮食工作。对食品制作人员进行定期的健康检查，保证食品制作，饭菜做熟、营养合理；

加强食品的采购和储存管理，保证食品安全、卫生；采购人员必须具备较丰富的食品卫生知识和较强的责任心，掌握食品优劣的标准。注意质量的好坏，特别是水产品和肉类，一定要新鲜，对腐败变质的食物一律不能购买，采购动物制品时，必须有动物检疫部门的检验合格证。

为保证食品的安全、卫生，项目部应制定现场食品、食堂管理制度，按照规定进行食品安全卫生检查，凡是不符合卫生要求的食品一律废弃，并对有关责任人进行批评，对工作不负责任，由于食品卫生造成严重后果的，将按有关规定从重处理。

个人卫生保证措施：

施工组织设计中应对现场临时设施进行规划，为职工搞好个人卫生创造条件，如修建洗淋浴间、水冲厕所、发放劳保用品等，有条件的现场应设立医务室，为施工人员创造基本医疗条件；

加强个人卫生的宣传，搞好形象教育，项目部应由专人定期检查工人宿舍区，搞好公关卫生环境，使员工保持好的精神状态和健壮的体魄投入到工作之中。

③ 职业病防治措施

a. 严格执行《中华人民共和国传染病防治法》《中华人民共和国公众卫生法》及北京市政府有关职业病管理与疾病防治的规章制度。

b. 施工现场应有相应的基础设施配备，负责职工的疾病预防及事故中受伤职工的抢救；

c. 邀请卫生防疫部门定期对工地及生活区进行防疫检查和处理，按时接种有关疫苗及消灭鼠害、蚊蝇和其他虫害，以防对职工造成任何危害。

d. 强化施工和管理人员卫生意识，杜绝疾病的产生，对已患传染病者及时隔离治疗。

e. 有针对性地进行职业病的检查，发现病情时，及时进行病情分析，寻找发病根源，加强和改进施工方法及工艺，消除发病根源，防止病情的漫延。对特殊工种进行岗前培训，持证上岗，按规定采取防范措施，按规定进行施工操作。及时发放个人劳动保护用品，并监督检查正确使用。

f. 加强健身运动，增强体质，提高员工的抗病能力，积极开展各种文娱活动，丰富员工的业余生活，有效地消除员工的疲劳和工作压力，使员工在良好的心态下工作，有效防止职业病的发生。

g. 做好对员工卫生防病的宣传教育工作，针对季节性流行病、传染病等，要利用板报等形式向职工介绍防病、治病的知识和方法。

h. 保护工作环境，有效消除或控制环境毒源，做好自我防护工作，预防职业中毒事故。施工现场的各种机械排出的废气废物、材料装卸和搬运过程中产生的扬尘，被人体吸收后，对身体产生很大的危害，因此，施工人员一定要配戴口罩进行自我防护，机械操作手要做好机械的维护工作，最大限度地减少机械的噪声和废气的排放量，材料装卸和搬运时应轻拿轻放，减少扬尘对环境的污染，从而有效地预防职业中毒事故。

i. 加强施工运输道路和防尘工作。搅拌站和预制场内的行车道路，均采用混凝土硬化处理，对粉尘较多的进场施工便道，采取填筑砂砾等材料铺设路面，以减少由于行车造成灰尘增多，指派专人对施工运输道路进行维护，并用洒水车经常洒水，保持道路湿润，最大限度地减少道路粉尘飞扬。

j. 保持作业场地、运输车辆以及其他各种施工设备的清洁。作业场地经常进行整理和清扫；运输车辆在运输飞扬性物资时，用封闭的维护措施，停运时注意冲洗，保持车辆干净卫生，施工区内的搅拌、运输设备、模板、输送泵等机械设备按"谁管理，谁负责保养"的原则，经常进行清洁，使机械在空闲时不产生扬尘。

k. 爱护环境，保护当地植被，防止水土流失。对工地外围的草皮、树木不得进行破

坏，必要时对在施工环境中产生扬尘的地方进行绿化，以控制扬尘的产生。

l. 对施工场地固定的经常运转设备进行合理布置，分散安置，以分散振动和噪声源，有效避免各种振动和噪声产生共振，降低其危害程度。

m. 振动和噪声较大的大型机械布置，尽可能在离居民区及职工生活区较远的地方，并尽可能避免夜间施工，因施工工艺无法停工的，应向当地有关部门申请夜间施工许可证，并向周边居民公示，做好沟通工作。

n. 在各种施工机械和经常运转设备中安装消音器来降低振动和噪声。

o. 对产生较大振动和噪声的常运转固定设备（如发电机、空压机等）采用搭设隔离音棚或修建隔音墙等措施来降低振动和噪声的危害。

p. 处于振动和噪声区的施工人员，合理佩戴手套、耳塞、耳罩等防护用品来减轻危害。

8）建筑工程安全生产事故案例分析

自 20 世纪 90 年代以来，国民经济高速发展，建设投资不断长，带来了国内建筑行业和建筑市场的繁荣，但随着建筑规模的扩大、施工难度的增加、施工队伍的扩大，建筑安全生产工作面临着较大挑战，建设工程的安全生产事故频繁发生，特别是 2015 年天津港"8·12"瑞海公司危险品仓库特别重大火灾爆炸事故，和 2016 年 11 月 24 日丰城电厂三期扩建工程冷却塔施工平台坍塌特别重大事故，给国家和人民群众造成了重大人员伤亡和财产损失。

根据住房和城乡建设部发布的《2018 年房屋市政工程生产安全事故情况通报》中的统计分析：2018 年房屋市政工程生产安全事故数量为 734 起，比 2017 年 692 起，增加 42 起，上升 6.1%，生产安全事故按照类型划分：高处坠落事故 383 起，占总数的 52.2%；物体打击事故 112 起，占总数的 15.2%；起重伤害事故 55 起，占总数的 7.5%；坍塌事故 54 起，占总数的 7.3%；机械伤害事故 43 起，占总数的 5.9%；车辆伤害、触电、中毒和窒息、火灾和爆炸及其他类型事故 87 起，占总数的 11.9%。2018 年房屋市政工程生产安全事故情况分布如图 1-65 所示。

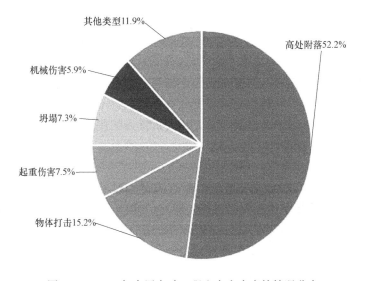

图 1-65　2018 年房屋市政工程生产安全事故情况分布

施工平台坍塌特别重大事故案例

① 事故简介

丰电三期工程拟建设两座高 168m、直径 135m 的双曲线型自然通风冷却塔。2016 年 6 月 18 日，丰电三期扩建工程建设由土建施工进入安装阶段。丰电三期扩建项目位于丰城市西面石上村铜鼓山，总投资额 76.7 亿元，拟建 2 台 100 万千瓦超超临界燃煤机组。两台机组计划于 2017 年年底、2018 年年初分别投产发电。2016 年 9 月 13 日，丰城电厂 3 期工程曾举行"协力奋战 100 天"动员大会。工程负责人在会上表示，要强化施工现场工作调度，监理、施工单位增加人员、设备投入，抢抓晴好天气，加快施工进度。

事发 7 号冷却塔属于江西丰城发电厂三期扩建工程 D 标段，是三期扩建工程中两座逆流式双曲线自然通风冷却塔其中一座，采用钢筋混凝土结构。两座冷却塔布置在主厂房北侧，整体呈东西向布置，塔中心间距 197.1m。7 号冷却塔位于东侧，设计塔高 165m，塔底直径 132.5m，喉部高度 132m，喉部直径 75.19m，筒壁厚度 0.23~1.1m。

2016 年 11 月 24 日，施工平台及平桥上的作业人员随同筒壁混凝土及模架体系一起坠落，事故导致 73 人死亡，2 人受伤，造成直接经济损失为 10197.2 万元。

② 事故处理

根据事故原因调查和事故责任认定，依据有关法律法规和党纪政纪规定，对事故有关责任人员和责任单位提出处理意见：

司法机关已对 31 人采取刑事强制措施，其中公安机关依法对 15 人立案侦查并采取刑事强制措施（涉嫌重大责任事故罪 13 人，涉嫌生产、销售伪劣产品罪 2 人），检察机关依法对 16 人立案侦查并采取刑事强制措施（涉嫌玩忽职守罪 10 人，涉嫌贪污罪 3 人，涉嫌玩忽职守罪、受贿罪 1 人，涉嫌滥用职权罪 1 人，涉嫌行贿罪 1 人）。

对上述涉嫌犯罪人员中属中共党员或行政监察对象的，按照干部管理权限，责成相关纪检监察机关或单位在具备处理条件时及时作出党纪政纪处理；对其中暂不具备处理条件且已被依法逮捕的党员，由有关党组织及时按规定中止其党员权利。

根据调查认定的失职失责事实、性质，事故调查组在对 12 个涉责单位的 48 名责任人员调查材料慎重研究的基础上，依据《中国共产党纪律处分条例》第二十九条、第三十八条①，《行政机关公务员处分条例》第二十条②和《中国共产党问责条例》第六条、第七条③等规定，拟对 38 名责任人员给予党纪政纪处分；对 9 名责任情节轻微人员，建议进行通报、诫勉谈话或批评教育；另有 1 人因涉嫌其他严重违纪问题，已被纪检机关立案审查，建议将其应负的事故责任转交立案机关一并办理。

事故调查组建议对 5 家事故有关企业及相关负责人的违法违规行为给予行政处罚。

③ 事故原因分析

事故的直接原因：

施工单位在 7 号冷却塔第 50 节筒壁混凝土强度不足的情况下，违规拆除第 50 节模板，致使第 50 节筒壁混凝土失去模板支护，不足以承受上部荷载，从底部最薄弱处开始坍塌，造成第 50 节及以上筒壁混凝土和模架体系连续倾塌坠落。坠落物冲击与筒壁内侧连接的平桥附着拉索，导致平桥也整体倒塌。

事故的间接原因：

a. 施工单位安全生产管理机制不健全。未设置独立安全生产管理机构，安全管理人员数量不符合规定要求，公司及项目部技术管理、安全管理力量与发展规模不匹配，对施工现场的安全、质量管理重点把控不准确。

b．项目经理长期不在岗，安排无相应资质的人员实际负责项目施工组织。未按照要求将筒壁工程作为危险性较大分部分项工程进行管理。

c．现场施工管理混乱。项目部指定社会自然人组织劳务作业队伍挂靠劳务公司，施工过程中更换劳务作业队伍后，未按规定履行相关手续。对劳务作业队伍以包代管，夜间作业时没有安排人员带班管理。安全教育培训不扎实，安全技术交底不认真，未组织全员交底，交底内容缺乏针对性。在施工现场违规安排垂直交叉作业，未督促整改劳务作业队伍习惯性违章、施工质量低等问题。

d．安全技术措施存在严重漏洞。项目部未将筒壁工程作为危险性较大分部分项工程进行管理；筒壁工程施工方案存有重大缺陷，未按要求在施工方案中制定拆模管理控制措施，未辨识出拆模作业中存在的重大风险。在2016年11月22日气温骤降、外部施工条件已发生变化的情况下，项目部未采取相应技术措施。

e．监理单位上海斯耐迪公司对项目监理部的人员配置不满足监理合同要求，项目监理部土建监理工程师数量不满足日常工作需要，部分新入职人员未进行监理工作业务岗前培训。公司在对项目监理部的检查工作中，未发现和纠正现场监理工作严重失职等问题。

f．项目监理部未按照规定细化相应监理措施，未提出监理人员要对拆模工序现场见证等要求。对施工单位制定的7号冷却塔施工方案审查不严格，未发现方案中缺少拆模工序管理措施的问题，未纠正施工单位不按施工技术标准施工、在拆模前不进行混凝土试块强度检测的违规行为。

g．建设单位未经论证压缩冷却塔工期。要求工程总承包单位大幅度压缩7号冷却塔工期后，未按规定对工期调整的安全影响进行论证和评估。在其主导开展的"大干100天"活动中，针对7号冷却塔筒壁施工进度加快、施工人员大量增加等情况，未加强督促检查，未督促监理、总承包及施工单位采取相应措施。

④ 事故教训

a．高度重视总承包工程安全生产管理的重要性，保障安全生产投入，完善规章规程，健全制度体系，加强全员安全教育培训，按照工程总承包企业对工程总承包项目质量和安全全面负责的原则，扎实做好各项安全生产基础工作。

b．全面推行安全风险分级管控制度，强化施工现场隐患排查治理。各建筑业企业要制定科学的安全风险辨识程序和方法，结合工程特点和施工工艺、设备，全方位、全过程辨识施工工艺、设备设施、现场环境、人员行为和管理体系等方面存在的安全风险，科学界定确定安全风险类别。要根据风险评估的结果，从组织、制度、技术、应急等方面，对安全风险分级、分层、分类、分专业进行有效管控，逐一落实企业、项目部、作业队伍和岗位的管控责任，尤其要强化对存有重大危险源的施工环节和部位的重点管控，在施工期间要专人现场带班管理。要健全完善施工现场隐患排查治理制度，明确和细化隐患排查的事项、内容和频次，并将责任逐一分解落实，特别是对起重机械、模板脚手架、深基坑等环节和部位应重点定期排查。施工企业应及时将重大隐患排查治理的有关情况向建设单位报告，建设单位应积极协调勘察、设计、施工、监理、检测等单位，并在资金、人员等方面积极配合做好重大隐患排查治理工作。

c. 监理单位履行安全生产责任情况的监督检查。各监理单位要完善相关监理制度，强化对派驻项目现场的监理人员特别是总监理工程师的考核和管理，确保和提高监理工作质量，切实发挥施工现场监理管控作用。项目监理机构要认真贯彻落实《建设工程监理规范》GB 50319 等相关标准，编制有针对性、可操作性的监理规划及细则，按规定程序和内容审查施工组织设计、专项施工方案等文件，严格落实建筑材料检验等制度，对关键工序和关键部位严格实施旁站监理。对监理过程中发现的质量安全隐患和问题，监理单位要及时责令施工单位整改并复查整改情况，拒不整改的按规定向建设单位和行业主管部门报告。

1.3　国际工程承包市场与承包商

建造师不仅要管理好一个项目，还要运用其知识和能力来推进一个承包企业的发展壮大，甚至成为一个优秀的企业家，并带动整个行业素质和竞争力的提高。这就要求建造师在管理好一个工程项目的同时，应关注国内外建筑业的发展前景，把握建筑企业发展的方向。

经济的全球化、市场的开放化使得国际环境下的建筑业的国际竞争水平在不断提高，业主有可能在全球范围内寻求承包商来为其建设工程，尤其是大型建筑工程的投标竞价。在国际建筑市场上，国际承包商越来越多，他们可能来自欧洲、北美和亚洲，在这种高度竞争的环境中，核心技术和高水平的工程管理日益重要。因此，国际一流的承包商为了应对这种环境，提出了服务社会的价值理念和发展战略，致力于研发企业的核心技术，积极推广新的管理模式和方法。

近 20 年，中国制造业工人的实际工资每年增长近 10%，这是我国经济改革开放以来平均经济以两位数增长带来的结果，"低价战略"对于我国建筑承包企业可能很快将成为历史，面对快速发展的经济和劳动力工资水平的提高，劳动力将在建筑成本中占相当一部分比例。我国建筑承包企业与国际承包商的比较优势很快就会丧失，应如何面对未来的挑战？如何实现由"量"到"质"的转变，或许国际一流承包商的发展之路，对我国建筑承包企业有一定的借鉴价值。

1.3.1　国际工程承包市场分析

国际工程承包市场已突破了原来单一的工程施工和管理，延伸到投资规划、项目融资、工程设计、采购、建造、运营、维护等涉及项目全过程、全方位服务的诸多领域，工程承包成为国际投资和国际贸易的综合载体。跨行业的工程项目越来越多，承包商从单纯的建筑领域扩展到交通、电力、石化、工业、冶金、通信、排水、废弃物等领域。国际工程承包的生产方式从主要为劳动密集型的生产活动，向以技术为依托的技术密集型和机械密集型的生产活动转变。这些发展趋势要求建筑企业的生产方式从过去的低端粗放式的形式转向高端技术和资源密集的形式，这种转变的基础是企业必须拥有自己的核心技术，即工程专业技术和管理技术，并形成自己的技术优势，只有这样的企业才能在国际工程承包市场获得竞争优势，并获得高于市场平均水平的额外利润。

欧、美、日等国的优秀承包商拥有自己的核心技术，有较高的国际工程管理水平，具有丰富的国际工程实践经验的团队，能向市场提供高品质的服务或产品，占据着总承包、经营性承包等利润高的市场，是国际市场的主导者。近年来，我国大承包企业，例如，中国建筑工程总公司、中国交通建设集团有限公司、中国铁道建筑总公司取得了很大成绩，但从整体而言，我国建筑承包企业与国际一流承包商的差距还较大，主要表现在：

1. 承包服务的内容和方式没有发生质的突破

对外开放后，我国采取鼓励建筑企业"走出去"开展对外投资与合作的战略，促使大批建筑企业走向国际市场。我国入选美国《工程新闻记录》（ENR，Engineering News-Record）评选的全球最大 250 家的数量，即 ENR 承包商，由 1990 年的 9 家，上升到 2018 年的 69 家。ENR 排名主要分为四种：全球最大 250 家工程承包商排名、全球最大 250 家国际工程承包商排名、全球工程设计公司 150 强排名、国际工程设计公司 150 强排名。

2018 年以来，世界经济逐渐走出金融危机趋向好的发展局面。全球重要区域经济增速和增长预期提升，发达经济体经济增长势头良好，新兴市场和发展中经济体增速企稳回升。一年中，全球贸易和投资回暖，能源和大宗商品价格趋稳。从 ENR 公布的榜单数据也能反映出，国际承包商市场在经历了前几年由于油价暴跌和国际政治的不稳定而产生的低迷期后，形势渐渐开始好转[①]。

据 2018 年度 ENR 排名统计，2018 年全球最大 250 家国际承包商的海外营业总额共计 4824 亿美元，比上一年度增长了 3.1%，终止了持续三年的下滑趋势。在全球经济逐步回暖、国际工程市场出现复苏、"一带一路"倡议逐步走深走实的大背景下，我国内地共有 69 家大型企业入选 2018 年度全球最大 250 家国际承包商榜单，入选数量比上一年度增加了 4 家。入选企业实现海外市场营业收入总计 1141 亿美元，比上年同比增长了 15.6%，占 250 家国际承包商海外市场营业收入总额的 23.7%，比上年同比提高 2.6%。其中，3 家企业进入 ENR 排名前 10 强，分别是中国交通建设股份有限公司（排名第 3 位），仅次于西班牙 ACS 集团和德国豪赫蒂夫公司（西班牙企业控股），中国建筑股份有限公司（排名第 8 位），中国电力建设股份有限公司（排名第 10 位）；共有 10 家企业进入前 50 强排名。

从排名前列的承包商完成的海外业务看，我国有三家企业进入前 10 名，总计海外收入为 493.1 亿美元，占前 10 名收入 1876.8 亿美元的 25.9%，无论从单个总承包商，还是总体规模上考虑，我国企业占比还处于较低水平。图 1-66 为国际承包商 250 强前 10 名国际营业额对比情况。

从各市场增速来看，2017 年美国作为世界上最大的经济体，经济复苏良好，是承包工程增长最快的市场，营业额同比增长了 12.2%，达到 601.4 亿美元。

从专业领域分布看，250 家最大国际承包商在交通运输领域共完成 1534.3 亿美元，较上一年度增长 6.3%，中国交通建设集团有限公司以 231.02 亿美元海外营业额稳居第一位；石油化工领域共完成 890.9 亿美元，较上一年度下降 14.8%；房屋建筑领域共完成 1122.9 亿美元，较上一年度增长 10.7%，中国建筑股份有限公司以 139.7 亿美元海外营业额在此领域内位列第八。总体看来，三个领域的营业额仍稳居专业排名前三位，分别

① 张哲，周密. 解析 2018 年度 ENR 国际承包商 250 强 [J]. 中国勘察设计，2019 (4).

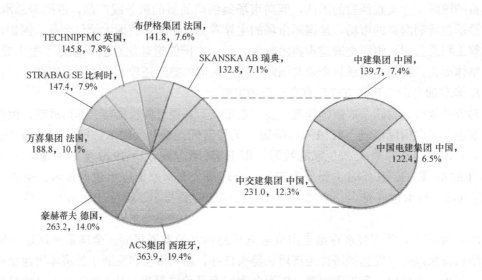

图 1-66　国际承包商 250 强前 10 名国际营业额对比

占 31.81％、23.3％和 18.5％，排名顺序与 2017 年保持一致。

如 ACS、豪赫蒂夫、斯堪斯卡等可以常年高居 ENR 前 10 的最主要原因是其国际化程度高：比如 ACS 总收入 410 亿美元里 360 亿来自国外，豪赫蒂夫则是 270 亿总收入 260 亿来自国外，柏克德、福陆均在 50％以上，即便是韩国的三星建设或现代建设，其海外占比也能达到 40％～50％；而我们国际化做得最好大型承包商中国交通建设集团有限公司，海外收入只占 30％左右，中建、中铁、中铁建则只有 5％～9％。

综合以上情况，经过二十多年的发展历程，我国对外国际承包工程取得了一定的发展，有些方面表现也比较突出，但是，还是承包领域主要在传统的交通运输、房屋建筑两个方面，其他如石油、化工、通信、排水/废弃物等领域或者高技术、高附加值的行业方面没有明显的发展，并没有改变我国国际承包商在低端服务徘徊的现状，承包服务内容和服务方式并没有发生质的变化。

2. 高端市场没有突破

ENR 将国际工程承包市场划分为亚洲/澳洲、欧洲、中东、美国、南非/中非、拉丁美洲、北非、加拿大、加勒比地区、南极/北极十个主要的区域市场。其中，美国、加拿大和欧洲等市场地处发达地区，且项目规模、技术含量、运作方式比其他地区要求高，进入市场的技术壁垒高。因此，业内又将这些市场称为高价值市场，并以进入这些地区的承包额多少来反映承包商的实力。目前，我国建筑企业已经或正在世界近 200 个国家或地区承揽建设项目。然而，我们承包业务的地区发展极不平衡。

我国在亚洲、非洲市场依然保持着稳固的主导地位，在拉美、欧洲、北美市场，承包工程的业务也呈现出较快的增长态势，市场向更加多元化的方向发展，市场结构进一步优化。随着中非经济合作领域不断扩大，一些多年战乱的非洲国家战后百废待兴，基础设施建设市场需求巨大。

根据 ENR 统计，从 2013～2017 年的 5 年间，国际承包商 250 强榜单中的中国内地企业数量的变动如表 1-3 所示。

近 5 年进入国际承包商 250 强的中国内地企业 表 1-3

年份	企业数量	前 100 强企业数量	国际营业额(亿美元)	比重(%)
2017	69	24	1141	23.7
2016	65	22	989.3	21.13
2015	65	20	936.7	19.3
2014	65	21	896.8	17.19
2013	62	21	790.4	14.53

2013 至 2017 年,中国内地企业进入国际承包商 250 强的国际营业额在逐年增加,2017 年突破 1000 亿美元,所占比重也在不断上升,即使在整个国际承包市场低迷的情况下,中国内地企业能够取得这样的成绩实在可喜可贺。这足以说明中国内地企业的实力得到显著增强,在应对国际承包市场中的政治和经济风险时具有较好的应对措施,从而具有较好的发展前景。

近 5 年 ENR 国际承包商 250 强中的中国内地企业总收入的市场构成 表 1-4

年份	中东	亚洲	非洲	欧洲	美国	加拿大	拉丁美洲/加勒比地区
2017	14.4	42.2	32.7	2.6	1.7	0.3	6.1
2016	13.6	38.8	35	2.8	2	0.1	7.8
2015	14	32.3	37.8	3.6	4.2	0.2	8
2014	16.9	31.5	39	2.7	2	0.2	7.7
2013	17.4	32.1	38.4	3.1	1	0.4	7.5

近 5 年,中国内地企业进入国际承包商 250 强在各区域市场的承包收入占中国内地企业海外市场承包总收入的比重如表 1-4 所示。从表中可以看出,2013～2017 年,亚洲市场和非洲市场为中国内地企业最为重要的海外承包市场,其次是中东、拉丁美洲/加勒比地区市场。而在欧洲、美国、加拿大市场中,中国内地企业总收入所占比重依旧较少,仍处于较低水平,开拓这三大市场仍有很长的路要走①。

3. 缺少领袖型企业

Daniels 和 Bracker 指出:国际工程承包商的国际营业额是表明其国际竞争力最重要的指标。以此为标准,我国承包商的国际营业额同美、欧等国际承包强国的承包商还有相当大的差距。以 2018 年度数据为例,我国有 69 家承包商入选 225 家国际承包商的行列,国际营业额的总和是 1141.0 亿美元,而排名第一的西班牙 ACS 集团国际营业额为 363.9 亿美元,是唯一超过 300 亿美元的公司,遥遥领先各国,处于世界领先地位。排名第三的我国最大的国际承包商——中国交通建设股份有限公司国际营业额为 231.0 亿美元,与之相差 132.9 亿美元,差距为 36.5%,其他国内承包商差距更是明显。

中国入选的承包商大都集中在名单的后半部分,排在 100 名以外的达到 45 家。本届全球最大 250 家国际承包商平均完成国际营业额为 19.296 亿美元,我国只有 12 家企业高于入选的国际承包商海外平均营业额。全球排名前 5 位的国外公司 2017 年度海外总营业

---

① 邓小鹏,等.2018 年度 ENR 国际承包商 250 强解析[J].国家工程管理创新与实践,2018 (10).

额为 1109.1 亿美元，而排名前 5 位的中国公司 2017 年度海外总营业额仅为 624.1 亿美元，相差接近二分之一。这说明：国际工程承包市场仍然是被大承包商所垄断。我国企业能够有三家入围前 10 名，处于历年最好水平，但是对于竞争激烈的国际市场，我国承包企业需要加大国际市场开拓步伐，缩小与国际领先公司的总体差距，对国内其他公司起到引领示范作用。

改革开放后，我国建筑领域通过自主创新和引进国外先进技术，建筑承包企业在技术上、管理上都取得了质的进步，开始在国际建筑市场上赢得了地位和尊重。现在，对于我国建筑承包企业最迫切需要解决的问题是，如何协调好发展中"量"和"质"的问题，让更多的建筑承包企业早日成为国际一流的企业。我国承包商与国际一流承包商的差距，经 20 多年的努力，已缩小了在国际营业额的差距，现在需要在企业拥有的核心技术、管理方式、生产（服务）方式、生产力转变等方面缩小差距，提高整个建筑业的生产能力和竞争水平。

1.3.2 国际一流工程承包商的竞争优势

国际工程承包从主要为劳动密集型的生产方式逐步转向技术密集型、资源密集型的方向，这种转变的基础是企业必须拥有自己的技术和管理，并形成自己独特的技术和管理优势，只有这样企业才能在工程承包市场获得竞争优势。纵观国际一流承包商的管理体系，无不具备自己的核心技术和管理方式，它们已成为国际一流承包商最为显著的特征，国际一流承包商以自主的专有技术和先进的管理方式参与国际市场的竞争，占领优势市场，并以企业的自主创新的技术和管理，获得超额利润。

1. 国际一流承包商的核心技术

总体而言，我国国民经济各行业的企业自主研发和技术投入都存在着不足现象，加上国际上对转让技术的封锁限制，导致整体多数行业技术发展缓慢。据资料统计，目前世界科技研发投资的 80%、技术创新的 71%，均由世界 500 强企业所创造和拥有，62% 的技术转让在 500 强企业间进行。20 世纪 80 年代中期，许多日本大企业纷纷设立基础研发所，并不断增加投资，在技术引进后的消化吸收、进一步研发、普及等过程中，民间企业起到了主导作用。技术引进与自主研发互相依存，先以引进为基础，进而研发自主知识产权，形成了"企业为主"的科技发展格局。截至 2018 年，在我国建筑施工领域，仅有 37 家建筑施工企业拥有国家级技术中心，占全部国家级技术中心 1369 家的 2.7%，我国在该领域产生的核心技术和技术专利还十分有限，这使得我国国际工程承包企业，失去了许多竞争优势。这是我国国际工程承包企业逐步壮大起来后，急需改善和加强的方面。

如表 1-5 所示，ENR 前十强国际承包商都有自己领先于世界的核心技术和核心领域。按科学技术是第一生产力的论断来衡量，这应该是国际一流承包商与一般承包商最本质的差别。正是由于技术上的优势，才使这些国际一流承包商在市场上处于绝对领先的地位，获得绝大多数市场份额，并以此赢得高额利润。

西班牙 ACS 公司的发展战略可以总结为"以并购的方式推动企业多元化扩张"。ACS 最初仅从事建筑业务，现在已将业务延伸到工业服务、特许经营、交通、能源、电信、环保和物流等领域，坚持加强主营业务发展，基于正确的战略规划和超强的执行力，是 ACS 并购战略成功的最基本原因。从 CP 公司（ACS 的前身）被成功重组开始，ACS 的并购目标都是以建筑为核心,逐步扩展到工业服务、环保与物流、特许经营和能源等领域,并且能在新业务方面居于领先地位。2019 年 7 月,《财富》世界 500 强排行榜发布,西班牙 ACS 集团位列 272 位。

ENR 前十强拥有的核心技术　　　　　　　　　　　　　　表 1-5

排名	公司名称	核心技术
1	ACS	民用交通、环境保护、能源、通信
2	豪赫蒂夫	桥梁、机场等基础设施的设计、施工
3	中国交建	基建、设计、隧道桥梁、投资
4	万喜	特许经营、建筑
5	斯特拉巴格	基础设施、住宅建筑
6	德希尼布福默诗	海上作业分部、陆上与场区作业分部
7	布伊格	道路建设与维修业务、工用民用
8	中建集团	建筑施工、基础设施、装配式建筑
9	斯堪斯卡	建筑施工、绿色建筑
10	中国电建集团	水利、水电、基础设施投资运营

我国国际承包商也开始意识到拥有核心技术的重要性,虽然在核心技术的拥有上,与 ENR 排名前列企业有差距。但这种差距,在逐步缩小,例如,我国的中国水利水电建设集团公司拥有的"爆破冲渣技术和规模",中国铁道建筑总公司的"高原多年冻土带综合施工技术",北京建工集团有限责任公司的"建筑垃圾原位处置成套工艺",都处于国际领先水平。长期以来,造成我国建筑企业核心技术研发滞后的重要原因,是我国建筑企业对研发的重视程度和投入资金不足造成的。

2. 国际一流承包商的服务方式

虽然全球经济一体化是现在及今后发展的方向,但是国际承包商趋于高端化的发展以及国际承包市场垄断式的市场格局已非常明显,工程项目承包方式多以总承包或经营性承包的方式进行,而且只有承包这样的工程项目才能获得高利润。我国建筑工程承包商如果要立足现有的国际市场,必须在做大自己经营规模的同时,不断提高管理、经营水平,使规模的扩大不是简单的数量型扩张,而是工程承包企业在经营方式、技术手段和管理模式基础上,实现根本性变革的质的飞跃。科学技术是第一生产力,这一点表现在国际工程承包市场上,就是企业要想获得竞争优势和市场效率,必须拥有自己的先进的核心技术和管理水平。

豪赫蒂夫公司和斯勘斯卡公司的最大业务同为房屋建筑,但其技术能力也有不同。豪赫蒂夫公司的核心技术是能为客户提供"一站式"服务,包括从设计、融资、建筑到运营的一系列服务。为了实现这种服务,豪赫蒂夫开始涉足机场管理、软件研发、人员管理和工程项目管理等领域。其中,设计咨询、投资开发、建筑施工、机场管理和运营维护等是其核心能力,其技术专长包括以下四个单元:开发,包括物业的规划、设计、投融资以及营销策划等;建筑,包括传统的施工建筑、标准作业承包建筑、土木工程和基础设施项目等;服务,包括规划建设、物流、设备管理、资产管理、保险、环境工程、建筑管理等;特许经营,包括机场管理和特许经营的公共和私营部门的合作、承包开采部分等(图 1-67)。

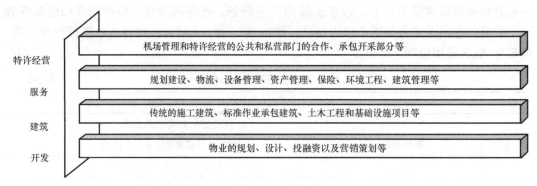

图 1-67　豪赫蒂夫公司的技术专长

斯堪斯卡公司专注于与房地产和工程建筑等相关的产品和服务，公司长期以建筑、住宅开发、商业开发与运营、基础设施四种核心业务为主的业务结构。公司依赖其技术的先进性和对当地文化的适应性，在其所在区域扮演着施工建筑领导者、绿色建筑及自然与建筑和谐统一领先者的角色。斯堪斯卡公司能在项目的不同阶段提供服务支持。其支持服务包括柔性支持、项目计划、项目启动支持、项目建造过程中的风险管理、项目评估和第二评价、高效执行、高风险结构评估、专业的网络设计等。目前，已经在国内设立专业公司，从事建筑节能技术的设计和研发、提供环保节能产品，坚持销售与服务的创新思路，努力提升企业的核心竞争能力。

3. 国际一流承包商的员工素质

纵观国际建筑市场发展的趋势，承包商企业规模越做越大，垄断已成为国际工程承包发展的趋势。这个趋势使市场不断扩大，它要求承担工程建设的企业不仅在建造技术、管理水平、施工经验上要有优势，而且还要有资本、技术、开发、运营和品牌等方面的优势。而要具备这些优势，承包商的先决条件是要有相应的专业人才。

随着与国际承包商的交流，我国大型国际承包商也试图走服务方式的转型，这些企业首先从提高企业人员素质入手，提高技术、管理类人员的比例，以高素质的人才作为基础，以期实现生产（服务）方式的根本转变。目前，我国大型国际承包企业的人员结构已经发生了明显的变化。据调查统计，我国最大的集团型承包公司的工程技术和管理人员最高能占到总人数的50%左右，有的更高一些，这对于一个传统型的、劳动密集型的企业是一个非常显著的变化。

根据中国建筑工程总公司网站的信息，截至2013年底，公司在岗员工216824人，员工来自内地、港澳及东南亚、北非、北美等20多个国家和地区，海外雇员16124人，占公司在岗员工的7.4%。员工中博士占0.19%，硕士占3.81%，本科占48.56%，大专占22.62%。

这意味着，在其员工中至少有77.38%是管理和技术人员，这是管理和技术人员比例较高的公司（图1-68）。中国交通建设集团有限公司管理和专业技术人员占在册人员总数的51.6%（图1-69），在该集团公司中具有专科及以上学历者高达76.9%。

在目前的国际承包市场上，由于服务方式由原来的单纯的施工承包，向项目总承包或经营性承包转移，要求承包商具有越来越高的管理水平和技术能力，国际一流承包商的人员结构也发生了显著的转变。以美国柏克德为例，从其服务方式和人员组成上，已经看不

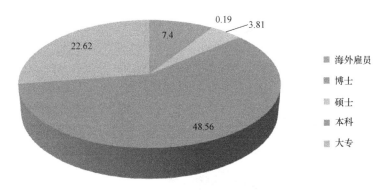

图 1-68　中国建筑工程总公司
（图片来源：该公司官方网站，浏览时间为 2015 年）

■ 海外雇员
■ 博士
■ 硕士
■ 本科
■ 大专

■ 管理和专业技术人员(含一级项目经理)

■ 技能操作人员

■ 其他辅助岗位人员

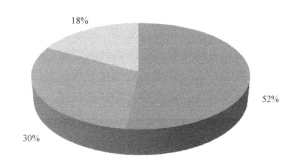

图 1-69　中国交通建设集团有限公司
（图片来源：中国交通建设集团有限公司官方网站，浏览时间为 2011 年 11 月 8 日）

到传统承包商的特征了。现在，柏克德公司提供的主要服务形式是工程总承包和工程项目管理，其中工程总承包业务占 60%～85%，工程项目管理服务占 5%～15%。工程总承包的方式主要有：交钥匙总承包，设计采购施工总承包，设计、采购、施工管理承包，设计、采购、施工监理承包，设计、采购承包和施工咨询，设计、采购承包，设计、采购、安装、施工承包等诸多形式。工程项目管理主要有项目管理承包、项目管理组、施工管理等形式。人员组成上，柏克德公司现有 5 万多员工，其中技术、管理人员占 85.74%，非技术人员只占 14.26%，具体人员构成如图 1-70 所示。

作为一个世界级的企业，只有实现了人才素质上的突破，才有可能为劳动（服务）方式的根本转变打下基础。现代信息技术的迅猛发展和应用、承包商在技术和管理能力方面

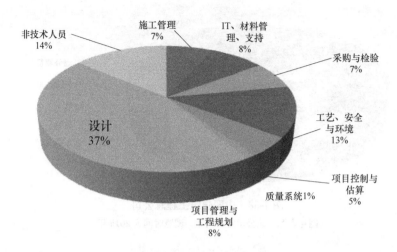

图 1-70 柏克德的人员构成

（图片来源：柏克德公司官网）

的提高和服务范围不断延伸、金融服务体系的日臻完善使工程项目日趋大型化、复杂化，进而工程项目承包方式也发生了巨大的变革。国际工程市场上目前广泛采用的工程总承包和项目管理方式，主要包括 DB（设计—建造）、EPC（设计—采购—建造）、CM（施工管理）、PMC（项目管理承包）、BOT（建造—运营—移交）和 PPP（公私合营模式）等。这些总承包工程项目的实施需要强大的技术和管理支持，如 EPC、BOT 项目，它们的实施不仅需要承包商有强大的融资能力和财力支持，还需要承包商具有先进的技术、丰富的经验和管理能力。这些方式在可能使总承包商的利润大幅提高的同时，也对承包商的管理水平和技术能力提出了更高的要求。要想使我国建筑承包有根本性的突破，就应当而且必须使我国承包企业具有大量技术型、管理型人才，能掌握一些行业内的尖端技术，增强竞争能力，这样才有可能承揽到更多的总承包、经营性的项目。

4. 积极使用新兴技术

尚春明、赵宏彦[1]对我国 151 家建筑企业的调查，可以从一个侧面反映出信息技术在我国建筑业应用的状况。被调查的 151 家企业在信息系统建设的投资为 13000 万元。其中，对硬件的投资占 73%，软件的投资占 27%，而发达国家软件投资与硬件投资比例为 7∶3。这不仅说明了我国建筑业对信息系统的应用还处于初级阶段，也说明了这些硬件设施没有得到很好的应用，究其原因是管理上的松懈、观念上的落后，忽视了科技对产业的贡献率，没有认识到科技发展是一项持续不断的客观规律。

在美国，IT 技术在建筑业应用已经非常广泛，IT 技术为开发商节约了 2.1% 的开发成本，为承包商节约了 1.8% 的建造成本。在我国没有关于 IT 技术应用在建筑业对于提高效益的统计，但目前 IT 在我国建筑业的应用也主要是文档管理和财务管理，将 IT 技术应用到 Ebusiness 通过网络化集成，实现现场工程质量管理、项目管理以及总部管理信息系统的一体化，在我国还限于大型工程、重点工程中应用，在全建筑行业的应用还没有

① 尚春明，赵宏彦. 积极推进建筑业信息化应用，努力提高企业核心竞争力 [J]. 建筑经济，2005 (1).

形成规模，效益自然也无法整体体现。

柏克德公司是较早将先进的信息技术用于工程项目，并取得良好效益的承包商。柏克德公司通过多年研发，开发了新一代的应用程序，创建基于大功率的网络导向的物流和协作工具，发展新的网络技术，帮助柏克德公司提供世界范围内的高效、快捷、安全沟通，时时了解全世界项目进程、物料价格信息；移动的语音网络通话环境，保证了成本的节约，支持那些在偏僻地区没有通信设施的建设项目，从而降低项目成本。这种信息系统优势使得柏克德能够在世界范围内提供最好的工程师、建筑经理、全球采购专家和物流专家，也使得柏克德公司能够处理各类复杂的项目问题，而这些项目也往往有较高的利润。

5. 促进生产方式的转变

随着国际建筑业市场产业分工体系的深化，一些技术壁垒相对较低或已经被广泛采用的民用建筑的利润率正在下降，同时出现了很多规模大、技术含量高的复合型工程。该类项目的主要特征是技术密集、知识密集，这一方面对建筑承包商提出了更高的技术要求；另一方面，也给承包商提供了更大的利润空间。然而这种更大利润的获得，需要承包商依靠技术、管理来提高生产效率、转变生产（服务）方式才能实现。

ENR 排名第四的法国万喜公司是一度被公认为全球最赚钱的企业，服务项目涵盖土木、建筑、基建、特许经营、能源、环保等众多板块，在特许经营服务领域其优势突出，在世界上具有领先地位，它不仅改变了传统的公路承发包的经营模式，通过逐步拓展领域，为万喜最大限度地获取高利润。2017 年特许经营业务收入占比以不足 20％的比例，却创造了公司 61.49％的利润（图 1-71）。这是因为，万喜的特许经营服务是高附加值的综合服务，它以技术和管理为手段，使原来的生产性承包转变成生产、经营和管理的承包。而路桥业务、能源业务、建筑业务难以与特许服务相比。这说明了谁在市场上掌握了关键技术、先进管理方式，促成了生产方式的转变，谁就能获得高附加值的回报。

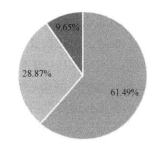

图 1-71　2017 年万喜集团分业务收入与利润构成

近年来，国际建筑工程市场承包方式发展迅速，传统的设计、施工、经营分离的方式正在快速被工程总承包方式取代，特别是在国际大型工程项目中，EPC、EPCM、PMC等一揽子式的交钥匙工程模式，以及 BOT、PPP 等带资承包方式正在成为被广泛采用的模式。这使得国际工程市场中以传统施工为主要利润的渠道变窄，利润率迅速降低，利润重心正在向产业链的前端和后端转移。美国福陆公司很早就意识到了这一点，但福陆公司也很清楚要想占领产业的高端领域，就必须拥有卓越的技术能力和项目管理能力，这是开展经营性承包工程项目的必要条件，通过收购一些产业上下游的转移技术领先的专业公司，形成了一条完整的价值链，从而促进了利润的持续增长。

凭借着技术和项目管理优势，美国福陆公司开始进行服务转型。在业务经营上不仅涉及许多个专业领域，而且在专业上的服务也不断地向纵深延伸，为客户提供项目整个生命周期的服务。业务服务内容包括设计、策划、建造、采购、运营和维护、人员培训等。福陆在全球的业务主要划分成五个板块：油气项目、工业和基础设施项目、政府项目、全球服务项目和电力项目（图1-72）。

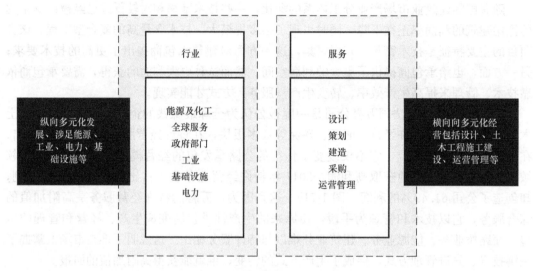

图 1-72　福陆公司业务分布图
（图片来源：福陆公司资料）

福陆公司的战略定位是发展成为具有杰出工业技术知识和技能的全方位的服务提供者。实践中，福陆公司在积极地实现着自己的战略目标，通过拓展其他高附加值领域的业务，目前福陆公司已成功在生命科学、电信、运输等高新技术领域打开市场，并积累了丰富的行业经验。福陆的健康、安全、环境管理体系（HSE）综合了目前国际上最高的标准，落实于项目执行的各个阶段，努力实现项目实施无伤害、无事故。据ENR的资料显示，在近年来ENR工程咨询设计商的评选中，福陆公司始终居于全球"150个顶级设计公司"中的前十名之列，虽然营业收入较前几年有所降低，但福陆公司的安全记录使它成为世界上最安全的承包商之一。

6. 将可持续发展观作为企业的核心价值

随着可持续建筑在世界范围内的迅速发展，国际一流承包商又一次敏锐地发现，这将给工程领域带来革命性的变革，绿色生产力已经开始并将取代传统生产力。面对这种变革的到来，国际一流承包商首先想到的是将可持续建筑列入公司发展的战略，优先发展绿色建造技术，并尽快的应用到工程实践中，以期在今后的市场竞争中，以领先的技术取得竞争的优势。

发展绿色施工能力对于一个建筑企业而言，要解决两个方面的问题：一个是技术的绿色，如施工中优先采用"四节一环保"，实现零排放，以人为本的施工方法等；另一个问题是企业发展战略及与绿色施工技术相适应的管理方法。发达国家在绿色建筑的实施方面，不仅在建筑的初期进行绿色设计，同时将可持续发展的观点用在工程的施工中，提出了用绿色生产力取代传统生产力的口号。因此，对于我国国际工程承包商也应该顺应这个发展趋势，在工程施工中大力发展绿色建筑施工技术，肩负起作为一个企业的使命感和责任感。

瑞典斯勘斯卡公司从 20 世纪 90 年代后期，开始着手研究、开发、制定可持续发展的技术和战略，2002 年，提出"四个零"目标，即零亏损项目、零环境事故、零现场事故和零种族侵害，发展到今天，又增加了零缺陷，变成了"五个零"目标。随后的十几年间，斯堪斯卡公司开始用 Global Reporting Initiative（GRI）来指导它可持续发展的工作框架，使它能更好地致力于可持续发展。

随着我国经济的发展速度，由高速增长阶段进入稳定发展阶段，发展模式粗放式向集约型经济发展，身处国内、国际环境的我国工程承包商也已开始行动起来，但就整个行业来看，用绿色生产力取代传统生产力的意识还相对淡薄，企业对绿色建筑技术的研发和运用还需要跟上发展的需要。当今社会可持续发展观已成为社会发展的主题，绿色建筑在建筑行业也得到了行业的响应。为了适应时代发展的要求，并紧跟行业发展的前沿，国际一流承包商纷纷将发展绿色技术和施工能力作为一种政策和方针来采纳，大力投资研究绿色建筑技术和施工方法，以及相应的管理方法，并已运用到具体的实践中，这样做不仅以此提高了承包企业的声誉和社会形象，也因此获得了较好的收益。根据中国房地产协会统计，截至 2017 年 12 月末，全国共评出 10927 个绿色建筑表示项目，较上一年增加了 3000 多个，绿色建筑面积超过了 10 亿 m^2。绿色建筑已然推动着建筑业，甚至是智慧城市的发展[①]。

国际一流承包商将绿色建筑的发展视为建筑业发展的机遇和挑战，把绿色施工技术、工艺和管理方法列入发展日程，提出了将用绿色生产力取代传统生产力的企业发展战略。

美国杜邦公司的发展方向是要成为一家全球领先的、"可持续增长"的科学企业。杜邦公司的研究人员创造性地把"3R 原则"发展成为与化学工业实际相结合的"3R 制造法"，以达到少排放甚至零排放的环境保护目标。他们通过放弃使用某些环境有害型的化学物质、减少某些化学物质的使用量以及发明回收本公司产品的新工艺，在过去 5 年中使生产造成的固体废弃物减少了 15%，有毒气体排放量减少了 70%。

日本企业将绿色技术的"3R"原则提升到"4R"原则，R 分别是：Reduce（减量）、Reuse（复用）、Recycle（再生）、Recovery（能源回收），第 4 个"R"，即 Recovery（能源回收），就是指通过垃圾焚烧等方式对前三个 R 无法进一步回收利用的进行能源的回收利用。通过"4R"原则，真正实现了绿色、环保的发展理念。

7. 实现传统生产力向绿色生产力的转变

近几年，建筑业可持续发展理念已经为各国非常重视，绿色建筑、绿色施工在国外发

---

① 杨成. 跨国建筑工程公司的标杆［J］. 施工企业管理，2007（4）.

展的较快，尤其是在发达国家以及国际一流承包商中。绿色技术的发展已不仅仅停留在战略层面，许多国际承包商已掌握了一些先进的技术，并已运用到工程实践中。例如，有些知名的国际大承包商，在投标书中明确承诺，将降低扬尘、施工噪声，不仅有自己的技术和明确的具体实施方法，还有明确的量化标准。也有的承包商在标书中提出，将在施工中运用建筑废物的利用技术，减少建筑废物对环境的污染，国际一流承包商在建筑废物的利用方面普遍可以达到80%以上。显然，在当前强调自然、社会和谐发展的发展观下，这样不仅肩负了应尽的社会责任，并会以此获得更多的市场份额。

ACS公司近几年发展方向，始终将继续提高环境、社会和治理（ESG）因素作为公司的发展战略，公司将联合国2030年可持续发展议程作为制定ESG政策和目标指南，把传统各工程领域扩大的同时，开拓新的领域至：水处理投资、可持续能源、可持续/弹性基础设施、可持续消费领域，与2016年相比，ACS公司2017年排放量降低了17%[①]。

法国万喜公司开发了在施工中的回收利用技术，能对包括废铁屑、废木材、包装材料、无害工业废物、碎石及填充物和特殊工业废物在内的建筑垃圾进行回收利用、填埋和特殊处理，图1-73是万喜公司目前对建筑垃圾的利用率和利用类型。

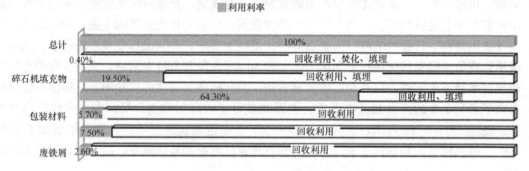

图1-73　万喜公司对建筑垃圾的利用率和利用类型

（图片来源：VINCI's sustainable development programme）

① 他山之石：国际承包商浅析（一）［J/OL］. 国际工程观察，2019（13）. http://www.chinca.org/CICA/info/19072214511311.

2 建筑工程新技术与技术管理

建筑工程技术是建筑工程管理的核心知识之一，也是建造师进行工程管理的重要基础。近年来，随着建筑工程技术的发展，新的工程材料、建筑结构形式、施工技术不断涌现，因此，通过继续学习对建筑工程技术的新发展进行全面了解，不仅有利于提高身处生产第一线的建造师自身的专业技术素养，还有利于提高建设工程项目管理水平，保证工程质量安全。

2.1 建筑技术发展趋势

建筑工程技术是兴建房屋建筑的规划、勘察、设计、施工技术的总称，其目的是为人类社会提供服务，人们的衣食住行都与之息息相关。21 世纪以来，在全球科技进步和工程建设推进的大背景下，建筑高度不断攀升，跨度不断增大，建设规模不断扩大，施工难度不断增加，在这一过程中，工程材料、工程结构和施工技术都得到了迅猛发展。此外，在可持续发展的时代主题下，节能环保的理念已经向建筑工程技术渗透。绿色建筑技术已经成为时代发展的潮流，工程材料的绿色环保特性日益受到人们重视，而绿色施工更是实现"五节（节能、节地、节材、节水、人力资源节约）一环保"的关键环节之一。

1. 工程材料发展趋势

工程材料是建筑工程的基础。由天然材料（如木材、石材）到人工合成材料（如钢材、混凝土）的应用推广可见，工程领域的每一个飞跃，都离不开材料的变革。建筑结构工程所期望的新材料应具有轻质、高强度、高弹性模量、高耐久性等特点。此外，传统工程材料开始向绿色环保化方向发展。总体而言，工程新材料有以下发展趋势：

在工程新材料的发展过程中，钢材和混凝土等传统材料的改进仍将占据重要地位。近年来，随着大量体型复杂的高层建筑的出现，为了适应结构发展的需要，涌现出一大批轻质、高强度、高弹性模量、高耐久性的工程材料。钢材的高强度化、高耐久性，成为钢材技术的主要发展目标。高强度钢材的使用不但有利于节省钢材，提高材料利用率和结构安全程度，而且在经济上也有较大优势。混凝土的高强高性能化成为混凝土技术的重要发展方向。

近年来，以纤维增强复合材料（Fiber Reinforced Polymer Plastic，简称为 FRP）为代表的新型结构材料开始活跃在工程界，代表性的 FRP 材料包括碳纤维、玻璃纤维、芳纶纤维等复合材料（图 2-1、图 2-2）。与传统工程材料（钢材与混凝土）相比，新型结构材料具有更轻的质量、更高的抗拉强度、良好的耐腐蚀性等特点，为工程结构提供了更加广阔的发展空间。

土木工程材料的用量巨大，尤其在应用方面，经过长期使用的不断累积，单一品种或数个品种的原材料来源已不能满足其持续不断的发展需求。尤其是历史发展到今天，以往大量采用的黏土砖瓦和木材等已经给社会的可持续发展带来了沉重的负担。从另一方面来看，由于人们对于各种建筑物性能的要求不断提高，传统建筑材料的性能也越来越不能满足社会发展的需求。为此，以天然材料为主要材料的时代即将结束，取而代之的将是各种人工材料，这些人工材料将会向着再生化、利废化、节能化和绿色化等方向发展。

图 2-1 加固工程中的碳纤维布　　　　　　图 2-2 FRP 钢筋

2. 工程结构发展趋势

建筑结构伴随社会生产和人类活动的需要而诞生和发展，传统的钢筋混凝土结构和钢结构仍在全球建筑中占据统治地位，但新近建成的建筑表明，传统结构开始向多种结构形式优化组合的新型结构方向发展，引发了对各种组合体系、组合结构和混合结构体系等创新结构体系的研究，以充分发挥不同材料和体系的各自优点。同时，新型结构的出现推动了工程材料技术的进步。建筑结构形式的突破与创新集中体现在高层/超高层建筑、装配式建筑、新型脚手架、减震控制建筑、地下管廊等结构中。

20 世纪是我国高层/超高层建筑起步及飞速发展的黄金阶段，21 世纪我国高层/超高层建筑的发展将拥有更广阔的前景：建筑发展与科技发展的双向促进，使得我国建筑结构理论不断突破、施工技术不断创新、新型建材研发日益进步、生态节能理念不断提升，在高度不断增加的同时，还将呈现出综合化、异形化、生态化和智能化等新趋势。

装配式建筑是指用预制的构件在工地装配而成的建筑。这种建筑的优点是建造速度快，受气候条件制约小，节约劳动力并可提高建筑质量。进入 21 世纪后，随着国民经济的持续快速发展，节能环保的要求不断提高，劳动力的成本持续增长，能源与资源不足的矛盾愈发突出。开发新型预制混凝土结构体系，实现建筑产业现代化就成为解决建筑业传统生产方式缺陷、促进建筑工业化快速发展的主要途径。随着 BIM 技术的推广与实践，建筑业的信息化需求与应用水平呈现了现象级增长，学习借鉴了制造业的经验。装配式建筑自身具有标准化设计、工业化生产的特点，信息化技术已然成为装配式建筑发展的重要工具和手段，在此背景下，装配式建筑领域发展出了"PSC 集成建筑"。集成建筑融合了预制钢结构和预制混凝土，包含 PEC 剪力墙结构、钢筋桁架 PC 叠合楼板、单元式金属幕墙和 PC 幕墙、装配式内装等产品与技术，实现了装配式建筑从"结构装配"向"整体装配"转型升级。

20 世纪 80 年代，随着中国经济的起飞和城市化进程的加速，高层/超高层建筑在全国各地大量兴建，特别是过去 10 年，高层/超高层建筑得到了飞速发展（图 2-3）。目前，我国许多已建和在建的高层建筑位于强地震区，面临严重地震灾害威胁。传统以"抗"为主的结构抗震设计方法越来越难以满足日益提高的抗震要求，以"控"为主的结构减震控制技术便应运而生。

传统的抗震方法是依靠主体结构本身的非弹性状态来消耗地震能量，而隔震、消能减震和各种结构震动控制技术，为人们展现了一条新的抗震途径。它们可统称为结构减震控制技术。结构减震控制技术的发展是抗震理论和实践发展到一定阶段的产物，是土木工程、地震工程、材料科学、计算机技术、控制技术等学科的交叉点。

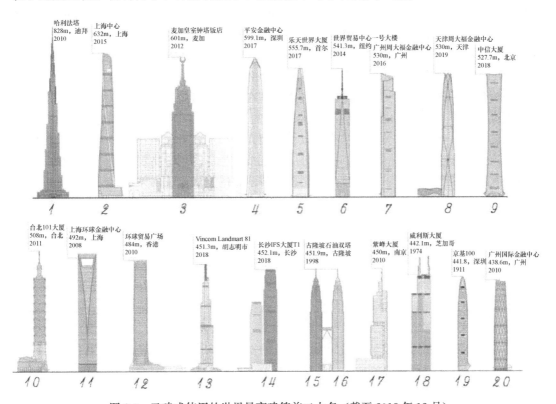

图 2-3　已建成使用的世界最高建筑前二十名（截至 2018 年 12 月）

地下综合管廊，又称共同沟（英文为"Utility Tunnel"），就是指将两种以上的城市管线（即给水、排水、电力、热力、燃气、通信、电视、网络等）集中设置于同一隧道空间中，并设置专门的检修口、吊装口和监测系统，实施统一规划、设计、建设，共同维护、集中管理，所形成的一种现代化、集约化的城市基础设施。其主要技术内容包括明挖法和暗挖法。根据国家城市综合管廊的发展规划，按目前的城镇化速度，未来 3～5 年，预计每年可产生约 1 万亿元的投资规模。这些必将大大地推动综合管廊建设工作的发展与进步。地下管廊的发展趋势主要表现在以下几个方面：①三位一体综合管廊建设新模式将得到建设设计人员的青睐，所谓三位一体即以综合管廊作为载体，将地下空间开发与地下环行车道融为一体的地下构筑物；②快速绿色的预制拼装技术将得到大面积的推广应用；③大断面下穿重要建构筑物的顶管技术将得到迅猛发展；④长距离暗挖掘进施工的盾构技术将得到更多应用；⑤新旧地下综合管廊连接技术将会得到快速发展。

3. 工程施工方法发展趋势

现代结构工程技术复杂程度越来越高，推动了与之相应的施工技术不断向前发展，在地基基础、混凝土和钢筋工程、模板和脚手架工程、被动式超低能耗建筑工程等方面都有了新的突破，工业化技术、信息化技术和绿色施工技术开始全面向施工领域渗透。

地基基础施工技术的进展主要体现在深基础施工方面，其中又以深基坑和桩基础施工技术为代表。深基坑开挖的深度和规模都有增大的趋势，高层/超高层建筑的桩基础则向更长、截面尺寸更大的方向发展。

混凝土和钢筋工程施工技术的进展主要体现在新材料技术、工业化应用方面。高强高性能混凝土往往比较黏稠，泵送混凝土较为困难，尤其体现在高层/超高层建筑中，由此发展出超高泵送混凝土技术。另外，在结构复杂、配筋较密、钢管混凝土等施工空间受限制的工程结构中，混凝土不易振捣密实，免振捣的自密实混凝土技术（Self-Compacting Concrete）得以发展，并在国内工程中开始应用。

模板和脚手架工程施工技术的进展主要体现在提升模板技术、提升外脚手架技术、新型模板脚手架技术方面。由于高层/超高层建筑的迅速发展，为解决钢筋混凝土核心筒的施工工艺，近几年来提升模板技术有了较快发展，如液压爬升模板技术、大吨位长行程油缸整体顶升模板技术等。同样的，提升外脚手架技术也广泛用于高层/超高层建筑施工中，如近年发展的附着升降脚手架技术；新型模板脚手架的发展呈现出体系化、多样化、环保化的特点，如钢（铝）框胶合板模板、塑料模板、插接式钢管脚手架、盘销式钢管脚手架等。

被动式超低能耗建筑近年来在中国建筑领域中逐渐兴起，它是指适应气候特征和自然条件，通过保温隔热性能和气密性能更高的围护结构，采用新风热回收技术，并利用可再生能源，提供舒适室内环境的建筑，这种建筑在显著提高室内环境舒适性的同时，可大幅度减少建筑使用能耗，最大限度地降低对主动式机械采暖和制冷系统的依赖。关键技术包括外墙保温隔热技术、外窗系统（型材与玻璃）、建筑气密性材料、采暖（制冷）新风系统和可再生能源利用等。被动式超低能耗建筑的发展大大缓解我国城市化进程中的能源和温室气体减排压力，改善空气质量，促进建筑节能产业升级换代，延长房屋的使用寿命，实现资源节约和可持续发展。

随着科技的进步，人们对自然的认识更加深刻，工程视野日益开阔。建筑工程技术在近年来取得了长足发展。其总体呈现出以下特点：更安全、更经济、更环保、更高效，建筑高度的增加、跨度的增大、结构材料的发展以及绿色环保理念的渗透都对建筑施工提出了新的要求。

2.2　地基基础与地下空间施工技术

2.2.1　地基基础和深基坑支护施工技术

1. 灌注桩后注浆技术

（1）技术内容

灌注桩后注浆是指在灌注桩成桩后一定时间，通过预设在桩身内的注浆导管及与之相连的桩端、桩侧处的注浆阀注入水泥浆。注浆加固机理：一是通过桩底和桩侧后注浆加固桩底沉渣和桩身泥皮；二是对桩底和桩侧一定范围的土体通过渗入、劈裂和压密注浆起到加固作用，从而增大桩侧阻力和桩端阻力，提高单桩承载力，减少桩基沉降。

在优化注浆工艺参数的前提下，可使单桩承载力提高40%～120%，粗粒土增幅高于细粒土，桩侧、桩底复式注浆高于桩底注浆；桩基沉降减小30%左右。可利用预埋于桩身的后注浆钢导管进行桩身完整性超声检测，注浆用钢导管可取代相同承载力的桩身纵向钢筋。

根据地层性质、桩长、承载力和桩的使用功能（抗压、抗拔）等因素，灌注桩后注浆可采用桩底注浆、桩侧注浆、桩侧桩底复式注浆等形式。

（2）主要技术指标

1）后注浆装置的设置应符合下列规定：

① 后注浆导管应采用钢管，且应与钢筋笼加劲筋焊接或绑扎固定，桩身内注浆导管可取代相同承载力的桩身纵向钢筋；

② 桩底后注浆导管及注浆阀数量宜根据桩径大小设置，对于直径不大于1200mm的桩，宜沿钢筋笼圆周对称设置2根；对于直径大于1200mm而不大于2500mm的桩，宜对称设置3根；

③ 对于桩长超过15m且承载力增幅要求较高者，宜采用桩端桩侧复式注浆。桩侧后注浆管阀设置数量应综合地层情况、桩长、承载力增幅要求等因素确定，可在离桩底5～15m以上，桩顶8m以下，每隔6～12m设置一道桩侧注浆阀，当有粗粒土时，宜将注浆阀设置于粗粒土层下部，对于干作业成孔灌生桩宜设于粗粒土层中部；

④ 对于非通长配筋的桩，下部应有不少于2根与注浆管等长主筋组成的钢筋笼通底；

⑤ 钢筋笼应沉放到底，不得悬吊，下笼受阻时不得撞笼、墩笼、扭笼；

2）后注浆管阀应具备下列性能：

① 管阀应能承受1MPa以上静水压力；管阀外部保护层应能抵抗砂、石等硬质物的剐撞而不致使管阀受损；

② 管阀应具备逆止功能。

3）浆液配比、终止注浆压力、流量、注浆量等参数设计应符合下列规定：

① 浆液水灰比应根据土的饱和度、渗透性确定，对于饱和土宜为0.5～0.7。对于非饱和土宜为0.7～0.9（松散碎石土、砂砾宜为0.5～0.6）；低水灰比浆液宜掺入减水剂；地下水处于流动状态时，应掺入速凝剂；

② 桩底注浆终止工作压力应根据土层性质、注浆点深度确定，对于风化石、密实黏性土、粉土，宜为5～10MPa；对于饱和土层宜为1.5～6MPa，软土取低值，密实黏性土取高值；桩侧注浆终止压力宜为桩底注浆终止压力的1/2；

③ 注浆流量不宜超过75L/min；

④ 单桩注浆量的设计主要应考虑桩的直径、长度、桩底桩侧土层性质、单桩承载力增幅、是否复式注浆等因素确定，可按下式估算：

$$G_c = a_p d + a_s n d$$

式中 a_p、a_s——分别为桩底、桩侧注浆量经验系数，$a_p = 1.5 \sim 1.8$，$a_s = 0.5 \sim 0.7$；
对于卵、砾石、中粗砂取较高值；

       n——桩侧注浆断面数；

       d——桩直径（m）；

G_c——注浆量，以水泥重量计（t）。

独立单桩、桩距大于 $6d$ 的群桩和群桩初始注浆的部分基桩的注浆量应按上述估算值乘以 1.2 的系数。

⑤ 后注浆作业开始前，宜进行试注浆，优化并最终确定注浆参数。

4）后注浆作业的起始时间，顺序和速率应按下列规定实施：

① 注浆作业宜于成桩 2d 后开始。注浆作业与成孔作业点的距离不宜小于 8～10m；

② 对于饱和土中的复式注浆顺序宜先桩侧后桩底，对于非饱和土宜先桩底后桩侧，多断面桩侧注浆应先上后下，桩侧桩底注浆间隔时间不宜少于 2h；

③ 桩底注浆应对同根桩的各注浆导管依次实施等量注浆；

④ 对于桩群注浆宜先外围，后内部。

5）当满足下列条件之一时可终止注浆：

① 注浆总量和注浆压力均达到设计要求；

② 注浆总量已达到设计值的 75%，且注浆压力超过设计值。

6）出现下列情况之一时应改为间歇注浆：

① 注浆压力长时间低于正常值；

② 地面出现冒浆或周围桩孔串浆。

采用间歇注浆时，间歇时间宜为 30～60min，或调低浆液水灰比。

7）后注浆施工过程中应经常对后注浆的各项工艺参数进行检查。发现异常应采取相应应急处理措施。

8）后注浆桩基工程质量检查和验收应符合下列要求：

① 后注浆施工完成后应提供下列资料：水泥材质检验报告、压力表检定证书、试注浆记录、设计工艺参数、后注浆作业记录、特殊情况处理记录；

② 承载力检验应在后注浆 20d 后进行，浆液中掺入早强剂时可提前进行；

③ 对于注浆量等主要参数达不到设计时，应根据工程具体情况采取相应措施。

9）承载力估算

① 灌注桩经后注浆处理后的单桩极限承载力，应通过静载试验确定，在没有地方经验的情况下，可按下式预估单桩竖向极限承载力标准值。

$$Q_{uk}=U\sum \beta_{si} \times q_{sik} + \beta_p \times q_{pk} \times A_p$$

式中 q_{sik}、q_{pk}——极限侧阻力标准值和极限端阻力标准值，按《建筑桩基技术规范》JGJ 94 或有关地方标准取值。

U、A_p——桩身周长和桩底面积；

β_p——侧阻力、端阻力增强系数，无当地经验时，可按表 2-1 取值。

后注浆侧阻力增强系数 β_{si}、端阻力增强系数 β_p 表 2-1

土层名称	淤泥 淤泥质土	黏性土 粉土	粉砂 细砂	中砂	粗砂 砾砂	砾石 卵石	全风化岩 强风化岩
β_{si}	1.2～1.3	1.4～1.8	1.6～2.0	1.7～2.1	2.0～2.5	2.4～3.0	1.4～1.8
β_p		2.2～2.5	2.4～2.8	2.6～3.0	3.0～3.5	3.2～4.0	2.0～2.4

注：干作业钻、挖孔桩，按表列值乘以小于 1.0 的折减系数。当桩端持力层为黏性土或粉土时，折减系数取 0.6；为砂土或碎石土时，取 0.8。

② 在确定单桩承载力设计值时，应验算桩身承载力。

（3）适用范围

灌注桩后注浆技术适用于除沉管灌注桩外的各类泥浆护壁和干作业的钻、挖、冲孔灌注桩。当桩端及桩侧有较厚的粗粒土时，后注浆提高单桩承载力的效果更为明显。

（4）工程案例

北京某扩建工程，主要包括新的航站楼、楼前交通中心和一条可起降空中客车的新跑道。占地面积 20000 亩，预算投资 194 亿元。

建筑场地 50m 深度范围内，除人工填土外，主要为第四纪沉积层的粉质黏土、黏质粉土、黏土、砂质粉土、粉细砂及中粗砂等，在垂直方向上形成多次沉积韵律。

根据航站楼上部结构形式、荷载分布及场地工程地质与水文地质条件，工程采用泥浆护壁钻孔灌注桩基础，并采取桩底、桩侧后压浆工艺改善成桩质量，提高桩基承载力，减少桩基沉降。

航站楼共有基桩 18000 余根，原设计普通灌注桩，桩长在 30～62m 之间，桩径 0.8～1.5m，混凝土总方量约 47.63 万 m^3；采用后注浆灌注桩优化方案，桩长可缩短 28m 左右，总混凝土方量减少为 25.6 万 m^3，与原方案相比节省约 46%。考虑后压浆的增加费用后，桩基造价节省约 34%，达 1.5 亿元。

采用后注浆工艺后，桩长减短，可避免施工十分困难的 45～60m 的超长桩，在保证桩基质量的同时，缩短了成桩时间。后注浆施工与灌注桩施工独立进行，无相互干扰，由于灌注桩工程量大幅减少，在投放相同设备的条件下，工期大为缩减。保守估计，经优化设计，工程可缩短工期大约 4 个月。可见，采用后注浆工艺的间接效益也是相当显著的。

2. 长螺旋钻孔压灌桩技术（CFA）

（1）技术内容

长螺旋钻孔压灌桩技术又称 CFA（Continuous Flight Auger）工法桩，是采用长螺旋钻机钻孔至设计标高，利用混凝土泵将混凝土从钻头底部压出，边压灌混凝土边提升钻头直至成桩，然后利用专门振动装置将钢筋笼一次插入混凝土桩体，形成钢筋混凝土灌注桩。后插入钢筋笼的工序，应在压灌混凝土工序后连续进行。与普通水下灌注桩施工工艺相比，长螺旋钻孔压灌桩施工，由于不需要泥浆护壁，无泥皮、无沉渣、无泥浆污染，施工速度快，造价较低。

长螺旋水下成桩工艺与设备施工便捷、无泥浆或水泥浆污染、噪声小、效率高、成本低，是一种很好的灌注桩施工方法。该施工方法的单桩承载力高于普通的泥浆护壁钻孔灌注桩，成桩质量稳定。与泥浆护壁钻孔灌注桩相比，该工法的施工效率是其施工效率的 4～5 倍，施工费用是其施工费的 72%，节约费用约 28%；与长螺旋钻孔无砂混凝土桩相比，该工法的施工效率是其施工效率的 1.2～1.5 倍，施工费用是其施工费用的 51%，节约费用约 49%，其施工流程详如图 2-4 所示。

钢筋笼导入管与钢筋笼巧妙连接，将激振力传至钢筋笼底部，通过下拉力有效地将钢筋笼下至设计标高。钢筋笼导入管的振动，使桩身混凝土密实，桩身混凝土质量更有保证。

（2）主要技术指标

① 混凝土中可掺加粉煤灰或外加剂，每方混凝土的粉煤灰掺量宜为 70～90kg；

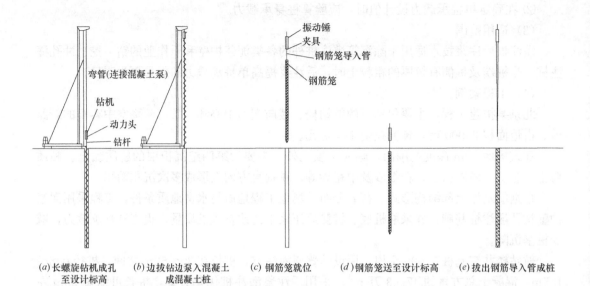

(*a*)长螺旋钻机成孔　(*b*)边拔钻边泵入混凝土　(*c*)钢筋笼就位　(*d*)钢筋笼送至设计标高　(*e*)拔出钢筋导入管成桩
　　　至设计标高　　　　　成混凝土桩

图 2-4　长螺旋钻孔压灌注桩施工工艺流程

② 混凝土中粗骨料可采用卵石或碎石，最大粒径不宜大于 20mm；

③ 混凝土坍落度宜为 180～220mm；

④ 提钻速度宜 1.2～1.5m/min；

⑤ 长螺旋钻孔压灌桩的充盈系数宜 1.0～1.2；

⑥ 桩顶混凝土超灌高度不宜小于 0.5m；

⑦ 钢筋笼插入速度宜控制在 1.2～1.5m/min。

设计施工可依据现行《建筑桩基技术规范》JGJ 94 进行。

（3）适用范围

适用于长螺旋钻孔机可以钻进的黏性土、粉土、砂土、卵石、素填土等地基，特别是地下水位较高、易塌孔的地层。

（4）工程案例

北京某工程拟建场地在地貌单元位于永定河冲洪积扇下部，自然地面标高为 29.00～30.00m，基岩埋深在 80.00～120.00m 之间。地面以下至基岩顶板之间的沉积土层以黏性土、粉土与砂土、碎石土交互沉积层为主。

该工程项目由 1 栋 4 层厂房（FAB 区）及 1 栋 2 层厂房（CUB 区）组成，采用桩基础设计方案。FAB 区共布桩 4681 根，其中 2418 根桩长 $l＝25m$，2263 根桩长 $l＝26m$，桩径 $d＝600mm$；CUB 区共布桩 1514 根，其中 1415 根桩长 $l＝20m$，99 根桩长 $l＝25m$，桩径 $d＝600mm$。桩身混凝土强度等级为 C30，坍落度为 180～240mm。

单桩竖向静载试验检测 65 根：三根破坏试验桩（CUB 区 2 根，FAB 区 1 根）的竖向抗压极限承载力按设计要求加载至单桩竖向承载力标准值 1200kN 的 3 倍（即 3600kN），根据 P-s 曲线综合判断其竖向极限承载力均不小于 3600kN；CUB 区的 12 根工程桩和 FAB 区的 50 根工程桩单桩竖向极限承载力均不小于 2400kN，满足设计要求。

高应变动力检测共检测了 299 根：CUB 区 72 根，FAB 区 227 根，检测结果表明，两个区的工程桩单桩竖向抗压极限承载力不小于 2400kN，各桩桩身完整，满足设计要求。

低应变动力检测共抽测了 1922 根（约占被检总数的 30%）：CUB 区被检测的 444 根基桩中，1 类桩 440 根，占抽检总数的 99%；2 类桩 4 根，占抽检总数的 1%；未发现 3 类、4 类桩。FAB 区被检测的 1478 根基桩中，1 类桩 1464 根，占抽检总数的 99%；2 类桩 14 根，占抽检总数的 1%；未发现 3 类、4 类桩。

以本工程 FAB 区设计的工程桩（桩径 600mm，桩长为 25～26m，桩端入第 9 层砂层）为例，将长螺旋钻孔压灌桩工艺与泥浆护壁钻孔灌注桩工艺和长螺旋无砂混凝土灌注桩工艺的施工效率及经济指标进行比较。

对于上述地层及配筋率，根据 FAB 项目实际施工情况，采用长螺旋钻孔压灌桩工艺，每台设备平均每天施工工程桩数为 25 根，工程桩施工费用约 760 元/m³。

同样的地层及配筋率，采用泥浆护壁钻孔灌注桩施工工艺，每台设备每天可施工工程桩约 5 根，施工费用约 1050 元/m³；可见长螺旋钻孔压灌桩工艺的施工效率是其施工效率的 5 倍，施工费用是其施工费用的 72%，节约费用约 28%。

同样的地层及配筋率，采用长螺旋无砂混凝土灌注桩施工工艺，每台设备平均每天可施工工程桩约 20 根，施工费用约 1500 元/m³；可见长螺旋钻孔压灌桩工艺的施工效率是其施工效率的 1.25 倍，施工费用是其施工费用的 51%，节约费用约 49%。

3. 装配式支护结构施工技术

（1）技术内容

近年来，预制地下连续墙技术成为国内外地下连续墙研究和发展的一个重要方向，其施工方法是按常规的施工方法成槽后，在泥浆中先插入预制墙段、预制桩等预制构件，然后以自凝泥浆（即以水泥、膨润土等材料拌制的浆液，在建造槽孔时起固壁作用，槽孔建造完成后，该种浆液可自行凝结成一种低强度，低弹模和大极限应变的柔性墙体材料）置换成槽用的护壁泥浆，或直接以自凝泥浆护壁成槽插入预制构件。以自凝泥浆的凝固体填塞墙后空隙和防止构件间接缝渗水，形成地下连续墙。采用预制地下连续墙技术施工的地下连续墙的墙面光洁、墙体质量好、强度高，可避免在现场制作钢筋笼和浇混凝土及处理废浆。近年来，在常规预制地下连续墙技术的基础上，国内又研究和发展了一种新型预制地下连续墙，即采用常规的泥浆护壁成槽，成槽后，插入预制构件并在构件间采用现浇混凝土将其连成一个完整的墙体，该工艺是一种相对经济又兼具现浇地下墙和预制地下墙优点的研究发展方向。

与常规现浇地下连续墙相比，预制地下连续墙有其特有的优点：

① 工厂化制作可充分保证墙体的施工质量，墙体构件外观平整，可直接作为地下室的建筑内墙，不仅节约成本，也增大了地下室面积；

② 由于工厂化制作，预制地下连续墙与基础底板、剪力墙和结构梁板的连接处预埋件位置准确，不会出现钢筋连接器脱落现象；

③ 墙段预制时可通过采取相应的构造措施和节点形式达到结构防水的要求，并改善和提高了地下连续墙的整体受力性能；

④ 为便于运输和吊放，预制地下连续墙大多采用空心截面，减小自重节省材料，经济性好；

⑤ 可在正式施工前预制加工，制作与养护不占绝对工期，现场施工速度快，采用预制墙段和现浇接头，免掉了常规拔除锁口管或接头箱的过程，节约成本和工期；

⑥ 由于大大减少了成槽后泥浆护壁的时间，因此增加了槽壁稳定性，有利于保护周边环境。

工具式组合内支撑是在混凝土内支撑技术的基础上发展起来的一种内支撑结构体系，该技术在多种围护形式并用时优势明显，具有较高的经济效益。目前常见的工具式组合内支撑形式有预应力鱼腹梁工具式组合内支撑技术、工具式组合钢管抛撑施工技术、地下连续墙工具式组合内支撑体系等。

装配式预应力鱼腹梁钢结构支撑，简称 IPS 工法，是应用预应力原理开发的一种技术先进的新型支护结构。该技术是采用下弦为钢绞线的鱼腹梁形成大刚度的围檩梁，增大支撑间距，利用组合式对撑和角撑形成的完整支撑体系，形成较大开放空间来替代只有较小开放空间的传统支撑，实现了支护结构技术的跨越式发展。它不仅形成支撑之间的巨大空间，改善了施工条件，同时可大大减少土方开挖的工期，减少支护结构的安装、拆除工期。该支撑体系的构件都是标准化、工具式的，可多次重复使用。

装配式预应力鱼腹梁钢结构支撑系统（鱼腹梁支撑）是通过引进、吸收和创新获得的。在基坑外水土压力作用下，预应力鱼腹梁式围檩结构将向基坑变形，通过对钢绞线进行张拉，施加预应力，张紧的钢绞线将给鱼腹梁支撑杆件产生了一个较大的反作用力，使作用于鱼腹梁围檩上的弯矩大大减小，也就降低了鱼腹梁的弯曲变形量，等同于使预应力鱼腹梁产生了较大抗弯刚度。将预应力鱼腹梁通过专用结点与角撑或对撑梁组合在一起，组成了预应力支护系统。

工具式组合内支撑主要利用组合式构件截面灵活可变、加工方便、适应性广的特点，可在各种地质情况和复杂周边环境下使用。该技术具有施工速度快、支撑形式多样、计算理论成熟、可拆卸重复利用、节省投资等优点，具有较强的市场竞争力，其综合效益极其可观。

（2）主要技术指标

1）预制地下连续墙

① 预制墙段墙缝宜采用现浇钢筋混凝土接头，预制地下连续墙的厚度应比成槽厚度小 20mm，预制墙段与槽壁间的前后缝隙宜采用压密注浆填充；

② 因受起重设备性能的限制，预制地下连续墙墙段划分宽度一般为 3.0～4.0m，成槽时，一般按照先转角幅，后直线幅的顺序施工，槽段之间应连续成槽。通常导墙宽度需要比预制墙段的厚度大 4cm 左右，成槽深度需大于设计深度 10～20cm；

墙段的吊放应根据其重量、外形尺寸选择适宜的吊装设备。并在导墙上安装垂直导向架以确保墙段平面位置沉放准确。预制墙段厚度方向的垂直度则主要通过成槽时的垂直度、垂直导向架来控制。预制墙段的竖直向设计标高则是通过导墙上搁置点标高、专用搁置横梁高度、临时定位吊耳及墙段的长度控制的。

③ 预制地下连续墙宜采用连续成槽法进行成槽施工，预制地下连续墙成槽施工时应先施工转角幅后直线幅，成槽深度应比墙段埋置深度大 100～200mm；

④ 预制墙段施工接头可分为现浇钢筋混凝土接头和升浆法树根桩接头。两种接头形式单幅墙段的两端均采用凹口形式。现浇钢筋混凝土接头施工中两幅墙段内外边缘尽量贴

近，待两幅墙段均入槽固定就位后，在接缝的凹口当中下钢筋笼并浇筑混凝土用以连接两幅墙段，其深度同预制地下连续墙。现浇钢筋混凝土施工接头节点示意图如图 2-5 所示。

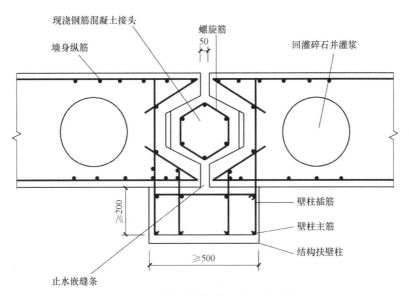

图 2-5　现浇钢筋混凝土接头示意图

升浆法树根桩接头与现浇钢筋混凝土接头施工方法相似，区别在于树根桩接头是在接缝的凹口当中下钢筋笼，以碎石回填后再注入水泥浆液用以连接两幅墙段。

2）装配式预应力鱼腹梁钢结构支撑

① 立柱材料主要有 H 型钢立柱、矩形钢管内充填混凝土构成的立柱和预制钢筋混凝土方柱、立柱等；

② 围檩随支撑架设顺序逐段吊装，围檩就位后应检查钢三角托架是否松动，连接部位和搭接部位必须使用摩擦型高强螺栓紧固连接；

③ 支撑梁的强变验算应满足其设计计算强度小于或等于其材料的强度设计值，可按简支梁进行材料的强度验算；

④ 装配式预应力鱼腹梁钢结构支撑拆除区域，应按设计要求完成换撑，换撑体混凝土强度、主体结构的楼板或底板混凝土强度达到设计强度后方可拆除。拆除顺序一般按安装的逆序进行，即先卸除预应力钢绞线上的预应力，然后解除对撑和角撑上的预应力。

3）工具式组合内支撑

① 工具式组合内支撑的连接主要采用焊接或高强螺栓连接，应保证连接质量，使其连接成为一个整体受力体系。

② 在众多工具式组合内支撑的工程应用中，施加预应力是其中的重要环节，施加预应力成功与否，直接影响到基坑支护的效果，因此，该环节应严格把关，翔实记录。为减少温度对预加轴力的影响，选择在气温较低的时段施加预应力。

工具式组合内支撑的设计和施工应符合国家标准《钢结构设计规范》GB 50017 和行业标准《建筑基坑支护技术规程》JGJ 120 的要求。

（3）适用范围

预制地下连续墙一般仅适用于9m以内的基坑，适用于地铁车站、周边环境较为复杂的基坑工程等；预应力鱼腹梁支撑适用于市政工程中地铁车站、地下管沟基坑工程以及各类建筑工程基坑，预应力鱼腹梁支撑适用于温差较小地区的基坑，当温差较大时应考虑温度应力的影响；工具式组合内支撑适用于周围建筑物密集，施工场地狭小，岩土工程条件复杂或软弱地基等类型的深大基坑。

（4）工程案例

1）预制地下连续墙

上海市某地下车库工程，车库埋深为5.8m，平面尺寸约为40m×90m，总面积约3500m^2。建设单位要求在保护周围原有大树的前提下最大限度地利用该地块的地下空间，以满足日益紧张的停车需要；同时由于工程的特殊性，必须进行文明施工，尽可能减少对环境的影响。此外，建设单位对造价和施工工期也提出了较高的要求。针对本工程的特点，经过反复比较，决定在设计施工中采用预制地下连续墙技术。

工程采用主体结构与支护结构相结合的方案，利用预制地下连续墙既作为地下车库施工阶段的基坑围护墙，在正常使用阶段又作为地下室结构外墙，即"两墙合一"。工程地下结构采用逆作法施工，施工阶段利用地下结构梁、板等内部结构作为水平支撑构件，采用一柱一桩即钻孔灌注桩内插型钢格构柱作为竖向支承构件。

工程车库外墙采用预制地下连续墙和现浇混凝土接头的工艺，预制地下连续墙厚度为600mm，槽段墙板深度12m，槽段宽度一般为3.0～4.05m，共有73幅槽段。由于采用了与主体结构相结合的结构形式，地下室结构梁板作为水平支撑，水平刚度大，墙体的变形和内力均大为减小，因而墙体截面设计和配筋较为经济。工程在每两幅墙体的接缝处均设置扶壁柱，既加强了墙体的整体性，又有利于墙体的抗渗。

地下连续墙顶设置顶圈梁且与顶板整浇。地下连续墙在与底板连接位置设计成实心截面，并在墙段内预埋接驳器与底板钢筋相连，同时沿接缝设置，圈水平钢板止水带以防止接缝渗水。每幅预制地下连续墙墙底设置两个注浆管，总注浆量不小于2m^{3}且应上泛至墙顶，该措施有效控制了墙身的沉降，工程结束后经检测地下连续墙墙身累计沉降量较小。

工程施工过程中，对以下内容进行了监测：场区内道路地下管线的沉降与水平位移、连续墙墙体的侧移、连续墙墙顶的沉降与水平位移及立柱桩的沉降。

监测结果表明，地下管线累计最大沉降量为6.0mm，平均沉降量为2.96mm，地下管线最大水平位移为3.0mm，平均位移为1.0mm。在预制连续墙墙体内设置了2个测点对墙体的侧移进行了监测，从测斜数据的变化情况来看，随着开挖深度的增加，墙侧移逐渐增大。在开挖到基坑底部位置的时候侧移值最大，达到了10.84mm（位于地面下约6.5m深度处）。预制地下连续墙墙顶的沉降及水平位移变化情况与周边环境的变形规律基本一致。施工阶段立柱桩平均隆起量为2.3mm，最大隆起量为4.6mm，未对结构梁板产生不良影响，在正常使用阶段结构整体状况良好。

2）装配式预应力鱼腹梁钢结构支撑

某工程位于上海市嘉定区，工程分为北区和南区。高层住宅均为剪力墙结构，地下车库为框架结构。

北区基坑总面积约 13646m²，总延长约为 463m，地下车库普遍区域开挖深度为 7.75m，高层区开挖深度为 8.30m，基坑周边集水井部位开挖深度 8.95m。支护设计方案为灌注桩＋三轴搅拌桩止水帷幕＋一道装配式预应力鱼腹梁钢结构支撑。

南区基坑总面积约 7963m²，总延长 443m，地下车库普遍区域开挖深度为 7.10m，高层区开挖深度为 7.65m，基坑周边集水井部位开挖深度为 8.30m。支护设计方案为 SMW 工法桩＋一道装配式预应力鱼腹梁钢结构支撑。

优点及经济效益对比如下：

减少钢材：减少投入支护支撑的钢材量；节省造价：节省了围护结构及主体结构的工在造价；缩短工期：缩短了围护结构及主体结构的施工工期；节能减排：全部的构件重复利用率是环境友好型的工法；控制变形：预加荷载有效遏制了基坑周边的变形；安全可靠：围护结构的安全度高、整体性好，其破坏模式为延性破坏；施工方便：土方开挖，运土、建筑材料搬运及主体结构施工方便等；质量方面：工具式可装拆的标准部件，高精度的制作与安装工艺要求，低合金材料，高强螺栓连接，自有产业工人装配作业，大幅提高了施工精度，确保设计要求。先进的平面与立体结构体系更加保证质量安全，系深基坑内支撑产业升级技术。经济效益：与传统混凝土支撑相比，本工法降低造价 20％以上，安装、拆除、挖土及地下结构施工工期缩短 40％以上。

4. 地下连续墙

（1）技术内容

地下连续墙是我国近 30 年来在黏性土、砂土以及冲填土等软土层中的基础和地下工程应用较多一项技术，它是在地面上采用一种挖槽机械，沿着深开挖工程的周边，依靠泥浆护壁，开挖出一条狭长的深槽，在槽内吊放入钢筋笼，然后用导管法灌筑水下混凝土以置换泥浆，筑成一个单元槽段，如此逐段进行，在地下筑成一道连续的钢筋混凝土墙壁，形成截水、承重、挡土结构。

地下连续墙具有省土石方，不用排地下水；施工机械化程度高，劳动强度低，挖掘效率高；施工噪音小；施工操作安全和可用于多种地质条件；不受深度限制等诸多优点。存在问题是：需要较多的机具设备；施工工艺复杂，需具有一定技术水平的专业队伍施工；易出现塌孔、混凝土夹层及渗漏等问题，也不能用于较高的承压水头的夹有细砂、粉砂的地层。

地下连续墙施工工艺流程如图 2-6 所示：

（2）主要技术目标

首先要做好施工准备工作，如地质勘探调查、场地清理、编制施工方案和设置临时设施并进行试成槽等。

施工机具种类颇多：包括深槽挖掘机具、泥浆配制处理机具、混凝土灌筑机具和槽段接头机具等。其中深槽挖掘机械常用的有多头钻挖槽机、钻抓斗式挖槽机和冲击式钻机等，地下连续墙技术主要指标有：

1）导墙施工：深槽开挖前，须沿着地下连续墙设计的纵轴线位置开挖导沟，在两侧浇筑混凝土或钢筋混凝土导墙。导墙的截面形式根据土质、地下水位与邻近建筑物距离、

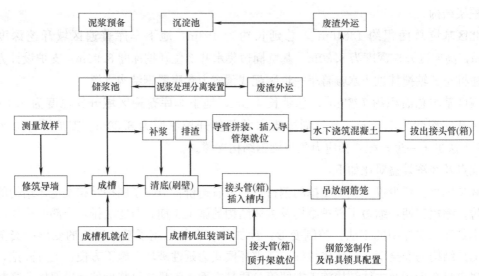

图 2-6　地下连续墙施工工艺流程图

工程特点以及机具重量、使用期限等情况而定。导墙一般深 1.2～2.0m，底部落在原土层上，顶面应高于施工场地 5～10cm 以阻止地表水流入，导墙与连续墙的中心线必须一致。竖向面必须保持垂直，这是重要环节。

2）槽段的划分：槽段长度的决定要考虑各种因素，如：墙的深度、厚度、开挖槽面的稳定性；对相邻结构物的影响等。要确定分段接缝位置（应避开转角部位及内部纵横墙位置）及接头形式。

3）确定槽段开挖方法：国内采用较多的有多头钻施工方法、钻抓式施工方法和冲击式施工方法。开挖过程中要注意以下几点：

①由地面至地下 10m 左右的初始挖槽精度对以下整个槽壁精度影响很大，必须慢速均匀钻进；

②开槽速度要根据地质情况、机械性能或槽精度要求及其他环境条件等来选定。钻进速度宜小于排渣、供浆速度；

③挖槽要连续作业，要依顺序连续施钻。钻进过程中要保持护壁泥浆不低于规定高度；

④遇有坚硬底层（如岩石）可配合冲击钻进行联合作业。

4）泥浆循环工艺：按照一般泥浆循环工艺要求即可。常用泥浆是由膨润土（或黏土）、水和一些化学稳定剂（如火碱 CMC、碳酸钠）组成。要选择好泥浆配合比考虑泥浆的比重、黏度、液体率等几项指标。既要考虑护壁、携渣效果，又要考虑经济性。

5）清槽：清槽目的是置换槽孔内稠泥浆和槽底沉淀物，以保证墙体结构受力要求，同时为下一道工序安装接头管、钢筋笼，灌注水下混凝土提供良好条件，以保证墙体质量。清槽方法一般采用吸力泵、压缩空气和潜水泥浆泵三种排渣方法。

6）钢筋笼的加工和吊放：钢筋笼按一个单元槽段宽制作，在转角则制成 L 形钢筋笼。钢筋笼在现扬地面平卧组装，平整度要求高，钢筋笼吊放对长度小于 15m 的钢筋笼，一般采用整套制作，一次整套吊放，超过 15m 则采取分二次制作吊放。

7）混凝土浇筑：选好配合比，坍落度宜为 18~20cm。浇灌方法通常采用履带吊车吊混凝土料斗，通过下料漏斗提升导管在稀泥浆中浇灌，导管内径一般选用 150~300mm，每节长 2~2.5m，导管间距一般＜3m。

（3）适用范围

一般情况下地下连续墙适用于如下条件的基坑工程：

① 深度较大的基坑工程，一般开挖深度大于 10m 才有较好的经济性；

② 邻近存在保护要求较高的建（构）筑物，对基坑本身的变形和防水要求较高的工程；

③ 基坑内空间有限，地下室外墙与红线距离极近，采用其他围护形式无法满足留设施工操作空间要求的工程；

④ 围护结构亦作为主体结构的一部分，且对防水、抗渗有较严格要求的工程；

⑤ 采用逆作法施工，地上和地下同步施工时，一般采用地下连续墙作为围护墙。

（4）工程案例

某大型深基坑工程位于宁波市江北区，基坑面积 4.1 万 m²，周长 885m。开挖深度为 18.0m。围护体采用 1000mm 厚的地下连续墙，插入深度 32m，连续墙深度 50m，槽段之间采用的是锁口管的非刚性连接方式。工程采用分区顺做的方式实施，开挖阶段利用临时支撑梁、栈桥等作为水平内支撑。

1）工程地下连续墙施工有如下特点、难点：

① 工程地处市中心繁荣地段，东临大庆南路、南临惊驾路、西临人民路，来往车辆频繁，周边环境条件复杂，连续墙施工点位受扰动影响大；

② 工程在市中心施工，进出料困难，对施工工效影响较大。根据宁波市的高峰管制要求（上午的 7：00~9：00，下午的 16：30~18：30），严格禁止除高峰通行外的混凝土车辆的通行，而工程地连墙的混凝土浇捣方量大（最大方量 265m³ 混凝土），为保证混凝土浇捣的连续性，因此选择合适的材料供应商，特别是混凝土供应商是保证工程顺利完工的关键；

③ 基坑四周紧邻市政道路，市政道路下埋设有大量市政管线；且基坑西侧紧邻地铁车站及区间隧道，东南角为历史保护建筑、板桥街建筑群，东侧紧邻汽车下行通道，北侧为大桥引桥段，以上均是工程连续墙施工中地下清障及管线保护的对象；

④ 工程的主要特点是工程工期紧，三轴搅拌、连续墙、立柱桩与工程桩交叉施工，工程量大；在满足进度要求的情况下，合理安排施工工序，对现场交通合理布局、协调管理，避免因交叉作业而造成现场混乱。在保质保量的基础上按期完成地连墙施工；

⑤ 工程的重点是：此次施工的直径 1000mm 的地连墙采用的是"二墙合一"，地连墙在完成围护墙的功能后，直接作为本工程地下室的剪力墙，在地连墙上预留了大量的地下室梁、板的连接接驳器，因此在施工过程中要根据设计图纸要求严格控制地连墙钢筋笼的偏差，满足后期梁、板钢筋的连接，而且作为"二墙合一"的地连墙对开挖后的墙面的平整度、光滑度都有较高的要求，因此，在施工过程中要严格控制施工进度，衔接各个工序，做到有序施工、可控施工。

2）地下连续墙施工流程

① 导墙施工

地连墙的导墙根据规范要求，导墙底须落于原土层，且底标高至少低于地墙设计顶标高 200mm，导墙的底标高根据现场实际情况确定（图 2-7）。

图 2-7　导墙施工

② 泥浆工程

泥浆护壁技术是地下连续墙工程的基础技术之一，其质量好坏直接影响着地下连续墙工程的质量和安全，因此，在施工过程中必须加强泥浆质量管理。

地下连续墙施工前应预先计算单幅槽段所需泥浆量，按需提前进泥浆箱。一区最大槽段所需泥浆量为 576m³，采用 6m×2m×2m 泥浆箱共 24 个。在施工管理上加强对循环泥浆在泥浆池中的循环，废浆及时外运并经常清池，可提高泥浆利用率和提高泥浆质量。

③ 成槽工程

SG46 成槽机进行成槽，成槽机（带有垂直度显示仪和强纠偏装置）、自卸车就位（图 2-8）。成槽机就位后，纵横两个方向即 x、y 垂直度都要使用经纬仪进行校正。闭合幅槽段，应提前复测槽段宽度，根据实际宽度决定钢筋笼宽度。

④ 钢筋工程

根据设计图纸及规范标准先要对整个钢筋笼进行翻样，将每幅钢筋笼所用的各种钢筋的型号、尺寸、数量、重量等计算出来，用特定的表打印出来。采用分幅线向每幅槽内 1m 处导墙上四个点的标高，计算出吊筋尺寸。钢筋工和配料工依据料单来配料和制作钢筋笼（图 2-9）。

⑤ 钢筋笼吊装

经计算最大钢筋笼重量约 40t，因钢筋笼整体制作且重量较大，故采用双机抬吊法起吊，并结合起吊高度，经计算本工程地下连续墙钢筋笼拟采用 220t 主吊配 150t 副吊吊装（图 2-10）。

⑥ 锁扣管吊放、水下混凝土浇筑。

工程中采用了抓铣结合的成槽工艺，经过工程实践验证，这种成槽工艺在上软下硬的土层中成槽是合理而有效的。地下连续墙的垂直度均小于 1/600，沉渣厚度平均为 40mm，各阶段的泥浆性能均达到了设计要求。

112

图 2-8　SG46 型成槽设备

图 2-9　钢筋笼制作

图 2-10　钢筋笼吊装

5. 逆作法施工

（1）技术内容

逆作法施工，即地面以下的工程采取自上而下进行施工，同时地面以上工程可以同时施工。自上而下施工工艺是先沿工程周围筑地下连续墙，墙为地下室外墙，并筑框架临时支柱，开挖第一层土方到第一层底面标高，筑第一层的纵横梁及楼板与地下连续墙交接，使该墙受垂直和水平荷载。这种方法利用未开挖的下层土作为地下室梁板结构支撑系统。待梁板结构达到一定龄期强度后，再向下挖土和进行下一层梁板结构施工。

（2）主要技术指标

1）竖向支承结构宜采用一柱一桩的形式，立柱长细比不应大于 25。立柱采用格构柱时，其边长不宜小于 420mm，采用钢管混凝土柱时，钢管直径不宜小于 500mm。立柱及立柱桩的平面位置允许偏差为 10mm，立柱的垂直度允许偏差为 1/300，立柱桩的垂直度允许偏差为 1/200。

2）主体结构底板施工前，立柱桩之间及立柱桩与地下连续墙之间的差异沉降不宜大于 20mm，且不宜大于柱距的 1/400。立柱桩采用钻孔灌注桩时，可采用后注浆措施，减小立柱桩的沉降。

3）水平支撑与主体结构水平构件结合时，同层楼板面存在高差的部位，应验算该部位构件的受弯、受剪和受扭承载能力，在结构楼板的洞口及车道开口部位，当洞口两侧的梁板不能满足传力要求时，应采用设置临时支撑等措施。

逆作法相关技术指标详见国家标准《建筑地基基础设计规范》GB 50007、行业标准《建筑基坑支护技术规程》JGJ 120 及《地下建筑工程逆作法技术规程》JGJ 165。

（3）适用范围

1）大面积的地下工程；

2）大深度的地下工程，一般地下室层数大于或等于 2 层的项目更为合理；

3）基坑形状复杂的地下工程。

逆作法施工在北京地区极少采用。

（4）工程案例

上海某基坑围护工程位于上海浦东，由 1 栋酒店及 5 栋商业组成，结构采用框架结构，6 层酒店处设置剪力墙，地下设置 2 层地下室。整个基坑呈 L 形，面积达到 38680m²，开挖深度 11.7m。在上海软土地区，考虑到基坑面积较大时支撑刚度相对较弱，不易控制围护变形，且大面积开挖引起的坑底隆起也较为严重，对于周边环境的影响较大，故采用逆作工艺。

主体结构共设置 2 层地下室，每层高度均为 6m，底板及垫层厚度 1m，第二层开挖深度普遍达到 7m，集水井等落深区域达到 8.2～8.5m。逆作结构采用排桩体系，护桩桩径 1m，局部深坑处，除考虑了加大桩径外，在深坑范围考虑设置斜抛支撑作为应急措施，在围护变形超过报警值时进行架设。

工程采用排桩体系作为围护体系，由于排桩为临时围护体系，需要考虑其与外墙间保持一定的净距，并保证第二道圈梁与外墙间的净距，方便回填及人员施工，故排桩与外墙间保持 1.6m 净距。排桩体系与首层结构梁板体系连接采用刚性连接，即排桩压顶梁与结构梁板间采用混凝土短梁连接，防止首层结构受拉而产生脱离。在外墙处预留外墙圈梁，并设置下挂止水钢板及外墙插筋。

第二层结构板与排桩的连接需要考虑外墙的防水，故主要采用 H400 型钢进行水平力传递，但由于第二层开挖深度达到 7m，受力较大，此外主体结构的梁非正交梁系，故型钢的间距也较为不规则，较密的间距后期外墙施工时较为复杂。故本工程中采用型钢与换撑板共同作用的方式，即在结构楼板 1/3 处设置内环梁，内环梁与排桩第二道围檩间设置换撑板，板带顶标高位于结构板底，方便后期板筋施工，板带间距约 4.5m；型钢位于板带下方，采用锚板锚入内圈梁与围护腰梁间，在承受弯矩较大的区域型钢直接锚入内圈梁与围护腰梁内，间距约 4～6m。在底板浇筑完成后，拆除换撑板带，H400 型钢处在施工外墙时焊接止水环片，进行外墙顺作。

本工程主体结构轴网不规则，尤其基坑南侧 1 号楼位置呈曲线形，与正交梁系的受力有较大区别，仅利用结构框架梁作为支撑，在局部在受力集中，应力不足的情况，故在基坑周边设置一圈环板，增加整个水平支撑体系强度。由于利用建筑消防通道作为基坑施工时的栈桥体系，故整个工程的框架梁区域集中位于号房区域，也兼作为取土及通风照明口，在基坑南侧呈流线型的 1 号楼区域，有较多剪力墙，故采用大开口避开剪力墙区域，保证竖向结构的连续性。

　　该工程基坑从 2014 年 9 月开始土方开挖，至 2015 年 7 月完成地下室施工，仅 10 个月就完成了整个地下室结构，为业主争取了宝贵的时间。根据监测资料，基坑开挖至 B1 层时桩体测斜变形普遍在 15mm 以下，开挖至基底后，桩体测斜均值为 35mm，均位于可控范围内，基坑东侧管线位移变化处于允许范围内，施工过程中对周边环境影响较小。

2.2.2 深基坑监测技术

1. 技术内容

　　通过在工程支护（围护）结构上布设凸球面的钢制测钉作为位移监测点，使用全站仪等定期对各点进行监测，根据变形值判定是否采取相应措施，消除影响，避免进一步变形发生的危险。监测方法可分为基准线法和坐标法。

　　在墙顶水平位移监测点旁布设围护结构的沉降监测点，布点要求间隔 15～25m 布设一个监测点，利用高程监测的方法对围护结构墙顶进行沉降监测。

　　基坑围护结构沿垂直方向水平位移的监测：用测斜仪由下至上测量预先埋设在墙体内测斜管的变形情况，以了解基坑开挖施工过程中基坑支护结构在各个深度上的水平位移情况，用以了解、推算围护体变形。

　　邻近建筑物沉降监测：利用高程监测的方法来了解邻近建筑物的沉降，从而了解施工是否会引起不均匀沉降。

　　基准点的布设：在施工现场沉降影响范围之外，布设 3 个基准点为该工程邻近建筑物沉降监测的基准点。邻近建筑物沉降监测的监测方法、仪器使用、监测精度同建筑物主体沉降监测。

　　报警指标一般以总变化量和变化速率两个量控制，累计变化量的报警指标一般不宜超过设计限值。若有监测项目的数据超过报警指标，应从累计变化量与日变量两方面考虑。

　　根据国家标准《建筑基坑工程监测技术规范》GB 50497，基坑监测项目详见表 2-2。

基坑监测项目 表 2-2

监测项目 ＼ 基坑类别	一级	二级	三级
围护墙(边坡)顶部水平位移	应测	应测	应测
围护墙(边坡)顶部竖向位移	应测	应测	应测
深层水平位移	应测	应测	宜测
立柱竖向位移	应测	宜测	宜测
围护墙内力	宜测	可测	可测
支撑内力	应测	宜测	可测
立柱内力	可测	可测	可测
锚杆内力	应测	宜测	可测
土钉内力	宜测	可测	可测
坑底隆起(回弹)	宜测	可测	可测
围护墙侧向土压力	宜测	可测	可测

监测项目 ＼ 基坑类别		一级	二级	三级
孔隙水压力		宜测	可测	可测
地下水位		应测	应测	应测
土体分层竖向位移		宜测	可测	可测
周边地表竖向位移		应测	应测	宜测
周边建筑	竖向位移	应测	应测	应测
	倾斜	应测	宜测	可测
	水平位移	应测	宜测	可测
周边建筑、地表裂缝		应测	应测	应测
周边管线变形		应测	应测	应测

（1）监测频率

基坑工程监测频率的确定应满足能系统反映监测对象所测项目的重要变化过程而又不遗漏其变化时刻的要求。监测工作应从基坑工程施工前开始，直至地下工程完成为止，贯穿于基坑工程和地下工程施工全过程。对有特殊要求的基坑周边环境的监测应根据需要延续至变形趋于稳定后结束。

基坑工程的监测频率并不是一成不变的，应根据基坑开挖及地下工程的施工进程、施工工况以及其他外部环境影响因素的变化及时地做出调整。一般在基坑开挖期间，地基土处于卸荷阶段，支护体系处于逐渐加荷状态，应适当加密监测；当基坑开挖完后一段时间，监测值相对稳定时，可适当降低监测频率。当出现异常现象和数据，或临近报警状态时，应提高监测频率甚至连续监测。监测项目的监测频率应综合基坑类别、基坑及地下工程的不同施工阶段以及周边环境、自然条件的变化和当地经验而确定。对于应测项目，在无数据异常和事故征兆的情况下，开挖后现场仪器监测频率可按规范《建筑基坑工程监测技术规范》GB 50497（表 2-3）或当地地方标准规范执行。

（2）监测步骤

监测单位工作的程序，应按下列步骤进行：

1）接受委托；

2）现场踏勘，收集资料；

3）制定监测方案，并报委托方及相关单位认可；

4）展开前期准备工作，设置监测点、校验设备、仪器；

5）设备、仪器、元件和监测点验收；

6）现场监测；

7）监测数据的计算、收集整理、分析及信息反馈；

8）提交阶段性监测结果和报告；

9）现场监测工作结束后，提交完整的监测资料。

2. 主要技术指标

1）变形报警值需参考相关规范根据不同支护类型进行确定。

开挖后现场仪器监测频率   表 2-3

基坑类别	施工进程		基坑设计深度(m)			
			≤5	5~10	10~15	>15
一级	开挖深度(m)	≤5	1次/1d	1次/2d	1次/2d	1次/2d
		5~10			1次/1d	1次/1d
		>10			2次/1d	2次/1d
	底板浇筑后时间(d)	≤7	1次/1d	1次/1d	2次/1d	2次/1d
		7~14	1次/3d	1次/2d	1次/1d	1次/1d
		14~28	1次/5d	1次/3d	1次/1d	1次/1d
		>28	1次/7d	1次/5d	1次/3d	1次/3d
二级	开挖深度(m)	≤5	1次/1d	1次/1d		
		5~10		1次/1d		
	底板浇筑后时间(d)	≤7	1次/2d	1次/2d		
		7~14	1次/3d	1次/3d		
		14~28	1次/7d	1次/5d		
		>28	1次/10d	1次/10d		

注：1. 有支撑的支护结构各道支撑开始拆除到拆除完成后 3d 内监测频率应为 1 次/1d；

　　2. 基坑工程施工至开挖前的监测频率视具体情况确定；

　　3. 当基坑类别为三级时，监测频率可视具体情况适当降低；

　　4. 宜测、可测项目的仪器监测频率可视具体情况适当降低。

2）监测报警指标一般以总变化量和变化速率两个量控制，累计变化量的报警指标一般不宜超过设计限值。若有监测项目的数据超过报警指标，应从累计变化量与日变量两方面考虑。

3. 适用范围

用于深基坑钻、挖孔灌注桩、地连墙、重力坝等围（支）护结构的变形监测。

4. 工程案例

宁波市江北区某商业办公楼工程。总建筑面积 $385775m^2$，地上建筑含 5 栋塔楼，其中最高楼 5 号办公楼 47 层，标准层高 4.5m，建筑高度 239.5m。商业裙楼 6 层，高度 32.0m，地下室 3 层，总深度 16m。基坑支护为地下连续墙及内支撑体系；1~4 号办公楼为混凝土框架—剪力墙结构，5 号办公楼主要由核心筒剪力墙结构和 18 根十字形钢劲性柱组成。

本工程四周场地情况较复杂，基坑周边布满市政管线，北侧紧邻外滩大桥，东侧为汽车下行通道，基坑东南角为历史保护建筑，基坑西侧紧邻已运行地铁隧道，最近距离仅 11.5m。由于大面积、深基坑开挖风险性，故设计单位以及当地地铁保护部门对基坑变形控制有较高的要求，施工难度较大。施工监测也成为工程重点工作。

（1）监测目的

1）通过监测及时发现围护结构施工过程中的周边环境变化发展趋势，及时反馈信息，达到有效控制基坑施工对周边环境的影响；

2）及时反映基坑施工过程中由于基坑开挖产生的坑外土体的动态变化，明确各施工阶段对坑外土层的影响，及时分析可能出现的事故隐患；

3）通过监测及时调整支护系统的受力均衡问题，使整个基坑在开挖过程中始终处于安全、可控的范围内；

4）及时掌握立柱桩的差异沉降状况，保障基坑施工过程中支撑体系受力稳定；

5）客观、准确反映基坑支撑轴力的受力变化情况。使施工单位及时掌握基坑的稳定情况等；

6）动态客观反映施工地下管线的影响程度。以便施工中有目的地及时调整施工参数、工艺，以确保施工生产的安全；

7）了解降水过程中，坑内外水位的变化情况。通过监测及早发现已存在或可能存在的基坑止水帷幕渗漏问题，分析可能出现渗漏的原因，并提请施工单位进行及时、有效的补救措施，防止施工过程中发生大面积涌砂现象；

8）通过监测数据与预测值作比较，判断上一施工工艺和施工参数是否符合或达到预期要求，及时调整工艺及参数，确保顺利实现下一施工进度控制，从而切实实现信息化施工；

9）及时将现场监测结果反馈给设计单位，使设计根据现场工况发展，进一步优化方案，达到优质安全、经济合理、施工快捷的目的。

（2）监测项目测点设置详见表2-4

监测项目一览表　　　　　　　　表2-4

序号	测试区域	监测项目	测点数量	备注
1	周边环境	周边道路沉降	13	
2		外滩大桥沉降	20	
3		管线沉降监测	58	
4	主体基坑	墙（桩）顶沉降	18	
5		墙（桩）顶水平位移	18	
6		混凝土支撑轴力监测	40	
7		立柱沉降监测	9	
8		墙体深层水平位移监测	8	
9		深层土体位移监测	9	3个孔与地铁保护孔共用
10		坑外潜水水位监测	2	
11		坑外承压水水位监测	3	
12	地铁保护	深层土体位移监测	3	

（3）水平位移监测

本次水平位移监测拟采用南方NTS-342型全站仪，采用准直线法进行观测测量（图2-11）。测量时，对基坑围护墙顶的某条边，或某条管线的两端远处各设置一个稳定的基准点，并定期检核基准点的稳定性。利用加密点间形成的准直线观测基坑边或某条管线某一测点的位移量。即将监测仪器架设在其中一个基准点上，后视另一点，使两点之间形成一条基准线，观测时在每个监测点设置带有刻度的占牌，正倒镜两侧会测得每个监测点的位移值。观测误差≤±2mm。为提高测量精度，对于现场视线良好的区域，采用小角法测量。

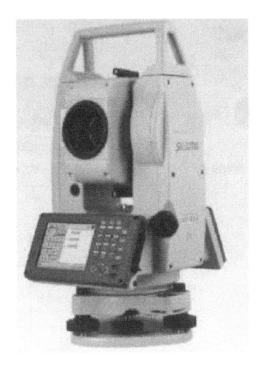

图 2-11 南方 NTS-342 型全站仪

（4）垂直位移监测

本次垂直位移监测拟采用瑞士天宝 DINI03 型电子水准仪（图 2-12）。由于本工程施工周期长，监测前建议在三个不同方向各设置一个深埋基准点／高程控制点（基岩点）引测其高程，每月进行联测检验其稳定性。监测时利用 3 个场地基准点起测，按国家二等水准测量规范引测各监测点的高程。水准路线采用闭合或符合路线，线路闭合差应≤±0.3$\sqrt{N}$（mm）（N 为测站数），观测结果采用计算机进行平差计算。各测点初始值均取 2 次观测的平均值。

（5）深层侧向变形（测斜）监测

测斜采用北京通联生产的北京航天 CX-06B 测斜仪，其读数分辨率为 0.02mm（图 2-13）。测斜的工作原理是利用重力摆锤始终保持铅直方向的性质，测得仪器中轴线与摆锤垂直线的倾角，倾角的变化导致电信号变化，经转化输出并在仪器上显示，从而可以知道被测构筑物的位移变化值（图 2-14）。

通过本工程的施工监测，使得参建各方了解本基坑施工状态以及对周边建筑影响程度，让工程基坑始终处于一个可控可知的状态。通过基坑监测信息共享，每当监测数据出现异常，项目即响应联动机制，分析数据，并启动异常相应的应对措施，确保基坑始终处于一个安全稳定状态。

图 2-12　天宝 DINI03 型水准仪

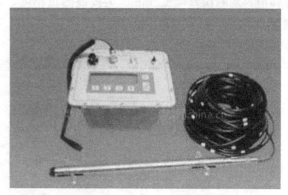

图 2-13　CX-06B 型测斜仪

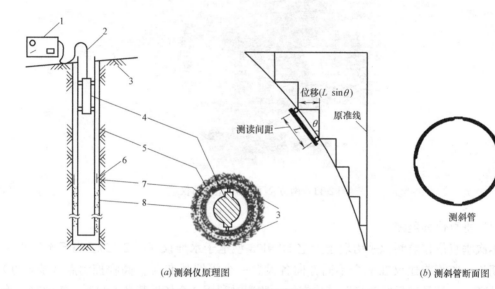

(a) 测斜仪原理图　　　　　　　　　　　　　　(b) 测斜管断面图

图 2-14　测斜原理图

1—测读设备；2—电缆；3—地面；4—测头；5—钻孔；6—接头；7—导管；8—回填

2.2.3　深基础工程的环境保护

1. 技术内容

（1）深基础工程对环境的影响

20 世纪 90 年代以前，基坑开挖深度一般不深，因此基坑开挖对周边环境的影响较小，基坑的环境保护问题并不突出。近二十年来，随着我国建设事业的飞速发展，基坑的规模越来越大，开挖深度越来越深，且城市区域往往建筑物密集、管线繁多、地铁车站密布、地铁区间隧道纵横交错，在这种复杂城市环境条件下的深基坑工程，除了需要关注基坑本身的安全以外，需重点关注其实施对周边已有建（构）筑物及管线的影响。

基坑工程的施工一般分为三个阶段，即围护体的施工阶段、基坑开挖前的预降水阶段及基坑开挖阶段。围护体如地下连续墙及钻孔灌注桩等的施工会引起土体侧向应力的释放，进而引起周围的地层移动；基坑开挖前及基坑开挖期间的降水活动可能会引起地下水的渗流及土体的固结，从而也会引起基坑周围地层的沉降；基坑开挖时产生的不平衡力会引起围护结构的变形及墙后土层的变形。基坑施工引起的这些地层移动均会使得周边的建（构）筑物发生不同程度的附加变形，当附加变形过大时就会引起结构的开裂和破坏，从而影响周边建（构）筑物的正常使用。随着我国城市区域大量地下空间工程建设的发展，由基坑工程引起的环境保护问题变得日益突出。复杂城市环境下的基坑工程环境保护要求较高，设计和施工难度大，稍有不慎就可能酿成巨大的工程事故，导致巨大的经济损失并会产生恶劣的社会影响。由基坑工程引起周边环境破坏的典型事故如下：

事故一：南京地铁二号线某车站的基坑开挖深度 17.5m，基坑开挖导致距离基坑 16m 的一栋建筑最先向西沉陷，后变成整体倾斜率超过 0.8% 的危房，住户紧急撤离；距离基坑 20m 左右的两座 15 层住宅楼的住户家里出现大量从顶部开始蔓延的裂纹；基坑旁边的自来水管两次断裂；事故不但产生了巨大的经济损失，还严重地干扰了周围居民的正常工作和生活，在南京市造成了极其恶劣的社会影响。

事故二：位于上海市中心城区的某大楼是上海市第一批优秀历史保护建筑，距离其 18m 的深基坑开挖直接导致其沉降超过 6cm，导致这栋建筑物 160 多处出现碎裂、开裂、渗水、起皮剥落、瓷砖空鼓等，使这座历史的活见证已岌岌可危。

事故三：上海某建筑是建于 20 世纪 30 年代的砖木结构建筑，为上海市第二批历史保护建筑，受临近 9m 远处深度为 11.35m 基坑开挖的影响，出现了明显的裂缝，最后楼内人员全部撤离，造成了严重的损失。

事故四：武汉市某商住大楼基坑，开挖至 8m 时导致距其 6.5m 处的煤气中压管道断裂，煤气大量外漏，受停气影响的用户高达 11 万户，造成了巨大经济损失和恶劣的社会影响。

（2）基坑周边环境调查

一般情况下，环境调查应包括如下内容：

1）对于建筑物可通过调研、现场查看、资料收集、检测等多种手段全面掌握建筑物的现状。应查明建筑物的平面位置及与基坑的距离关系、用途、层数、结构形式、构件尺寸与配筋、材料强度、基础形式与埋深、历史沿革及现状、荷载与裂缝情况、沉降与倾斜情况、有关竣工资料（如平面图、立面图和剖面图等）及保护要求等。对历代保护建筑，一般建造年代较远，保护要求较高，原设计图纸等资料也可能不齐全，又是需要通过专门的房屋结构检测鉴定，对结构的安全性做出了综合评价，以进一步确定其抵抗变形的能力，从而为其保护提供依据。

2）对于隧道、共同沟、防汛墙等构筑物，应查明其平面位置、建造年代、埋深、材料类型、断面尺寸、沉降情况等，并与相关的主管部门沟通，掌握其保护要求。

3）对于管线应查明其平面位置、直径、材料类型、埋深、接头形式、压力、输送物体（油、气、水等）、建造年代及保护要求等，当无相关资料时可按《城市地下管线探测技术规程》进行必要的地下管线的探测工作。

（3）环境保护措施

1）从引起变形的"源头"上采取措施减小基坑的变形。

源头上采取措施主要是在围护墙施工、基坑降水、基坑开挖三个方面，必须提前考虑施工阶段可能对周边环境造成的不利影响，并根据监测情况及时调整施工方法和施工工艺，以保护邻近建（构）筑物、地下管线和设施不受损害。

2）从基坑变形的传播途径上采取措施减小对周边环境的影响。

从基坑变形的传播路径上，可采取隔断方法来减小基坑施工对周边环境的影响。隔断法可以采用钢板桩、地下连续墙、树根桩、深层搅拌桩、注浆加固等构成墙体。墙体主要承受施工引起的侧向土压力和差异沉降产生的摩擦力。

3）从提高基坑周边环境的抵抗变形能力方面采取措施

基坑开挖后，要求支护结构绝对不变形是不可能的，即使大幅度提高围护体系的结构刚度也不一定能相应地大幅度减小基坑的变形，在某些情况下，对被保护对象事先采取加固措施，可以提高其抵抗变形的能力，常用措施包括：基础换托、注浆加固、跟踪注浆三种。

2. 适用范围

该项技术适用于各种周边环境复杂大、深基坑施工的工程。

3. 工程案例

宁波市江北区某商业群体工程，总建筑面积37.8万 m²，由五座塔楼及附属裙房组成的集办公、商业一体的城市综合体。整个基坑周长885m，面积41000m²，最大开挖深度18.3m。基坑安全等级为一级。基坑平面如图2-15所示。

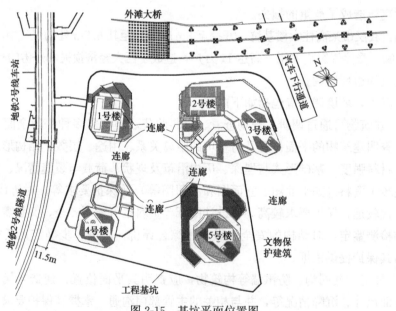

图2-15 基坑平面位置图

基坑北侧为外滩大桥，东侧为汽车下行通道，东南角为文物保护建筑，西侧紧邻地铁2号线车站及区间隧道，其中地铁上行隧道距本工程地下室外墙距离仅11.5m。

工程场地土层地质特点是浅层分布有较厚的②—2层淤泥质粉质黏土夹粉土、③、④层淤泥质粉质黏土，⑤—2层为微承压含水层（图2-16）。

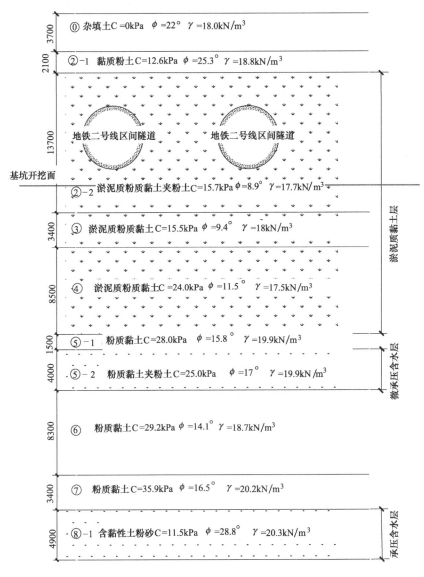

图 2-16　基坑土体剖面与基坑开挖面关系图

（1）工程施工特点、难点

基坑东侧、西侧及北侧邻近道路下埋设有大量的市政管线，西侧邻近地铁二号线车站及区间隧道，轨道交通部门要求基坑工程施工时地铁隧道沉降及水平位移控制仅 7mm，必须确保其万无一失，基坑施工对周边环境保护是本工程施工的最大难点。

（2）环境保护应对措施

1）基坑支护总体方案采用分区、分期实施。

本工程基坑支护采用地下连续墙（以下称"地连墙"）＋内支撑形式，地下室外墙采用永久性地连墙。由于邻近地铁 50m 范围为轨道交通部门重点监管区域，为防止大体量基坑一次性施工对地铁隧道影响，将整个基坑划分为十个区域进行施工。其中Ⅰ、Ⅱ区为重点监管区域，分区隔断采用临时地连墙。由于Ⅱ区基坑紧邻地铁，故将Ⅱ区基坑又划分为狭长形的Ⅱ—A区、Ⅱ—B区、Ⅱ—C区以及Ⅱ—D区和Ⅱ—E区。对远离地铁大基坑进一步划分成Ⅲ区、Ⅳ区、Ⅴ区、Ⅵ区作为普遍区域（图2-17），分区隔断采用钻孔灌注桩＋止水帷幕形式。施工中确保相邻两个基坑不同步进行，施工工况如图2-18所示。

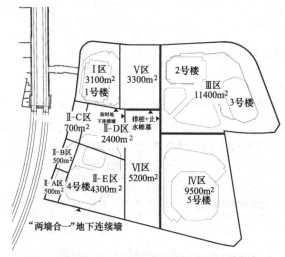

图 2-17 本工程基坑分区实施图

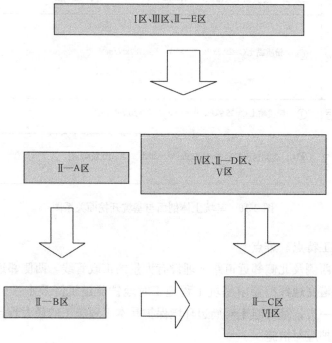

图 2-18 本工程基坑分区施工工况

2）邻近地铁侧支撑道数增加。

本工程普遍区域设置三道水平支撑，邻近地铁设置四道水平支撑，减小基坑开挖围护体变形。

3）邻近地铁地连墙两侧设置三轴水泥土搅拌桩槽壁加固。

为减小地连墙成槽对地铁隧道及车站的影响，考虑在基坑西侧地连墙两侧设置 A850@600 三轴水泥土搅拌桩，标高为 −0.400～−22.100，超过地铁隧道底不小于 6m。

4）邻近地铁隧道基坑的支撑体系采用轴力自动补偿装置。

邻近地铁隧道区域的小基坑，为确保无支撑暴露时间，支撑体系采用可实时施加预应力的轴力自动补偿支撑体系，根据实时监测结果补偿钢支撑的预应力损失，能有效地控制围护体变形，减小基坑开挖对地铁隧道影响。

5）邻近地铁隧道侧坑内设置三轴水泥土搅拌桩坑内加固。

本工程邻近地铁侧基坑内部设置三轴水泥土搅拌桩坑内加固，以提高基坑土层的土体抗力，减小地墙变形，从而减小地铁隧道的竖向和水平位移。

6）地铁隧道与基坑间设置隔离桩并增设双液注浆应急措施。

为减小基坑开挖对基坑西侧地铁车站及隧道影响，在地铁车站及隧道与本工程间设置隔离桩，隔离桩采用钻孔灌注桩，并在隔离桩与地连墙间设置跟踪注浆，作为基坑施工阶段的应急预案。

本工程Ⅰ区基坑开挖至第二道支撑时，靠近地铁侧围护墙体变形仅 1～2mm，Ⅰ区地下室顶板施工完成后，墙体变形在 40～50mm 范围内，地铁车站不均匀沉降及水平向位移均在 2mm 左右。

该工程针对工程"大面积深基坑工程的风险性、基坑周边环境复杂，紧邻地铁车站、隧道，环境保护要求高及场地内土层条件复杂"等特点、难点，通过采取一系列技术措施，并对所涉及单项技术进行深入研究，优化技术手段，对基坑周边环境起到了较好的保护作用。

2.2.4　地下空间施工技术

随着中国经济不断发展，对城市空间资源的需求日益高涨。在确保城市现有景观与环境的前提下谋求城市发展，有效开发和利用地下空间是城市获得新生的一条重要途径。

地下空间工程是指在地面以下地质环境中修建的各类地下建（构）筑物，具有空间性、隔离性、恒常性的特点。

地下空间工程主要有地下商业街、地下停车场、人防避难工程、地下房屋、地下工厂、地下发电站等地下民用或工业建筑物，地下铁路、地下公路隧道、水下隧道等地下交通设施，以及各种地下通道工程、电力、燃气地下管道、各种地下储备设施等辅助构筑物等。

地下空间工程是一个复杂的系统工程，涉及多个学科的交叉，其工程特点表现为地下工程理论在软弱地层和极复杂环境下的应用。不仅包含了地下工程常规性的特点，并且存在遇到软土地层对施工影响大，复杂环境控制要求高的制约因素，因而大大增加了地下空间工程的施工难度。如基坑深度大，水位埋藏浅、多个透水涂层和弱透水土层交互成层的复杂水文地质条件的基坑工程开挖，势必引起周围环境发生变化，导致基坑土体变形，对周围建（构）筑物和地下管线产生影响，严重的甚至危及基坑的正常使用与安全。综合以上因素，基坑支护方式选择的合理性就显得尤为重要。

1. 支护方式选择

基坑支护设计时，应综合考虑基坑周边环境和地质条件的复杂程度、基坑深度等因素，当基坑不同部位的周边环境条件、土层性状、基坑深度等不同时，可在不同部位分别采用不同的支护形式。

支护结构选型时，应综合考虑以下因素：

1）基坑深度；

2）土的形状及地下水条件；

3）基坑周边环境对基坑变形的承载能力及支护结构失效的后果；

4）主体地下结构和基坑形式及其施工方法、基坑平面尺寸及形状；

5）支护结构施工工艺的可行性；

6）施工场地条件及施工季节；

7）经济指标、环保性能和施工工期。

支护结构主要类型有：锚拉式结构、支撑式结构、悬臂式结构、双排桩、支护结构与主体结构结合的逆作法、单一土钉墙、预应力锚杆复合土钉墙、水泥土桩复合土钉墙、微型桩复合土钉墙、重力式水泥土墙、放坡。支护结构可采用上、下部以不同结构类型组合的形式。采用两种或两种以上支护结构形式时，其结合处应考虑相邻支护结构的相互影响，且应有可靠的过渡连接措施。

2. 主要施工方法

我国地下工程施工技术与方法上取得了较大的发展，先后采用了明挖法、逆作法、暗挖法、沉井法、盾构法、顶管法、沉管法等施工技术方法。

（1）明挖法

明挖法即先从地表向下开挖基坑或堑壕，直至设计标高后，自基底由下向上顺序施工，完成地下工程主体结构后进行土方回填，最终完成地下工程施工。明挖法的优点是施工技术简单、快速、经济及主体结构受力条件较好等，在没有地面交通和环境等条件限制时，应是首选方法。但其缺点也是明显的，如阻断交通时间较长，产生噪音与震动等。

（2）逆作法

逆作法施工技术的原理是将高层建筑地下结构自上往下逐层施工，即沿建筑物地下室四周施工连续墙或密排桩，作为地下室外墙或基坑的围护结构，同时在建筑物内部有关位置，施工楼层中间支撑桩，从而组成逆作的竖向承重体系，随之从上向下挖一层土方，一同土模浇筑一层地下室梁板结构，当达到一定强度后，即可作为围护结构的内水平支撑，以满足继续往下施工的安全要求。与此同时，由于地下室顶面结构的完成，也为上部结构施工创造了条件，所以也可以同时逐层向上进行地上结构的施工。逆作法的优点是可使建筑物上部结构的施工和地下基础结构施工平行立体作业；受力良好合理，围护结构变形量小，对邻近建筑的影响小；施工可少受风雨影响，最大限度利用地下空间，扩大地下室建筑面积。逆作法也存在不足，逆作法支撑位置受地下室层高的限制，无法调整高度，如遇较大层高的地下室，有时需另设临时水平支撑或加大围护墙的断面及配筋。由于挖土是在顶部封闭状态下进行，基坑中还分布有一定数量的中间支承柱和降水用井点管，尚缺乏小型、灵活、高效的小型挖土机械，使挖土的难度增大。

（3）暗挖法

暗挖法施工技术是在地表以下进行施工。优点是对人们生活无干扰，但技术要求和造价较高。主要有新奥法、浅埋暗挖法、管幕法。

（4）沉井法

沉井法是适用于不稳定含水地层中建造竖井的一种特殊施工方法。在不稳定含水地层掘进竖井时，在设计的井筒位置上预先制作一段井筒，井筒下端有刃脚，借助井筒自重或外力作用下使之下沉，将沉井内的土体挖掘出的施工方法。

（5）盾构法

盾构法是暗挖法施工中的一种全机械化施工方法。它是将盾构机械在地中推进，通过盾构外壳和管片支承四周围岩防止发生往隧道内的坍塌。同时在开挖面前方用切削装置进行土体开挖，通过出土机械运出洞外，靠千斤顶在后部加压顶进，并拼装预制混凝土管片，形成隧道结构的一种机械化施工方法。盾构的适用范围很广，掘进隧道允许在纵长的地下结构以下施工，覆盖层浅，在不稳定地层和含水层都不会引起地表断裂或较大的沉陷。

（6）顶管法

顶管法是指隧道或地下管道穿越铁路、道路、河流或建筑物等各种障碍物时采用的一种暗挖式施工方法。在施工时，通过传力顶铁和导向轨道，用支承于基坑后座上的液压千斤顶将管压入土层中，同时挖除并运走管正面的泥土。当第一节管全部顶入土层后，接着将第二节管接在后面继续顶进，这样将一节节管子顶入，做好接口，建成涵管。顶管法特别适于修建穿过已成建筑物、交通线下面的涵管或河流、湖泊。顶管按挖土方式的不同分为机械开挖顶进、挤压顶进、水力机械开挖和人工开挖顶进等。

（7）沉管法

沉管法是在水底建筑隧道的一种施工方法。沉管隧道就是将若干个预制段分别浮运到海面（河面）现场，并一个接一个地沉放安装在已疏浚好的基槽内，以此方法修建的水下工程。这种方法容易保证隧道施工质量，工程造价较低，在隧道现场的施工工期短，操作条件好，适用安全，适用于水深范围较大，断面形状、大小可自由选择，断面空间可充分利用，但缺点在于技术要求高。

3. 工程案例

苏州某地下空间工程南北约 920m，东西约 572m，平面呈倒 T 字形，地下 3 层，局部地上 1 层。地下总建筑面积约 30 万 m^2，地上面积约 2.5 万 m^2，分为北、中、南 3 个分区（图 2-19）。场平平均高约 3.00m，基坑深 17.8～18.6m，采用明挖法施工，安全等级为一级。

（1）场地水文地质条件

场地为水力充填（主要为太湖底流泥、浮泥混杂灰黑色淤泥）和人工回填（主要为黏性土）整平。

场地浅部地下水影响范围内主要为潜水和微承压水，局部存在承压水。地下水潜水主

127

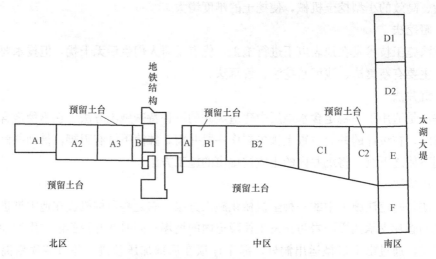

图 2-19　深基坑分区施工平面示意图

要赋存于①填土层中，富水性差，稳定水位高 2.330～2.490m。微承压水主要赋存于④1
粉土层中，富水性，稳定水位标高在 2.960m 左右。场内局部分布粉土层，富水性及透水
性，承压水水头标高在－2.500m 左右。

（2）基坑周边环境风险控制重点

1）北区

北区基坑北侧现有道路宽 12m，距基坑 7.7m；南侧为在建地铁车站，地下空间与车
站完工后有通道与地铁地下一层连通；西侧为闲置厂房，最近处距基坑 13.3m；东侧为
施工临时用地。基坑施工期间应重点控制南侧地铁车站和西侧闲置厂房的结构安全，尤其
需将地铁线路和车站变形值控制在规范允许范围内。

2）中区

中区基坑北侧为在建地铁车站，主体结构已封顶，其外边线距基坑 41.2m；南侧及
东侧均为施工临时用地。基坑风险控制重点与北区南侧要求相同。

3）南区

南区基坑南侧为太湖大堤，基坑边距大堤中心线 32.25m；东西均为施工临时用地。
基坑施工期间应重点控制太湖大堤的结构安全，尤其需关注帷幕止水和降水措施的实施效
果，控制地下水对基坑的不利影响。

（3）基坑围护体系设计

1）北区分坑围护方案

北区分为 A、B 两个基坑，A1、A2、A3、B 共 4 个分区。远离地铁侧基坑（A 坑）
采用 800mm 厚地下连续墙＋3 道混凝土支撑，临近地铁侧基坑（B 坑）地下连续墙采用
H 型钢接头＋4 道内支撑（1 道混凝土支撑＋3 道钢支撑），A 坑与 B 坑采用 φ1050@1250
钻孔桩＋三轴搅拌桩分坑，两坑止水帷幕采用 φ850@600 三轴搅拌桩，套打 1 孔，端头采
用 φ800@600 两重管高压旋喷桩进行冷缝处理。地下连续墙与内支撑支护体系如图 2-20
所示。

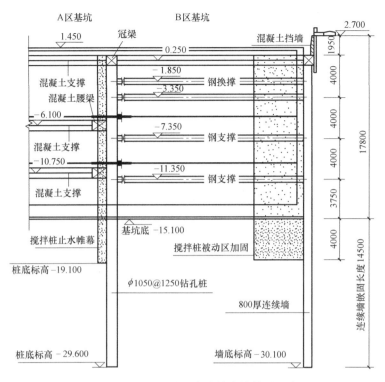

图 2-20　地下连续墙＋内支撑支护体系示意图

2）中区分坑围护方案

中区基坑分为 A、B1、B2、C1、C2 共 5 个分区。临近地铁的基坑（A 坑）采用 800mm 厚地下连续墙＋4 道内支撑（1 道混凝土撑＋3 道钢支撑），远离地铁侧（B1 坑）采用地下连续墙＋3 道混凝土支撑，远离地铁侧基坑（B2、C1、C2 坑）采用复合土钉墙放坡支护＋围护桩＋2 道混凝土支撑＋三轴搅拌桩止水。A 坑与 B1 坑采用 φ1050@1250 钻孔桩＋三轴搅拌桩进行分坑，端头采用 φ800@600 两重管高压旋喷桩进行冷缝处理，B2 与 C1 坑采用双排三轴搅拌桩止水分坑，C 坑与南区采用 φ1050@1250 钻孔搅拌桩进行分坑。围护结构与主体形成复合式结构。临近地铁基坑支护体系如图 2-21 所示。

3）南区分坑围护方案

南区分 D1、D2、E、F 共 4 个基坑，采用钻孔桩＋3 道混凝土支撑＋单排三轴搅拌桩止水帷幕，D2 坑与 E 坑，D1 坑与 D2 坑分别采用单排三轴搅拌桩进行止水分坑，E 坑与中区采用 φ1050@1250 钻孔灌注桩＋两侧单排三轴搅拌桩进行分坑。围护结构与主体结构形成复合式结构如图 2-22 所示。

（4）复合土钉墙支护设计

远离地铁侧基坑（B2、C1、C2 坑）采用圆木桩＋土钉墙放坡支护。圆木桩采用松木，桩长 5.5m，规格为 φ200@1500×1500，梅花形布置；土钉长 3000mm，规格 φ100@1500×1500，梅花形布置。土钉注浆体设计强度 20MPa，3d 强度不低于 10MPa。注浆用水泥浆水灰比为 0.45～0.50，可加入适当速凝剂等以促进早凝和控制泌水。

129

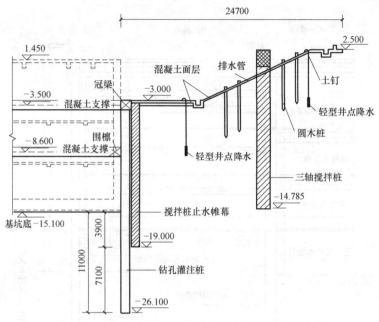

图 2-21　复合土钉墙＋围护桩＋内支撑支护体系示意

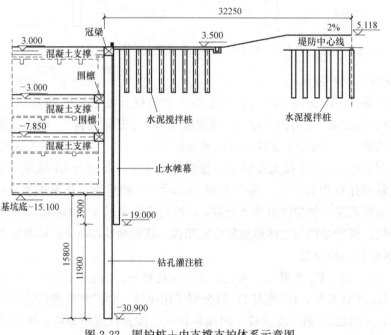

图 2-22　围护桩＋内支撑支护体系示意图

（5）基坑被动区加固设计

北区、中区临近地铁基坑被动区采用三轴水泥土搅拌桩进行加固。搅拌桩规格为$\phi 850@600$（套打1孔）坑底以下水泥掺量不少于20％，坑底以上至地面采用12％低掺量补强加固。喷浆材料采用P.O.42.5普通硅酸盐水泥，水灰比1.5，并加入适量膨润土，掺量为水泥用量的5％～8％，要求28d无侧限抗压强度不小于1.0MPa。

（6）坑顶施工临时道路路基加固设计

中区复合土钉墙放坡下部一级平台和南区基坑周边临时道路采用三轴水泥土搅拌桩加固。水泥土搅拌桩 $\phi500@1500\times1500$，按梅花形布置。采用 P.O.42.5 普通硅酸盐水泥，水泥掺量不小于 14%。土的天然重度平均按 $18kN/m^3$ 计，水灰比 0.55，28d 立方体抗压强度平均值不应小于 4MPa，且处理后平台地基承载力特征值不小于 120kPa。

（7）预留土台放坡支护设计

北区、中区分区分坑施工的预留土台边坡最大高度达 18.6m，采用网喷简易支护。受场内超厚流塑状充填土等不良地层影响，若预留土台高大临时边坡无法成坡，则坡身预先采用轻型井点降水，坡顶插打一排 12m 长拉森钢板桩抗滑桩，桩身打入 5.5m 长圆木桩提高整体性，坡面采用锚喷花管注浆土钉墙支护，最终土台边坡的整体性满足安全要求。支护体系如图 2-23 所示。

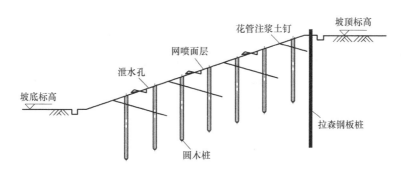

图 2-23 多种工艺组合放坡支护示意图

（8）分区分坑施工顺序安排

针对体量大、工期紧的总体特点，采用预留土体分隔分区施工方法，大部分的分坑实现了同时施工。

1）北区

所有围护结构均在地面完成施工。为保护地铁结构，要求临近地铁小坑 B 坑和 A1A2 区率先开挖，而 A3 区预留土开挖后形成临时边坡，为 B 坑内支撑提供反力。待 B 坑封顶后再开挖 A3 区预留土，待分坑桩两侧结构封顶后拆除分坑装并封闭后浇带，将两侧结构连为整体。

2）中区

所有围护结构均在地面完成施工。为保护地铁结构，要求临近地铁小坑 A 坑率先开挖，B1 区预留土台形成临时边坡为 A 坑内支撑提供反力；紧邻南区的中区 C2 区预留土台形成临时边坡为南区基坑内支撑提供反力。中区 B2 及 C1 区与邻近地铁小坑 A 同时施工，待 A 坑封顶后开挖 B1 区预留土，待南区封顶后再开挖 C2 区预留土，分坑桩两侧结构封顶后拆除分坑装封闭后浇带，将两侧结构连为整体。

3）南区

所有围护结构均在地面完成施工。为保护太湖大堤并满足尽早开挖紧邻南区的中区 C2 区预留土，率先施工南区 E 区，同时兼顾流水施工 D1、D2 和 F 区。南区 E 区地下结构封顶后开挖中区 C2 区预留土，分坑桩两侧结构封顶后拆除分坑桩封闭后浇带，将中区和南区结构连为整体。

该工程地下空间深基坑施工历经 3 年时间、2 个雨季的考验，在复杂、恶劣的条件下顺利完工。监测结构显示开挖至坑底后坑顶最大水平位移仅 15.4mm，临近地铁和太湖大堤位移变形可控，满足了设计和施工安全控制的要求。

2.3 模板脚手架施工技术

2.3.1 销键型脚手架及支撑架

销键型钢管脚手架支撑架是我国目前应用广泛的新型脚手架及支撑架。销键型钢管脚手架支撑架包括：盘销式钢管脚手架、键槽式钢管支架、插接式钢管脚手架等。此类型架体结构安全可靠、稳定性好、承载力高，其全部杆件均为系列化、标准化生产，现场搭设阶段杆件间距控制较为精确，搭拆操作简便，大大提升了现场搭拆效率。

销键型钢管脚手架支撑架的推广应用正在迅速推进脚手架及支撑架产品的全面升级，同时在推动整个脚手架行业节能减排、绿色环保方面起到了示范带头作用，从而引导整个行业的进步。从我国整体建筑市场来看，现阶段我国正处于基础设施建设飞速发展的阶段，销键型钢管脚手架及支撑架体系的广泛推广应用，进一步全面代替传统脚手架是一个社会进步的趋势，市场前景非常广阔。

1. 销键型脚手架及支撑架适用范围

销键型钢管脚手架支撑架通用性强，适用范围广，基本可满足目前各类建筑物、构筑物工程对脚手架及支撑架的要求。主要适用范围如下：

1）搭设各类建筑物、构筑物工程结构及装修施工时高处作业用途的脚手架；

2）应用于各类房屋、桥梁等建筑物、构筑物工程作为模板支撑架使用；

3）作为钢结构工程现场拼装时的承重架使用；

4）各类演出用的舞台架、灯光架、临时看台、临时过街天桥等；

5）航空、船舶等工业维修脚手架。

2. 技术内容

（1）结构形式

销键型钢管脚手架支撑架的立杆上按照杆件设计间隔焊有连接盘、键槽连接座或其他连接构造，横杆、斜拉杆两端焊有对应的连接接头，通过敲击楔形插销或者键槽接头，将横杆、斜拉杆的接头与立杆上的连接盘、键槽连接座或连接件锁紧（图 2-24～图 2-26）。

（2）销键型钢管脚手架类型

销键型钢管脚手架分为 ϕ60 系列重型支撑架和 ϕ48 系列轻型脚手架两大类。ϕ60 系列重型支撑架广泛应用于公路、铁路的跨河桥、跨线桥、高架桥施工，作为水平模板的承重支撑架。ϕ48 系列轻型脚手架适用于各类房屋建筑的外墙脚手架、梁板模板支撑架、各类钢结构施工现场拼装的承重架，以及各类舞台架、灯光架、临时看台、临时过街天桥等临时结构使用。

图 2-24 盘销式脚手架节点

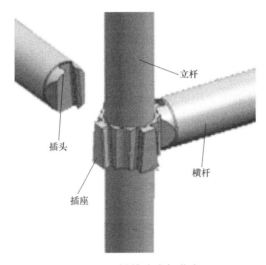

图 2-25 键槽式支架节点

图 2-26 插接式脚手架节点

1) φ60 系列重型支撑架的立杆为 φ60×3.2 焊管制成（材质为 Q345）；目前市场使用的立杆规格主要有：0.5m、1m、1.5m、2m、2.5m、3m，每隔 0.5m 焊有一个连接盘或键槽连接座；横杆及斜拉杆均采用 φ48×2.5 焊管制成，两端焊有插头并配有楔形插销，搭设时每隔 1.5m 搭设一步横杆。

2) φ48 系列轻型脚手架的立杆为 φ48×3.2 焊管制成（材质为 Q345）；目前市场使用的立杆规格主要有：0.5m、1m、1.5m、2m、2.5m、3m，每隔 0.5m（或 0.6m）焊有一个连接盘或键槽连接座；横杆采用 φ48×2.5，斜杆采用 φ42×2.5、φ33×2.3 焊管制成，两端焊有插头并配有楔形插销（键槽式钢管支架采用楔形槽插头），脚手架搭设时每隔 1.5～2.0m 搭设一步横杆。

3) 销键型钢管脚手架及支撑架实际应用过程一般需配合使用可调底座、可调托座及连墙件等辅助件。

4) 销键型钢管支撑架使用时，立杆间距、横杆步距均需结合实际应用情况通过计算确定，并编制专项施工方案，依据住房和城乡建设部 37 号令和 31 号文相关内容履行相应审批及论证程序，确保支撑架体的安全稳定。

（3）销键型钢管脚手架及支撑架应用

1) 根据工程结构施工图、施工要求、施工目的、服务对象及施工现场条件，编制脚手架或模板支撑架专项施工方案及施工图。

2) 对设计方案进行详细的结构计算，确保脚手架或模板支撑架的稳定性。

3) 制定脚手架或模板支撑架施工工艺流程和工艺要点。

4) 制定确保质量和安全施工等有关措施。

5) 根据专项施工方案对所需材料进行统计并完成采购或租赁进场验收。

（4）销键型钢管脚手架及支撑架主要特点

1) 安全可靠：立杆上的连接盘或键槽连接座与焊接在横杆或斜拉杆上的插头锁紧，接头传力可靠；立杆与立杆的连接为同轴心承插；各杆件轴心交于一点。架体受力以轴心受压为主，由于有斜拉杆的连接，使得架体的每个单元形成格构柱，因而承载力高，不易发生失稳；能够有效地保证建筑工程的施工安全。

2) 通用性强：销键型钢管脚手架支撑架在各类工程需要的常规脚手架及模板支撑架均可使用。另外由于该类型架体有斜拉杆的连接，销键型脚手架还可搭设成悬挑形式、跨空形式、移动脚手架等结构类型。

3) 搭拆效率高、易管理：横杆、斜拉杆与立杆连接，用一把铁锤敲击楔形销即可完成搭设与拆除，速度快，功效高。全部杆件系列化、标准化，便于仓储、运输和堆放。应用该架体可作为提升施工效率，加快施工进度的一个有效措施。

4) 文明施工效果好：销键型钢管脚手架及支撑架由于其各类杆件标准化制作，搭设时杆件间距控制精确，有效避免了传统钢管扣件脚手架搭设时的人工尺寸偏差，搭设成型效果整齐划一、美观大方，施工现场文明施工效果好。

5) 节省材料、绿色环保：销键型钢管脚手架及支撑架各类管件工厂加工，质量稳定可靠，周转率高，并且由于没有零散小部件，从源头上大大降低了材料的丢失率，从而可达到节约成本的目的。该类架体由于采用低合金结构钢为主要材料，在表面热浸镀锌处理后，与钢管扣件脚手架及其他支撑体系相比，在同等荷载情况下，材料可以节省 1/3 左右，产品寿命可达 15 年，做到节省材料、绿色环保，节省相应的运输费、搭拆人工费、管理费等费用。

（5）技术指标

1）基本组件规格参数详见表 2-5。

基本组件规格参数表　　　　　表 2-5

序号	名称	规格	长度(mm)	材质	表面处理
1	立杆	$\phi60\times3.2$	500、1000、1500、2000、2500、3000	Q345	热镀锌
		$\phi48\times3.2$			
2	横杆	$\phi48\times2.5$	300、600、900、1200、1500、1800、2100、2400	Q235	
3	斜杆	$\phi48\times2.5$	1000～2800	Q235 Q195	
		$\phi42\times2.5$			
		$\phi33\times2.3$			
4	可调底座	$\phi48\times6.5$	500、600	Q235	
		$\phi38\times5$			
5	可调托座	$\phi48\times6.5$	500、600	Q235	
		$\phi38\times5$			

2）$\phi48$ 立杆套管插接长度不小于 150mm，$\phi60$ 立杆套管插接长度不小于 110mm。

3）脚手架安装后垂直偏差应控制在 1/500 以内。

4）底座丝杆和顶部托座的外露尺寸不得大于相关标准规定要求。

3. 工程案例

长沙某工程为群体住宅，其中局部车库区域设计为康体中心，康体中心区域建筑面积 14148.82m²，地下 2 层、地上 1 层。该工程地下二层为设备用房，地下一层部分设计为戏水大厅，结构高度为 8.90m（-3.500m～5.400m）。

设计梁截面分别有：900mm×1500mm、400mm×800mm；主梁最大跨度 25.0m，次梁跨度 7.50m，板厚度 180mm。一层部分设计为体育馆，结构高度为 11.40m（5.400m～16.800m）。设计梁截面分别有：1000mm×1500mm、600mm×800mm、500mm×800mm、400mm×800mm、300mm×700mm；主梁最大跨度 25.0m，次梁跨度 7.40m，板厚度 200mm。

本工程在康体中心负一层戏水大厅区域、一层体育馆区域均为高支模施工区，高支模施工区域均为同一平面位置（图 2-27）。

该工程康体中心-1 层及 1 层设计层高均属于高支模范围（8.90m 层高、11.40m 层高），结构梁截面尺寸较大且截面尺寸较多，梁板支撑高度、跨度均较大，达到超过一定规模的危险性较大的分部分项工程范围。如何保证该部分模板工程施工安全及施工质量，将是该工程模板施工的重点及难点。

该工程楼板模板采用 15mm 厚胶合板，次龙骨为 50mm×100mm 木方，木方间距

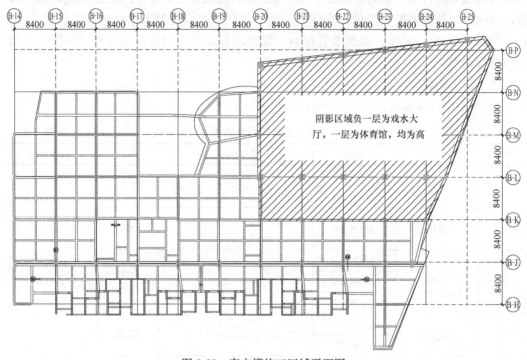

图 2-27　高支模施工区域平面图

200mm，主龙骨为 φ48×32 双钢管。支撑体系选用盘销式脚手架满堂搭设，最大立杆间距为 1.2m×1.2m，横杆步距为 1.5m。

梁底及梁侧模面板均采用 15mm 厚多层板，采用 50mm×100mm 木方做次龙骨，间距 200mm，主龙骨为 φ48×32 双钢管，两侧采用 M16 对拉螺栓加固。支撑体系为盘销式脚手架，不同梁截面依据支撑形式如下：

（1）梁截面大于 300mm×600mm，且梁宽度≤600mm 时，采用梁板共支支模形式，沿梁长方向立杆间距为 1.2m，梁断面宽度方向立杆最大间距为 1.2m，标准步距为 1.5m，梁底满布斜杆，在跨中需要设钢管支撑，高度方向至少有 3 根横杆扣接，且当单杆立杆设计受力大于等于 40kN 时，底层步距应增设一道横杆。

（2）梁宽度>600mm 时，采用梁、板结构支撑各自独立支模形式。梁断面宽度方向立杆间距为 0.9m 和 1.2m 两种，其余方法同梁板共支支模形式。

本工程支撑体系采用盘销式脚手架支撑体系，有效加快了模板支撑体系搭拆的施工速度，现场搭设完毕架体外观整齐划一，使用过程安全稳定。

2.3.2　集成附着式升降脚手架技术

近年来伴随我国超高层建筑施工技术快速发展，传统落地式脚手架、型钢悬挑架因其使用局限性、防护安全性等问题，在高层、超高层建筑施工中正在逐步被集成附着式升降脚手架所代替。相对于传统脚手架形式，集成附着式升降脚手架具有提高工效、保障安全、节约材料等特点，满足了高层建筑结构快节奏施工的需要。但近年来，建筑行业脚手架市场竞争愈演愈烈，如何进一步提高脚手架施工效率，降低施工成本，加强施工现场安全防护，不断提升现场文明施工水平，从而树立高效能施工企业形象，已成为建筑业重点课题。鉴于脚手架行业的飞速发展，集成附着式升降脚手架应运而生，该架体有明显的优越性，它用料少、只装拆一次、爬升快捷方便、具有推广价值，附着式升降脚手架可整体升降，也可分组升降，可利用电动葫芦为动力进行升降，也可利用液压千斤顶为动力进行升降。

1. 适用范围

目前，集成附着式升降脚手架已成为高层、超高层建筑施工安全防护设备的首选，它以其较高的安全性和节能环保性被广泛推广使用。主要适用范围如下：

1）高层或超高层建筑的结构施工和装修作业；

2）桥梁高墩、特种结构高耸构筑物施工的外脚手架。

2. 技术内容

（1）基本原理

集成式附着升降脚手架通过固定于升降机构上的动力设备将脚手架提升或下降，从而实现脚手架的爬升或下降。当架体需要爬升时，首先将脚手架和升降机构分别固定（附着）在建筑结构上，当建筑物混凝土的承载力达到一定要求时开始爬升；爬升前先将脚手架悬挂在升降机构上，通过固定在升降机构上的升降动力设备将脚手架提升，提升到位后，再将脚手架固定在建筑物上，进行上一层结构施工；当该层新浇筑混凝土达到爬升要求的强度时，解除升降机构同下层建筑物的固定约束，将其安装在该层爬升所需的位置；再将脚手架悬挂其上准备下次爬升，这样通过脚手架和升降机构的相互支撑和交替附着即可实现架体的爬升。架体的下降作业同爬升基本相同，只是每次下降前先将升降机构固定在下一层位置。

（2）集成附着式升降脚手架类型

目前，集成附着式升降脚手架已成为高层、超高层建筑施工安全防护设备的首选，它以其较高的安全性和节能环保性被广泛推广使用（图2-28、图2-29）。

图2-28　钢管式附着升降脚手架

图2-29　全钢集成式附着升降脚手架

（3）集成附着式升降脚手架组成设计

1）集成附着式升降脚手架的组成

集成附着式升降脚手架主要由竖向主框架、水平支承桁架、架体构架、附着支承结构、防倾装置、防坠装置等组成（图2-30）。

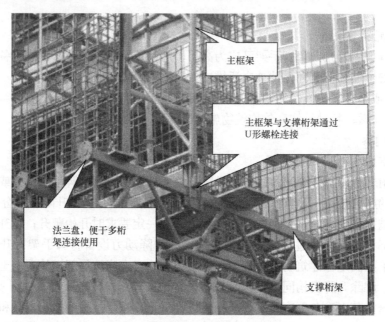

主框架

主框架与支撑桁架通过U形螺栓连接

法兰盘，便于多桁架连接使用

支撑桁架

图 2-30　支撑桁架与主框架（局部）

2）架体结构

竖向主框架是附着式升降脚手架结构主要组成部分，垂直于建筑物外立面，并于附墙支承结构连接，主要承受和传递竖向和水平荷载。

水平支承桁架是附着式升降脚手架结构主要组成部分，主要承受架体竖向荷载，并将竖向荷载传至竖向主框架。

架体构架是位于相邻两竖向框架之间和水平支撑桁架之上的架体，是附着式升降脚手架结构主要组成部分，也是操作人员作业场所，主要包括立杆、踏板、防护网等（图2-31）。

3）附着支承

目前常用的附墙支承结构由附墙支座、支顶器、防倾滚轮等组成，具有支承、防坠、防倾覆、导向功能于一体。附着支承结构直接附着在工程结构上，并与竖向主框架相连接，承受并传递脚手架荷载（图2-31）。

4）升降机构

附着式升降脚手架应在每个竖向主框架处设置升降设备，通常采用手动、电动和液压三种升降方式，其中手动只用于单跨架体升降，当两跨以上的架体同时整体升降时，应采用电动或液压设备。手动、电动、液压升降设备不得混用，设置电动液压设备的架体部位，应有加强措施。目前，主要采用电动葫芦作为附着式升降脚手架的动力设备（图2-32）。

5）防倾装置

防倾装置一般集成在附墙支座上，不间断作用于主框架导轨一侧，在保证主框架可以竖向运动的同时，限制其向内外侧倾倒。

常用的防倾覆装置的结构形式有 3 种：工字钢导轨式防倾覆装置、槽钢焊接导轨防倾覆装置、钢管导轨式防倾覆装置（图 2-33）。

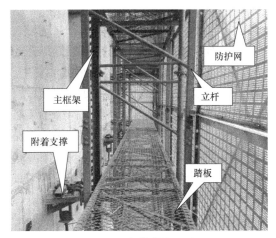

图 2-31　架体构架组成

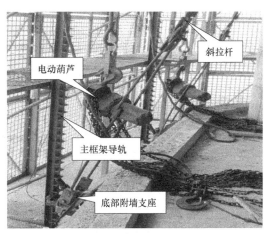

图 2-32　升降机构（电动葫芦）

图 2-33　集成防坠、防倾功能的附墙支座

6）防坠装置

防坠装置可集成在附墙支座上，也可单独设置防坠支座，防坠装置一般作用于主框架导轨一侧，也可单独设置防坠杆。在架体正常使用工况，防坠装置与主框架或防坠杆直接锁死，防止架体发生坠落；在架体提升或下降工况，防坠装置处于解除待锁死状态，提升或下将过程中，升降设备一旦失效，防坠装置立即锁死主框架或防坠杆，从而起到架体防坠功能（图 2-33）。

常用防坠器有：摆针式防坠器、楔钳制动式防坠器、凸轮式防坠器、支顶式防坠器、转轮式防坠器。

7）导轨

导轨是架体工作轨道，内与附墙支座滑动连接，外与架体竖向主框架连接，引导脚手架上升或下降。附着式升降脚手架所使用的导轨主要有以下三种：工字钢导轨、槽钢导轨、钢管导轨。

8）智能控制系统

采用电动和液压两种升降设备的架体需配置智能控制系统，主要用于控制架体提升或下降时的同步控制，防止发生各提升设备不同步运动，导致架体倾翻破坏等事故的发生。智能控制系统包括电控系统和操作台；其电控系统由单片机完成信号采集，处理和程序控制，能够对各机位运行状态进行自动显示，对架体的同步升降进行自动调整。当脚手架在升降过程中，任两个机位间运行不同步量达到规定值时，单片机就会根据反馈信号，使提升（下降）较快的设备停止运行，等候提升（下降）较慢的设备同步，如果在规定的时间内同步，就继续提升（下降），否则就自动切断动力电源，停止架体的提升（下降），同时报警并指示故障位置；等故障排除后，再提升（下降）。如果某一个或几个机位的位置传感器损坏，或者升降设备损坏，系统都会在任何两个机位测量不同步量达到规定值时做出反应，保证安全避免事故（图 2-34）。

9）其他集成功能设备

全钢集成附着式升降脚手架在普通附着式升降脚手架的基础上，进一步扩大工厂化生产范围，除主要受力构件外，其脚手架体系、外侧维护体系、卸料平台等各功能构件均可定型配套加工制作，现场直接组装完毕即可投入使用（图 2-35）。

（4）集成附着式升降脚手架特点

1）安全性好。集成附着式升降脚手架实用周期进行一次性搭拆，避免了在高空反复搭设或拆除脚手架的施工作业。此外架体爬升仅需少量人员监控及室内操作控制箱即可完成，实际使用安全性大幅提升。

2）节省材料，节省人工。集成附着式升降脚手架不同于传统脚手架形式，搭设高度远小于建筑物高度，使用过程随施工进度向上提升，在满足脚手架功能的前提下，最大化节省了脚手架材料投入；集成附着式升降脚手架仅需在底部一次性组装，工程使用完毕后一次性拆除，有效避免了传统脚手架随施工随搭设的烦琐工序，可明显减少人工投入。

图 2-34　智能控制系统图

图 2-35　集成于架体上的卸料平台

3）节省成本，施工效率高。集成附着式升降脚手架提升或下降工作可独立完成，人工投入少，不占用塔吊等主要施工机械的工作台班时间；提升或下降时对架体内部施工作业面无任何影响，不占用正常施工时间；架体逐层爬升或下降仅需半天时间即可完成，有效提升了脚手架使用效率。

4）全钢集成附着式升降脚手架除拥有上述优点外，由于其各类附属功能组件全部工厂定型生产，现场组装使用，安装方便快捷，整体性进一步提高，架体安全性有效提升。全钢集成附着式升降脚手架各构件尺寸精确，现场拼装后外观整齐划一，架体全钢材质，维护简单耐久性强，不易出现局部破损情况，可进一步提升施工现场文明施工形象。

（5）技术指标

1）附着式升降脚手架结构构造尺寸应符合下列规定：

① 架体高度不得大于 5 倍楼层高；

② 架体宽度不得大于 1.2m；

③ 直线布置的架体支承跨度不得大于 7m，折线或曲线布置的架体，相邻两主框架支撑点处的架体外侧距离不得大于 5.4m；

④ 架体的水平悬挑长度不得大于 2m，且不得大于跨度的 1/2；

⑤ 架体全高与支承跨度的乘积不得大于 110m²。

2）附墙支承结构构造应符合下列规定：

① 竖向主框架所覆盖的每个楼层处应设置一道附墙支座；

② 在使用工况时，应将竖向主框架固定于附墙支座上；

③ 在升降工况时，附墙支座上应设有防倾、导向的结构装置；

④ 附墙支座应采用锚固螺栓与建筑物连接，受拉螺栓的螺母不得少于两个或应采用弹簧垫圈加单螺母，螺杆露出螺母端部的长度不应少于 3 扣，并不得小于 10mm，垫板尺寸应由设计确定，且不得小于 100mm×100mm×10mm；

⑤ 附墙支座支承在建筑物上连接处混凝土的强度应按设计要求确定，且不得小于 C10。

3）防坠装置必须符合下列规定：

① 防坠落装置应设置在竖向主框架处并附着在建筑结构上，每一升降点不得少于一个防坠落装置，防坠落装置在使用和升降工况下都必须起作用；

② 防坠落装置必须采用机械式的全自动装置，严禁使用每次升降都需重组的手动装置；

③ 防坠落装置技术性能除应满足承载能力要求外，还应符合表 2-6 的规定：

防坠落装置技术性能　　　　　　　　　　　　　　　　　　表 2-6

脚手架类别	制动距离（mm）
整体式升降脚手架	≤80
单片式升降脚手架	≤150

④ 防坠落装置应具有防尘、防污染的措施，并应灵敏可靠和运转自如；

⑤ 防坠落装置与升降设备必须分别独立固定在建筑结构上；

⑥ 钢吊杆式防坠落装置，钢吊杆规格应由计算确定，且不应小于 25mm。

3. 工程案例

长沙市某工程为超高层住宅楼，建筑面积 33336.41m²，剪力墙结构，标准层层高 2.95m，单层建筑面积 780m²，建筑檐高 146.35m，地下 2 层，地上 G 层＋44 层，平面布局由两个相同单元对称布置。

根据该工程具体情况，经技术经济对比项目部选定采用全钢集成式升降脚手架，架体服务范围为建筑物 3 层至 44 层顶。脚手架组装完毕后防护 4.5 层楼，然后通过提升装置根据施工进度逐层运行，随主体结构施工运行到 44 层顶，然后随外装修向下继续运行，至外装修 2 层施工完毕拆除全钢集成式升降脚手架。

（1）架体主要参数及布置要求如下

1）架体高 13.5m，本工程 6 号楼层高 2.95m，共计防护 4.5 层楼；

2）架体宽度 0.7m；

3）设计荷载：主体结构施工时 2 层同时作业（每层荷载 3.0kN/m²）；外墙装饰施工时 3 层同时作业（每层荷载 2.0kN/m²）；

4）依据脚手架厂家提供参数要求，直线布置的机位最大间距为 5.4m；折线布置为一跨二折，其支撑跨度应小于 5.4m；

5）升降和使用工况下，架体悬臂高度均小于架体高度的 2/5；

6）附着升降脚手架的架体及机位沿建筑结构外围布置，机位平面布置及机位间距见平面图。

结合本工程主体结构平面造型，在满足各项布置原则的情况下，综合考虑与外用电梯、塔吊等配合问题，本工程两个单元共布置了 47 个机位，如图 2-36 所示。架体从建筑物 2 层开始组装，组装完毕后防护 4.5 层楼，然后通过架体自身提升装置根据施工进度逐层运行，运行到 44 层顶后待主体结构施工完毕，即开始随外墙抹灰涂料施工进度向下落架，至 2 层外立面施工完毕后进行拆除。

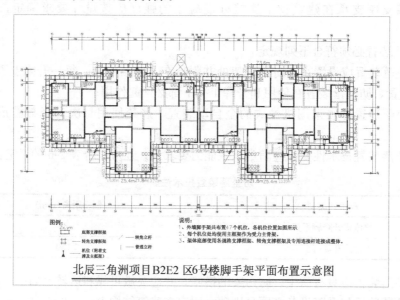

图 2-36 脚手架平面布置示意图

（2）平面布置注意事项

1）架体布置前需提前确定塔吊位置以及塔吊与结构锚固点位置，全钢集成式附着升降脚手架在特殊部位可设置翻转活动架，以便于塔吊附墙臂穿过架体；

2）在施工外用电梯部位需单独设置机位及桁架体系，待结构施工完毕后，架体随外立面施工逐层下降时，外用电梯部位整片桁架即可借助塔吊进行单独拆除；

3）机位布置时，需注意附墙件设置部位对应的室内建筑功能，尽量避开电梯井、烟道、风井等后期落架时难以操作的部位。

（3）架体运行安全注意事项

由于附着升降脚手架具有较大危险性，为保障架体运行安全，实际操作前必须对安拆及运行架体人员进行安全技术交底，主要交代特殊位置的处理方法及有关安拆运行架体的安全注意事项和操作方法及顺序。另外架体坠落半径范围内需设置安全警戒线、警戒标志，并派专人负责警戒。

本工程采用的全钢集成式附着升降脚手架，操作简单，组装、拆卸、升降便捷，爬升全程独立进行，不占用任何辅助机械工时，集成各项实用附件，有效提高现场施工效率，为加快施工进度提供有力支撑（图 2-37）。另外该架体外表美观，整体性好，四周及底部密封可靠严密，使用全程无需任何周转材料代换，施工过程中现场干净整洁，外观形象整齐划一，现场文明施工水平显著提升。

图 2-37　工程全钢集成附着式脚手架应用实景照片

2.3.3　电动桥式脚手架技术

当前我国建筑工程外装修施工中基本采用搭设普通落地式脚手架、附着式升降脚手架或电动吊篮作为施工的主要设备，其中存在着使用材料多、搭设时间长、运行效率低以及施工材料不便于传输等问题，相对于上述施工设备的缺点，电动桥式脚手架从架体结构、运行方式等方面可有效规避上述问题。

电动桥式脚手架（也称附着式电动施工平台或导架爬升式工作平台，英文缩写 WC-WP）是一种搭设于立柱支架上的脚手架平台，其立柱附着在建筑物上，通过电控系统控制，靠齿轮、齿条传动实现脚手架平台沿立柱升降运行。电动桥式脚手架电控系统安装在工作平台上，施工人员可根据工作需要把工作平台升降到任意高度位置进行施工作业，同时也解决了施工过程中材料运输的问题。它的推广使用将极大地提高我国施工装备水平，对保障施工安全、提高工程质量起到促进作用。

1. 适用范围

电动桥式脚手架在欧美等发达国家已普遍使用，近几年在国内一些建筑工程中也开始得到应用，在减轻劳动强度、提高劳动生产效率、确保作业安全、缩短工期等方面效果显著，同时取得了良好的经济效果。主要适用范围如下：

（1）既有建筑物外装修改造；

（2）各种新建建筑结构外立面装修作业；

（3）幕墙工程施工、清洁、维护；

（4）桥梁高墩、特种结构高耸构筑物施工的外脚手架。

2. 技术内容

（1）结构形式

电动桥式脚手架由架体系统、驱动系统、控制系统三部分组成，通过结构受力分析，运行参数设定，控制安全有效前提下对电动桥式脚手架进行总体设计。

1）架体系统由承重底座、附着立柱、作业平台三部分组成。

① 承重底座由型钢焊接构成，底座通过五个支承点把立柱的重量传给地面。支承点有四个设置于承重底座四周，一个设置于承重底座中心，其中外侧的四个可伸展支撑点在只有单柱的情况下应尽量打开，这样能使单柱型电动施工平台的稳定性更好。此外承重底座上还有四个可转动的轮子，以便于承重底座在非使用状态时的临时移动。

② 附着立柱一般是焊接成型的三角立柱结构，以 1.5m 为标准节，立柱加高时通过高强螺栓将相邻立柱连接成整体，平台可通过齿轮齿条传动沿立柱上下运动。

③ 作业平台是通过计算和实验而设计的三角平台梁，以 1.5m、1m 为标准节，平台加长时通过连接销将相邻平台梁连接成整体，上面安装有脚手板与护栏。

2）驱动系统由钢结构框架、减速电机、防坠器、齿轮驱动组、导轮组、智能控制器等组成。

3）控制系统由低压控制箱通过控制电缆与驱动系统连接。

机器运行时通过按下启动按钮，上升、下降运动由双向操纵开关控制，操作简便快捷。控制箱内有延时继电器延时电机启动，以确保双向操纵杆未被无意中接通。平台运行时会发出警告提示音，当平台到达最低位置时，平台会自动停止下降，平台上升至顶端触发限位器时，平台会自动停止。当平台沿两个立柱同时升降时，附着式电动施工平台配有智能水平同步控制系统，确保平台水平升降。

（2）电动桥式脚手架类型

依据实际使用工程需求，电动桥式脚手架可搭设成单柱型和双柱型两种基本形式（图 2-38）。其中单柱型与双柱型主要区别为承载能力和工作平台长度，双柱型平台工作平台最大长度可达 30.1m，单柱型工作平台最大长度为 9.8m。

（3）电动桥式脚手架应用

1）电动桥式脚手架需首先依据拟应用工程的脚手架需求进行设计，包括施工平台整体布局、长度、离墙距离，支承基座位置，立柱安装高度、附着位置等。绘制电动桥式脚

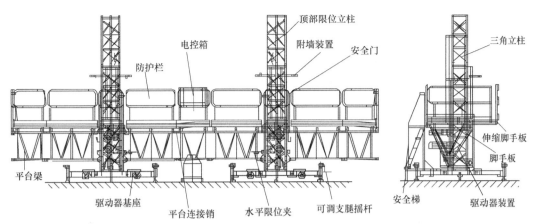

图 2-38 双柱型电动桥式脚手架（左）及单柱型电动桥式脚手架（右）

手架施工图，并计算出所需的立柱、平台等部件的规格与数量。最终编制专项施工方案并依据住房和城乡建设部 37 号令和 31 号文相关内容履行相应审批及论证程序，确保电动桥式脚手架安全稳定。

2）根据现场实际情况确定合理的基础加固措施。

3）建立质量和安全保证体系，制定确保质量和安全施工等有关措施。

4）在使用期间严格按维修使用手册要求执行。

5）电动桥式脚手架安拆及维修保养人员需通过专业培训及考核。

（4）电动桥式脚手架主要特点

1）安全可靠。电动桥式脚手架是靠电机驱动采用齿轮齿条传动方式使脚手架工作平台升降的大型施工装备，同时具有防坠、防倾、限高、自动调平等多种安全保险设计，通过电控系统控制，工作平台可平稳升降，安全性能高。

2）工作效率高。电控系统设置于工作平台，方便施工作业人员施工，设备操作简单，自动化程度高，工人只需按钮即可实现升降作业；工作平台可运输材料与工具，而不需要其他的施工设备，减轻了工程施工中垂直运输的压力，有效提高工作效率。

3）施工环境舒适。脚手架平台可停于立柱上任意位置，施工人员可以根据需要以最合适的高度进行工作，同时也可为外装修阶段质量检查管理人员提供良好的工作环境，可有效提高施工人员及管理人员的工作效率，降低劳动强度。

4）节约成本。同传统脚手架及附着式升降脚手架相比，使用材料少，安装、拆卸快速，可降低脚手架工程施工成本。

（5）电动桥式脚手架技术指标

1）平台最大长度：双柱型为 30.1m，单柱型为 9.8m；

2）已完成的工程最大高度为 260m，当超过 120m 时需采取卸荷措施；

3）额定荷载：双柱型最大为 36kN，单柱型最大为 15kN；

4）平台工作面宽度为 1.35m，可伸长加宽 0.9m；

5）立柱附墙间距为 6m；

6）升降速度为 6m/min；

7）电动机额定功率双柱为 4×2.2kW，单柱为 2×2.2kW；

8）电源 380V，50Hz；

9）电动机运行电流双柱为 4×5.4A，单柱为 2×5.4A；

10）电动机启动时的电流双柱为 2×24.3A，单柱为 24.3A；

11）不带锚固，使用时允许的最大风速 6 级；

12）带锚固，使用中允许的最大风速 7 级；

13）不使用时最大允许风速 12 级；

14）安装和拆卸时最大允许风速 6 级；

15）噪声等级 60dB。

3. 工程案例

（1）电动桥式脚手架与附着式升降脚手架配合使用

目前在高层、超高层建筑施工时，外脚手架一般会选用附着式升降脚手架，但此类架体只能随主体结构施工向上提升，待主体结构封顶后逐步下降并进行外装修施工，外装修及幕墙安装施工的插入节点会直接影响工程是否可以按期履约，因此尽快插入外装修及幕墙安装施工至关重要，电动桥式脚手架与附着式升降脚手架的结合使用可有效解决上述问题。

电动桥式脚手架与附着式升降脚手架结合使用一般为结构施工至一定高度时，在附着式升降脚手架下部搭设防护平台，然后再其下部安装并使用电动桥式脚手架并随即插入外装修及幕墙施工，从而达到最大限度提前插入外装修及幕墙安装节点的目的（图 2-39）。附着式升降脚手架与电动桥式脚手架同步向上施工，实现结构施工与外装修及幕墙施工的连续进行，显著提升施工效率，为施工项目创造工期效益。

图 2-39　电动桥式脚手架与附着式升降脚手架配合使用

（2）某大楼装饰装修工程，大楼顶部设计有最大挑出长度 5m 的挑檐，挑檐装修需安装钢结构和铝板装修，该大楼总高 48.15m，如何在保证安全和方便施工的前提下，经济快速完成脚手架施工是本工程的一大难点。

若按照传统脚手架搭设方式，选用满堂落地式脚手架搭设，需投入大量的人工及脚手架材料且搭设时间较长，施工效率及经济性太差。经技术经济综合测算对比，项目最终确定采用电动桥式脚手架。

架体从地面搭设，立柱按设计计算要求在主体结构进行附着，之后将施工平台提升至挑檐底部。由于挑檐外挑长度较大，在充分利用电动桥式脚手架可外挑的工作平台特点的同时配合搭设内外对称悬挑的扩展平台（图2-40）。此方法有效解决了大楼顶部挑檐的施工脚手架问题，取得了良好的社会经济效益。

图2-40　电动桥式脚手架用于顶部挑檐施工

2.3.4　液压爬升模板技术

1. 发展概述

液压爬升模板（简称爬模），由支撑架体、模板支撑、爬升动力系统、防护体系组成。使用中设备依附在建筑结构上，随着施工逐层爬升，模板不落地。爬模是适用于高层建筑或高耸构筑物现浇钢筋混凝土结构的先进的模板施工工艺，目前在高层、超高层建筑、桥墩桥塔、高大构筑物等工程的施工中得以广泛的应用，施工技术进步非常明显。目前，爬模在工程质量、安全生产、施工进度、降低成本、提高功效和经济效益等方面均取得了良好的效果。

我国的爬模工艺最早应用于20世纪70年代，最早是手动葫芦；20世纪80年代，北京新万寿宾馆施工中采用了3.5t液压千斤顶进行模板互爬；1998年北京国贸二期38层办公楼采用6t液压千斤顶，$\phi48\times3.5$钢管支撑和钢模板进行整体液压爬模。爬模工艺先后经过手动葫芦爬模、3.5t液压千斤顶模板互爬、6t液压千斤顶爬模、10t升降千斤顶爬模等多种爬模发展历程。2000年后，国内的爬模主要以液压油缸作为爬升动力，液压油缸爬模从单侧外爬发展到外爬内吊、内爬内吊、内爬外吊等多种做法。

2. 技术内容

（1）特点

1）可整体爬升，也可单榀爬升，爬升稳定性好；

2) 操作方便，安全性高，可节省大量工时和材料，经济效益明显；

3) 除了因建筑结构（如墙面突然缩进或形状突变）需要爬架改造之外，一般情况爬模架体一次组装后，一直到顶不落地，节省了施工场地，减少了模板的碰损；

4) 液压爬升过程平稳、同步、安全、操作平台采用全封闭式，爬模架体与混凝土墙体之间相对封闭，能够满足防止高空坠物等方面的安全要求；

5) 结构施工误差小，纠偏简单，可逐层消除；

6) 爬升速度快（平均 3～5d 一层）；

7) 模板自爬，原地清理，大大降低塔吊的吊次。

（2）主要技术内容

1) 爬模工作原理

爬模装置的爬升运动通过液压油缸对导轨和爬模架体交替顶升来实现。导轨和爬模架体是爬模装置的两个独立系统，二者之间可进行相对运动。当爬模浇筑混凝土时，导轨和爬模架体都挂在连接座上。退模后立即在退模留下的预埋件孔上安装连接座组（承载螺栓、锥形承载接头、挂钩连接座），调整上、下爬升器内棘爪方向来顶升导轨，待导轨顶升到位，就位于该挂钩连接座上后，操作人员立即转到最下平台拆除导轨提升后露出的位于下平台处的连接座组件等。在解除爬模架体上所有拉结之后就可以开始顶升爬模架体，此时导轨保持不动，调整上下棘爪方向后，爬模架体就相对于导轨运动，通过导轨和爬模架体这种交替提升对方，爬模装置即可沿着墙体逐层爬升。

2) 液压爬模装置组成

爬模装置由模板系统、架体与操作平台系统、液压爬升系统和电气控制系统四部分组成（图 2-41）。

① 爬模装置架体采用标准化和模块化设计，平台踏板，爬梯及防护网采用全金属化，轻量化和模板化设计。

② 模板系统：包括组拼式钢模板或钢框（铝框、木梁）胶合板模板、阴角模、阳角模、钢背楞、对拉螺栓、铸钢螺母、铸钢垫片等。

③ 架体与操作平台系统：包括上架体、中架体、下架体、吊架、架体防倾调节支腿、上操作平台、下操作平台、吊平台、纵向联系梁、栏杆、安全网等。

④ 液压爬升系统：包括导轨、挂钩连接座、锥形承载接头、承载螺栓、油缸、液压控制台、防坠爬升器、各种油管、阀门及油管接头等。

a. 液压采用独立单元控制，液压站和油缸之间采用高压胶管连接；

b. 油缸上装有液压锁，在断电、油管爆裂的情况下，油缸任意位置随时停止且不下滑或上升；

c. 油缸侧边装有位移传感器，实时反馈油缸的运行位置，保证多只油缸的同步行走，位移传感器的经度为 0.01%；

d. 安装比例流量阀控制油缸的流量，控制油缸的伸缩速度；

e. 油缸无杆腔进油口安装压力传感器控制工作油压，具有超载保护功能；

f. 安装三位四通换向电磁阀控制油缸的伸缩。

⑤ 智能化控制系统

a. 电气控制：整个系统采用 PLC 闭环控制。在总控制柜的面板上装有一块触摸屏。

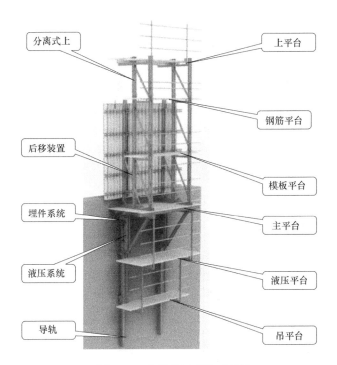

图 2-41 爬模装置系统示意图

在触摸屏上可以实时显示每只油缸的运行情况，并有报警提示；可以单独点动上升和下降，整体连接上升和下降，实现智能控制同步爬升。

b. 位移同步控制：相邻两机位在油缸侧面分别安装有拉杆式传感器，实时监测每个油缸的位移，并将位移信号输入到可编程控制器进行运算和比较分析。当升差 $\Delta h >$ 系统设定偏差值时，PLC 自动发出纠偏指令给流量控制模块，减少比例流量阀的开口度，减少位移大的油缸的流量，降低其爬升速度，缩小两缸的升差，使升差自动保持在设定范围内，不用人工调整。

c. 工作压力控制：通过触摸电脑设定系统工作压力，当工作压力大于设定工作压力时，系统报警并停止运行，降低工作压力，恢复正常工作。

3）施工方法

① 竖向结构爬模率先施工，水平结构滞后 4～5 层施工；

② 竖向结构外墙爬模施工，内墙与水平结构支模同步施工。

4）安装流程

① 安装预埋件、安装挂钩连接座；

② 下架体和吊架在地面连接好后安装到挂钩连接座上，并安装纵向连系梁和踏板；

③ 安装中架体，并安装纵向连系梁和踏板；

④ 安装导轨；

⑤ 安装上架体，并安装纵向连系梁和踏板；

⑥ 安装模板、预埋件、液压系统和控制系统。

5）液压爬升模板施工、爬升流程

① 预埋件安装、合模；

② 浇筑混凝土；

③ 绑扎上层钢筋，退模，安装附墙支座；

④ 提升导轨：将上下换向盒内的换向装置同时调整为向上，换向装置上端顶住导轨，将导轨向上顶升，导轨就位后将其固定；

⑤ 爬升架体、预埋件安装、合模：导轨固定后，将上下换向盒内的换向装置调整为向下，换向装置下端顶住导轨，提升架体使模板升到上一层。爬升或提升导轨液压控制台有专人操作，每榀架子设专人看管是否同步，发现不同步，可调液压阀门控制（图2-42）。

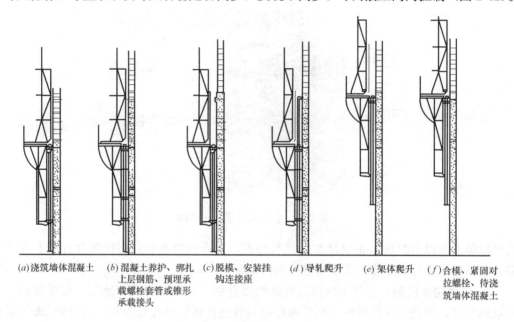

(a)浇筑墙体混凝土　(b)混凝土养护、绑扎上层钢筋、预埋承载螺栓套管或锥形承载接头　(c)脱模、安装挂钩连接座　(d)导轨爬升　(e)架体爬升　(f)合模、紧固对拉螺栓、待浇筑墙体混凝土

图2-42 油缸和架体爬模施工装置施工程序示意图

6）拆除

爬模装置拆除前，必须编制拆除技术方案，明确拆除先后顺序，制定拆除安全措施，进行安全技术交底。

① 爬模整体施工完毕后，爬模下方各施工组应全部停工，做好爬模拆除准备工作；

② 拆除原则：先装后拆，整体分段，地面解体；

③ 四面架体高度方向分三部分拆除，上架体为第一部分，中架体为第二部分，下架体和吊架为第三部分，宽度方向按塔吊的起重量来确定爬模拆分；

④ 用塔吊先将模板拆除并吊下；

⑤ 拆除上架体及其踏板和防护网，用塔吊吊下；

⑥ 用塔吊抽出导轨；

⑦ 拆除中架体及其踏板和防护网，用塔吊吊下；

⑧ 拆除液压装置及配电装置并吊出；

⑨ 操作人员位于吊平台上将下层附墙装置及爬锥拆除并吊下；

⑩ 用塔吊吊起下架体和吊平台，起至适当高度，卸下最高一层附墙装置及爬锥，并

修补好爬锥洞；

⑪ 最后拆除与爬梯或电梯相连的架体，操作人员卸好吊钩、拆除附墙装置及爬锥，操作人员从电梯或爬梯下来后，再吊下最后一榀架子；

⑫ 所有大型物件在地面解体。

7）关键技术

① 应对承载螺栓、支承杆、导轨主要受力部件，按施工、爬升、停工三种工况分别进行强度、刚度及稳定性计算；

② 爬模装置爬升时，承载体受力处的混凝土强度必须大于 10MPa，并应满足爬模设计要求；

③ 爬模装置应由专业生产厂家设计、制作、应进行产品制作质量检验。出厂前应进行两个机位的爬模装置安装试验，爬升性能试验和承载试验，并提供试验报告；

④ 爬模装置现场安装后，应进行安装质量检验，对液压系统应进行加压调试，检查密封性；

⑤ 爬升施工必须建立专门的指挥管理组织，制定管理制度。液压控制台操作人员应进行专业培训，合格后方可上岗操作，严禁其他人员操作；

⑥ 非标准层层高大于标准层层高时，爬升模板可多爬升一次或在模板上口支模接高；非标准层层高小于标准层层高时，混凝土按实际高度要求浇筑。非标准层必须同标准层一样，在模板上口以下规定位置预埋锥形承载接头和承载螺栓套管；

⑦ 爬升施工应在合模完成和混凝土浇筑后两次进行垂直偏差测量，并做好记录。如有偏差，应在上层模板紧固前进行校正。

3. 技术指标

（1）架体系统

架体支撑跨度：油缸机位间距不宜超过 5m，当机位间距内采用梁模板时，间距不宜超过 6m。

操作平台：一般设 6 层，上部两层为钢筋、混凝土操作层，中间两层为模板操作层，下部两层为爬模操作层。

架体宽度：主平台宽度不宜超过 2.4m，应满足上架体模板水平移动 400～600mm 的空间需要，并能满足导轨爬升、模板清理和涂刷脱模剂的要求。

（2）液压系统试验压力应符合下列规定

① 千斤顶液压系统的额定压力应为 8MPa，试验压力应为额定压力的 1.5 倍；

② 油缸液压系统的额定压力大于等于 16MPa 时，试验压力应为额定压力的 1.25 倍；额定压力小于 16MPa 时，试验压力应为额定压力的 1.5 倍。

（3）液压自爬升模板系统各操作平台的设计施工荷载

上操作平台施工荷载标准值（F_{K1}）最大允许承载：≤4kN/m^2；

下操作平台施工荷载标准值（F_{K2}）最大允许承载：≤1.0kN/m^2；

吊平台施工荷载标准值（F_{K3}）最大允许承载：≤1.0kN/m^2（不参与荷载效应组合）。

（4）爬升时，承载体受力处的混凝土强度应大于 10MPa，并应满足设计要求。

4. 适用范围

适用于高层建筑剪力墙结构、框架结构核心筒、大型柱、桥墩、桥塔、高耸构筑物等现浇钢筋混凝土结构工程。

5．工程案例

北京某新建工程，该项目为5A级甲级写字楼及配套商业，220m超高层建筑，地下5层，地上43层，总建筑面积135382m²。

该工程塔楼采用钢管混凝土框架—钢筋混凝土核心筒混合结构，在14、29层设环臂桁架加强层，标准层层高4.50m，塔楼混凝土强度等级C45～C60，核心筒外墙厚度400～600mm。

根据该工程的结构特点，经多方案比选，最终确定该工程核心筒及电梯井筒采用液压爬模体系，核心筒其他部位的模板（包括外墙内模板、内墙、梁板及楼梯等）采用铝模板同步施工的施工工艺（图2-44）。

（1）爬模设计

选用（JFYM150新型全钢板网防护）液压爬升模架，布置于核心筒外墙，平台宽度2.8m，架体总高16.5m，可覆盖四个层高，架体共有六层操作平台，从上至下分别为：上两层为绑筋操作平台，可借助此两层平台绑扎钢筋；中间两层为支模操作平台，可在此两层平台上完成合模、拆模、清理模板等工作；下层为爬升操作平台；最底层为拆卸清理维护平台。每层操作平台铺设3mm厚花纹钢板，用自攻螺栓固定。铺设过程中，保证花纹钢板平坦，无起伏（图2-43）。

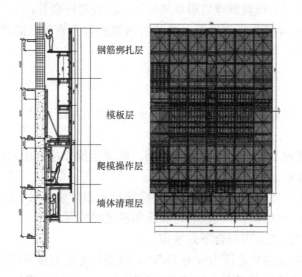

钢筋绑扎层

模板层

爬模操作层

墙体清理层

图2-43　外墙液压爬模架立面图

当墙体混凝土达到脱模要求后，将模板退700mm，即可借助此空隙清理模板，然后将支模体系靠近外墙，并对其进行刚性拉接，此时即可借助上两层操作平台绑扎墙体钢筋，然后爬升液压爬模架，将液压爬模架爬升至上一层，最后进行合模作业。

（2）总体施工部署

1）核心筒采用外爬内支同步施工，外墙模板采用拼装式全钢大模板体系，内墙以及水平结构采用65铝合金模板早拆体系施工，配合一层模板和三层支撑，截面变化采用调节板局部调整；

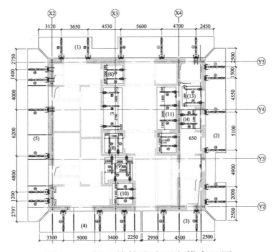

图 2-44 核心筒外墙液压爬模布置图

2）在地上二层剪力墙模板拆除后，安装爬模系统，从地上二层开始进入正常爬模状态，4.5m 的标准层采用一次爬升（模板高度 4.65m），标准层剪力墙的施工周期约为 5d；

3）核心筒内墙、水平结构采用铝合金模板早拆体系同时施工；

4）楼梯采用木模板和铝合金模板结合施工，楼梯施工滞后水平结构一层。

（3）施工重难点

1）塔吊与液压爬模的组合关系。

本工程设置 JCD260 和 TCR6055 两台塔吊，均附着在核心筒外墙，考虑到塔吊塔身距墙体 2000mm，故塔吊范围内爬模平台最外侧距墙面 1500mm，同时此位置爬模不安装挂架（图 2-45、图 2-46）。

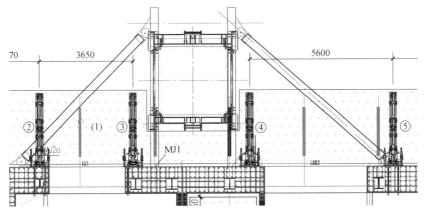

图 2-45 JCD260 塔吊与爬模的平面关系

2）套管的预埋：在绑扎墙体钢筋时要预埋穿墙套管，外墙每个机位预埋两根 Φ48 的套管，内墙每个机位预埋一根 Φ60 的套管。预埋套管是爬模架安装及爬升的关键所在，外墙机位预埋的两根预埋管之间要严格保证在同一水平线上，两根预埋管之间用钢筋焊接定位，防止在浇筑混凝土时跑偏。预埋套管的偏差要严格控制在前后 ±5mm，左右 ±5mm，上下 ±5mm（图 2-47～图 2-50）。

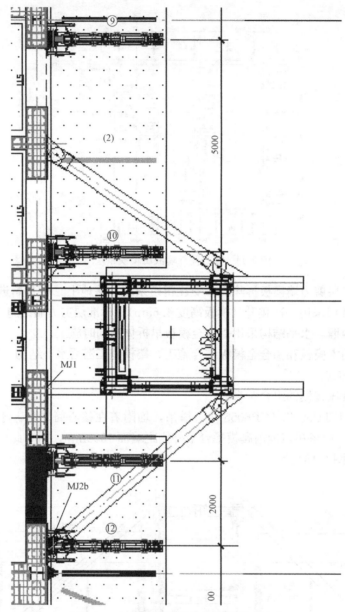

图 2-46　TCR6055 塔吊与爬模的平面关系

（4）安装流程

墙体预埋→地面预拼装→附墙装置的安装→主承力架体系单点吊装→连接主承力架→型钢搭设铺设平台→竖向支撑体系整体吊装→竖向支撑体系平台搭设及铺设→完善平台防护、挂钢板网、安装液压电控装置并调试。安装完成后示例如图 2-51、图 2-52 所示。

该工程采用液压爬升模架按标准层高度配置整层模板，由液压提升系统整体提升到位后，一次性浇筑整层混凝土，速度快，投入人力、物力少，工人劳动强度低，加快了施工进度，减少了塔吊的吊次，爬模施工减少了模架对场地的占用，在现场文明施工、安全、环保等方面均起到明显的促进作用，而且爬模装置及液压设备可周转使用，经济效益也较明显。

2.3.5 整体爬升钢平台技术

1. 发展概述

整体爬升钢平台技术采用由整体爬升的全封闭式钢平台和脚手架组成一体式的模板脚手架体系进行建筑高空钢筋工程、模板工程、混凝土工程施工的技术。该技术通过支撑系统或爬升系统将所承受的荷载传递给混凝土结构，由动力设备驱动，运用支撑系统与爬升系统交替进行模板脚手架体系爬升，实现模板工程高效安全作业，保证结构施工质量，满足复杂多变混凝土结构工程施工的要求。

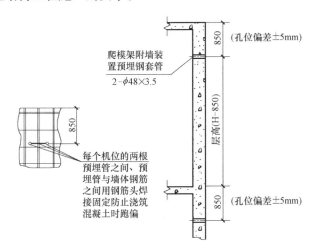

图 2-47　外墙液压爬模架预埋套管立面示意图

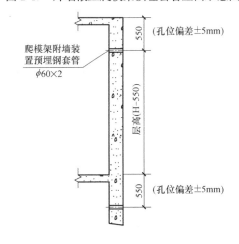

图 2-48　内墙液压爬模架预埋套管立面示意图

20 世纪 90 年代以来，随着我国超高层建筑的快速发展，高层不断攀升，结构形式日趋复杂，为了大幅度提高施工工效，解决封闭安全施工问题，在国内逐步发展形成了整体爬升钢平台技术系统，该模架系统突破了传统模架施工工艺，采用了整体全封闭的方式，安全防护能力大幅提高；通过钢平台的设计，大幅提高了承载力，施工功效得到显著提升。爬升动力设备采用了液压控制驱动的双作用液压缸或电动机控制驱动的蜗轮蜗杆提升机，可以选择上置动力设备的提升工艺，也可以选择下置动力设备的顶升工艺，双作用液压缸根据需要采用短、中、长行程油缸。

图 2-49　外墙预埋套管安装照片

图 2-50　内墙预埋套管安装照片

图 2-51　爬架各层内部照片

图 2-52　爬架外观照片

2. 技术内容

（1）特点

1）适用广泛的混凝土结构；

2）适用复杂结构体型变化；

3）配备大承载力的钢平台；

4）爬升动力系统荷载强大；

5）结构施工速度高效快捷；

6）钢平台系统带模板同步爬升；

7）作业从侧面及底部封闭防护；

8）工作面临边栏杆和栅栏防护；

9）操作应用信息化的智能控制。

（2）主要技术内容

整体爬升钢平台系统主要由钢平台系统、脚手架系统、支撑系统、爬升系统、模板系统构成。

1）钢平台系统

钢平台系统由钢平台框架、盖板、围挡板、安全栏杆等部件通过安装组成，用于实现施工作业。钢平台系统位于顶部，具有大承载力的特点，满足施工材料和施工机具的放置以及脚手架和支撑系统等部件同步作业荷载传递的需要，钢平台系统是地面运往高空物料的中转堆放场所。钢平台系统设置有人员上下的安全楼梯通道以及临边安全作业防护设施等。可根据工程需要在钢平台系统上设置布料机、塔机、人货电梯等设施，实现整体爬升钢平台与施工机械一体化协同施工。

2）脚手架系统

脚手架系统由脚手架吊架、走道板、围挡板、楼梯等通过安装组成，悬挂在钢平台框架上，用于施工作业。

3）支撑系统

支撑系统由竖向、横向型钢杆件根据宽度、长度、总高度要求制作形成。竖向型钢杆件顶端连接在钢平台框架上用于支撑钢平台系统以及实现施工作业，通过其上设置的竖向支撑限位装置以及水平支撑装置将荷载传递给混凝土结构。支撑系统可与脚手架系统一体化设计，协同实现脚手架功能，支撑系统设置有人员上下的安全楼梯通道以及临边安全作业防护设施等。

4）爬升系统

爬升系统由动力设备和爬升部件组合而成，动力设备可采用液压控制驱动的双作用液压缸或电动机控制驱动的蜗轮蜗杆提升机等；柱式爬升部件可由钢格构柱或钢格构柱与爬升靴等构件组成，墙式爬升部件可由钢梁和钢板等构件组成；爬升系统可通过接触支承、螺栓连接、焊接连接等方式传递荷载。

5）模板系统

由模板面板、模板背肋、模板围檩、模板对拉螺栓通过安装组成，用于保证现浇混凝土结构几何形状以及截面尺寸，并承受浇筑混凝土过程传递过来的荷载的系统，模板系统随整体钢平台系统提升，模板可采用大钢模、钢框木模、铝合金框木模等。

3. 技术指标

（1）双作用液压缸可采用短行程、中行程、长行程方式，液压油缸工作行程范围通常为350～6000mm，额定荷载通常为400～4000kN，速度80～100mm/min。

（2）蜗轮蜗杆提升机螺杆行程范围通常为 3500～4500mm，螺杆直径通常为 40mm，额定荷载通常为 100～200kN，速度通常为 30～80mm/min。

（3）双作用液压缸通过液控与电控协同工作，各油缸同步运行误差通常控制不大于 5mm。

（4）蜗轮蜗杆提升机通过电控工作，各提升机同步运行误差通常控制不大于 15mm。

（5）钢平台系统施工活荷载通常取值为 $3.0～6.0kN/m^2$，脚手架和支撑系统走道活荷载通常取值为 $1.0～3.0kN/m^2$。

（6）爬升时按对应 8 级风速荷载取值计算，搁置作业时按对应 12 级风速荷载取值计算，搁置作业超过 12 级风速时采取构造措施与混凝土结构连接。

（7）整体爬升钢平台支撑于混凝土结构时，混凝土实体强度等级应满足设计要求，且应不小于 10MPa。

（8）整体爬升钢平台防雷接地电阻不大于 4Ω。

4. 适用范围

高层和超高层建筑钢筋混凝土结构核心筒及类似结构的构筑物工程。

5. 工程案例

长沙某新建工程，该工程办公楼部分地下 3 层，地上 45 层，首层为邮局及会议室，其他部分均为挑空空间；L02 层为会议层，第 3 至 L43 层均为标准办公层，单层面积 $1756m^2$，核心筒面积 445 m^2。

该标准层高 4.20m，结构最高标高为 248.62m，建筑最高标高为 268.0m。框架—剪力墙混合结构。外墙体厚度 800mm、700mm、600mm、500mm、400mm；内墙体厚度 250mm、300mm；楼板厚度 110mm、200mm、250mm，混凝土框架梁 600mm×800mm、500mm×800mm，核心筒剪力墙的混凝土标号分别为 C60（12 层以下）、C50（13～27 层）、C40（28 层以上）（图 2-53、图 2-54）。

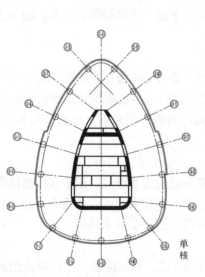

图 2-53　办公楼标准层平面形式图

图 2-54　办公楼东立面及剖面图

（1）核心筒施工重难点

1）核心筒施工方法应力争提高垂直运输与材料周转的效率；

2）施工方案及对应模架应确保核心筒施工的质量与安全；

3）施工模架应便于安装、拆卸，并能保证周转使用的次数以及周转时转运方便；

4）施工模架应满足核心筒沿竖向截面不断变化的要求；

5）施工模架应避免与钢筋施工、混凝土浇筑施工发生冲突；

6）塔吊以服务钢结构为主，核心筒施工应尽量减少对塔吊的依赖。

通过对多方案的比选，最终确定该工程采用整体顶升钢平台技术，考虑顶模施工工艺和工期进度的要求，核芯筒独立施工，相关钢结构作业随后进行。核心筒领先外围钢框架体系3～6层，核心筒内部及外部水平楼板后施工（图2-55）。

核心筒模板采用拼装式全钢大模板（新85型模板）体系施工，模板按标准板组合配置，模板总高度为4.5m，10层以下采用传统的施工方法施工，模板用塔吊协助装拆；L10层及以上采用整体顶升钢平台体系（下置长行程液压缸）对模板进行顶升。

（2）顶升原理：

5个大行程（4.5m）的液压油缸驱动的支撑主立柱坐在浇筑好并有14MPa强度的墙顶上，顶升其上的主次桁架体系。桁架的下梁上部有完整的上工作平台。桁架的下面吊有模板，及内外挂架（模板装拆及钢筋绑扎的工作平台）。自爬时，桁架支在墙顶上，主立柱上的支腿上爬。绑筋、拆模、顶升、合模、浇混凝土，完成竖向混凝土结构施工，而后自爬。再重复同样的过程，实现在不用塔吊的条件下完成模板的垂向施工。顶升自爬模板体系包括钢桁架系统、支撑与顶升系统、挂架与安全防护系统以及模板系统（图2-56）。

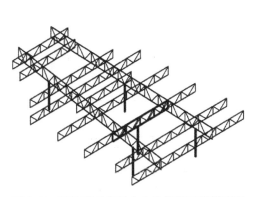

图2-55 整体顶升钢平台主次桁架三维模型图

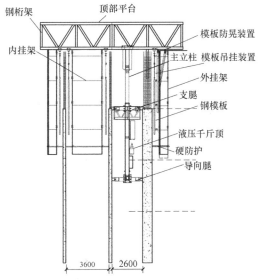

图2-56 整体顶升钢平台装配示意图

（3）顶模体系安装顶升流程

1）顶模体系的拼装顺序详见图2-57～图2-59。

2）标准层顶升流程详见图2-60～图2-68。

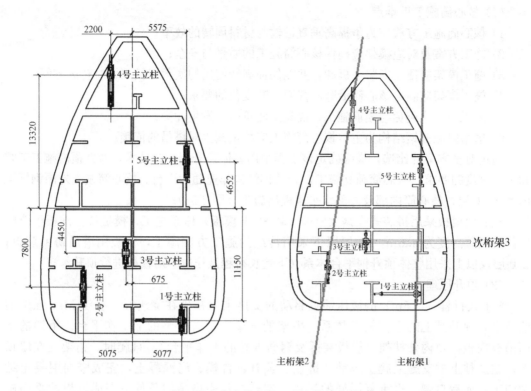

图 2-57 主立柱安装、主次桁架安装

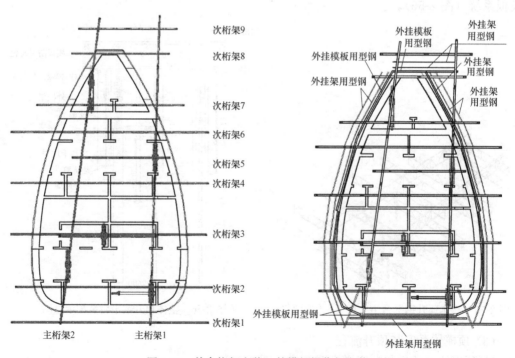

图 2-58 其余桁架安装、外模板操作架安装

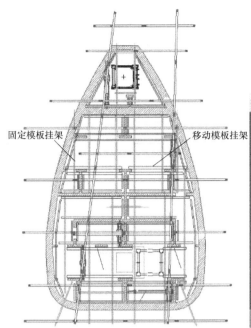
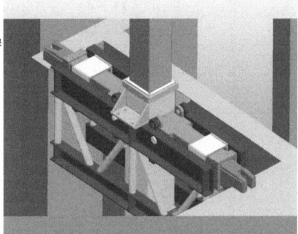

固定模板挂架　　　　　移动模板挂架

图 2-59　内模板操作架安装、支腿构造图

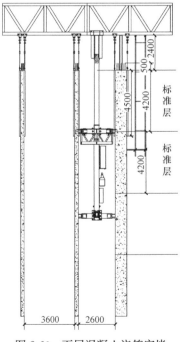

图 2-60　下层混凝土浇筑完毕

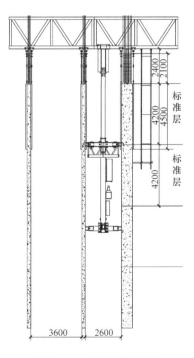

图 2-61　绑扎上层钢筋

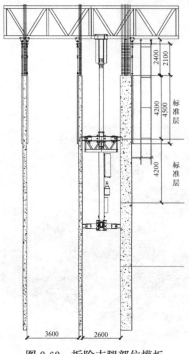

图 2-62　拆除支腿部位模板

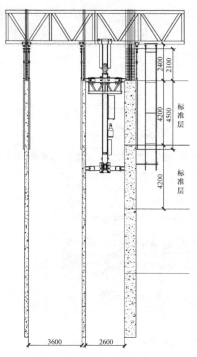

图 2-63　顶升（4200mm）

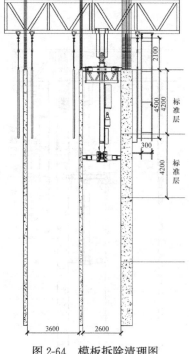

图 2-64　模板拆除清理图

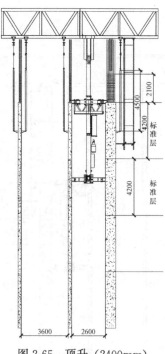

图 2-65　顶升（2400mm）

（4）技术经济效益

1）使用整体顶升钢平台技术，顶模体系可形成一个独立、封闭、安全的作业空间；

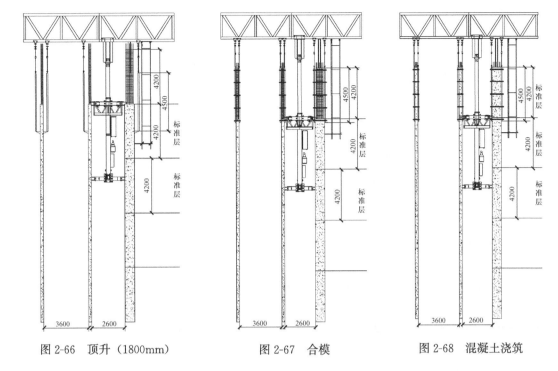

图 2-66　顶升（1800mm）　　　图 2-67　合模　　　图 2-68　混凝土浇筑

2）顶模体系的钢桁架既用来悬挂模板、挂架，同时底梁上有满铺的平台，也是材料的堆场以及施工机械的附着物；

3）整个平台和模板、挂架通过液压顶升系统完成自爬升，减少了施工过程中对塔吊的依赖；

4）节省了劳动力，提高了施工效率；

5）顶升支撑点位于浇筑好并具备一定强度的墙顶上，无步距的限制，上升高度可根据实际情况随意调整。混凝土浇筑好后，马上可以加接绑扎钢筋，绑扎钢筋的时间正是现浇混凝土的养护期；

6）钢平台下的挂架跨越了两个楼层，下层为模板操作层，上层为钢筋操作层；模架系统可根据墙体截面变化、结构平面内收进行相应调整，适应性强；

7）整个桁架位于结构墙体之上，不存在结构整体坠落问题，为安全文明施工提供了有力的保证。

2.3.6　组合铝合金模板施工技术

1. 发展概述

组合铝合金模板是主要采用整体热熔、挤压成型工艺生产的牌号为 6061－T6、6082－T6 等的铝型材，经过切割、定位、焊接、校正制造成的一种新型的建筑用模板。

建筑铝合金模板作为一种新型材料，自 20 世纪 60 年代产生于美国。因其众多优点在世界范围广为使用，其在众多发达国家已经成功推广使用多年，现在随着我国低碳环保、绿色建筑观念的不断提升，自 2010 年开始铝合金模板在我国也拥有了广阔的发展空间。

2. 技术内容

(1) 特点

1) 重量轻、刚度高、承载能力强；

2) 规格型号齐全、精度高；

3) 拼装、分拆简单易学、施工更安全；

4) 循环使用次数多、均摊成本低；

5) 施工效果质量好、混凝土表面免抹灰；

6) 施工效率高、建筑周期短；

7) 回收率高，产值大；

8) 施工不产生垃圾，对资源浪费小，利于环境保护。

(2) 主要技术内容

1) 组合铝合金模板设计

① 组合铝合金模板由平面模板、平面调节模板、阴角模板、阴角转角模板、阳角模板、阳角转角模板、铝梁、支撑头和专用模板、插销、独立支撑、斜撑、背楞、直角背楞、对拉螺栓、对拉片、嵌补板材类模板连接件组成（图 2-69、表 2-7）。

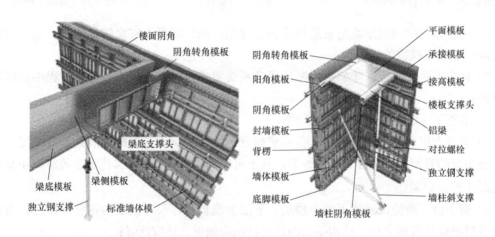

图 2-69 组合铝合金模板

铝合金模板构件分类及用途   表 2-7

模板类别	模板名称			用途
模板	平面模板	楼面模板		用于楼板底部
		墙柱模板	外墙柱模板	用于外墙柱外侧,与承接模板连接
			内墙柱模板	底部连接底脚模板,用于墙柱内侧的墙柱模板
			墙端模板	用于墙端部封口处,两长边方向带有 65mm 翼缘,底部连接有底脚模板
		梁模板	梁侧模板	用于梁侧
			梁底模板	用于梁底,两长边方向均带 65mm 翼缘

模板类别		模板名称	用　途
模板	转角模板	平面通用配套模板	用于结构平面处,配合楼面、墙、柱、梁模板使用
		楼面阴角模板	用于连接楼面、梁底模板与墙柱模板
		楼面阴角转角模板	用于连接阴角转角处的楼面模板与墙柱模板
		墙柱阴角模板	用于墙柱阴角转角处连接两侧墙柱模板
		阳角模板	用于连接阳角转角处的相邻模板
支撑	早拆装置	梁底早拆头	用于梁底支撑早拆梁
		板底早拆头	用于板底支撑早拆板
		单斜早拆铝梁	用于连接楼板端部的板底早拆头与楼面模板
		双斜早拆铝梁	用于连接楼板跨中的板底早拆头与楼面模板
		快拆锁条	用于连接板底早拆头与早拆铝梁
		承接模板	用于承接上层外墙柱模板
	可调钢支撑		用于支撑早拆头
	斜支撑		承受单侧模板的侧向荷载和调整竖向模板的垂直度
配件	销钉		用于模板之间的连接
	销片		用于模板之间的连接
	背楞		用于增加竖向模板刚度的方钢管
	柱箍		对角一体化背楞、用于增强柱模板刚度
	对拉螺栓		用于连接背楞
	对拉螺栓垫片		对拉螺栓配件

② 模板设计的原则

保证构件的形状尺寸及相互位置的正确;模板要具有足够的强度、刚度和稳定性,能够承受新浇混凝土的重量和侧压力以及各种施工荷载;结构要力求简单,装拆方便,不妨碍钢筋绑扎,保证混凝土浇筑时不漏浆;支撑系统应配置水平支撑和剪刀撑,以保证稳定性。

2) 组合铝合金模板施工

① 施工准备:核对模板的数量与编号、复核模板控制线;检查模板塑料套管设置,确保脱模剂涂刷均匀。

② 模板安装

根据模板编号进行模板安装入位,通过定位 PVC 套管套上穿墙螺杆,并初步固定,调整模板垂直度及拼缝,模板间的连接采用销钉、销片、紧固销钉、锁紧穿墙杆螺母,模板安装时应遵循先内侧墙板、后外侧墙板、先梁模板、后顶面模板的原则(图 2-70)。

③ 模板拆除:先松开穿墙杆螺母,将穿墙杆从墙体中退出来,拆除墙体加固背楞,拆除销钉、销片,使模板与墙体分离;模板拆除后,应立即清理,对变形与损坏的部位进行修整,移至下一层存放处备用。

3. 技术指标

(1) 新浇筑混凝土对模板最大侧压力:60kN/m²;

(2) 组合铝合金模板肋高:65mm、63.5mm 等;

(3) 组合铝合金模板宽度:600mm、500mm、400mm、300mm、200mm、100mm 等;

图 2-70　模板安装示意

（4）组合铝合金模板高度：2400mm、2600mm、2800mm 等，主要根据结构工程的层高和楼板厚度选用。

4. 适用范围

铝合金模板适用于标准化程度较高的超高层建筑或多层楼群或别墅群，不仅适合墙体、楼板、柱梁、楼梯、飘窗等部位，对圈梁、构造柱等二次结构支模也同样适用。

5. 应用案例

长沙某新建工程，总建筑面积 101268m²，建筑功能为住宅、公寓、办公楼。

该工程 1 号、2 号楼为住宅及公寓楼、3 号楼为办公楼，地下一层，地上 1 号楼为 GF+40 层，2 号楼为 GF+36 层，3 号楼为 GF+32 层，结构形式均为框架+核心筒结构，标准层层高 3150mm。

该工程选用铝合金模板及其支撑体系，根据该工程建筑平面图及结构图，经定型化设计、加工完成后在工厂进行了预拼装，满足要求后，对所有的模板及构件进行分区、分单元标记。然后运输到现场进行分类堆放。施工中严格按模板编号进行安装。安装就位后，利用可调斜撑调整模板的垂直度、竖向可调支撑调整模板的水平标高，利用穿墙对拉螺栓及背楞保证模板体系的刚度及整体稳定性。在混凝土强度达到拆模规定后，保留竖向支撑，按先后顺序对墙模板，梁侧模板及楼板进行拆除，迅速进入下一层的循环施工。

（1）模板设计

1）墙模板

① 墙模板采用竖向 2700mm 模板配模方法，净空高度不同采用接高模板进行高度调整。具体规格详见表 2-8。

墙体竖向模板规格表　　　　　　　　　　　　　　　　表 2-8

楼层高度	模板高度	结构板厚			
		150	140	120	100
3150	墙面板/标准板高度	2700	2700	2700	2700
	接高板	150	150	150	150
	墙面板/底角高度	40	40	40	40
	阴角高度	2740	2740	2740	2740
说明：以上尺寸均以 mm 为单位					

② 墙模板沿水平与垂直方向设置高强度对拉螺栓 $\phi16$，对拉螺栓最大间距不大于 800mm，垂直方向以地面为基准分为 4 排，第一排离地面 250mm、第二排离地面 800mm、第三排离地面 1450mm、第四排离地面 2250mm。

③ 第四道背楞上加装可调斜撑，用来调整墙面竖向垂直度，墙下端放置定位筋，斜撑间距根据墙面长度来定，墙体长度大于 2000mm 时，墙体单边加装斜支撑，斜撑间距最大间距 ≤2400mm，墙体长度 1000～1500mm 时加装一道斜支撑，墙体长度小于 1000mm 时不加装斜支撑，斜支撑距墙体不大于 1500mm，斜支撑锚固件在混凝土楼板提前预留预埋件（图 2-71）。

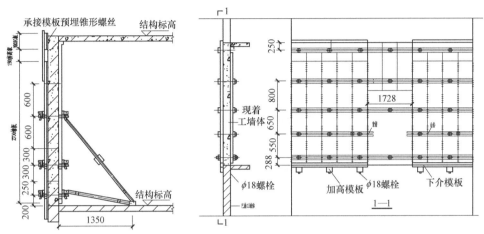

图 2-71 墙模板设计（一）

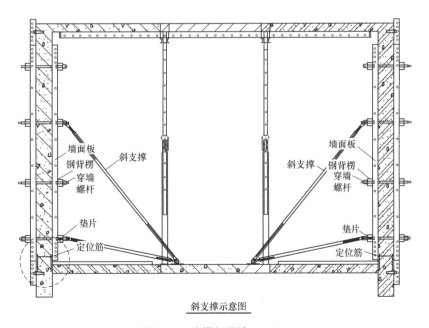

斜支撑示意图

图 2-71 墙模板设计（二）

2）梁模板

梁模板规格详见表 2-9。

梁模板规格表　　　　　　　　　　　　　　　　　表 2-9

楼层高度	模板高度	梁高			
		300×760	300×710	400×600	200×500
3150	梁底面板	510×1000	460×1000	350×1000	1000
	梁侧板	300×1000	300×1000	400×1000	200×1000
	支撑长度	150×320	150×320	150×420	150×220
	阴角高度	510	460	350	250
说明：以上尺寸均以 mm 为单位					

梁底支撑间距 500～1200m，梁底早拆头宽度根据梁截面宽度配置。梁侧铝模板与梁底铝模用连接角（图 2-72）。

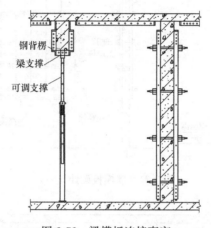

钢背楞
梁支撑
可调支撑

图 2-72　梁模板连接事宜

3）顶板模板设计

楼面模板规格表　　　　　　　　　　　　　　　　　表 2-10

楼层高度	模板高度	结构板厚			
		150	140	120	100
3150	楼面C槽	150+100×1800	100+110×1800	100+130×1800	100+150×1800
	楼面板	400×1100	400×1100	400×1100	400×1100
	龙骨长度	1000～300	1000～300	1000～300	1000～300
	转角长度	400+400	400+400	400+400	400+400
说明：以上尺寸均以 mm 为单位					

板底铝合金模板标准尺寸 n×1100mm（n 为 50、100、110、120、125、130、150、200、250、300、350、400mm），过度板宽为 200mm，局部按实际结构尺寸调整配模。铝模板材质 6061—T6，厚度 4mm。针对本项目，楼面设置 100mm 宽承梁（俗称龙骨），底部按支撑间距为 1200mm×1200mm 进行分布。楼面施工统一进行，与钢筋穿插施工，为保证楼面平整度和协调性，楼面的基本分布详见图 2-73。

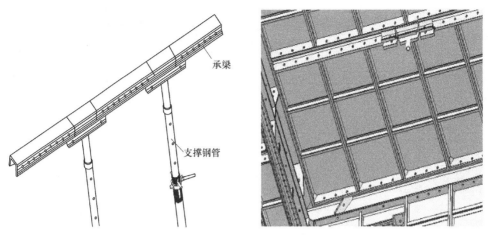

图 2-73　楼面基本分布

4）细部节点模板设计

① 阴阳角位置节点详见图 2-74。

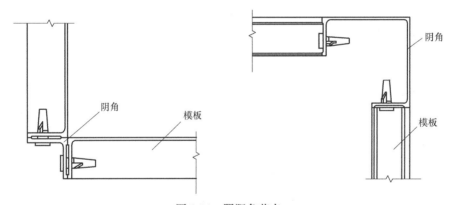

图 2-74　阴阳角节点

② 转角位置背楞紧固节点详见图 2-75。

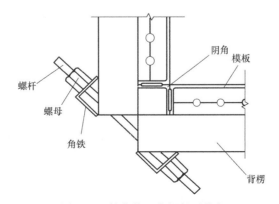

图 2-75　转角位置背楞紧固节点

③ 铝合金施工示例及拆除后施工部位示例详见图 2-76、图 2-77。

图 2-76　铝合金模板施工实况

图 2-77　铝合金模板拆模后实况

使用铝合金模板施工技术后，混凝土表面观感达到了饰面清水混凝土的效果，无需进行抹灰即可进行装修工程施工，不但节约了抹灰费用，更加快了施工进度，缩短了整体施工工期；由于铝合金模板为快拆体系，一般 36h 即可拆模，所以只需配置一层铝模板加三层支撑体系即可满足施工需要，提高了拼装与拆除速度，节约了成本；铝合金模板回收率很高，使用铝合金模板体系可取得良好的社会效益；使用铝合金模板后施工现场不会产生大量的建筑垃圾，可保持现场的干净、整洁，完全可达到绿色施工的标准。

2.3.7　清水混凝土模板技术

1. 发展概述

清水混凝土是现代主义建筑的一种表现手法，因其极具装饰效果也称装饰混凝土。基本的想法是在混凝土浇筑后不再有任何涂装、贴砖、石材等材料，力求表现混凝土一种素颜的手法。因此，清水混凝土具有一种朴实无华、自然沉稳的外观韵味，是一些现代建筑材料无法效仿和媲美的。同时清水混凝土结构一次成型，不需剔凿修补和抹灰，减少了大量的建筑垃圾，有利于环境保护，是名副其实的绿色混凝土。

清水混凝土是伴随混凝土结构的发展而不断发展的，作为建筑完工表现的清水混凝土历史，虽说始于法国建筑师奥古斯特·佩雷邨锡教堂（1923 年）中运用的柱梁表现，但世界上率先将清水混凝土用于墙壁表现的，我们现在第一个想到的却是位于日本安东尼·雷蒙的雷蒙自宅（1924 年）。在第二次世界大战之后，路易斯·康等人的作品，再次让"清水混凝土"成为建筑表现的主角。

在 20 世纪 90 年代以前，清水混凝土在我国主要用于道路桥梁、厂房等建筑。随着绿色建筑的客观需求以及人们环保意识的提高，我国清水混凝土建筑的需求已不再局限于道路桥梁、厂房和机场等，在工业与民用建筑中也得到了一定的应用。北京联想研发基地清水模板工程，被住房和城乡建设部科技司列为"中国首座大面积清水混凝土建筑工程"，标志着我国清水混凝土已发展到了一个新的阶段，是我国清水混凝土发展史上的一座重要里程碑。

清水混凝土模板技术是按照清水混凝土技术要求进行设计加工，满足清水混凝土质量要求和外观装饰效果要求的模板技术。根据其发展及外观、质量要求，有钢模板技术、钢木模板技术及聚氨酯内衬模板技术。

2. 技术内容

(1) 特点

1) 清水混凝土模板分类及选型详见表 2-11。

分类及模板选型　　　　　　　　　　　　　　　　　　　　表 2-11

序　号	清水混凝土分类	模板选型	序　号	清水混凝土分类	模板选型
1	普通清水混凝土	钢模板	3	装饰清水混凝土	聚氨酯内衬图案模板
2	饰面清水混凝土	木胶合板面板模板			

2) 深化设计

在清水混凝土施工前,要先根据建筑师的要求对清水混凝土工程进行全面深化设计,设计出清水混凝土外观效果图,在效果图中明确明缝、蝉缝、螺栓孔眼、装饰图案等位置,然后根据效果图设计模板,模板设计应依据设置合理、均匀对称、比例协调的原则确定模板分块尺寸。

明缝:是凹入混凝土表面的分格线或装饰线,是清水混凝土表面重要的装饰效果之一,一般利用施工缝形成,也可以依据装饰效果要求设置在模板周边、面板中间等部位。

蝉缝:是有规则的模板拼缝在混凝土表面上留下的痕迹。整齐匀称的蝉缝是清水混凝土表面的装饰效果之一。

螺栓孔眼:是按照清水混凝土模板设计要求,是模板工程中的对拉螺栓在混凝土表面形成有规则排列的孔眼,是清水混凝土表面重要的装饰效果之一。为了统一螺栓孔眼的装饰效果,在模板工程中,对没有对拉螺栓的位置也可以设置堵头,形成类似螺栓孔眼的假眼。

装饰图案:用带图案的聚氨酯内衬模作为模具,在混凝土表面形成特殊的装饰图案效果。

(2) 主要技术内容

1) 普通清水混凝土模板

普通清水混凝土由于对饰面和质量要求较低,可以选择钢模板,钢模板要具有足够的强度、刚度和稳定性,且模板必须经过设计和验算;为保证模板拼缝严密、尺寸准确要求面板板边必须铣边。钢模在施工中示例详见图 2-78、图 2-79。

图 2-78　桥梁钢模板拼装图

图 2-79　桥梁钢模板拆模后混凝土效果

2）饰面清水混凝土模板

① 模板体系组成：面板、竖肋、背楞、边框、斜撑、挑架。

面板采用优质木胶合板，竖肋采用"几"字形型材，背楞采用双槽钢，边框采用空腹冷弯薄壁型钢。面板采用自攻螺丝从背面与竖肋固定，竖肋与背楞通过 U 形卡扣（或勾头螺丝）连接，相邻模板间连接采用夹具，面板上的穿墙孔眼采用护套保护。

② 模板体系的特点与优点

a. 模板间的连接采用夹具，连接紧固、方便快捷，极大地提高了工效。同时彻底地防止了接缝处的错台和漏浆现象。

b. 模板背楞与竖肋之间采用 U 形卡扣（勾头螺栓）连接，连接紧固、拆装方便，易于周转与维修。

c. 面板与竖肋的背面连接，能有效保证清水混凝土墙面的饰面效果，而不留下任何其他痕迹。

d. 对面板裁切边的防水处理和穿墙孔眼的护孔套保护，能有效提高模板的周转使用率，合理降低成本。

e. 穿墙套管和套管堵头的配合使用，满足模板受力要求的同时，也满足了螺栓孔眼装饰效果的要求。

③ 模板体系加工要求

a. 模板面板要求板材强度高、韧性好，加工性能好且具有足够的刚度。

b. 模板表面覆膜要求强度高，耐磨性好，耐久性高，物理化学性能稳定，平整光滑、无污染、无破损，清洁干净。

c. 模板竖肋要求顺直，规格一致，具有足够的刚度，并紧贴面板，同时满足自攻螺钉从背面固定的要求。

d. 螺栓孔眼的布置必须满足饰面装饰要求，最小直径需满足墙体受力要求。

e. 面板布置必须满足设计师对明缝、蝉缝及对拉螺栓孔位的分布要求，更好地体现设计师的意图。

f. 模板加工制作时，下料尺寸应准确，料口应平整。

g. 模板组拼焊接应在专用胎具和操作平台上进行，采用合理的焊接、组装顺序和方法。

h. 阴角模面板采用斜口连接或平口连接。斜口连接时，角模面板的两端切口倒角略小于 45°，切口处涂防水胶黏结；平口连接时，连接端应刨平并涂刷防水胶黏结。

i. 木胶合板拼缝宽度应不大于 1.5mm，为防止面板拼缝位置漏浆，模板接缝处背面切 85°坡口，并注满密封胶。

j. 模板应采用自攻螺钉从背面固定，螺钉进入面板需要保证一定的深度，螺钉间距控制在 150～300mm 以内，以便面板与竖肋有效连接。

k. 螺栓孔布置必须按设计的效果图进行，对无法设置对拉螺栓而又必须有对拉螺栓孔效果的部位，需要设置假眼，假眼采用同直径的堵头和同直径的螺杆固定。

④ 清水混凝土模板施工

a. 模板安装前准备：核对清水混凝土模板的数量与编号，复核模板控制线；检查装饰条、内衬模的稳固性，确保脱模剂涂刷均匀。

b. 模板吊运：吊装模板时必须有专人指挥，模板起吊应平稳，吊装过程中，必须慢起轻放，严禁碰撞；入模和出模过程中，必须采用牵引措施，以保护面板。

c. 模板安装

根据模板编号进行模板安装，并保证明缝和蝉缝的垂直度及交圈。调整模板的垂直度及拼缝，模板之间的连接采用夹具，两面墙之间锁紧对拉螺栓。模板安装时应遵循先内侧、后外侧，先横墙，后纵墙，先角模后墙模的原则（图2-80）。

图 2-80　饰面清水混凝土模板拼装

d. 模板拆除与保养：拆除过程中要加强对清水混凝土特别是对螺栓孔的保护；模板拆除后，应立即清理，对变形与损坏的部位进行修整，并均匀涂刷脱模剂，吊至存放处备用（图2-81）。

e. 节点处理

图 2-81　饰面清水混凝土拆模后效果

阴角与阳角部位的处理：阴角部位应配置阴角模，以保证阴角部位模板的稳定性；阳角部位采用两侧模板直接搭接、夹具固定的方式。

外墙施工缝：利用明缝条来防止模板下边沿错台、漏浆。

堵头模板处理：采用夹具或槽钢背楞配合边框钩头螺栓加固。

3）装饰清水混凝土模板

模板体系由模板基层和带装饰图案聚氨酯内衬模组成，模板基层可以使用普通清水混凝土模板和饰面混凝土模板（图 2-82）。

聚氨酯内衬模技术是利用混凝土的可塑性，在混凝土浇筑成型时，通过特制衬模的拓印，使其形成具有一定质感、线形或花饰等饰面效果的清水混凝土或清水混凝土预制挂板。该技术广泛应用于桥梁饰面造型及清水混凝土预制挂板上。

图 2-82　装饰清水混凝土浇筑拆模后效果

3．技术指标

（1）截面尺寸允许偏差：普通清水混凝土为±5mm；饰面清水混凝土为±3mm；

（2）垂直度（层高）允许偏差：普通清水混凝土为 8mm；饰面清水混凝土为 5mm；

（3）表面平整度：普通清水混凝土允许偏差为 4mm；饰面清水混凝土为 3mm；

（4）普通清水混凝土阴阳角方正允许偏差：普通清水混凝土为 4mm；饰面清水混凝土为 3mm；

（5）明缝直线度允许偏差：普通清水混凝土为／；饰面清水混凝土为 3mm；

（6）蝉缝错台允许偏差：普通清水混凝土为／；饰面清水混凝土为 2mm；

（7）蝉缝交圈允许偏差：普通清水混凝土为／；饰面清水混凝土为 5mm。

4．适用范围

体育场馆、展览馆、写字楼、科研楼、学校等建筑以及桥梁、筒仓等高耸构筑物。

5．工程案例

（1）浙江某新建工程，总建筑面积 29260m^2，是一座集办公、研发、休闲、餐饮为一体的江南庭院式建筑。

本工程建筑外檐及室内外剪力墙、梁等均为饰面、造型清水混凝土。且墙体等结构外形较为复杂，墙体有圆弧形墙、倾斜墙和直墙等；柱子有圆形柱、方柱、椭圆柱等；室内悬挑梁式楼梯；弧形渐变式芦苇造型清水文化墙等均为施工的重难点。

该工程模板选用清水木模板，次龙骨选用 50mm×70mm 木方，主龙骨选用 40mm×

80mm方钢管，并用夹具锁住阳角（图2-83～图2-85）。

混凝土接高的处理：模板接高安装施工，其模板底部节点做法十分关键，做不好将造成漏浆、错台等质量通病，直接影响清水混凝土质量和成品的污染。当混凝土施工缝留置采用水平缝，且留置在明缝或蝉缝处时，为保证混凝土施工缝上口边满足要求，应在模板板面上边安装线条或明缝条，避开水平施工缝留在清水墙面上。

混凝土的振捣：采用附着式高频振捣器与插入式振捣器相结合的方法进行振捣。

钢筋保护层的控制：用十字卡扣式钢筋保护层尼龙垫块代替传统的塑料垫块。解决了清水混凝土领域因保护层垫块强度不够造成的漏筋、在清水混凝土表面形成钢筋纹理等现象。新型尼龙垫块对定位钢筋起到了很好的保护作用，且外观与混凝土色泽一致（图2-86）。

图2-83　模板夹具图

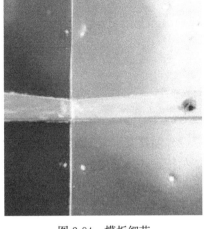

图2-84　模板细节

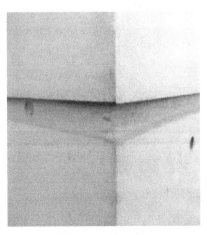

图2-85　成型效果

图2-86　新型尼龙垫块

　　该工程采用饰面清水混凝土模板，由于清水混凝土不用再作装饰，在经济上节省了混凝土剔凿修补、装饰材料使用、装饰人工、装饰操作装备等，同时减少了装饰中可能产生的安全事故及剔凿修补中时噪音污染，因此其在经济安全以及社会效益上效果明显，是一种低碳环保的施工技术，工程实况如图 2-87 所示。该工程获得浙江省"钱江杯"，2014 年获得国家优质工程奖。

图 2-87　实际效果图

　　（2）浙江某大学新建图书馆及大门工程，建筑面积 18915.86m²，该工程设计造型新颖、独特，采用了国内较为罕见的彩色清水混凝土，工程实况如图 2-88～图 2-90 所示。

图 2-88　图书馆

图 2-89　中央大厅图

图 2-90　大学东大门

1）工程特点

① 图书馆圆弧形双面均为锯齿状造型红褐色清水混凝土墙体（图 2-91）。

② 外围 36 棵米黄色混凝土空心柱（图 2-92）。

图 2-91　红褐色锯齿形墙体图　　　　　　　　　图 2-92　米黄色空心柱

③ 大门结构线条复杂，阴阳角众多，施工难度大（图 2-93）。

图 2-93　大门檐口位置线条

④ 16 棵圆柱及 9 块拱形板完美结合，美观大气（图 2-94、图 2-95）。

2）技术措施

① 采用异形清水混凝土构件使用钢模板喷砂处理工艺，双面锯齿形清水混凝土墙施工取得良好的效果，钢模板成型清水混凝土饰面效果与木模板一致，表面呈哑光质（图 2-96）。

② 增加抗裂钢筋：清水混凝土与普通混凝土相比，由于其取消了饰面层而直接暴露于空气中，混凝土的碳化势必加快，会使混凝土过早失去对钢筋的保护作用，使钢筋脱钝、锈蚀、保护层顺筋开裂等问题出现。所以清水混凝土钢筋保护层厚度比普通混凝土大，为 30mm。但是保护层加大势必会加剧混凝土开裂，为防止混凝土开裂，我们采用增

加 $\phi 8$ 抗裂钢筋（纵横向均加）的做法（图 2-97）。

图 2-94　圆柱

图 2-95　拱形板

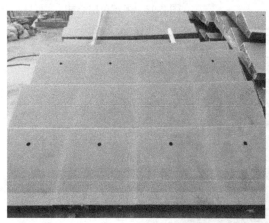

图 2-96　表面效果

图 2-97　增加抗裂钢筋

2.4 钢筋施工技术

2.4.1 高强钢筋应用技术

1. 热轧高强钢筋应用技术

（1）技术内容

高强钢筋是指国家标准《钢筋混凝土用钢　第 2 部分：热轧带肋钢筋》GB 1499.2 中规定的屈服强度为 400MPa 和 500MPa 级的普通热轧带肋钢筋（HRB）以及细晶粒热轧带肋钢筋（HRBF）。

通过加钒（V）、铌（Nb）等合金元素微合金化的其牌号为 HRB；通过控轧和控冷工艺，使钢筋金相组织的晶粒细化的其牌号为 HRBF；还有通过余热淬水处理的其牌号为 RRB。这三种高强钢筋，在材料力学性能、施工适应性以及可焊性方面，以微合金化钢筋（HRB）为最可靠；细晶粒钢筋（HRBF）其强度指标与延性性能都能满足要求，可焊性一般；而余热处理钢筋其延性较差，可焊性差，加工适应性也较差。

经对各类结构应用高强钢筋的比对与测算，通过推广应用高强钢筋，在考虑构造等因素后，平均可减少钢筋用量约 12%～18%，具有很好的节材作用。按房屋建筑中钢筋工程节约的钢筋用量考虑，土建工程每平方米可节约 25～38 元。因此，推广与应用高强钢筋的经济效益也十分巨大。

高强钢筋的应用可以明显提高结构构件的配筋效率。在大型公共建筑中，普遍采用大柱网与大跨度框架梁，若对这些大跨度梁采用 400MPa、500MPa 级高强钢筋，可有效减少配筋数量，有效提高配筋效率，并方便施工。

在梁柱构件设计中，有时由于受配置钢筋数量的影响，为保证钢筋间的合适间距，不得不加大构件的截面宽度，导致梁柱截面混凝土用量增加。若采用高强钢筋，可显著减少配筋根数，使梁柱截面尺寸得到合理优化。

（2）技术指标

400MPa 和 500MPa 级高强钢筋的技术指标应符合国家标准 GB 1499.2 的规定，钢筋设计强度及施工应用指标应符合《混凝土结构设计规范》GB 50010、《混凝土结构工程施工质量验收规范》GB 50204、《混凝土结构工程施工规范》GB 50666 及其他相关标准。

按《混凝土结构设计规范》GB 50010 规定，400MPa 和 500MPa 级高强钢筋的直径为 6～50mm；400MPa 级钢筋的屈服强度标准值为 $400N/mm^2$，抗拉强度标准值为 $540N/mm^2$，抗拉与抗压强度设计值为 $360N/mm^2$；500MPa 级钢筋的屈服强度标准值为 $500N/mm^2$，抗拉强度标准值为 $630N/mm^2$；抗拉与抗压强度设计值为 $435N/mm^2$。

对有抗震设防要求结构，并用于按一、二、三级抗震等级设计的框架和斜撑构件，其纵向受力普通钢筋对强屈比、屈服强度超强比与钢筋的延性有更进一步的要求，规范规定应满足下列要求：

1）钢筋的抗拉强度实测值与屈服强度实测值的比值不应小于 1.25；

2）钢筋的屈服强度实测值与屈服强度标准值的比值不应大于 1.30；

3）钢筋最大拉力下的总伸长率实测值不应小于 9%；

4）为保证钢筋材料符合抗震性能指标，建议采用带后缀"E"的热轧带肋钢筋。

（3）适用范围

应优先使用 400MPa 级高强钢筋，将其作为混凝土结构的主力配筋，并主要应用于梁与柱的纵向受力钢筋、高层剪力墙或大开间楼板的配筋。充分发挥 400MPa 级钢筋高强度、延性好的特性，在保证与提高结构安全性能的同时比 335MPa 级钢筋明显减少配筋量。

对于 500MPa 级高强钢筋应积极推广，并主要应用于高层建筑柱、大柱网或重荷载梁的纵向钢筋，也可用于超高层建筑的结构转换层与大型基础筏板等构件，以取得更好的减少钢筋用量效果。

用 HPB300 钢筋取代 HPB235 钢筋，并以 300（335）MPa 级钢筋作为辅助配筋。就是要在构件的构造配筋、一般梁柱的箍筋、普通跨度楼板的配筋、墙的分布钢筋等采用 300（335）MPa 级钢筋。其中 HPB300 光圆钢筋比较适宜用于小构件梁柱的箍筋及楼板与墙的焊接网片。对于生产工艺简单、价格便宜的余热处理工艺的高强钢筋，如 RRB400 钢筋，因其延性、可焊性、机械连接的加工性能都较差，《混凝土结构设计规范》GB 50010 建议用于对于钢筋延性较低的结构构件与部位，如大体积混凝土的基础底板、楼板及次要的结构构件中，做到物尽其用。

2. 高强冷轧带肋钢筋应用技术

（1）技术内容

CRB600H 高强冷轧带肋钢筋（简称"CRB600H 高强钢筋"）是国内近年来开发的新型冷轧带肋钢筋。CRB600H 高强钢筋是在传统 CRB550 冷轧带肋钢筋的基础上，经过多项技术改进，从产品性能、产品质量、生产效率、经济效益等多方面均有显著提升。CRB600H 高强钢筋的最大优势是以普通 Q235 盘条为原材，在不添加任何微合金元素的情况下，通过冷轧、在线热处理、在线性能控制等工艺生产，生产线实现了自动化、连续化、高速化作业。

CRB600H 高强钢筋与 HRB400 钢筋售价相当，但其强度更高，应用后可节约钢材达 10%；钢应用可节约合金 19kg，节约 9.7kg 标准煤。目前 CRB600H 高强钢筋在河南、河北、湖北、湖南、安徽、山东、重庆等十几个省市建筑工程中广泛应用，节材及综合经济效果十分显著。

（2）技术指标

CRB600H 高强钢筋的技术指标应符合现行行业标准《高延性冷轧带肋钢筋》YB/T 4260 和国标《冷轧带肋钢筋》GB 13788 的规定，设计、施工及验收应符合现行行业标准《冷轧带肋钢筋混凝土结构技术规程》JGJ 95 的规定。中国工程建设协会标准《CRB600H 钢筋应用技术规程》、《高强钢筋应用技术导则》及河南、河北、山东等地的地方标准已完成编制。

CRB600H 高强钢筋的直径范围为 5～12mm，抗拉强度标准值为 600N/mm^2，屈服强度标准值为 520N/mm^2，断后伸长率 14%，最大力均匀伸长率 5%，强度设计值为 415N/mm^2（比 HRB400 钢筋的 360N/mm^2 提高 15%）。

（3）适用范围

CRB600H 高强钢筋适用于工业与民用房屋和一般构筑物中，具体范围为：板类构件中的受力钢筋（强度设计值取 415N/mm²）；剪力墙竖向、横向分布钢筋及边缘构件中的箍筋，不包括边缘构件的纵向钢筋；梁柱箍筋。由于 CRB600H 钢筋的直径范围为 5～12mm，且强度设计值较高，其在各类板、墙类构件中应用具有较好的经济效益。

2.4.2 高强钢筋直螺纹连接技术

1. 技术内容

直螺纹机械连接是高强钢筋连接采用的主要方式，按照钢筋直螺纹加工成型方式分为剥肋滚轧直螺纹、直接滚轧直螺纹和镦粗直螺纹，其中剥肋滚轧直螺纹、直接滚轧直螺纹属于无切削螺纹加工，镦粗直螺纹属于切削螺纹加工。钢筋直螺纹加工设备按照直螺纹成型工艺主要分为剥肋滚轧直螺纹成型机、直接滚轧直螺纹成型机、钢筋端头镦粗机和钢筋直螺纹加工机，并已研发了钢筋直螺纹自动化加工生产线；按照连接套筒形式主要分为标准型套筒、加长丝扣型套筒、变径型套筒、正反丝扣型套筒；按照连接接头形式主要分为标准型直螺纹接头、变径型直螺纹接头、正反丝扣型直螺纹接头、加长丝扣型直螺纹接头、可焊直螺纹套筒接头和分体直螺纹套筒接头。

高强钢筋直螺纹连接应执行行业标准《钢筋机械连接技术规程》JGJ 107 的有关规定，钢筋连接套筒应执行行业标准《钢筋机械连接用套筒》JG/T 163 的有关规定。

高强钢筋直螺纹连接主要技术内容包括：

1) 钢筋直螺纹丝头加工。钢筋螺纹加工工艺流程是首先将钢筋端部用砂轮锯、专用圆弧切断机或锯切机平切，使钢筋端头平面与钢筋中心线基本垂直；其次用钢筋直螺纹成型机直接加工钢筋端头直螺纹，或者使用镦粗机对钢筋端部镦粗后用直螺纹加工机加工镦粗直螺纹；直螺纹加工完成后用环通规和环止规检验丝头直径是否符合要求；最后用钢筋螺纹保护帽对检验合格的直螺纹丝头进行保护。

2) 直螺纹连接套筒设计、加工和检验验收应符合行业标准《钢筋机械连接用套筒》JG/T 163 的有关规定。

3) 钢筋直螺纹连接。高强钢筋直螺纹连接工艺流程是用连接套筒先将带有直螺纹丝头的两根待连接钢筋使用管钳或安装扳手施加一定拧紧力矩旋拧在一起，然后用专用扭矩扳手校核拧紧力矩，使其达到行业标准《钢筋机械连接技术规程》JGJ 107 规定的各规格接头最小拧紧力矩值的要求，并且使钢筋丝头在套筒中央位置相互顶紧，标准型、正反丝型、异径型接头安装后的单侧外露螺纹不宜超过 2P，对无法对顶的其他直螺纹接头，应通过附加锁紧螺母、顶紧凸台等措施紧固。

4) 钢筋直螺纹加工设备应符合行业标准《钢筋直螺纹成型机》JG/T 146 的有关规定。

5) 钢筋直螺纹接头应用、接头性能、试验方法、形式检验和施工检验验收，应符合行业标准《钢筋机械连接技术规程》JGJ 107 的有关规定。

2. 技术指标

高强钢筋直螺纹连接接头的技术性能指标应符合行业标准《钢筋机械连接技术规程》JGJ 107 和《钢筋机械连接用套筒》JG/T 163 的规定。其主要技术指标如下：

1) 接头设计应满足强度及变形性能的要求。

2) 接头性能应包括单向拉伸、高应力反复拉压、大变形反复拉压和疲劳性能；应根据接头的性能等级和应用场合选择相应的检验项目。

3）接头应根据极限抗拉强度、残余变形、最大力下总伸长率以及高应力和大变形条件下反复拉压性能，分为Ⅰ级、Ⅱ级、Ⅲ级三个等级，其性能应分别符合行业标准《钢筋机械连接技术规程》JGJ 107 的规定。

4）对直接承受重复荷载的结构构件，设计应根据钢筋应力幅提出接头的抗疲劳性能要求。当设计无专门要求时，剥肋滚轧直螺纹钢筋接头、镦粗直螺纹钢筋接头和带肋钢筋套筒挤压接头的疲劳应力幅限值不应小于现行国家标准《混凝土结构设计规范》GB 50010 中普通钢筋疲劳应力幅限值的 80％。

5）套筒实测受拉承载力不应小于被连接钢筋受拉承载力标准值的 1.1 倍。套筒用于有疲劳性能要求的钢筋接头时，其抗疲劳性能应符合《钢筋机械连接技术规程》JGJ 107 的规定。

6）套筒原材料宜采用牌号为 45 号的圆钢、结构用无缝钢管，其外观及力学性能应符合现行国家标准《优质碳素结构钢》GB/T 699、《用于机械和一般工程用途的无缝钢管》GB/T 8162、《无缝钢管尺寸、外形、重量及允许偏差》GB/T 17395 的规定。

7）套筒原材料采用 45 号钢冷拔或冷轧精密无缝钢管时，应进行退火处理，并应符合现行国家标准《冷拔或冷轧精密无缝钢管》GB/T 3639 的相关规定，其抗拉强度不应大于 800MPa，断后伸长率 $\delta 5$ 不宜小于 14％。冷拔或冷轧精密无缝钢管的原材料应采用牌号 45 号管坯钢，并符合行业标准《优质碳素结构钢热轧和锻制圆管坯》YB/T 5222 的规定。

8）采用各类冷加工工艺成型的套筒，宜进行退火处理，且不得利用冷加工提高的强度。需要与型钢等钢材焊接的套筒，其原材料应满足可焊性的要求。

3. 适用范围

高强钢筋直螺纹连接可广泛适用于直径 12～50mm 的 HRB400、HRB500 钢筋各种方位的同异径连接，如粗直径、不同直径钢筋，水平、竖向、环向连接，弯折钢筋、超长水平钢筋的连接，两根或多根固定钢筋之间的对接，钢结构型钢柱与混凝土梁主筋的连接等。

2.4.3 钢筋焊接网应用技术

（1）技术内容

钢筋焊接网是将具有相同或不同直径的纵向和横向钢筋分别以一定间距垂直排列，全部交叉点均用电阻点焊在一起的钢筋网，分为定型、定制和开口钢筋焊接网三种。钢筋焊接网生产主要采用钢筋焊接网生产线，并采用计算机自动控制的多头焊网机焊接成型，焊接前后钢筋的力学性能几乎没有变化，其优点是钢筋网成型速度快、网片质量稳定、横纵向钢筋间距均匀、交叉点处连接牢固。

应用钢筋焊接网可显著提高钢筋工程质量和施工速度，增强混凝土抗裂能力，具有很好综合经济效益。广泛应用于建筑工程中楼板、屋盖、墙体与预制构件的配筋，也广泛应用于道桥工程的混凝土路面与桥面配筋，以及水工结构、高铁无砟轨道板、机场跑道等。

钢筋焊接网生产线是将盘条或直条钢筋通过电阻焊方式自动焊接成型为钢筋焊接网的

设备，按上料方式主要分为盘条上料、直条上料、混合上料（纵筋盘条上料、横筋直条上料）三种生产线；按横筋落料方式分为人工落料和自动化落料；按焊接网片制品分类，主要分为标准网焊接生产线和柔性网焊接生产线，柔性网焊接生产线不仅可以生产标准网，还可以生产带门窗孔洞的定制网片。钢筋焊接网生产线可用于建筑、公路、防护、隔离等网片生产，还可以用于 PC 构件厂内墙、外墙、叠合板等网片的生产。

目前主要采用 CRB550、CRB600H 级冷轧带肋钢筋和 HRB400、HRB500 级热轧钢筋制作焊接网，焊接网工程应用较多、技术成熟。主要包括钢筋调直切断技术、钢筋网制作配送技术、布网设计及施工安装技术等。

采用焊接网可显著提高钢筋工程质量，大量降低现场钢筋安装工时，缩短工期，适当节省钢材，具有较好的综合经济效益，特别适用于大面积混凝土工程。

（2）技术指标

钢筋焊接网技术指标应符合国家标准《钢筋混凝土用钢筋焊接网》GB/T 1499.3 和行业标准《钢筋焊接网混凝土结构技术规程》JGJ 114 的规定。冷轧带肋钢筋的直径宜采用 5～12mm，CRB550、CRB600H 的强度标准值分别为 500N/mm²、520N/mm²，强度设计值分别为 400N/mm²、415N/mm²；热轧钢筋的直径宜为 6～18mm，HRB400、HRB500 屈服强度标准值分别为 400N/mm²、500N/mm²，强度设计值分别为 360N/mm²、435N/mm²。焊接网制作方向的钢筋间距宜为 100mm、150mm、200mm，也可采用 125mm 或 175mm；与制作方向垂直的钢筋间距宜为 100～400mm，且宜为 10mm 的整倍数，焊接网的最大长度不宜超过 12m，最大宽度不宜超过 3.3m。焊点抗剪力不应小于试件受拉钢筋规定屈服力值的 0.3 倍。

（3）适用范围

钢筋焊接网广泛适用于现浇钢筋混凝土结构和预制构件的配筋，特别适用于房屋的楼板、屋面板、地坪、墙体、梁柱箍筋笼以及桥梁的桥面铺装和桥墩防裂网，高速铁路中的无砟轨道底座配筋、轨道板底座及箱梁顶面铺装层配筋。此外可用于隧洞衬砌、输水管道、海港码头、桩等的配筋等。

HRB400 级钢筋焊接网由于钢筋延性较好，除用于一般钢筋混凝土板类结构外，更适于抗震设防要求较高的构件（如剪力墙底部加强区）配筋。

2.4.4　建筑用成型钢筋制品加工与配送技术

1. 国内外发展概况

20 世纪 70 年代，欧洲及一些发达国家和地区由于钢筋加工机械技术的发展，机械式独立单一工序作业的钢筋加工设备得以广泛应用。钢筋原材料主要以线材为主，主要是拉伸调直、定尺切断与弯曲。20 世纪 80 年代随着计算机技术发展，程序控制软件被应用到钢筋加工设备，使钢筋加工机械有了更多的功能，可进行简单的组合加工作业，实现节约材料、优化钢筋加工组合、节约工作时间。20 世纪 90 年代，钢筋商品化加工在欧洲以及其他发达国家迅速发展。目前，在欧美等一些发达国家，差不多 50～100km 就有一座现代化的钢筋加工厂，钢筋配送是很普遍的事情，不存在市场开发和引导消费的困难，其钢筋规格比较统一，品种少，便于自动化设备的高效率生产，加上钢材深加工企业使用的先进设备，管理到位，因此生产效率很高。成型钢筋加工配送已成为国外钢筋工程的钢筋加工主流。

我国钢筋加工配送技术发展刚刚起步，与发达国家和地区相比，差距比较大。近年来随着我国钢筋加工机械技术的快速发展和人口红利的逐渐消失，钢筋加工配送这一新型产业逐渐崛起，已被许多大型建筑施工企业认可。为推广应用高强钢筋，地方住房和城乡建设、工业和信息化部门相继出台了相关文件，组织召开高强钢筋应用技术培训会，开展高强钢筋和标准化专题研究，使我国建筑钢筋加工配送产业得到大力发展。

该项技术的最大优势是坚持以人为本，减轻劳动者作业强度，提高作业效率，提高钢筋加工制品质量，减少材料损耗，降低能耗和排放，降低工程施工成本，提高施工企业核心竞争能力，满足绿色建筑施工的发展要求。其技术特点是：

1) 作业效率高，可满足大规模工程建设中钢筋加工的需求；

2) 走钢筋加工专业化、工厂化之路，可实现施工现场钢筋装配作业；

3) 降低施工成本、提高工程质量；

4) 节省资源、提高工程质量；

5) 转变钢筋工程施工管理模式，与国际接轨，走专业化施工分包道路。

2. 技术要点

(1) 信息化生产管理技术

从钢筋原材料采购、钢筋成品设计规格与参数生成、加工任务分解、钢筋下料优化套裁、钢筋与成品加工、产品质量检验、产品捆扎包装，到成型钢筋配送、成型钢筋进场检验验收、合同结算等全过程的计算机信息化管理。

(2) 钢筋专业化加工技术

建筑用成型钢筋制品加工与配送是指在固定的加工厂，利用盘条或直条钢筋经过一定的加工工艺程序，由专业的机械设备制成钢筋制品供应给项目工程。钢筋专业化加工与配送技术主要包括：

1) 钢筋制品加工前的优化套裁、任务分解与管理；

2) 线材专业化加工——钢筋强化加工，带肋钢筋的开卷矫直，箍筋加工成型等；

3) 棒材专业化加工——定尺切断、弯曲成型，钢筋直螺纹加工成型等；

4) 钢筋组件专业化加工——钢筋焊接网、钢筋笼、梁、柱等；

5) 钢筋制品的科学管理、优化配送。

钢筋专业化加工主要由经过专门设计、配置的钢筋专用加工机械完成。主要有钢筋冷拉机、钢筋冷拔机、冷轧带肋钢筋成型机、钢筋冷轧扭机、钢筋调直切断机、钢筋切断机、钢筋弯曲机、钢筋弯箍机、钢筋网成型机、钢筋笼成型机、钢筋连接接头加工机械及其他辅助设备。

(3) 自动化钢筋加工设备技术

自动化钢筋加工设备是建筑用成型钢筋制品加工的硬件支撑，是指具备强化钢筋、自动调直、定尺切断、弯曲、焊接、螺纹加工等单一或组合功能的钢筋加工机械，包括钢筋强化机械、自动调直切断机械、数控弯曲机械、自动切断机械、自动弯曲机械、自动弯曲切断机械、自动焊网机械、柔性自动焊网机械、自动弯网机械、自动焊笼机械、三角桁架自动焊接机械、梁柱钢筋骨架自动焊接机械、封闭箍筋自动焊接机械、箍筋笼自动成型机械、钢筋螺纹自动加工机械等（图2-98～图2-101）。

图 2-98　自动焊网机械

图 2-99　自动焊笼机械

图 2-100　工厂加工好的底板钢筋

图 2-101　加工好的钢筋笼主筋
（半成品，再绑扎成钢筋笼后运送至施工现场）

（4）成型钢筋配送技术

按照客户要求与客户的施工计划将已加工的成型钢筋以梁、柱、板构件序号进行包装或组配，运送到指定地点。

（5）工厂加工钢筋的优点

1）减少现场工作量，加快施工进度；

2）工厂加工钢筋通过精细化管理系统进行钢筋翻样、自动化数控加工设备、数字化生产管理系统等技术，保证加工质量、节约原材料、减少错误等，可大大节约工程造价；

3）推动建筑工业化的发展，有助于推行绿色施工，降低能耗。

2.4.5　钢筋机械锚固技术

1. 国内外发展概况

传统的钢筋锚固方式是利用钢筋与混凝土的黏结锚固，或利用弯折钢筋和带弯钩钢筋减少黏结锚固长度后进行锚固。这种传统锚固方式为锚固所增加的钢筋用量较大，而且容易造成锚固集中区钢筋拥挤，影响混凝土浇筑质量。为达到减少钢筋锚固长度、节约钢材、方便施工、满足设计和施工人员要求，以及优化锚固条件的目的，中国建筑科学研究院结构所提出了一种新的钢筋机械锚固装置——钢筋锚固板，一种将螺帽与垫板合二为一的锚固板，通过直螺纹连接方式与钢筋端部相连形成钢筋机械锚固装置。该技术节约钢材、方便施工，达到了国际先进水平。锚固板用于框架节点的研究成果填补了国内空白。

　　美国、加拿大等国对钢筋机械锚固的研究开展较早，并制定了相关标准，国外采用的钢筋锚固板大都为钢制的等厚度刚性锚固板，与钢筋连接方式为焊接或锥螺纹连接。

　　2. 技术要点

　　（1）技术简介

　　该技术是将螺帽与垫板合二为一的锚固板通过直螺纹连接方式与钢筋端部相连形成钢筋机械锚固装置。锚固板分为"部分锚固板"和"全锚固板"两种，部分锚固板作用机理为：钢筋的锚固力由埋入的钢筋与混凝土之间的黏结力和锚固板的局部承压力共同承担（图 2-102）。全锚固板与钢筋组装后称为全锚固板钢筋，其锚固能力可完全由锚固板的局部承压力提供，因此特别适用于梁、板抗剪钢筋等场合使用。

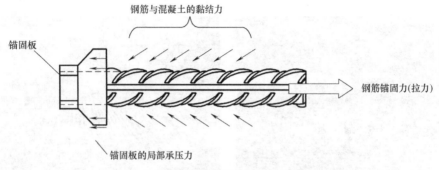

图 2-102　带锚固板钢筋的受力机理示意图

　　（2）施工工艺流程及操作要点

　　1）施工工艺流程：施工准备→工艺检验→钢筋切割→钢筋端部滚轧螺纹→螺纹检验→安装锚固板→锚固板钢筋拧紧扭矩检查。

　　2）操作要点

　　① 施工准备：检验合格的钢筋锚固板，应按规格存放整齐备用。

　　② 工艺检验：丝头正式加工前应进行组装件的单向拉伸试验。

　　③ 钢筋切割：钢筋下料宜用 GQ50 型机械式专用钢筋切断机；钢筋端部不得有弯曲，出现弯曲时应调直。

　　④ 钢筋端部滚轧螺纹：钢筋螺纹加工宜用 QCL40（50）型钢筋滚丝机。

　　⑤ 螺纹检验：螺纹检验包括螺纹直径和螺纹长度检验。

　　⑥ 安装锚固板：锚固板安装时，锚固板规格应与钢筋规格保持一致；检验合格的丝头，应立即安装锚固板并码放在适当区域。

　　⑦ 锚固板钢筋拧紧扭矩检查：锚固板安装后应用扭力扳手进行抽检，校核拧紧力矩。

　　（3）技术特点

　　该技术相比传统的钢筋锚固技术，具有以下显著特点：

　　1）可减少钢筋锚固长度，节约 40% 以上的锚固用钢材，降低成本；

　　2）锚固板与钢筋端部通过螺纹连接，安装快捷，质量及性能易于保证；

　　3）锚固板具有锚固刚性大、锚固性能好、方便施工等优点，有利于商品化供应；

　　4）采用锚固板钢筋的混凝土框架顶层端节点与中间层端节点钢筋锚固的构造形式，可大大简化钢筋工程的现场施工，避免了钢筋密集拥堵，绑扎困难的问题。

锚固实例详见图 2-103。

图 2-103　锚固板工程实例

（4）设计计算

1）采用部分锚固板时，应符合下列规定：

① 钢筋的混凝土保护层应符合现行国家标准规定，锚固长度范围内钢筋的混凝土保护层厚度不宜小于 1.5d；锚固长度范围内应配置不少于 3 根箍筋；其直径不应小于纵向钢筋直径的 0.25 倍，间距不应大于 5d，且不应大于 100mm；

② 钢筋净间距不宜小于 1.5d；

③ 锚固长度 l_{ah} 不宜小于 0.4l_{ab}。

2）采用全锚固板时，应符合下列规定：

① 钢筋的混凝土保护层厚度不宜小于 3d；

② 钢筋净间距不宜小于 5d；

③ 钢筋锚固板用作梁的受剪钢筋、附加横向钢筋或板的抗冲切钢筋时，应在钢筋两端设置锚固板，并应分别伸至梁或板主筋的上侧或下侧定位。

2.5　混凝土施工技术

2.5.1　高耐久性混凝土技术

1. 技术内容

通过对高耐久性混凝土原材料的质量控制及施工工艺的优化，合理掺加优质矿物掺合料或复合掺合料，采用高效（高性能）减水剂制成的具有良好工作性能、满足结构所要求的各项力学性能且耐久性优异的混凝土。

（1）原材料和配合比的要求

1）水胶比（W/B）≤0.38。

2）水泥必须采用符合现行国家标准规定的水泥，如硅酸盐水泥或普通硅酸盐水泥等，不得选用立窑水泥；水泥比表面积宜小于 350m^2/kg，不应大于 380m^2/kg。

3）粗骨料的压碎值≤10%，宜采用分级供料的连续级配，吸水率<1.0%，且无潜在碱骨料反应危害。

4）采用优质矿物掺合料或复合掺合料及高效（高性能）减水剂是配制高耐久性混凝土的特点之一。优质矿物掺合料主要包括硅灰、粉煤灰、磨细矿渣粉及天然沸石粉等，所用的矿物掺合料应符合国家现行有关标准，且宜达到优品级，对于沿海港口、滨海盐田、盐渍土地区，可添加防腐阻锈剂、防腐流变剂等。矿物掺合料等量取代水泥的最大量宜为：硅粉≤10%，粉煤灰≤30%，矿渣粉≤50%，天然沸石粉≤10%，复合掺合料≤50%。

5）混凝土配制强度可按以下公式计算：

$$f_{cu,0} \geq f_{cu,k} + 1.645\sigma$$

式中　$f_{cu,0}$——混凝土配制强度（MPa）；

　　　$f_{cu,k}$——混凝土立方体抗压强度标准值（MPa）；

　　　σ——强度标准差，无统计数据时，预拌混凝土可按《普通混凝土配合比设计规程》JGJ 55 的规定取值。

（2）耐久性设计要求

对处于严酷环境的混凝土结构的耐久性，应根据工程所处环境条件，按《混凝土结构耐久性设计规范》GB/T 50467 进行耐久性设计，考虑的环境劣化因素及采取措施有：

1）抗冻害耐久性要求：①根据不同冻害地区确定最大水胶比；②不同冻害地区的抗冻耐久性指数 DF 或抗冻等级；③受除冰盐冻融循环作用时，应满足单位面积剥蚀量的要求；④处于有冻害环境的，应掺入引气剂，引气量应达到 3%～5%。

2）抗盐害耐久性要求：①根据不同盐害环境确定最大水胶比；②抗氯离子的渗透性、扩散性，宜以 56d 龄期电通量或 84d 氯离子迁移系数来确定；一般情况下，56d 电通量宜≤800C，84d 氯离子迁移系数宜≤2.5×10^{-12}m^2/s；③混凝土表面裂缝宽度符合规范要求。

3）抗硫酸盐腐蚀耐久性要求：①用于硫酸盐侵蚀较为严重的环境，水泥熟料中的 C_3A 不宜超过 5%，宜掺加优质的掺合料并降低单位用水量；②根据不同硫酸盐腐蚀环境，确定最大水胶比、混凝土抗硫酸盐侵蚀等级；③混凝土抗硫酸盐等级宜不低于 KS120。

4）对于腐蚀环境中的水下灌注桩，为解决其耐久性和施工问题，宜掺入具有防腐和流变性能的矿物外加剂，如防腐流变剂等。

5）抑制碱—骨料反应有害膨胀的要求：①混凝土中碱含量<3.0kg/m^3；②在含碱环境或高湿度条件下，应采用非碱活性骨料；③对于重要工程，应采取抑制碱—骨料反应的技术措施。

2. 技术指标

（1）工作性

根据工程特点和施工条件，确定合适的坍落度或扩展度指标；和易性良好；坍落度经时损失满足施工要求，具有良好的充填模板和通过钢筋间隙的性能。

（2）力学及变形性能

混凝土强度等级宜≥C40；体积稳定性好，弹性模量与同强度等级的普通混凝土基本相同。

（3）耐久性

混凝土结构的耐久性应根据结构的设计使用年限、结构所处的环境类别及作用等级进行设计，对于氯化物环境下的重要混凝土结构，应按《混凝土结构耐久性设计规范》GB/T 50467 规范的规定采用定量方法进行辅助性校核。

耐久性设计应考虑一下内容：结构的设计使用年限、环境类别及其作用等级；有利于减轻环境作用的结构形式、布置和构造；混凝土结构材料的耐久性质量要求；钢筋的混凝土保护层厚度；混凝土裂缝控制要求；防水、排水等构造措施；严重环境作用下合理采取防腐蚀附加措施或多重防护策略；耐久性所需的施工养护制度与保护层厚度的施工质量验收要求；结构使用阶段的维护、修理与检测要求。

可根据具体工程情况，按照《混凝土结构耐久性设计规范》GB/T 50467、《混凝土耐久性检验评定标准》JGJ/T 193 及上述技术内容中的耐久性技术指标进行控制；对于极端严酷环境和重大工程，宜针对性地开展耐久性专题研究。

耐久性试验方法宜采用《普通混凝土长期性能和耐久性能试验方法标准》GB/T 50082 和《预防混凝土碱骨料反应技术规范》GB/T 50733 规定的方法。

3. 工程实例

（1）工程简介

海口某国际机场二期扩建工程航站楼二标段由东北、东南、西北、西南四条指廊组成，为海南省重点工程，总建筑面积 $78070.4m^2$，预算总投资 4.5 亿元。

由于工程位于海南省海口市，此地为多台风、多降雨季节，选用抵抗环境介质作用并长期保持其良好使用性能和外观完整性的高耐久混凝土。

（2）混凝土结构耐久性措施

本工程根据结构所处的位置和腐蚀环境，区分不同侵蚀作用等级，制定了不同层次的混凝土结构耐久性措施。

1）基本措施：通过限制氯离子扩散系数和设置合理的钢筋保护层，作为保证钢筋混凝土结构设计使用年限的基本措施。采用的高耐久混凝土，主要以氯离子扩散系数为控制参数。在原材料遴选方面，主要考虑使混凝土具备高抗氯离子扩散能力、高抗裂性能、高工作性能。采用低水胶比的双掺高性能混凝土并设置适当的钢筋保护层厚度作为保证混凝土结构设计使用年限的基本措施。

2）附加措施：根据不同的情况和环境采用混凝土结构表面防腐涂装、预应力筋保护、渗透性控制模板、局部使用环氧钢筋和阻锈剂等附加措施。

3）监测措施：设置预埋式耐久性监测系统，用于长期动态获取耐久性参数制定本工程相应的耐久性预案。

4）验证措施：建立耐久性暴露试验站．对上述措施进行验证和参数校核，主要为后续工程提供经验。

（3）高耐久混凝土

高耐久混凝土是指采用常规原材料、常规工艺、掺加矿物掺合料及化学外加剂，经配合比优化而制作的。在复杂环境中具有高耐久性、高稳定性和良好工作性的高性能结构混凝土，它以氯离子扩散系数为核心控制指标，采用大比例掺入矿物掺合料和低水胶比降低氯离子扩散系数。《混凝土结构耐久性设计与施工指南》CCES 01 中都对混凝土的原材料、配合比、施工等作了规定。

针对工程不同结构部件、不同设计要求、不同腐蚀环境，制定了不同的配合比设计原则和质量要求。耐久混凝土配制原则包括：选用低水化热和较低含碱量的水泥；选用高效减水剂（泵送剂），取用偏低的拌合水量；限制混凝土中胶凝材料的最低和最高用量，并尽可能降低胶凝材料中的硅酸盐水泥用量；必须掺用粉煤灰、磨细矿渣等矿物掺合料；潮差区和浪溅区侵蚀环境的混凝土构件应加入适量掺入型钢筋阻锈剂；通过适当引气来提高混凝土的耐久性；对混凝土拌合物中各种原材料引入的氯离子总质量进行控制。进行严格控制的还有混凝土浇筑入模时的坍落度等。

（4）合理的钢筋保护层

理论上，结构的保护层越厚，氯离子扩散到钢筋表面的路径越长，钢筋表面氯离子积累到临界浓度时间也越久。但是，保护层过厚会限制构件力学性能的发挥，并且不利于对裂缝宽度进行控制。因此，需要根据结构部位和受力特点，设置合理的钢筋保护层厚度。

混凝土结构各部位氯离子扩散系数和钢筋保护层厚度组合，经过理论模型推算可以满足使用年限的要求。通过严格的施工控制和质量检验，实体结构质量良好，基本符合理论计算的假定。工程应用实例详见图 2-104。

（5）结论

航站楼二标段选用与水泥相匹配的高效减水剂，在水胶比不大于 0.35 的条件下，使用粉煤灰、磨细矿渣粉、硅粉等矿物掺合料替代部分水泥作胶凝材料。这些磨细矿物掺合料在拌制的混凝土中发挥填充效应和火山灰反应，使混凝土变得更加致密，从而降低混凝土的渗透性。降低混凝土拌合物的用水量，进而提高了混凝土耐久性能。使用高耐久性混凝土节省钢筋 34.5t，节省高强水泥 21t，共节约经济 124505.48 元。

采用高耐久性混凝土施工技术，在保证工程建设质量的同时，提高了建筑的使用寿命。

图 2-104　高耐久性混凝土技术应用

2.5.2　高强高性能混凝土技术

1. 技术内容

高强高性能混凝土（简称 HS-HPC）一种新型高技术混凝土，是具有较高的强度（一般强度等级不低于 C60）且具有高工作性、高体积稳定性和高耐久性的混凝土（"四高"混凝土），属于高性能混凝土（HPC）的一个类别。通过采用常规材料和工艺生产，能够具有混凝土结构所要求的各项力学性能，同时具有更高的强度且具有良好的耐久性。多用于超高层建筑底层柱、墙和大跨度梁，可以减小构件截面尺寸增大使用面积和空间，并达到更高的耐久性。

超高性能混凝土（UHPC）是一种超高强（抗压强度可达 150MPa 以上）、高韧性（抗折强度可达 16MPa 以上）、耐久性优异的新型超高强高性能混凝土，是一种组成材料颗粒的级配达到最佳的水泥基复合材料。用其制作的结构构件不仅截面尺寸小，而且单位强度消耗的水泥、砂、石等资源少，具有良好的环境效应。

UHPC 的水胶比一般不大于 0.22，胶凝材料用量一般为 $700\sim1000kg/m^3$。超高性能混凝土宜掺加高强微细钢纤维，钢纤维的抗拉强度不宜小于 2000MPa，体积掺量不宜小于 1.0%，宜采用聚羧酸系高性能减水剂。

HS-HPC 的水胶比一般不大于 0.34，胶凝材料用量一般为 $480\sim600kg/m^3$，硅灰掺量不宜大于 10%，其他优质矿物掺合料掺量宜为 25%～40%，砂率宜为 35%～42%，宜采用聚羧酸系高性能减水剂。

2. 技术指标

（1）工作性

新拌 HS-HPC 最主要的特点是黏度大，为降低混凝土的黏性，宜掺入能够降低混凝土黏性且对混凝土强度无负面影响的外加剂，如降黏型外加剂、降黏增强剂等。UHPC 的水胶比更低，黏性更大，宜掺入能降低混凝土黏性的动能型外加剂，如降黏增强剂等。混凝土拌合物的技术指标主要是坍落度、扩展度和倒置坍落度筒混凝土流下时间（简称倒筒时间）等。对于 HS-HPC，混凝土坍落度不宜小于 220mm，扩展度不宜小于 500mm，倒置坍落度筒排空时间宜为 5～20s，混凝土经时损失不宜大于 30mm/h。

（2）HS-HPC 的配制强度可按公式 $f_{cu,0}\geq1.15f_{cu,k}$ 计算；

UHPC 的配制强度可按公式 $f_{cu,0}\geq1.1f_{cu,k}$ 计算。

（3）HS-HPC 及 UHPC 因其内部结构密实，孔结构更加合理，通常具有更好的耐久性，为满足抗硫酸盐腐蚀性，宜掺加优质的掺合料，或选择低 C_3A 含量(<8%)的水泥。

（4）自收缩及其控制

1）自收缩与对策

当 HS-HPC 浇筑成型并处于绝湿条件下，由于水泥继续水化，消耗毛细管中的水分，使毛细管失水，产生毛细管张力（负压），引起混凝土收缩，称之自收缩。通常水胶比越低，胶凝材料用量越大，自收缩会越严重。

对于 HS-HPC 一般应控制粗细骨料的总量不宜过低，胶凝材料的总量不宜过高；通过掺加钢纤维可以补偿其韧性损失，但在氯盐环境中，钢纤维不太适用；采用外掺 5%饱水超细沸石粉的方法，或者内掺吸水树脂类养护剂、外覆盖养护膜以及其他充分的养护措施等，可以有效地控制 HS-HPC 的自收缩。

UHPC 一般通过掺加钢纤维等控制收缩，提高韧性；胶凝材料的总量不宜过高。

2）收缩的测定方法

参照《普通混凝土长期性能和耐久性能试验方法标准》GB/T 50082 进行。

3. 工程实例

海口某工程航站楼二标段由东北、东南、西北、西南四条指廊组成，为海南省重点工程，总建筑面积 78070.4m²，预算总投资 4.5 亿元。

混凝土用量总计约 6.5 万 m³，为满足使用过程中构件的承载力且保证经济的情况下本工程采用高强高性能混凝土技术。

高强高性能混凝土早期强度高，但后期增长速度比普通混凝土慢得多，在施工过程中如何控制高强高性能混凝土技术应用为重点工作。

本工程地下承台、抗水板及基础连系梁以及地上各层顶板用混凝土均为抗裂纤维混凝土。通过纤维混凝土等技术防止和减少超长混凝土结构的裂缝，对类似工程的施工有较好的借鉴和参考作用。防止和减少超长混凝土结构裂缝对于整个结构，尤其是有防水要求部位的防水效果有直接性提高，降低渗漏风险，保障结构使用功能，降低了后期因渗漏产生的封堵费用。工程应用实例详见图 2-105。

航站楼二标段原方案采用普通混凝土，混凝土用量约 7.8 万 m³，后采用高强高性能混凝土用量约 6.5 万 m³，混凝土总量约减少 1.3 万 m³，与原方案相比节省约 20%，经济节省约 1.52%，达到 685.39 万元。

工程采用高强高性能混凝土可极大地提高混凝土结构物的使用年限，使得高强钢筋的效能得以充分利用，可大大减少预应力损失。高强高性能混凝土成本比普通混凝土要高一些，但由于减小了截面，结构自重减轻，增加了建筑物的使用面积，同时由于高强混凝土的密实性能好，抗渗、抗冻性能优于普通混凝土，高强混凝土变形小，从而使构件的刚度得以提高，大大改善了建筑物的变形性能。

图 2-105　高强高耐久性混凝土施工及完成效果

2.5.3 自密实混凝土技术

1. 技术内容

自密实混凝土（Self-Compacting Concrete，简称 SCC）在自身重力作用下，能够流动、密实，即使存在致密钢筋也能完全填充模板，同时获得很好均质性，并且不需要附加振动的混凝土，属于高性能混凝土的一种。自密实混凝土被称为"近几十年中混凝土建筑技术最具革命性的发展"，因为自密实混凝土拥有众多优点：能够保证混凝土良好地密实，提高生产效率；混凝土浇筑需要的时间大幅度缩短，工人劳动强度大幅度降低，需要工人数量减少能降低工程整体造价，从提高施工速度、环境对噪声限制、减少人工和保证质量等诸多方面降低成本。但是混凝土硬化后的耐久性非常有限，尤其是在寒冷气候条件下，自密实混凝土中还有不稳定的气泡，高流动自密实性混凝土与普通混凝相比，干燥收缩略大。

自密实混凝土技术主要包括：自密实混凝土的流动性、填充性、保塑性控制技术；自密实混凝土配合比设计；自密实混凝土早期收缩控制技术。

（1）自密实混凝土填充性、保塑性、流动性控制技术

自密实混凝土拌合物应具有良好的工作性，包括填充性、保塑性、流动性等。通过骨料的级配控制、优选掺合料以及高效（高性能）减水剂来实现混凝土的高流动性、高填充性。其测试方法主要有坍落扩展度和扩展时间试验方法、J 环扩展度试验方法、离析率筛析试验方法、粗骨料振动离析率跳桌试验方法等。

（2）配合比设计

自密实混凝土配合比设计与普通混凝土有所不同，有全计算法、固定砂石法等。配合比设计时，应注意以下几点要求：

1）单方混凝土用水量宜为 160～180kg；

2）水胶比根据粉体的种类和掺量有所不同，不宜大于 0.45；

3）根据单位体积用水量和水胶比计算得到单位体积粉体量，单位体积粉体量宜为 0.16～0.23；

4）自密实混凝土单位体积浆体量宜为 0.32～0.40。

（3）自密实混凝土自收缩

由于自密实混凝土水胶比较低、胶凝材料用量较高，导致混凝土自收缩较大，应采取优化配合比，加强养护等措施，预防或减少自收缩引起的裂缝。

2. 技术指标

（1）原材料的技术要求

1）胶凝材料

水泥选用较稳定的硅酸盐水泥或普通硅酸盐水泥；掺合料是自密实混凝土不可缺少的组分之一，一般常用的掺合料有粉煤灰、磨细矿渣、硅灰、粒化高炉矿渣粉、石灰石粉等，也可掺入复合掺合料，复合掺合料宜满足《混凝土用复合掺合料》JG/T 486 中易流型或普通型 I 级的要求。胶凝材料总量宜控制在 400～550kg/m³。

2）细骨料

细骨料质量控制应符合《普通混凝土用砂、石质量及检验方法标准》JGJ 52 以及

《混凝土质量控制标准》GB 50164 的要求。

3）粗骨料

粗骨料宜采用连续级配或 2 个及以上单粒级配搭配使用，粗骨料的最大粒径一般以小于 20mm 为宜，尽可能选用圆形且不含或少含针、片状颗粒的骨料；对于配筋密集的竖向构件、复杂形状的结构以及有特殊要求的工程，粗骨料的最大公称粒径不宜大于 16mm。

4）外加剂

自密实混凝土具备的高流动性、抗离析性、间隙通过性和填充性这四个方面都需要以外加剂为主的手段来实现。减水剂宜优先采用高性能减水剂，对减水剂的主要要求为：与水泥的相容性好，减水率大，并具有缓凝、保塑的特性。

（2）自密实性能主要技术指标

对于泵送浇筑施工的工程，应根据构件形状与尺寸、构件的配筋等情况确定混凝土坍落扩展度。对于从顶部浇筑的无配筋或配筋较少的混凝土结构物（如平板）以及无需水平长距离流动的竖向结构物（如承台和一些深基础），混凝土坍落扩展度应满足 550～655mm；对于一般的普通钢筋混凝土结构以及混凝土结构坍落扩展度应满足 660～755mm；对于结构截面较小的竖向构件、形状复杂的结构等，混凝土坍落扩展度应满足 760～850mm；对于配筋密集的结构或有较高混凝土外观性能要求的结构，扩展时间 T500(s) 应不大于 2s。其他技术指标应满足《自密实混凝土应用技术规程》JGJ/T 283 的要求。

3. 工程实例

海口某工程航站楼二标段由东北、东南、西北、西南四条指廊组成，为海南省重点工程，总建筑面积 78070.4m²，预算总投资 4.5 亿元。

指廊二层存在多个钢管柱（图 2-106）。钢管柱混凝土采用自密实混凝土，管内混凝土浇筑可选用管顶向下普通浇筑法、泵送顶升法和高位抛落法。

采用高抛法灌注自密实混凝土，保证混凝土不产生离析现象是施工的重点；其次，梁、柱节点部位存在内环板，加劲肋等加强板阻碍自密实混凝土的自由流动，如何保证自密实混凝土高间隙通过性和填充性是难点；最后，还需要考虑高、低温等气候条件对自密实混凝土性能的影响来调整混凝土配合比。

本工程钢管混凝土柱采用高抛自密实混凝土，共计 146 根钢管柱，钢柱最大尺寸为 ϕ900×30，间距为 18m，材质全部为 Q345B，钢管柱内外灌 C50 自密实混凝土，混凝土浇筑量大，浇筑深度、高度大；配筋密实、结构复杂，钢管混凝土等施工空间受限制；受工程进度紧、环境噪声限制。

自密实混凝土流动性强，可以减少振捣甚至不需要振捣，因此可以降低由振捣导致的噪声、混凝土离析等问题，提高施工速度和质量，降低混凝土浇筑的人力成本，有效改善和解决部分工程中由于过密配筋、复杂形体、大体积、钢管混凝土等导致的振捣困难的问题。因本工程自密实混凝土施工工艺为高位抛落法＋辅助振捣法施工，高位抛落法施工原理是采用合理的配合比，使混凝土拌合物具有很高的流动性，在高空抛落中不离析、不泌水，不经振捣或少振捣而利用浇筑过程中在高处下抛时产生的动能达到自密实的要求。汽车泵泵送冲击力会使自密实混凝土产生离析、泌水等不利影响，且指廊区单根钢管柱自密实混凝土方量较小，适宜采用塔吊吊运浇筑。

自密实混凝土较原采用常规浇筑混凝土振捣棒振捣，能在保证混凝土强度的同时，有效减少人工劳动费用投入，节约成本。

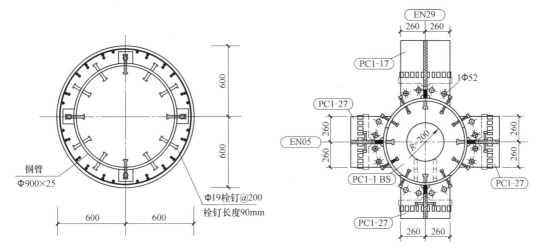

图 2-106　典型钢管柱钢管顶部构造

2.5.4　再生骨料混凝土技术

1. 技术内容

伴随着国家城镇化发展，建筑垃圾量逐年增大，可再生组分比例也不断提高。生产和利用建筑垃圾再生骨料对于节约资源、保护环境和实现建筑业的可持续发展具有重要意义。由废弃混凝土制备的骨料称为再生骨料。对简单破碎获得的低品质再生骨料进行强化处理，通过改善骨料粒形和除去再生骨料表面所附着的硬化水泥石，提高骨料的性能，提高再生混凝土的性能，降低不同强度等级废混凝土制备的再生骨料性能差异，便于再生混凝土的推广应用。掺用再生骨料配制而成的混凝土称为再生骨料混凝土，简称再生混凝土。

（1）再生骨料质量控制技术

1）再生骨料质量应符合国家标准《混凝土用再生粗骨料》GB/T 25177 或《混凝土和砂浆用再生细骨料》GB/T 25176 的规定，制备混凝土用再生骨料应同时符合行业标准《再生骨料应用技术规程》JGJ/T 240 相关规定。

2）由于建筑废弃物来源的复杂性，各地技术及产业发达程度差异和受加工处理的客观条件限制，部分再生骨料某些指标可能不能满足现行国家标准的要求，须经过试配验证后，可用于配制垫层等非结构混凝土或强度等级较低的结构混凝土。

（2）再生骨料普通混凝土配制技术

设计配制再生骨料普通混凝土时，可参照行业标准《再生骨料应用技术规程》JGJ/T 240 相关规定进行。

2. 设计计算

1）再生骨料混凝土的拌合物性能、力学性能、长期性能和耐久性能、强度检验评定及耐久性检验评定等，应符合现行国家标准《混凝土质量控制标准》GB 50164 的规定。

2）再生骨料普通混凝土进行设计取值时，可参照以下要求进行：

① 再生骨料混凝土的轴心抗压强度标准值、轴心抗压强度设计值、轴心抗拉强度标准值、轴心抗拉强度设计值、剪切变形模量和泊松比均可按现行国家标准《混凝土结构设计规范》GB 50010 的规定取值。

② 仅掺用Ⅰ类再生粗骨料配制的混凝土，其受压和受拉弹性模量可按现行国家标准《混凝土结构设计规范》GB 50010 的规定取值；其他类别再生骨料配制的再生骨料混凝土，其弹性模量宜通过试验确定，在缺乏试验条件或技术资料时，可按表 2-12 的规定取值。

再生骨料普通混凝土弹性模量 表 2-12

强度等级	C15	C20	C25	C30	C35	C40
弹性模量（$\times 10^4 N/mm^2$）	1.83	2.08	2.27	2.42	2.53	2.63

3）再生骨料混凝土的温度线膨胀系数、比热容和导热系数宜通过试验确定。当缺乏试验条件或技术资料时，可按现行国家标准《混凝土结构设计规范》GB 50010 和《民用建筑热工设计规范》GB 50176 的规定取值。

3. 工程实例

（1）北京建筑工程学院实验 6 号楼工程概况

北京建筑工程学院实验 6 号楼工程试验阶段和施工过程中使用的都是全再生骨料混凝土，只是在原材料材性试验时才筛分成再生粗、细骨料进行相应的检测。骨料生产原料主要为废混凝土基础；再生混凝土由新奥混凝土搅拌公司生产。

（2）青岛市海逸景园 6#工程概况

青岛市海逸景园工程为小港湾安置区，位于小港湾片区东部。该工程是青岛市重点工程，一类建筑，2009 年 1 月开工，2010 年 3 月竣工。在该工程 24 层的结构混凝土采用了再生混凝土，再生混凝土强度等级 C40，应用数量约 320m³。

2.5.5 混凝土裂缝控制技术

1. 技术内容

混凝土裂缝控制与结构设计、材料选择、施工工艺等多个环节相关。结构设计主要涉及结构形式、配筋、构造措施及超长混凝土结构的裂缝控制技术等；材料方面主要涉及混凝土原材料控制和优选、配合比设计优化；施工方面主要涉及施工缝与后浇带、混凝土浇筑、水化热温升控制、综合养护技术等。

（1）结构设计对超长结构混凝土的裂缝控制要求

超长混凝土结构如不在结构设计与工程施工阶段采取有效措施，将会引起不可控制的非结构性裂缝，严重影响结构外观、使用功能和结构的耐久性。超长结构产生非结构性裂缝的主要原因是混凝土收缩、环境温度变化在结构上引起的温差变形与下部竖向结构的水平约束刚度的影响。

为控制超长结构的裂缝，应在结构设计阶段采取有效的技术措施。主要应考虑以下几点：

1）对超长结构宜进行温度应力验算，温度应力验算时应考虑下部结构水平刚度对变形的约束作用、结构合拢后的最大温升与温降及混凝土收缩带来的不利影响，并应考虑混凝土结构徐变对减少结构裂缝的有利因素与混凝土开裂对结构截面刚度的折减影响。

2）为有效减少超长结构的裂缝，对大柱网公共建筑可考虑在楼盖结构与楼板中采用预应力技术，楼盖结构的框架梁应采用有粘接预应力技术，也可在楼板内配置构造无粘接预应力钢筋，建立预压力，以减小由于温度变化引起的拉应力，对裂缝进行有效控制。除了施加预应力以外，还可适当加强构造配筋、采用纤维混凝土等用于减小超长结构裂缝的技术措施。

3）设计时应对混凝土结构施工提出要求，如对大面积底板混凝土浇筑时采用分仓法施工、对超长结构采用设置后浇带与加强带，以减少混凝土收缩对超长结构裂缝的影响。当大体积混凝土置于岩石地基上时，宜在混凝土垫层上设置滑动层，以达到减少岩石地基对大体积混凝土的约束作用。

（2）原材料要求

1）水泥宜采用符合现行国家标准规定的普通硅酸盐水泥或硅酸盐水泥；大体积混凝土宜采用低热矿渣硅酸盐水泥或中、低热硅酸盐水泥，也可使用硅酸盐水泥同时复合大掺量的矿物掺合料。水泥比表面积宜小于 $350m^2/kg$，水泥碱含量应小于 0.6%；用于生产混凝土的水泥温度不宜高于 60℃，不应使用温度高于 60℃的水泥拌制混凝土。

2）应采用二级或多级级配粗骨料，粗骨料的堆积密度宜大于 $1500kg/m^3$，紧密堆积密度的空隙率宜小于 40%。骨料不宜直接露天堆放、暴晒，宜分级堆放，堆场上方宜设罩棚。高温季节，骨料使用温度不宜高于 28℃。

3）根据需要，可掺加短钢纤维或合成纤维的混凝土裂缝控制技术措施。合成纤维主要是抑制混凝土早期塑性裂缝的发展，钢纤维的掺入能显著提高混凝土的抗拉强度、抗弯强度、抗疲劳特性及耐久性；纤维的长度、长径比、表面形状、截面性能和力学性能等应符合国家有关标准的规定，并根据工程特点和制备混凝土的性能选择不同的纤维。

4）宜采用高性能减水剂，并根据不同季节和不同施工工艺分别选用标准型、缓凝型或防冻型产品。高性能减水剂引入混凝土中的碱含量（以 $Na_2O+0.658K_2O$ 计）应小于 $0.3kg/m^3$；引入混凝土中的氯离子含量应小于 $0.02kg/m^3$；引入混凝土中的硫酸盐含量（以 Na_2SO_4 计）应小于 $0.2kg/m^3$。

5）采用的粉煤灰矿物掺合料，应符合现行国家标准《用于水泥和混凝土中的粉煤灰》GB 1596 的规定。粉煤灰的级别不宜低于 Ⅱ 级，且粉煤灰的需水量比不宜大于 100%，烧失量宜小于 5%。

6）采用的矿渣粉矿物掺合料，应符合《用于水泥和混凝土中的粒化高炉矿渣粉》GB/T 18046 的规定。矿渣粉的比表面积宜小于 $450m^2/kg$，流动度比应大于 95%，28d 活性指数不宜小于 95%。

（3）配合比要求

1）混凝土配合比应根据原材料品质、混凝土强度等级、混凝土耐久性以及施工工艺对工作性的要求，通过计算、试配、调整等步骤选定。

2）配合比设计中应控制胶凝材料用量，C60 以下混凝土最大胶凝材料用量不宜大于 $500kg/m^3$，C60、C65 混凝土胶凝材料用量不宜大于 $560kg/m^3$，C70、C75、C80 混凝土胶凝材料用量不宜大于 $580kg/m^3$，自密实混凝土胶凝材料用量不宜大于 $600kg/m^3$；混凝土最大水胶比不宜大于 0.45。

3）对于大体积混凝土，应采用大掺量矿物掺合料技术，矿渣粉和粉煤灰宜复合使用。

4）纤维混凝土的配合比设计应满足《纤维混凝土应用技术规程》JGJ/T 221 的要求。

5）配制的混凝土除满足抗压强度、抗渗等级等常规设计指标外，还应考虑满足抗裂性指标要求。

（4）大体积混凝土设计龄期

大体积混凝土宜采用长龄期强度作为配合比设计、强度评定和验收的依据。基础大体积混凝土强度龄期可取为 60d（56d）或 90d；柱、墙大体积混凝土强度等级不低于 C80 时，强度龄期可取为 60d（56d）。

（5）施工要求

1）大体积混凝土施工前，宜对施工阶段混凝土浇筑体的温度、温度应力和收缩应力进行计算，确定施工阶段混凝土浇筑体的温升峰值、里表温差及降温速率的控制指标，制定相应的温控技术措施。

一般情况下，温控指标宜符合下列要求：夏（热）期施工时，混凝土入模前模板和钢筋的温度以及附近的局部气温不宜高于 40℃，混凝土入模温度不宜高于 30℃，混凝土浇筑体最大温升值不宜大于 50℃；在覆盖养护期间，混凝土浇筑体的表面以内（40～100mm）位置处温度与浇筑体表面的温度差值不应大于 25℃；结束覆盖养护后，混凝土浇筑体表面以内（40～100mm）位置处温度与环境温度差值不应大于 25℃；浇筑体养护期间内部相邻二点的温度差值不应大于 25℃；混凝土浇筑体的降温速率不宜大于 2.0℃/d。

基础大体积混凝土测温点设置和柱、墙、梁大体积混凝土测温点设置及测温要求应符合《混凝土结构工程施工规范》GB 50666 的要求。

2）超长混凝土结构施工前，应按设计要求采取减少混凝土收缩的技术措施，当设计无规定时，宜采用下列方法：

① 分仓法施工：对大面积、大厚度的底板可采用留设施工缝分仓浇筑，分仓区段长度不宜大于 40m，地下室侧墙分段长度不宜大于 16m；分仓浇筑间隔时间不应少于 7d，跳仓接缝处按施工缝的要求设置和处理。

② 后浇带施工：对超长结构一般应每隔 40～60m 设一宽度为 700～1000mm 的后浇带，缝内钢筋可采用直通或搭接连接；后浇带的封闭时间不宜少于 45d；后浇带封闭施工时应清除缝内杂物，采用强度提高一个等级的无收缩或微膨胀混凝土进行浇筑。

3）在高温季节浇筑混凝土时，混凝土入模温度应低于 30℃，应避免模板和新浇筑的混凝土直接受阳光照射；混凝土入模前模板和钢筋的温度以及附近的局部气温均不应超过 40℃；混凝土成型后应及时覆盖，并应尽可能避开炎热的白天浇筑混凝土。

4）在相对湿度较小、风速较大的环境下浇筑混凝土时，应采取适当挡风措施，防止混凝土表面失水过快，此时应避免浇筑有较大暴露面积的构件；雨期施工时，必须有防雨措施。

5）混凝土的拆模时间除考虑拆模时的混凝土强度外，还应考虑拆模时的混凝土温度不能过高，以免混凝土表面接触空气时降温过快而开裂，更不能在此时浇凉水养护；混凝土内部开始降温以前以及混凝土内部温度最高时不得拆模。

一般情况下，结构或构件混凝土的里表温差大于 25℃、混凝土表面与大气温差大于 20℃时不宜拆模；大风或气温急剧变化时不宜拆模；在炎热和大风干燥季节，应采取逐段拆模、边拆边盖的拆模工艺。

6）混凝土综合养护技术措施。对于高强混凝土，由于水胶比较低，可采用混凝土内掺养护剂的技术措施；对于竖向等结构，为避免间断浇水导致混凝土表面干湿交替对混凝土的不利影响，可采取外包节水养护膜的技术措施，保证混凝土表面的持续湿润。

7）纤维混凝土的施工应满足《纤维混凝土应用技术规程》JGJ/T 221 的规定。

2. 技术指标

混凝土的工作性、强度、耐久性等应满足设计要求，关于混凝土抗裂性能的检测评价方法主要方法如下：

1）圆环抗裂试验，见《混凝土结构耐久性设计与施工指南》CCES01 附录 A1；

2）平板诱导试验，见《普通混凝土长期性能和耐久性能试验方法标准》GB/T 50082；

3）混凝土收缩试验，见《普通混凝土长期性能和耐久性能试验方法标准》GB/T 50082。

3. 工程实例

北京某机场工程，总工期 640 天。工程占地面积为 189826m²，总建筑面积 8.5m²，共分为 15 个单体建筑。其中北区机库及附楼工程占地面积 18295.9m²，总建筑面积 28079.22m²，机库大厅 15255.61m²，附楼 12823.61m²。机库建筑高度 39.2m，机库大厅平面尺寸为 147m×99.7m，地面做法为 400mm 厚混凝土地面。

工程通过分条浇筑、纵缝通过钢护角与模板一体化装置预留，横缝无齿锯切割的新工艺，有效控制了机库地面大体积混凝土裂缝（图 2-107）。将传统的"跳仓法"施工改为按照纵缝方向分条浇筑，每条地面两侧钢模板采用自主研发设计的钢护角与模板一体化装置，浇筑完成地面两侧作为待浇筑地面一侧的模板。模板缝隙使用 PE 泡沫板填充，作为结构施工缝。混凝土浇筑完成后进行横缝切割，从而把整体机库地面分为若干块。最后在横缝和纵缝内灌注弹性聚氨酯胶（图 2-108）。

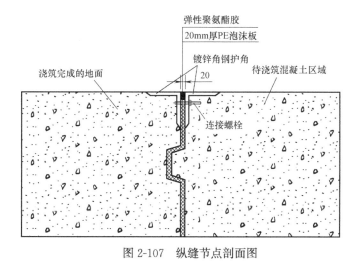

图 2-107 纵缝节点剖面图

通过本施工工艺，降低了大体积混凝土裂缝、变形的可能，实现了结构、装饰一体化。既节约了工期，又节约了措施费用投入，提高了质量安全风险控制能力，取得了良好

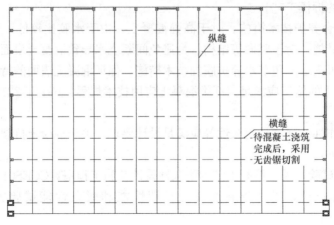

图 2-108　机库地面分缝图

的经济和社会效益，具有较高的推广应用价值。

2.5.6　超高泵送混凝土技术

1. 技术内容

超高泵送混凝土技术，一般是指泵送高度超过 200m 的现代混凝土泵送技术。近年来，超高泵送混凝土技术已成为现代建筑施工中的关键技术之一。超高泵送混凝土技术是一项综合技术，包含混凝土制备技术、泵送参数计算、泵送设备选定与调试、泵管布设和泵送过程控制等内容。

（1）原材料的选择

宜选择 C_2S 含量高的水泥，对于提高混凝土的流动性和减少坍落度损失有显著的效果；粗骨料宜选用连续级配，应控制针片状含量，而且要考虑最大粒径与泵送管径之比，对于高强混凝土，应控制最大粒径范围；细骨料宜选用中砂，因为细砂会使混凝土变得黏稠，而粗砂容易使混凝土离析；采用性能优良的矿物掺合料，如矿粉、Ⅰ级粉煤灰、Ⅰ级复合掺合料或易流型复合掺合料、硅灰等，高强泵送混凝土宜优先选用能降低混凝土黏性的矿物外加剂和化学外加剂，矿物外加剂可选用降黏增强剂等，化学外加剂可选用降黏型减水剂，可使混凝土获得良好的工作性；减水剂应优先选用减水率高、保塑时间长的聚羧酸系减水剂，必要时掺加引气剂，减水剂应与水泥和掺合料有良好的相容性。

（2）混凝土的制备

通过原材料优选、配合比优化设计和工艺措施，使制备的混凝土具有较好的和易性，流动性高，虽黏度较小，但无离析泌水现象，因而有较小的流动阻力，易于泵送。

（3）泵送设备的选择和泵管的布设

泵送设备的选定应参照《混凝土泵送施工技术规程》JGJ/T 10 中规定的技术要求，首先要进行泵送参数的验算，包括混凝土输送泵的型号和泵送能力，水平管压力损失、垂直管压力损失、特殊管的压力损失和泵送效率等。对泵送设备与泵管的要求为：

1）宜选用大功率、超高压的 S 阀结构混凝土泵，其混凝土出口压力满足超高层混凝土泵送阻力要求；

2）应选配耐高压、高耐磨的混凝土输送管道；

3）应选配耐高压管卡及其密封件；

4）应采用高耐磨的S管阀与眼镜板等配件；

5）混凝土泵基础必须浇筑坚固并固定牢固，以承受巨大的反作用力，混凝土出口布管应有利于减轻泵头承载；

6）输送泵管的地面水平管折算长度不宜小于垂直管长度的1/5，且不宜小于15m；

7）输送泵管应采用承托支架固定，承托支架必须与结构牢固连接，下部高压区应设置专门支架或混凝土结构以承受管道重量及泵送时的冲击力；

8）在泵机出口附近设置耐高压的液压或电动截止阀。

（4）泵送施工的过程控制

应对到场的混凝土进行坍落度、扩展度和含气量的检测，根据需要对混凝土入泵温度和环境温度进行监测，如出现不正常情况，及时采取应对措施；泵送过程中，要实时检查泵车的压力变化、泵管有无渗水、漏浆情况以及各连接件的状况等，发现问题及时处理。泵送施工控制要求为：

1）合理组织，连续施工，避免中断；

2）严格控制混凝土流动性及其经时变化值；

3）根据泵送高度适当延长初凝时间；

4）严格控制高压条件下的混凝土泌水率；

5）采取保温或冷却措施控制管道温度，防止混凝土摩擦、日照等因素引起管道过热；

6）弯道等易磨损部位应设置加强安全措施；

7）泵管清洗时应妥善回收管内混凝土，避免污染或材料浪费。泵送和清洗过程中产生的废弃混凝土，应按预先确定的处理方法和场所及时进行妥善处理，不得将其用于浇筑结构构件。

2. 技术指标

（1）混凝土拌合物的工作性良好，无离析泌水，坍落度宜大于180mm，混凝土坍落度损失不应影响混凝土的正常施工，经时损失不宜大于30mm/h，混凝土倒置坍落筒排空时间宜小于10s。泵送高度超过300m的，扩展度宜大于550mm；泵送高度超过400m的，扩展度宜大于600mm；泵送高度超过500m的，扩展度宜大于650mm；泵送高度超过600m的，扩展度宜大于700mm。

（2）硬化混凝土物理力学性能符合设计要求。

（3）混凝土的输送排量、输送压力和泵管的布设要依据准确的计算，并制定详细的实施方案，进行模拟高程泵送试验。

（4）其他技术指标应符合《混凝土泵送施工技术规程》JGJ/T 10 和《混凝土结构工程施工规范》GB 50666 的规定。

3. 工程实例

（1）上海某工程概况

上海某工程总建筑面积200345m²。主楼地上59层，裙房地上3层，地下3层，建筑总高度273.45m，工程主体结构为主塔楼为框架核心筒混合结构（框架柱为型钢柱，核心筒角部内置型钢）。

工程混凝土泵送高度超过200m，且含C60混凝土，在混凝土众多性能参数中选择哪些指标才能科学合理评价混凝土的可泵性是超高泵送的首要难点；另外，高强高性能混凝土的高粘度与超高泵送良好流动性能的需求、超高泵送高保塑性的需求之间相互矛盾，如何协调处理好这些矛盾是超高泵送混凝土指标控制的又一难点。

（2）材料准备及要求

1）水泥

水泥选用选择 C_2S 含量高的水泥，强度等级应满足混凝土强度等级要求，最终水灰比和水泥用量应以预拌混凝土供应单位试配混凝土配合比为准。

2）砂

选用中砂按照《普通混凝土用砂质量标准及检验方法》JGJ 52 的要求，含泥量应满足表 2-13 规定。细度模数为 2.3～2.9，预拌混凝土供应单位应保留砂试验报告。

混凝土含泥量要求 表 2-13

混凝土强度等级	大于或等于 C30	小于 C30	抗渗混凝土
含泥量（按重量%）	≤3.0	≤5.0	不大于 3.0

3）石子

粒径 5～25mm 的级配机碎石，按照《普通混凝土用碎石或卵石质量标准及检验方法》JGJ 52 的要求，含泥量应满足表 2-14 规定。预拌混凝土供应单位应保留碎石试验报告。

混凝土含泥量要求 表 2-14

混凝土强度等级	大于或等于 C30	小于 C30	抗渗混凝土
含泥量（按重量%）	≤1.0	≤2.0	不大于 1.0

4）混凝土外加剂

混凝土内掺入微膨胀剂、减水剂和防冻剂时，除应要符合设计要求及有关规定外，预拌混凝土供应单位应保留准用证、使用说明、性能指标、试验报告和复试报告。

5）矿物掺合料

依据《混凝土结构工程施工质量验收规范》的规定，混凝土中掺用矿物掺合料的掺量应通过试验来确定。依据《地下工程防水技术规范》的规定，防水混凝土掺入的粉煤灰级别选用一级，掺量不宜大于 20%，磨细矿渣粉的掺量应经过试验来确定。

（3）混凝土超高泵送施工重难点分析

本工程混凝土泵送高度超过 200m，且含 C60 混凝土，在混凝土众多性能参数中选择哪些指标才能科学合理评价混凝土的可泵性是超高泵送的首要难点；另外，高强高性能混凝土的高粘度与超高泵送良好流动性能的需求、超高泵送高保塑性的需求之间相互矛盾，如何协调处理好这些矛盾是超高泵送混凝土指标控制的又一难点。

（4）高强高性能泵送混凝土的配制技术

试验及工程经验表明，混凝土的可泵性主要表现在流动性和内聚性上，流动性是能够泵送的主要性能，内聚性是抵抗分层离析的能力，即使混凝土在振动状态下和压力条件下不容易发生水与骨料的分离。混凝土的流动性采用坍落度法进行评价；内聚性在实际检测过程中，增加匀质性和 20MPa 压力泌水两个指标进行评价。

根据上海 SK 工程高度及类似工程混凝土超高泵送经验划分泵送区间，100m 以下为低区，100～200m 为中高区，200m 以上为高区。本工程超高泵送主要控制的是 200m 以上的混凝土配合比，包含 C40、C50 及 C60 混凝土。

混凝土泵送高度超过 200m，混凝土指标确定阶段，增加了匀质性和压力泌水试验，并采用科学的装置对混凝土可泵性进行合理评价，同时采用掺加粉煤灰、矿粉、硅灰的"三掺"技术以及外加剂关键技术，有效确保了混凝土可泵性。

2.5.7 彩色清水混凝土施工技术

1. 技术内容

彩色清水混凝土的色彩是深入混凝土内部矿物颜料的自身显露，与建筑本身有着共同的生命周期，因而可取消面层，达到结构与装饰一体的效果，节省材料，降低造价，是绿色建筑的真实体现。彩色清水混凝土施工技术包含原材料的选择、彩色清水混凝土表观效果的控制和彩色混凝土建筑外墙外保温施工技术等。

（1）原材料的选择

1）水泥选择普通硅酸盐水泥，但对碱含量的控制要求高，砂选中砂，砂石的含泥量越少越好。

2）对无机颜料进行精选，主要指标是遮盖力强、耐碱、耐久性高。

3）选取有效的固色剂，这是彩色清水混凝土施工技术的关键，固色剂是通过改善混凝土的密实度、孔结构、平衡化学物质而达到彩色清水混凝土的色彩稳定性和耐久性。

4）通过合理的配合比设计，使新拌彩色清水混凝土取得良好物理性能，具有良好的和易性，易振捣密实，不离析泌水，达到美观的清水混凝土效果。

5）选择优良的脱模剂，使得彩色清水混凝土在成型、拆模过程中顺利进行，尽可能少产生质量缺陷。

6）施工过程中将颜料和固色剂按照与水泥的比例精准量化包装，避免出现材料比例不同而造成的色差。

（2）彩色清水混凝土表观效果的控制

1）彩色清水混凝土模板常采用钢模板和木模板，普通钢模板成型的彩色清水混凝土饰面效果不佳，对光线的反射较大，阳光下比较刺眼，且与木模板成型的彩色清水混凝土差别很大。为此并对钢模板表面进行粗糙度 $50～100\mu m$ 的喷砂处理，实现了不同材质模板混凝土成型效果一致，充分展现了彩色清水混凝土表观颜色和肌理的效果。

2）采用尼龙堵头与可嵌套的弹性橡胶垫片，并在所有模板接缝处的背面采用手抹玻璃胶的方式对清水模板进行第二次密封，保证彩色清水混凝土浇筑不漏浆、不失水，保障了混凝土表面光滑平整，颜色均匀一致。

3）根据建筑的主题、构件的尺寸大小以及相邻构件之间的衔接等因素，确定主次构件、每个构件的表达主线（主线条）。将蝉缝、明缝、螺栓孔眼等按照自然规律进行深化，确定蝉缝、明缝、螺栓孔眼的布设规则、分格比例、尺寸大小、明暗程度和细部节点做法等，使其做到比例协调、线条合理、明暗适度、质感鲜明。

对于蝉缝的处理：当要求蝉缝的明暗度为似隐似现时，拼缝控制在 0.3～0.5mm，高低差控制在 0.2～0.4mm；当要求蝉缝的明暗度为明显时，拼缝控制在 0.5～0.8mm，高低差控制在 0.4～0.6mm。

对于明缝的处理：水平面上的明缝条多为木质或塑料梯形条，用木螺丝固定在木板上，对于钢模板或是其他材质的曲面模板采用工业 PC 密封橡胶条进行替代，以保持曲线形明缝条的顺滑，使用硅酮胶将其固定在模板上。

为保证建筑的整体美感，彩色清水混凝土除设置明缝和蝉缝外，不得出现其他任何的水平施工缝。因此采用层间水平施工缝或混凝土施工工艺缝与明缝有机结合的方法，同时为保证混凝土施工缝上口满足要求，在模板板面上安装线条或明缝条，使浇筑后混凝土施工缝边角整齐顺直。此法是彩色清水混凝土墙面避免出现水平施工缝的最有效的方法。

4）采用彩色清水混凝土的水性透明专用保护剂，包括底涂、中涂、面涂三道工序，解决由于混凝土表面毛细孔及光学原因造成的彩色清水混凝土真实颜色不能被人眼识别的问题。其不仅可以渗透进混凝土内，与混凝土共同工作，同时具备单项呼吸功能、达到自洁的效果；更重要的是能让彩色清水混凝土自身的颜色真实显现出来。

（3）彩色清水混凝土外墙夹心保温施工技术

1）采用石墨聚苯板作为夹心保温墙的材料；

2）将石墨聚乙烯聚苯板内置于墙体结构层与构造层之间，混凝土一次性浇筑；

3）在加工区将保温板进行单元化制作，提前预留螺栓孔减少冷桥；

4）混凝土浇筑时尽量确保保温板两侧混凝土高度一致（高度不易控制时，构造层混凝土可稍高于结构层）。

2. 技术指标

技术指标应符合《清水混凝土应用技术规程》JGJ 169 和《建筑工程清水混凝土施工技术规程》DB 11/T 464。

3. 工程案例

浙江某图书馆工程，总建筑面积为 18915.86m^2。工程设计新颖、独特，为国内罕见的红、黄、白、灰四色同体现浇清水混凝土工程。仿古希腊式后现代主义现浇月白色清水混凝土门头；双面齿形现浇釉红色清水混凝土弧形墙；室外现浇明黄色清水混凝土外檐；室内现浇砖灰色清水混凝土竖向结构；四种彩色清水混凝土有序排列、有机结合，其内在而非涂刷的色彩，像天然石料般渗透出来。工程应用实例详见图 2-109。

图 2-109　工程照片

2.6 装配式建筑施工技术

2.6.1 国外装配式住宅发展概述

西欧是预制装配式建筑研究与应用的发源地，在20世纪50年代，为尽快解决第二次世界大战后居民住房紧张问题，欧洲的许多国家尤其是西欧的一些国家开始大力推广装配式建筑，掀起了建筑装配化、工业化的高潮。目前，西欧5～6层以下的住宅设计普遍采用装配式建筑，在混凝土结构中占比达到35%～40%。

美国地域大，多元化发展，预应力预制构件应用广。20世纪60年代，住宅建筑工业化在美国开始推广。美国装配式住宅盛行于20世纪70年代。1976年，美国国会通过了国家工业化住宅建造及安全法案，同年出台一系列严格的行业规范标准，一直沿用至今。除了注重工程质量监管外，美国现在的装配式住宅建筑更加注重舒适、美观及个性化。根据美国工业化住宅协会统计，2001年，美国的装配式住宅已经达到了1000万套，占美国住宅总量的7%。在美国大城市住宅结构类型以混凝土装配式和钢结构装配式结构为主，在小城镇多以轻钢结构、木结构住宅建筑体系为主。美国住宅建筑所用的部品部件的标准化、系列化、专业化、社会化程度很高，几乎达到100%。用户可通过部品部件产品目录买到所需的产品。这些构件结构性能好，有很大通用性，也易于机械化生产。

日本于1968年就提出了装配式住宅的概念。1990年推出采用部品部件化、工业化生产方式，生产高效率、住宅内部结构可以灵活调整，适应了居民多种不同需求的中高层住宅生产体系。日本住宅建筑产业经历了从标准化、多样化、工业化到集约化、信息化的不断演变和完善过程。日本政府强有力的干预和支持政策对住宅建筑产业的发展起到了重要作用，通过立法来确保预制混凝土结构的质量监管，坚持住宅建筑技术创新，制定了一系列装配式住宅工业化的方针、政策，建立统一的模数标准，解决了部品部件标准化、大批量生产和住宅多样化之间的矛盾。

德国的装配式住宅主要采取预制叠合板、混凝土柱梁、剪力墙结构体系，采用构件装配式与混凝土结构相结合，耐久性较好。德国是世界上建筑能耗降低幅度最快的国家，近几年更是提出发展零能耗的被动式建筑理念。从大幅度降低能耗到被动式建筑实施，德国都采取了装配式住宅来实施，装配式住宅与节能技术相互充分融合。形成强大的预制装配式建筑产业链：高校、研究机构和企业研发提供技术支持，建筑、结构、机电专业协同配合，施工企业与机械设备供应商合作密切，摆脱了固定模数尺寸限制。

新加坡的装配式建筑以剪力墙结构为主。新加坡80%的住宅由政府进行建造，组屋项目实行强制装配产业化，装配率达到70%，装配式建筑大部分为塔式或板式混凝土多层及高层建筑，装配式施工技术主要应用于组屋建设。

2.6.2 我国装配式住宅发展概况

1. 试点城市发展概况

2016年由中国土木工程学会住宅工程指导工作委员会组织了"装配式住宅现状、问题和对策研究"课题调研活动，主要对我国北京、上海、深圳、沈阳、济南、南京五个装配式建筑示范城市装配式住宅发展现状、经验、发展趋势、面临的问题等方面进行展开。目前，以上这五个城市在全面推进装配式住宅中起到了先试先行的作用。从供给上，通过出台鼓励引导政策和招商引资政策，配合引导龙头企业，快速形成了供应能力；从需求上，通过鼓励或强制政策，在政府投资工程、保障性住房及商品房中扩大建造装配式住宅的比例。

北京市：通过政策推动引领、推进重点工作、建设示范工程、强化过程监管、完善标准体系、加快产业培育、加大宣传普及等方式，已初步形成适用于相关装配式建筑的政策保障、技术支撑等体系，形成了装配式建筑发展的建筑部品部件生产能力和施工能力。未来北京市将积极稳妥的分阶段推进装配式住宅发展、以土地为抓手确保项目落实、实施一系列激励政策、加大实施保障，进一步加快发展装配式住宅。目前存在的突出问题包括产业链衔接不畅、信息无法协同等。

上海市：通过加强顶层设计、政策引领、完善技术标准体系、强化产业链培训与宣传等方式，推进装配式建筑快速发展，在国内处于领先水平。尽管目前发展势头良好，但仍存在如技术标准体系不健全、钢结构接受度不高、对装配式住宅理解不足、人才保障等问题。

深圳市：通过加强顶层设计、强化政策扶持、孵化产业基地、培育示范工程、明确标准技术、健全计价定额、开展技术研究、提升建筑质量、加强宣传培训等手段，遵循"深圳质量"和可持续发展理念，推进装配式住宅。未来深圳市将加快总体部署谋划、创新统筹工作新机制、建立住房产品导向制度、建立建筑物联网系统。但仍存在扶持力度不够；配套部品研发不足；技术体系不够完善等问题。

沈阳市：通过完善顶层架构和扶持政策、构建技术标准体系和支撑体系、扩大工程规模和应用领域、健全完善产品配套体系、加大宣传培训等方式，沈阳市已经在产业化发展方面走在前列，逐步形成了符合沈阳地区特点的发展模式，取得了阶段性成果，进入全面推进新阶段。

济南市：通过制定明确发展目标、完善标准体系、大力发展钢结构、加大政策扶持、加强监督管理等方式，因地制宜发展济南市装配式住宅产业。未来济南市将进一步强化组织领导、制定配套文件、推进技术审查、开展宣传培训。不过，济南市装配式住宅还存在发展瓶颈：一是装配式住宅从政府管理人员到设计、生产、安装施工，验收的技术水平和认知都存在问题，设计、生产、安装施工、验收评定等技术标准尚未建立，试点成果无法大规模推广；二是装配式住宅的建造成本高，其原因是未形成大规模生产，规模效益无法体现；三是具备总承包资质的企业目前不具备专业化生产能力。

南京市：通过加强政策引领推动、建立示范基地等方式推动建筑产业转型升级、带动关联产业协同发展，推进南京市装配式住宅推广工作。南京市未来将进一步制定推进措施、逐步完善监管制度、持续优化市场环境。目前，南京市装配式住宅推进面对的问题在于落地项目不多，市场规模偏小，装配式住宅产业化优势未能体现。其中突出的原因有：一是装配式建筑建设管理流程不齐全，缺少一个实现各方协同的信息化管理平台，便于政府对装配式建筑的管理；二是存在为装配率而装配的误区；三是部品部件标准化、模数化缺失，仅有少数部件存在标准；四是钢结构存在技术问题，人才缺失严重。现有钢结构围护结构存在亟待解决的技术问题，同时施工人员素质参差不齐，施工质量难以保证。

2. 我国装配式住宅市场主体发展概况

随着各级政府部门对装配式建筑发展的高度重视和行业的持续关注，国内的装配式建筑市场主体发展迅猛，为推动装配式建筑的发展发挥了重要作用。目前已经形成了开发建设类企业、设计类企业、构件类企业、内装类企业等多种类型，已经形成社会化大生产和专业化分工，促进企业向集团化或专业化方向发展。

开发建设类企业总体发展较快，大型集团相继投入装配式住宅的研发和建设。集团类企业均已设置装配式建筑相关组织架构，积极创建或参与相关联盟，积极参与国家及地方标准化建设与科技研发，推进行业发展。同时通过项目实践的积累与自身技术体系的不断总结研发，提升装配式住宅设计、生产、施工能力。目前总体存在的突出问题为企业之间发展差异较大、产业链相关环节不通畅、施工人员能力良莠不齐等。

设计类企业目前主要以传统建筑设计企业为基础，通过企业自发进行资源整合与自身核心技术不断研发，已形成一些具有装配式建筑设计研究能力的，可提供装配式建筑相关技术、产品、服务的综合型装配式建筑设计企业。存在的主要瓶颈包括现有标准化水平无法满足市场的需求，可操作性差；部分企业自主研发并应用的标准体系，关注其自身的利益点，缺乏交流与整合，难以推广；设计难度大与设计费低矛盾突出；装配式建筑设计和研究人才匮乏等。

构件类企业处于产业链末端，目前规模较大的不多，产能与市场需求不匹配，无法形成规模优势。部分企业在企业生产能力、核心技术研发、信息化技术集成等方面有一定进展，包括厂房建设，流水线研发、技术难点突破等。目前存在的突出问题包括，一是标准化程度不高，降低了生产效率。不同项目中 PC 构件不能通用，大多设计未按照装配式思路设计，模数化、标准化程度低。工厂不能提前生产构件，制约了生产效率。生产线全年忙闲不均提高了构件成本；二是建厂摊销成本高，运输成本较高。产品类型较多，存储占用场地造成管理困难。三是市场推广较困难，构件生产企业处于产业链的末端，而设计企业对于构件产品并不了解，造成构件生产企业被动生产的局面，影响生产线的产能发挥。

内装类企业现在仍以传统家居装修业务为主，不能实现真正意义上的装配式装修。尽管部分企业已经自主研发了装配式装修技术体系，但目前少有成熟应用的大规模项目，装配式建筑的优势还未凸显。随着国家及地方对装配式装修要求的不断提高，凸显出的问题包括：装配式内装未能覆盖住宅各功能区域；装修标准化和个性化的协调问题；内装设计与整体设计脱节问题等。

2.6.3　装配式混凝土结构施工技术

1. 装配式混凝土剪力墙结构技术

（1）概念

装配式混凝土剪力墙结构是指全部或部分采用预制墙板构件，通过后浇混凝土、注入水泥基灌浆料等可靠的连接方式形成整体的混凝土剪力墙结构。

装配式剪力墙结构体系主要包括：

1）高层装配整体式剪力墙结构。是指部分或全部剪力墙板采用预制构件，预制剪力墙板之间的竖向接缝一般设置于结构边缘构件部位，竖向接缝采用现浇混凝土方式与预制墙板形成整体，预制墙板的水平钢筋通过后浇混凝土部位实现可靠连接或锚固；预制剪力墙板水平接缝位于结构楼板标高处，水平接缝处钢筋可采用套筒灌浆连接、浆锚搭接连接或在底部预留后浇混凝土区域内搭接连接的形式。在每层结构楼板处设置水平后浇带并配置连续纵向钢筋，在屋面处应设置封闭后浇圈梁。采用叠合楼板及预制楼梯、预制或叠合阳台板。整体受力性能与现浇剪力墙结构按"等同现浇"设计原则进行设计。

2）多层装配式剪力墙结构。与高层装配整体式剪力墙结构相比较，不同点在于构造连接措施方面，边缘构件设置及水平接缝的连接均有所简化，并降低了剪力墙及边缘构件配筋率、配箍率要求，允许采用预制楼盖和干式连接的做法。

（2）关键技术指标

高层装配整体式剪力墙结构和多层装配式剪力墙结构的设计应符合《装配式混凝土建筑技术标准》GB/T 51231、《装配式混凝土结构技术规程》JGJ 1中的规定。

装配式混凝土剪力墙结构作为混凝土结构的一种类型，在设计和施工中还应该符合现行国家标准《混凝土结构设计规范》GB 50010、《混凝土结构施工规范》GB 50666、《混凝土结构工程施工质量验收规范》GB 50204中的各项基本规定。

针对装配式混凝土剪力墙结构的特点，结构设计中还应该注意以下基本概念：

1）应采取有效措施加强结构的整体性。装配整体式剪力墙结构是在选用可靠的预制构件受力钢筋连接技术的基础上，采用预制构件与后浇混凝土相结合的方法，通过连接节点的合理构造措施，将预制构件连接成一个整体，保证其具有与现浇混凝土结构基本等同的承载能力和变形能力，达到与现浇混凝土结构等同的设计目标。其整体性主要体现在预制构件之间、预制构件与后浇混凝土之间的连接节点上，包括接缝混凝土粗糙面及键槽的处理、钢筋连接锚固技术、各类附加钢筋、构造钢筋等。

2）装配式混凝土结构的材料宜采用高强钢筋与适宜的高强混凝土。预制构件在工厂生产，预制混凝土构件可实现蒸汽养护，对于混凝土的强度、抗冻性及耐久性有显著提升。采用高强混凝土可以减小构件截面尺寸，便于运输吊装。采用高强钢筋，可以减少钢筋数量，简化连接节点，便于施工，降低成本。

3）装配式结构的节点和接缝应受力明确、构造可靠，需采用经过充分的力学性能试验研究、施工工艺试验和实际工程检验的节点做法。节点和接缝的承载力、延性和耐久性等一般通过对构造、施工工艺等的严格要求来满足。

4）装配整体式剪力墙结构中，预制构件合理的接缝位置、尺寸及形状的设计应合理，应以模数化、标准化为设计工作基本原则。

（3）适用范围

适用于抗震设防烈度为6～8度区，装配整体式剪力墙结构可用于高层居住建筑，多层装配式剪力墙结构可用于低、多层居住建筑。

2. 装配式混凝土框架结构技术

（1）概述

装配式混凝土框架结构包括装配整体式混凝土框架结构及其他装配式混凝土框架结构。装配式整体式框架结构是指全部或部分框架梁、柱采用工厂制作的预制构件通过可靠的连接方式装配而成，连接节点处采用现场后浇混凝土、注入水泥基灌浆料等将构件连成整体的混凝土结构。其他装配式框架主要指各类干式连接的框架结构，主要与剪力墙、抗震支撑等配合使用。

装配整体式框架结构主要包括框架节点后浇混凝土和框架节点预制构件两大类：

1）框架节点后浇混凝土的预制构件在梁柱节点处通过后浇混凝土连接，预制构件为一字形；

2）框架连接节点位于框架柱、框架梁中部，预制构件有十字形、T形、一字形等并包含节点。

（2）关键技术指标

装配式框架结构的构件及结构的安全性与质量应满足国家现行标准《混凝土结构设计规范》GB 50010、《装配式混凝土建筑技术标准》GB/T 51231、《装配式混凝土结构技术规程》JGJ 12014、《混凝土结构工程施工规范》GB 50666、《混凝土结构工程施工质量验收规范》GB 50204以及《预制预应力混凝土装配整体式框架结构技术规程》JGJ 224等的有关规定。

当采用钢筋套筒灌浆连接技术时，应符合现行行业标准《钢筋套筒灌浆连接应用技术规程》JGJ 355的规定；当钢筋采用锚固板的方式锚固时，应符合现行行业标准《钢筋锚固板应用技术规程》JGJ 256的规定；当采用钢筋机械连接技术时，应符合现行行业标准《钢筋机械连接应用技术规程》JGJ 107的规定。

装配整体式框架结构的关键技术指标如下：

1）装配式混凝土框架结构宜采用高强混凝土、高强钢筋，框架梁和框架柱的纵向钢筋宜选用大直径高强钢筋，以减少钢筋数量，增大钢筋间距，有利于提高装配施工效率，保证施工质量，降低成本。

2）当房屋高度大于12m或层数超过3层时，预制混凝土柱宜采用套筒灌浆连接，套筒包括全灌浆套筒和半灌浆套筒。预制柱的纵向钢筋在柱底采用套筒灌浆连接时，柱箍筋加密区长度不应小于纵向受力钢筋连接区域长度与500mm之和；当采用叠合框架梁时，后浇混凝土叠合层厚度不宜小于150mm，抗震等级为一、二级叠合框架梁的梁端箍筋加密区宜采用整体封闭箍筋。

3）采用预制柱及叠合梁的装配整体式框架中，柱底接缝宜设置在结构楼板标高处，且后浇混凝土节点区混凝土上表面应设置粗糙面。柱纵向受力钢筋应贯穿后浇混凝土节点区，柱底接缝厚度为20mm，并应用灌浆料填实。装配式框架节点中，包括中间层中节点、中间层端节点、顶层中节点和顶层端节点，框架梁和框架柱的纵向钢筋的锚固和连接可采用现浇框架结构节点的方式。

（3）适用范围

除8度（0.3g）外，装配整体式混凝土结构房屋的最大适用高度与现浇混凝土结构相同。装配整体式混凝土框架结构可用于6～8度抗震设防地区的公共建筑、居住建筑以及工业建筑。其他装配式混凝土框架结构，主要适用于各类低多层居住、公共与工业建筑。

3. 混凝土叠合楼板技术

（1）概念

混凝土叠合楼板技术是指将楼板沿厚度方向分成两部分，底部是预制叠合底板，上部后浇混凝土叠合层。配置底部钢筋的预制叠合底板作为楼板的一部分，在施工阶段作为后浇混凝土叠合层的模板承受荷载，与后浇混凝土层形成整体的叠合混凝土构件。

混凝土叠合楼板按具体受力状态，分为单向受力和双向受力叠合板；预制叠合底板拼缝按照连接方式可分为分离式接缝（即底板间不拉开的"密拼"）和整体式接缝（底板间有后浇混凝土带）。

预制叠合底板按照受力钢筋种类可以分为预制混凝土叠合底板和预制预应力混凝土叠合底板；预制混凝土叠合底板采用非预应力钢筋时，为增强刚度宜多采用桁架钢筋混凝土底板；预制预应力混凝土叠合底板可为预应力混凝土叠合平板和预应力混凝土叠合带肋板、预应力混凝土空心板。

跨度大于 3m 时预制底板宜采用桁架钢筋混凝土叠合底板或预应力混凝土叠合平板，跨度大于 6m 时预制底板宜采用预应力混凝土叠合带肋底板、预应力混凝土空心板，叠合楼板厚度大于 180mm 时宜采用预应力混凝土空心叠合板。

（2）关键技术指标

1）预制混凝土叠合楼板的设计及构造要求应符合国家现行标准《混凝土结构设计规范》GB 50010、《装配式混凝土建筑技术标准》GB/T 51231、《装配式混凝土结构技术规程》JGJ 1 的相关要求；预制底板制作、施工及短暂设计状况设计应符合《混凝土结构施工规范》GB 50066 的相关要求；施工验收应符合《混凝土结构工程施工质量验收规范》GB 50204 的相关要求。

2）相关国家建筑标准设计图集包括《桁架钢筋混凝土叠合板（60mm 厚底板）》15G366—1、《预制带肋底板混凝土叠合板》14G443、《预应力混凝土叠合板（50mm、60mm 实心底板）》06SG439—1。

3）预制预应力混凝土底板的混凝土强度等级不宜低于 C40，且不应低于 C30；预制混凝土底板的混凝土强度等级不宜低于 C30；后浇混凝土叠合层的混凝土强度等级不宜低于 C25。

4）预制叠合底板厚度不宜小于 60mm，后浇混凝土叠合层厚度不应小于 60mm。

5）预制叠合底板和后浇混凝土叠合层之间的结合面应设置粗糙面，其面积不宜小于结合面的 80%，凹凸深度不应小于 4mm；设置桁架钢筋的预制底板，设置自然粗糙面即可。

6）预制叠合底板跨度大于 4m，或用于悬挑板及相邻悬挑板上部纵向钢筋在悬挑层内锚固时，应设置桁架钢筋或设置其他形式的抗剪构造钢筋。

7）预制叠合底板采用预制预应力底板时，应采取控制反拱的可靠措施。

（3）适用范围

各类房屋中的楼盖结构，特别适用于住宅及各类公共建筑。

4．预制混凝土外墙挂板技术

（1）概念

预制混凝土外墙挂板是安装在主体结构上，只起到围护、装饰作用的非承重预制混凝土外墙板，简称外墙挂板。外墙挂板按构件构造可分为钢筋混凝土外墙挂板、预应力混凝土外墙挂板两种形式；按照与主体结构连接节点形式可分为点支承连接、线支承连接两种；按照保温形式可分为无保温、外保温、夹心保温等三种形式；按建筑外墙功能要求可分为围护墙板和装饰墙板。各类外墙挂板可根据工程需要与外装饰、保温、门窗结合形成一体化预制墙板系统。

预制混凝土外墙挂板在工厂采用工业化流水方式生产，具有施工速度快、质量好、维修费用低的优点，主要包括预制混凝土外墙挂板（建筑和结构）设计技术、预制混凝土外墙挂板加工制作技术和预制混凝土外墙挂板安装施工技术。

（2）关键技术指标

民用外墙挂板仅限跨越一个层高和一个开间，厚度不宜小于 100mm，混凝土强度等级不低于 C25。支承预制混凝土外墙挂板的结构构件应具有足够的承载力和刚度，主要技术指标如下：

外墙挂板结构性能应满足现行国家标准《混凝土结构设计规范》GB 50010 和《混凝土结构工程施工质量验收规范》GB 50204 要求；抗震性能应满足国家现行标准《装配式混凝土结构技术规程》JGJ 12014、《装配式混凝土建筑技术标准》GB/T 51231 要求；外墙挂板保温隔热性能应满足设计及现行行业标准《民用建筑节能设计标准》JGJ 26 要求；外墙挂板装饰性能应满足现行国家标准《建筑装饰装修工程质量验收规范》GB 50210 要求；外墙挂板与主体结构采用柔性节点连接，抗震性能满足抗震设防烈度为 8 度地区的应用要求；构件燃烧性能及耐火极限应满足现行国家标准《建筑防火设计规范》GB 50016 的要求；作为建筑围护结构产品定位应与主体结构的耐久性要求一致，设计使用年限不应低于 50 年，饰面装饰（涂料除外）及预埋件、连接件等配套材料耐久性设计使用年限不低于 50 年，其他如防水材料、涂料等应采用 10 年质保期以上的材料，并定期进行维护更换；外墙挂板防水性能与有关构造形式还应符合国家现行有关标准的规定。

（3）适用范围

预制混凝土外挂墙板适用于工业与民用建筑的外墙工程，可广泛应用于混凝土框架结构、钢结构的公共建筑、住宅建筑和工业建筑中。

5. 夹心保温墙板技术

（1）概念

夹心保温墙板是指把保温材料夹在两层混凝土墙板（内叶墙、外叶墙）之间形成的复合墙板，即可达到增强外墙保温节能性能，又能减小外墙火灾危险，提高墙板保温寿命，从而减少外墙维护费用的目的。夹心保温墙板一般由内叶墙板、保温板和拉接件、外叶墙板组成构造形式，内叶墙板和外叶墙板一般为钢筋混凝土板，保温板一般为 B1 或 B2 级有机保温材料，拉接件一般为 FRP 高强复合材料或不锈钢材质。

根据夹心保温外墙板受力特点，可分为非组合夹心保温外墙板、组合夹心保温外墙板和部分组合夹心保温外墙板。其中非组合夹心保温外墙板内外叶混凝土受力相互独立，适用于各种高层建筑的剪力墙和围护墙；组合夹心保温外墙板的内外叶混凝土需要共同受力，一般只适用于单层建筑的承重外墙或围护墙。

非组合夹心墙板一般由内叶墙板承受所有的荷载作用，外叶墙板起到保温材料的保护层作用，两层混凝土之间可以产生微小的相互滑移，保温拉接件对外叶墙板的平面内变形约束较小，可以释放外叶墙板在温差作用下的产生的温度应力，从而避免外叶墙板在温度作用下产生开裂，使得外叶墙板、保温板、内叶墙板与结构同寿命。我国装配混凝土结构预制外墙主要采用的是非组合夹心墙板。

（2）关键技术指标

夹心保温墙板的设计应该与结构设计同寿命，墙板中的保温拉接件应具有足够的承载力和变形性能。非组合夹心墙板应遵循"外叶墙混凝土在温差变化作用下能够释放温度应力，与内叶墙之间能够形成微小的自由滑移"的设计原则。

非组合夹心保温墙板的外叶墙板在自重作用下垂直位移应控制在一定范围内，内、外叶墙之间不得有穿过保温层的混凝土连通桥。

（3）适用范围

适用于高层及多层装配式剪力墙结构外墙、高层及多层装配式框架结构非承重外墙挂板以及高层及多层钢结构非承重外墙挂板等外墙形式，也可用于各类居住与公共建筑。

6. 叠合剪力墙结构技术

（1）概念

叠合剪力墙板结构是指采用两层带格构钢筋（桁架钢筋）的预制墙板，现场安装就位后，在两层板中间后浇筑混凝土，辅以必要的现浇混凝土剪力墙、边缘构件、楼板，共同形成的叠合剪力墙结构。在工厂车间进行生产预制构件时，应设置桁架钢筋，既可作为吊点，又能增加平面外刚度，防止起吊时开裂。在使用阶段，桁架钢筋作为连接墙板的两层预制墙片与二次浇筑夹心混凝土之间的拉接筋，可提高结构整体性能和抗剪性能。此种连接方式有别于其他装配式结构体系，板与板之间无拼缝，无需做拼缝处理，防水性好。

（2）关键技术指标

叠合剪力墙板结构主要力学技术指标与现浇混凝土结构相同。高层叠合剪力墙结构其建筑高度、规则性、结构类型应符合现行国家标准《装配式混凝土建筑技术标准》GB/T 51231 等规范标准要求。

结构与构件的设计应满足《混凝土结构设计规范》GB 50010、《装配式混凝土建筑技术标准》GB/T 51231、国家现行标准《建筑结构荷载规范》GB 50009、《建筑抗震设计规范》GB 50011 等现行国家、行业规范标准要求。

（3）适用范围

适用于抗震设防烈度为 6～8 度的多层、高层建筑，包含工业与民用建筑。还适用于地下工程，包含地下室、地下车库、地下综合管廊等。

7. 预制预应力混凝土构件技术

（1）概念

预制预应力混凝土构件是指通过工厂流水生产，采用先张预应力技术的各类水平和竖向构件，其主要包括：预制预应力梁、预制预应力墙板、预制预应力混凝土空心板、预制预应力混凝土双 T 板等。各类预制预应力水平构件可形成装配式或装配整体式楼盖，空心板、双 T 板可不设后浇混凝土层。根据设计使用要求与结构受力要求可设置后浇混凝土层。预制预应力梁分为预制预应力叠合梁和预制预应力非叠合梁两种。预制预应力墙板可应用于各类公共建筑与工业建筑中。

预制预应力混凝土构件的优势在于采用高强预应力钢丝、钢绞线，有效节约钢筋和混凝土用量，并降低楼盖结构高度。结构施工阶段可普遍不设支撑而节约支模费用，综合经济效益显著。预制预应力混凝土构件组成的楼盖具有承载能力大，整体性好，抗裂度高等优点，完全符合"五节一环保"的绿色施工标准，以及建筑工业化的发展要求。预制预应力技术可增加墙板的长度，有利于实现多层一墙板。

（2）关键技术指标

1）预应力混凝土空心板的标准宽度为 1.2m，也有 0.6m、0.9m 等其他宽度；标准板高 100mm、120mm、150mm、180mm、200mm、250mm、300mm、380mm 等不同厚

度；不同截面高度能够满足的板轴跨度为 3～18m。

2）预应力混凝土双 T 板包括双 T 坡板和双 T 平板，坡板的宽度有 2.4m、3.0m 等，坡板跨度有 9m、12m、15m、18m、21m、24m 等；平板跨度有 2.0m、2.4m、3.0m 等，平板跨度有 9m、12m、15m、18m、21m、24m 等。

3）预应力混凝土梁跨度根据工程实际确定，在厂房等工业建筑中多为 6m、7.5m、9m 跨度。

4）预应力混凝土墙板多为固定宽度（1.5m、2.0m、3.0m 等），长度根据柱距或层高确定。

预制预应力混凝土板的生产、安装、施工应满足国家现行标准《混凝土结构设计规范》GB 50010、《装配式混凝土结构技术规程》JGJ 1、《混凝土结构工程施工质量验收规范》GB 50204 的有关规定。工程应用可执行《预应力混凝土圆孔板》03SG435—1～2，《SP 预应力空心板》05SG408，《预应力混凝土双 T 板》06SG432—1、08SG432—3、09SG432—2，《大跨度预应力空心板（跨度 4.2～18.0m)》13G440 等国家建筑标准设计图集，直接选用预制构件，也可根据工程情况单独设计。

（3）适用范围

预制预应力混凝土构件广泛适用于各类工业与民用建筑中。预应力混凝土空心板可用于混凝土结构、钢结构建筑中的楼盖与外墙挂板；预应力混凝土双 T 板多用于公共建筑、工业建筑的楼盖、屋盖，其中双 T 坡板仅用于屋盖，9m 以内跨度楼盖采用预应力空心板（SP 板）+后浇叠合层的叠合楼盖；9m 以内的超重载及 9m 以上的楼盖可采用预应力混凝土双 T 板+后浇叠合层的叠合楼盖。预制预应力梁截面可为矩形、花篮梁或 L 形、倒 T 形，便于与预应力混凝土双 T 板和空心板连接。

8. 钢筋套筒灌浆连接技术

（1）概念

钢筋套筒灌浆连接技术是指带肋钢筋插入内腔为凹凸表面的灌浆套筒，通过向套筒与钢筋的间隙灌注入专用高强水泥基灌浆料，灌浆料凝达到设计强度后将钢筋锚固在套筒内实现针对预制构件的一种钢筋连接技术。该技术将灌浆套筒预埋在混凝土构件内，在安装现场从预制构件外通过注浆管将灌浆料注入套筒，实现预制构件钢筋的连接，是预制构件中受力钢筋连接的主要形式，主要用于各种装配整体式混凝土结构的受力钢筋连接。

钢筋套筒灌浆连接接头由钢筋、灌浆套筒、灌浆料三种主要材料组成，其中灌浆套筒分为半灌浆套筒和全灌浆套筒两种。半灌浆套筒连接的接头一端为灌浆连接，另一端为机械连接。

钢筋套筒灌浆连接施工流程主要包括：在工厂完成预制构件内套筒与钢筋的连接、套筒在模板上的安装固定和进出浆管道与套筒的连接，在建筑施工现场完成构件安装、灌浆腔密封、灌浆料加水拌合以及套筒灌浆。

竖向预制构件的受力钢筋连接可采用半灌浆套筒或全灌浆套筒。构件宜采用连通腔灌浆方式，应合理划分连通腔区域。构件也可采用单个套筒独立灌浆，构件就位前水平缝处采用坐浆浆料及高分子 PE 条进行封仓。套筒灌浆连接应采用经由接头形式检验确认的与套筒相匹配的灌浆料，使用与材料工艺配套的灌浆设备。采用压力灌浆方式将灌浆料从套筒下方的进浆孔灌入，从套筒上方出浆孔流出，及时封堵进出浆孔，确保套筒内有效连接部位的灌浆料填充密实。

水平预制构件纵向受力钢筋在现浇节点处连接可采用全灌浆套筒连接。套筒安装到位后，套筒注浆孔和出浆孔应位于套筒上方，使用单套筒灌浆专用工具或设备进行压力灌浆，灌浆料从套筒一端进浆孔注入，从另一端出浆口流出后封堵，进浆、出浆孔接头内灌浆料浆面均应高于套筒外表面最高点。

套筒灌浆施工后，灌浆料同条件养护试件的抗压强度达到 35MPa 后，方可进行拆除斜向支撑并进行接头有扰动的后续施工。

（2）关键技术指标

钢筋套筒灌浆连接技术的应用须满足国家现行标准《装配式混凝土建筑技术标准》GB/T 51231、《装配式混凝土技术规程》JGJ 1、《钢筋套筒灌浆连接应用技术规程》JGJ 355 的相关规定。

灌浆套筒按加工方式分为铸造灌浆套筒和机械加工灌浆套筒两种。铸造灌浆套筒宜选用球墨铸铁，机械加工套筒宜选用优质碳素结构钢、低合金高强度结构钢、合金结构钢或其他经过接头形式检验确定符合要求的钢材。

灌浆料主要性能指标：初始流动度不小 300mm，30min 流动度不小于 260mm，1d 抗压强度不小于 35MPa，28d 抗压强度不小于 85MPa。

套筒材料在满足断后伸长率等指标要求的情况下，宜采用抗拉强度超过 600MPa（如 900MPa、1000MPa）的材料，以减小套筒壁厚和外径尺寸。灌浆料在满足流动度等指标要求的情况下，可采用抗压强度超过 85MPa（如 110MPa、130MPa）的材料，以便于连接大直径钢筋、高强钢筋和缩短灌浆套筒长度。

（3）适用范围

本技术适用于装配整体式混凝土结构中直径 12～40mm 的 HRB400、HRB500 钢筋的连接，包括：预制框架柱和预制梁的纵向受力钢筋、预制剪力墙竖向钢筋等的连接，也可用于既有结构改造现浇结构竖向及水平钢筋的连接。

9. 预制构件工厂化生产加工技术

（1）概念

预制构件工厂化生产加工技术，指采用自动化流水线、机组流水线、长线台座生产线生产标准定型预制构件，也可生产异形预制构件，采用固定台模线生产房屋建筑预制构件，满足预制构件的批量生产加工和集中供应要求的技术。

工厂化生产加工技术包括预制构件工厂前期设计、各类预制构件生产工艺设计、预制构件模具方案设计以及加工技术、钢筋机械化加工和成型技术、预制构件机械化成型技术、预制构件养护技术以及预制构件生产质量控制技术。

非预应力混凝土预制构件生产技术涵盖混凝土施工技术、钢筋加工技术、模具加工技术、预留预埋施工技术、混凝土浇筑成型施工技术、预制构件养护技术，以及预制构件吊运、存储和运输技术等。典型代表构件有桁架钢筋预制板、梁柱构件、剪力墙板构件等。预应力混凝土预制构件生产技术还涵盖先张法和后张有粘结预制构件的生产技术，除了建筑工程中使用的预应力圆孔板、双 T 板、屋面梁、屋架、屋面板等，还包括市政和公路领域的预制桥梁构件等。

（2）关键技术指标

工厂化科学管理、自动化智能生产带来质量保证和品质提高；构件外观尺寸加工精度可达±2mm，混凝土强度标准差不大于 4.0MPa，预留预埋尺寸精度可达±1mm，保护层厚度控制偏差±3mm。通过预应力和伸长值偏差控制保证预应力构件起拱满足设计要求并处于同一水平，构件承载力满足设计和规范要求。

预制构件的几何加工精度控制、混凝土强度控制、预埋件的精度、构件承载力性能、保护层厚度控制、预应力构件的预应力要求等均应符合设计（包括相关标准图集）及有关标准的规定。

预制构件生产的效率指标、成本指标、能耗指标、环境指标和安全指标，应满足有关要求。

预制构件设计、深化措施应参考表 2-15 内容。

预制构件设计、深化措施 表 2-15

项目		竖向预制构件		预制叠合版	现浇墙	现浇顶板或阳台
		预制外墙	预制内墙			
专业预留预埋	电气	预埋线管、线盒		预留线盒、预留管洞	—	—
	消防	预留管洞		预留管洞	—	—
	给排水	预留管洞、管槽		预留管洞	—	—
	暖通	预留管洞、管槽		预留管洞	—	—
措施预留预埋	斜撑固定点	预埋套筒		预埋套筒	使用膨胀螺栓	预埋套筒或使用膨胀螺栓
	穿墙螺栓	预留孔洞	—	—	—	—
	圈边龙骨固定	预埋套筒	预留孔洞	—	—	—
		防漏浆措施		预留企口		模板增加压条浇筑后企口观感
测量放线		预弹标高控制线		预留放线孔洞	弹标高控制线	预留放线孔洞
外架		预留螺栓孔	—	—	—	阳台锚固

（3）适用范围

适用于建筑工程中各类钢筋混凝土和预应力混凝土预制构件。

10. 转换层钢筋定位控制技术

（1）概念

装配式建筑的底部一般设有现浇结构加强区，现浇结构与装配式结构在转换层顶板处转换。

（2）关键技术指标

转换层的钢筋施工质量直接影响到整个结构的内力传递和后期预制构件吊装施工，进而影响结构整体性。同时，转换层预留连接钢筋的准确性直接影响预制墙板安装的速度及预制墙板施工的安全性。应优化转换层钢筋施工工艺，采用多次定位放线方法，并利用定位钢板对竖向钢筋进行定位固定，提高转换层钢筋定位精度。

11. 装配式结构外防护脚手架技术

（1）装配式结构外防护脚手架种类

装配式结构施工过程中，为了方便操作人员的施工，保证操作人员的安全而采用的结构外部的防护架体，目前，装配式结构施工过程中，各施工总承包单位采用的外防护脚手架形式主要有：落地组装式脚手架；附着式爬升脚手架；组合型钢悬挑托架；工具式外防护架；爬升式施工平台等。目前市场上普遍采用附着式爬升脚手架和组合型钢悬挑托架。

（2）关键技术指标

电动爬升脚手架由竖向主框架、立杆、加强架、三脚架、加强杆、钢制脚手板、立网框、附着钢梁、控制系统、电动葫芦组成。附着式升降脚手架架体悬臂高度不得大于5m，爬架在静止状态下应确保 3 道附墙支座，升降过程中应确保 2 道附墙支座。上部结构施工前，轨道锚固前安全防护难点带有保温层的预制外墙板宜在附墙支座处应适当加大接触面以保护预制墙板，且附着式升降脚手架应进行承载力、变形、稳定性计算。

组合型钢悬挑托架的设计形式、特征、重量轻，便于人工操作，架体分标准架和加长架两种，单榀重约 34～37kg。该体系安装快捷方便且经济。组合型钢悬挑托架立足于纯防护作用，根据工程实际可采用钢丝绳卸荷，就可以满足外防护脚手架组合成整体的安全使用要求的构造架体。采用穿墙螺栓固定，无需在楼板内预埋钢制锚环，提高了外墙的平整性及整体性，减少外墙渗漏隐患。根据组合型钢悬挑架上双排脚手架立杆间距，在组合型钢悬挑架上弦杆和下弦杆对应位置焊接钢管或钢筋作为定位件，用卡扣及脚手管将三至四榀三角型钢悬挑架组合成整体，一起吊装，减少了塔吊吊次，加快施工进度。

12. 整体装配式装修技术

（1）概念

整体装配式装修是指主要采用干式工法，将内装部品、设备管线等在现场进行组合安装的室内装修方式。包括有快装轻质隔墙技术、快装龙骨吊顶技术、快装采暖地面技术、集成式给水管道技术。

快装轻质隔墙由轻钢龙骨内填岩棉外贴涂装板组成，用于居室、厨房、卫生间等部位隔墙。快装轻质隔墙体系可根据住户居住空间实际需求灵活布置，采用干法制作，具有装配速度快、轻质隔声、防腐保温和防火等特点。

快装龙骨吊顶由铝合金龙骨和 5mm 厚涂装板外饰面组成。用于厨房、卫生间和封闭阳台等部位吊顶。

模块式快装采暖地面由可调节地脚组件、地暖模块、平衡层和饰面层组成，用于居室、厨房、卫生间和封闭阳台等部位。在楼板上放置可调节地脚组件支撑地暖模块，架空空间内铺设机电管线，可灵活拆装使用，安装方便，便于维修，无湿作业且使用寿命长。

住宅集成式管道敷设于架空层内，管路布置灵活，安装快捷便利，维修方便，不破坏结构，且不产生建筑垃圾。

（2）关键技术指标

居住建筑室内整体装配式装修设计应符合《住宅全装修设计标准》D/T 1197 的相关规定；居住建筑室内装配式装修设计满足造型可变性要求；建筑室内装配式装修设计应满足模数化限制，对内装部品进行模数协调，符合现行国家标准《建筑模数协调标准》GB/T 5002 的相关规定。厨房、卫生间应符合《住宅厨房模数协调标准》JGJ/T 262 及《住宅卫生间模数协调标准》JGJ/T 263 的相关规定。机电管线、开关盒、插座盒多数设在装配式隔墙、装配式吊顶、装配式楼地面的空腔层内，并应考虑隔声降噪、防结露措施。室内装配式装修内装部品应选用符合防火、防水、防潮、保温、绿色和环保相关规定。居住建筑室内装配式装修设计应符合《建筑内部装修设计防火规范》GB 50222 的相关要求。

（3）适用范围

适用于新建、改扩建居住建筑室内装配式装修工程。

2.6.4 工程案例

某工程总建筑面积 $188500m^2$，地上四层墙体及以上采用装配整体式剪力墙结构，构件种类共有：预制外墙板、预制内墙板、预制女儿墙板、预制叠合板、预制阳台、预制楼梯平台板、预制空调板、预制楼梯、预制梁、预制外墙模板（PCF板）。室内装修采用装配整体式装修。

1. 塔吊选择

针对本工程，影响塔吊选型的主要因素是预制构件的重量、预制构件的吊装位置、施工过程中塔吊的吊次以及周围环境（包括场地北侧高压电线的影响）等，经综合考虑，选用 ST70/27、ST60/23 两种型号塔吊，共计 8 台。

2. 构件存放

每栋楼单独设置各自的构件存放区，预制构件存放区设置位置靠近楼体，且在塔吊回转半径之内，便于构件的吊装。

为满足流水施工需求，存放区存放单层全部的预制构件。对单层的预制构件进行统计，根据统计数量、构件堆放高度要求和构件吊装顺序，合理规划构件存放区。

3. 转换层施工

在转换层部位预留插筋的位置用施工前预先设计定制做好的定型钢板模具（图 2-110）。长度为预制板插筋区域长度、宽度为预制剪力墙宽度，定型钢板模具长度大于 1m 的厚度为 4mm，小于等于 1m 的厚度为 3mm，板四边直角翻边 20mm，相应预制剪力墙插筋位置开大于插筋直径 4mm 的通孔，为便于浇筑混凝土和振捣，板的中部留直径 70mm 的圆孔，待浇筑剪力墙混凝土时放入定型模具至剪力墙模板围住的剪力墙内，待混凝土强度达到设计要求移除模具。

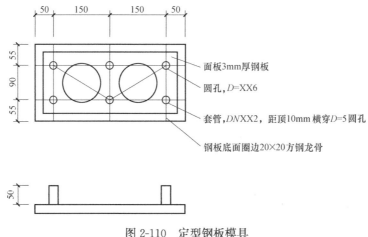

图 2-110 定型钢板模具

4. 预制构件施工

构件吊装采用多点吊装梁，根据预制墙板的吊环位置采用合理的起吊点，用卸扣将钢丝绳与外墙板的预留吊环连接，起吊至距地 500mm 后暂停，检查起重机的稳定性、制动装置的可靠性和绑扎的牢固性等，检查构件外观质量及吊环连接无误后方可继续起吊。已起吊的构件不得长久停止在空中。严禁超载和吊装重量不明的重型构件和设备，起吊要求缓慢匀速，保证预制墙板边缘不被损坏。

（1）预制墙板吊装前，在现浇层上安置钢垫片，高 20mm，用靠尺确定垫片之间标高一致，再用灌浆料沿墙外边四面围合使其内部形成封闭的空腔，围合高度 20mm，宽度 20mm。预制墙板吊装时，要求塔吊缓慢起吊，吊至作业层上方下降到距地 1m 位置，吊装工人两端抓住墙板，缓缓下降墙板，墙板下方放置镜子便于对插筋孔，墙板就位后安装斜支撑（图 2-111）。

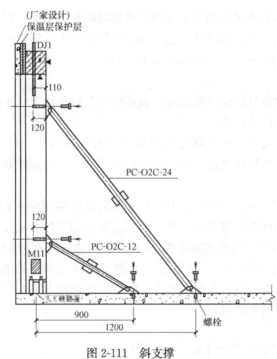

图 2-111　斜支撑

（2）预制叠合楼板采用三角独立支撑体系。每块叠合板支撑三组铝梁，三脚架距铝梁端部为 250mm，铝梁距叠合板长方向两端均为 500mm，铝梁间距为 $(L-1000)/2$（L 为板长）（图 2-112）。

（3）预制楼板吊装

叠合板起吊时，必须采用多点吊装梁吊装，要求吊装时七个（或者八个）吊点均匀受力起吊缓慢保证叠合板平稳吊装（图 2-113）。

叠合板吊装过程中，在作业层上空 500mm 处略作停顿，根据叠合板位置调整叠合板方向进行定位。叠合板停稳慢放，以免吊装放置时冲击力过大导致板面损坏。

（4）预制阳台板施工

预制阳台板支撑采用扣件式钢管支撑体系搭设，同时根据阳台板的标高位置将支撑体系的顶托调至合适位置处。

预制阳台采用预制板上预埋的四个吊环进行吊装，确认卸扣连接牢固后缓慢起吊。

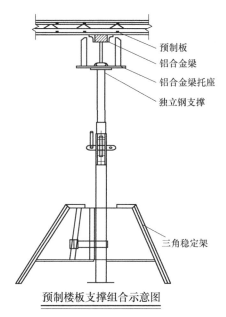

预制楼板支撑组合示意图

图 2-112 预制楼板支撑组合示意图

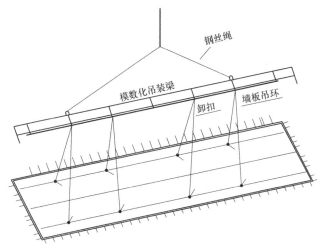

图 2-113 叠合板吊装

待预制阳台板吊装至作业面上 500mm 处略作停顿,根据阳台板安装位置控制线进行安装。就位时要求缓慢放置,严禁快速猛放,以免造成阳台板震折损坏。

(5)预制空调板施工

预制空调板支撑采用扣件式钢管支撑体系搭设,同时根据空调板的标高位置将支撑体系的顶托调至合适位置处。预制空调板采用预制板上预埋的两个吊环进行吊装,确认卸扣连接牢固后缓慢起吊;待预制空调板吊装至作业面上 500mm 处略作停顿,根据空调板安装位置控制线进行安装。就位时要求缓慢放置,严禁快速猛放,以免造成空调板振折损坏。

(6)预制楼梯平台板施工

预制楼梯平台板支撑采用扣件式钢管支撑体系搭设,同时根据楼梯平台板的标高位置将支撑体系的顶托调至合适位置处。预制楼梯平台板采用预制板上预埋的四个吊环进行吊装，确认卸扣连接牢固后缓慢起吊；待预制楼梯平台板吊装至作业面上 500mm 处略作停顿，根据楼梯平台板安装位置控制线进行安装。就位时要求缓慢放置，严禁快速猛放，以免造成预制楼梯平台板震折损坏。

（7）预制楼梯梯段施工

根据施工图，弹出楼梯安装控制线，对控制线及标高进行复核。楼梯侧面距结构墙体预留 30mm 空隙，为后续初装的抹灰层预留空间。在楼梯端上下口梯梁处铺放置 20mm 钢垫片，钢垫片标高要控制准确。预制楼梯板采用水平吊装，用卸扣、吊勾与楼梯板预埋吊装内螺母连接，起吊前检查卸扣卡环、吊勾是否装牢，确认牢固后方可缓慢起吊（图 2-114）。

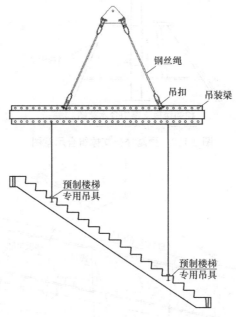

图 2-114　预制楼梯板模数化吊装

待楼梯板吊装至作业面上 500mm 处略作停顿，根据楼梯板方向调整，就位时要求缓慢操作，严禁快速猛放，以免造成楼梯板震折损坏。

5. 装配式结构外围护安全防护架体系

本工程四层以上采用组合型钢悬挑托架外围护安全防护架体系。使用两个或三个三脚架组成一组外架，单组提升。在架体上安装脚手架防护栏，防护栏满足防护一层作业，上层防护至基准面 1.5m 高度。外围防护架采取封闭式防护。三脚架之间用 Φ48 脚手管横向连接；外围护架与预制墙体采用 M20 螺栓连接锚固；竖向 Φ48 脚手管连接于三脚架和横向 Φ48 脚手管，外侧密目网围合；三脚架顶面搭设 Φ48 脚手管，上面铺 50mm 厚木脚手板。架体提升方式采用单组整体提升，以组合后的架体为一组，提升机械采用塔吊，提升周期为一层一提升。

6. 室内整体装修

（1）快装轻质隔墙技术

快装轻质隔墙天地龙骨和竖向龙骨采用 50C 型轻钢龙骨，竖向间距不大于 400mm，横向 38C 型轻钢龙骨间距不大于 600mm。根据壁挂物品设置加强龙骨；50mm 厚岩用

8mm 厚涂装板，与龙骨间采用结构密封胶粘接，板间缝隙 3mm，用防霉型硅酮玻璃胶填充凹缝并勾缝光滑。

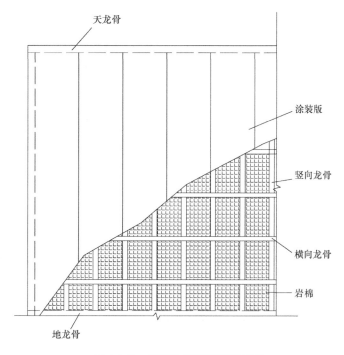

图 2-115　快装轻质隔墙构造示意

卫生间隔墙设置 250mm 高防水坝，采用 8mm 厚无石棉硅酸钙板，防水坝与结构地面相接处用聚合物砂浆抹成斜角。沿墙面横向铺贴 PE 防水防潮隔膜，底部与防水坝表面防水层搭接不小于 100mm，用聚氨酯弹性胶粘接，铺贴至结构顶板板底。地面结构第一道防水层为聚合物水泥防水涂料，地暖模块上部第二道为 PVC 防水层，地面与墙面形成整体防水防潮层。底部、顶部和搭接部位均采用满粘方式。由于卫生间隔墙内侧安装横向龙骨时自攻螺丝穿过 PE 防水防潮隔膜，故须在自攻螺丝外套硅胶密封垫，将 PE 防水防潮隔膜压实（图 2-115）。

（2）快装龙骨吊顶技术

快装龙骨吊顶由铝合金龙骨和 5mm 厚涂装板外饰面组成（图 2-116）。用于厨房、卫生间和封闭阳台等部位吊顶。吊顶边龙骨沿墙面涂装板顶部挂装，固定牢固，边龙骨阴阳角处应切割 45°拼接，以保证接缝严密（图 2-117）。开间尺寸大于 1800mm 时，应采用吊杆加固措施。

（3）快装采暖地面技术

模块式快装采暖地面由可调节地脚组件、地暖模块、平衡层和饰面层组成，用于居室、厨房、卫生间和封闭阳台等部位（图 2-118）。其设计高度为 130mm。可调节地脚组件由聚丙烯支撑块、丁腈橡胶垫及连接螺栓等配件组成。在边支撑龙骨与可调节地脚组件上架设地暖模块，可调节地脚组件与地暖模块用自攻螺丝连接。地暖模块间隙为 10mm，用聚氨酯发泡胶填充严实。通过连接螺栓架空支撑地脚组件可方便地调节地暖模块的高度及面层水平，以避免楼板不平的影响，在架空地面内铺设管线还可起到隔声作用。地暖模

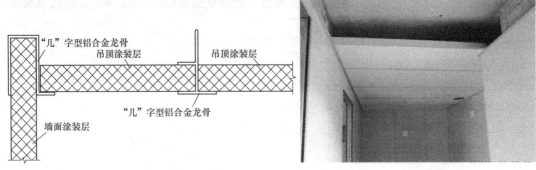

图 2-116　快装龙骨吊顶大样　　　　　　图 2-117　快装龙骨吊顶

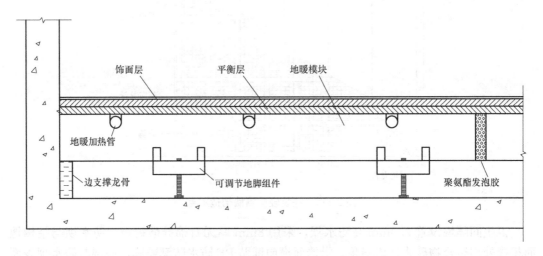

图 2-118　模块式快装采暖地面构造图

块由镀锌钢板内填塞聚苯乙烯泡沫塑料板材组成，具有保温隔声作用，并使热量向上传递，以充分利用热能。地暖加热管敷设在地暖模块的沟槽内。不应有接头，不得突出模块表面。平衡层采用燃烧性能为 A 级的 8mm 厚无石棉硅酸钙板。带压铺贴第一层平衡层，铺贴完成检查加热管无渗漏后方可泄压；随即铺贴第二层平衡层，该平衡层与第一层平衡层水平垂直铺贴；饰面层采用 2mm 厚石塑地板。石塑地板铺贴前应在现场放置 24 小时以上，使材料记忆性还原，温度与施工现场一致，铺贴时两块材料间应贴紧无缝隙（图 2-119）。

（4）集成式给水管道技术

住宅集成式管道敷设于架空层内，给水主管道经管井计量表阀门后至户内给水分支管道前，采用三型聚丙烯管（PP-R 管）或铝塑管盘管，其中中水管整段管中不应有接头。给水主管道成排敷设，直线部分宜互相平行，弯曲部分宜与直线部分保持等距。户内给水分支管道与给水主管道在吊顶内连接。连接管件应为与管材相适应的管件，PP-R 管采用热熔连接，铝塑管专用管件连接。户内给水、中水管道使用集成式快装系统，在现场按设计高度固定牢固。冷、热水管安装应左热右冷、上热下冷，中心间距不小于 150mm，管道与管件连接处采用管卡固定（图 2-120）。

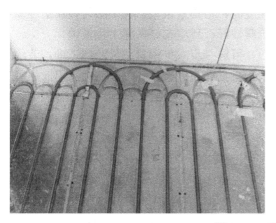

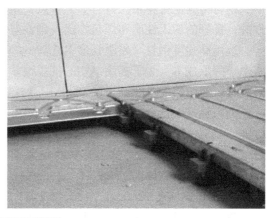

图 2-119　采暖地面铺设

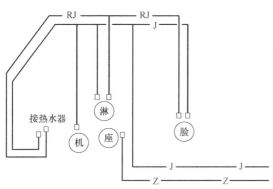

图 2-120　住宅集成式给水管道

2.7　钢结构施工技术

2.7.1　高性能钢应用技术

1. 高性能钢应用技术发展

改革开放前，我国冶炼技术落后，钢材产量较低，当时的钢结构通常使用 3 号钢（相当于 Q235 级钢），重要工程或部位使用 16Mn 钢（相当于 Q345 级钢）。改革开放及进入 21 世纪以来，我国钢铁产业得到了快速发展，钢材产量与品质得到大幅提升，在国家标准《低合金高强度结构钢》GB/T 1591 中规定了从 Q345 至 Q690 等多个牌号低合金高强度结构钢的化学成分、力学性能等技术要求。20 世纪 90 年代开始，在以舞阳钢铁公司为首的钢铁企业支持下，开发出了具有低屈强比、可焊性、抗层状撕裂的高层建筑用钢板和宽厚钢板，满足了我国大跨、高耸建筑建设的需要，基本实现了高层建筑用钢国产化。近些年，大批形式复杂、使用功能要求高的钢结构工程逐步兴建，这对钢材性能提出了更高、更新的要求，促使结构用钢不断完善性能、研发新品种。

2. 高性能钢应用技术主要内容及最新进展

钢材与其他材料相比具有如下特点：钢材强度高，结构重量轻；材质均匀，且塑性韧性好；良好的加工性能和焊接性能；延性好，抗震性好；环境友好，施工垃圾少。

选用高强度钢材（屈服强度 ReL≥390MPa），可进一步减少钢材用量及加工量，节约资源，降低成本。为了提高结构的抗震性，要求钢材具有高的塑性变形能力，选用低屈服点钢材（屈服强度 ReL＝100～225MPa）。

国家标准《低合金高强度结构钢》GB/T 1591 中规定八个牌号，其中 Q390、Q420、Q460、Q500、Q550、Q620、Q690 属高强钢范围；《建筑结构用钢》GB/T 19879 有 Q390GJ、Q420GJ、Q460GJ 三个牌号属于高强钢范围；《耐候结构钢》GB/T 4171，有 Q415NH、Q460NH、Q500NH、Q550NH 属于高强钢范围；《建筑用低屈服强度钢板》GB/T 28905，有 LY100、LY160、LY225 属于低屈服强度钢范围。

钢厂供货品种及规格：轧制钢板的厚度为 6～400mm，宽度为 1500～4800mm，长度为 6000～25000mm。有多种交货方式，包括：普通轧制态 AR、控制轧制态 CR、正火轧制态 NR、控轧控冷态 TMCP、正火态 N、正火加回火态 N＋T、调质态 QT 等。

建筑结构用高强钢一般具有低碳、微合金、纯净化、细晶粒四个特点。使用高强度钢材时必须注意新钢种焊接性试验、焊接工艺评定、确定匹配的焊接材料和焊接工艺，编制焊接工艺规程。

建筑用低屈服强度钢中残余元素铜、铬、镍的含量应各不大于 0.30％。成品钢板的化学成分允许偏差应符合 GB/T 222 的规定。

今后相关机构需组织开发高强、高品质钢材，加强建筑用高性能钢材产品的研发，提供系列的高性能钢材产品，编制相应的产品标准（热成型方管、低屈服强度钢、GJ 钢、变厚度钢板等），进行钢材性能优化应用的课题研究（高性能钢应用的合理条件、抗力分项系数等设计指标的合理取值、Z 向性能、屈强比、伸长率、断面收缩率的合理选用要求、抗震钢结构材料的性能与选材要求等）与高性能钢结构构件工作机理及设计方法的研究。

3. 工程案例

深圳某超高层项目，建筑面积约 50 万 m^2，地上 118 层，地下 5 层，建筑高度 600m，是一幢以甲级写字楼为主的综合性大型超高层建筑。

塔楼部分由 8 根巨型柱和 7 道环桁架以及巨柱斜撑、V 形撑、楼层钢梁构成巨型外框结构，巨柱底部标高－30.400m，核心筒从 B5 层到 L12 层采用钢板剪力墙，L12 层以上为劲性钢柱剪力墙，外框与核心筒之间通过 4 道伸臂桁架连接形成整体"巨型框架—核心筒—外伸臂"抗侧力体系，上部楼面体系为钢梁（或钢桁架）支承的组合楼板体系。核心筒墙体最厚达 1500mm，内设钢板墙、型钢柱外包混凝土，巨柱最大尺寸达 6225mm×3200mm，内设钢骨外包混凝土，核心筒内梁板为混凝土结构，外框梁板为组合结构。

钢结构用钢量达 10 万 t，主要采用的钢材种类有 Q345GJC、Q390GJC（外框巨型支撑、V 形支撑、环带桁架）、Q420GJC（高区伸臂桁架）、Q460GJC（低区伸臂桁架），其中 Q390 及以上高强度钢材用量约 2.3 万 t。

应用高强钢后，主要受力构件的截面尺寸和钢板厚度均得到了有效的控制，一定程度上避免了超特厚钢板和特大截面尺寸构件，降低了钢结构制作、运输、安装的设备投入，再保证结构受力和构件质量的同时，缩短了钢结构施工工期，提高了超高层建筑的有效使用面积。

2.7.2　钢结构制造技术

1. 加工制造技术发展

制造技术的发展主要表现为深化设计技术的革新及制作工艺的提升。深化设计是钢结构制造的源头，早期的深化设计工作是由钢构件制造厂在制作平台上 1：1 放样，按下料样板进行下料，并在大样上组装构件进行钢结构加工。改革开放以后，深化设计工作采用虚拟建模的手段，应用计算机完成建模后，由详图软件自动生成构件的信息，极大地提高了钢结构深化设计水平和效率。

早期钢结构制造主要是采用人工进行放样、下料、组装、焊接等工作。1952 年，美国麻省理工学院成功研制了第一台数控机床，推动了包括钢结构制造在内的自动化发展。此后，数控切割、自动焊接及流水线作业等钢结构制造工艺不断创新，大幅提高了生产效率。

2. 钢结构制造技术主要内容

（1）深化设计

钢结构深化设计，主要是针对设计总图中关于钢结构部分进行优化和细化。一般来说，原始设计图纸是从满足建筑物功能要求出发进行钢结构设计，主要考虑点是满足建筑外观、使用功能、结构强度。而深化设计，主要是从实际施工角度出发，对使用原始图纸进行钢结构施工过程中所可能遇到的一系列问题做出细化调整，在实际施工前就解决这一系列问题。深化设计的内容因此也包括了对原图纸不合理之处做出调整，对原图纸不详细部分进行补充，是在钢结构工程原设计图的基础上，结合工程情况、钢结构加工、运输及安装等施工工艺和其他专业的配合要求进行的二次设计。其主要技术内容有：使用详图软件建立结构空间实体模型或使用计算机放样制图，提供制造加工和安装的施工用详图、构件清单及设计说明。

施工详图的内容有：①构件平、立面布置图，其中包括各构件安装位置和方向、定位轴线和标高、构件连接形式、构件分段位置、构件安装单元的划分等；②准确地连接节点尺寸，加劲肋、横隔板、缀板和填板的布置和构造、构件组件尺寸、零件下料尺寸、装配间隙及成品总长度；③焊接连接的焊缝种类、坡口形式、焊缝质量等级；④螺栓连接的螺孔直径、数量、排列形式，螺栓的等级、长度、初拧终拧参数；⑤人孔、手孔、混凝土浇筑孔、吊耳、临时固定件的设计和布置；⑥钢材表面预处理等级、防腐涂料种类和品牌、涂装厚度和遍数、涂装部位等；⑦销轴、铆钉的直径加工长度及精度，数量级安装定位等。

构件清单的主要内容有：构件编号、构件数量、单件重量及总重量、材料材质等。构件清单尚应包括螺栓、支座、减震器等所有成品配件。

设计说明的主要内容有：原设计的相关要求、应用规范和标准、质量检查验收标准、对深化设计图的使用提供指导意见。

深化设计贯穿于设计和施工的全过程，除提供加工详图外，还配合制定合理的施工方案、临时施工支撑设计、施工安全性分析、结构变形分析与控制、结构安装仿真等工作。该技术的应用对于提高设计和施工速度、提高施工质量、降低工程成本、保证施工安全有积极意义。

（2）构件加工制造

待深化图出图，制作材料采购，技术准备等均完毕后，便可进行钢结构构件的加工制作。从材料就位到构件出厂，一般包含如下工序内容：①钢板矫平；②放样、号料；③钢材切割、平直矫平；④边缘及端部加工；⑤制孔；⑥摩擦面加工；⑦组装；⑧焊接；⑨涂装。

3. 钢结构制造技术的新进展

（1）钢结构深化设计与物联网

钢结构深化设计是以设计院的施工图、计算书及其他相关资料为依据，依托专业深化设计软件平台，建立三维实体模型，计算节点坐标定位调整值，并生成结构安装布置图、零构件图、报表清单等的过程。钢结构深化设计与 BIM 结合，实现了模型信息化共享，由传统的"放样出图"延伸到施工全过程。物联网技术是通过射频识别（RFID）、红外感应器等信息传感设备，按约定的协议，将物品与互联网相连接，进行信息交换和通信，以实现智能化识别、定位、追踪、监控和管理的一种网络技术。在钢结构施工过程中应用物联网技术，采用三维计算机辅助设计（CAD）、计算机辅助工艺规划（CAPP）、计算机辅助制造（CAM）、工艺路线仿真等工具和手段，提高数字化施工水平，改善了施工数据的采集、传递、存储、分析、使用等各个环节，将人员、材料、机器、产品等与施工管理、决策建立更为密切的关系，并可进一步将信息与 BIM 模型进行关联，提高施工效率、产品质量和企业创新能力，提升产品制造和企业管理的信息化管理水平。主要包括以下内容：

深化设计阶段，需建立统一的产品（零件、构件等）编码体系，规范图纸深度，保证产品信息的唯一性和可追溯性。深化设计阶段主要使用专业的深化设计软件，在建模时，对软件应用和模型数据有以下几点要求：

1）统一软件平台：同一工程的钢结构深化设计应采用统一的软件及版本号，设计过程中不得更改。同一工程宜在同一设计模型中完成，若模型过大需要进行模型分割，分割数量不宜过多。

2）人员协同管理：钢结构深化设计多人协同作业时，明确职责分工，注意避免模型碰撞冲突，并需设置好稳定的软件联机网络环境，保证每个深化人员的深化设计软件运行顺畅。

3）软件基础数据配置：软件应用前需配置好基础数据，如：设定软件自动保存时间；使用统一的软件系统字体；设定统一的系统符号文件；设定统一的报表、图纸模板等。

4）模型构件唯一性：钢结构深化设计模型，要求一个零构件号只能对应一种零构件，当零构件的尺寸、重量、材质、切割类型等发生变化时，需赋予零构件新的编号，以避免零构件的模型信息冲突报错。

5）零件的截面类型匹配：深化设计模型中每种截面的材料指定唯一的截面类型，保证材料在软件内名称的唯一性。

6）模型材质匹配：深化设计模型中每个零件都有对应的材质，根据相关国家钢材标准指定统一的材质命名规则，深化设计人员在建模过程中需保证使用的钢材牌号与国家标准中的钢材牌号相同。

226

施工过程阶段，需建立统一的施工要素（人、机、料、法、环等）编码体系，规范作业过程，保证施工要素信息的唯一性和可追溯性。钢结构制造过程中可搭建自动化、柔性化、智能化的生产线，通过工业通信网络实现系统、设备、零部件以及人员之间的信息互联互通和有效集成。

搭建必要的网络、硬件环境，实现数控设备的联网管理，对设备运转情况进行监控，提高设备管理的工作效率和质量。

将物联网技术收集的信息与 BIM 模型进行关联，不同岗位的工程人员可以从 BIM 模型中获取、更新与本岗位相关的信息，既能指导实际工作，又能将相应工作的成果更新到 BIM 模型中，使工程人员对钢结构施工信息做出正确理解和高效共享。

充分利用工业以太网，建立企业资源计划管理系统（ERP）、制造执行系统（MES）、供应链管理系统（SCM）、客户管理系统（CRM）、仓储管理系统（WMS）等信息化管理系统或相应功能模块，进行产品全生命期管理。打造扎实、可靠、全面、可行的物联网协同管理软件平台，对施工数据的采集、传递、存储、分析、使用等环节进行规范化管理，进一步挖掘数据价值，服务企业运营。

（2）加工制造

现代钢结构制造的发展趋势是以信息化带动数控、自动化的制造装备来生产各类钢结构构件。

目前，国产数控加工装备产品系列已全面覆盖了机械、电力、通信、铁道、交通、石化、建筑等领域钢结构产品的加工制造。通过智能设备的使用，如全自动等离子火焰切割机、自动拼板机、链式分拣工作台、数控钻锯镜床、程控行车、焊接机器人、走动导引运输车等，实现钢结构全生产线智能化。以数控四面机械镜边设备为例，该设备能实现自动成型一次加工，加工精度、品质和效率远远高于传统的火焰切割坡口模式，尤其是可加工 U 形坡口。

钢结构制造已经从简单的手工作业迈向效率更高的数控加工，近年来迅速发展的 3D 技术和 BIM 概念对制造环节提出了更高标准的自动化和智能化要求。目前国内诸多钢结构工程的设计构造奇特且富于变化，主体外形多样、节点连接复杂、空间角度各异，弯扭拱跨多变。单体构件日趋复杂和无规则，致使现有的构件检测和监控手段无法达到预期的生产控制要求。促使国内在钢结构制作中开展仿真测量技术研究，借助先进 3D 影像采集技术、计算机和软件分析系统来丰富我们对钢结构制作的检测和控制。从满足钢结构制作测控的实用角度出发开发和利用仿真测量技术，找到平衡 3D 数字化仿真测控精确性与效率的最佳操作方法，并通过其强大的后处理功能，为制作纠差、预拼装和安装指导提供可靠的依据。

BIM 技术的引入，使钢结构加工制造流程变得简单，BIM 模型输出的各类信息除了能对快速生成加工清单、设定工艺路径（结合设备状况）等进行有效组织生产外，在异形板材自动套料、数控切割及油漆喷涂等加工工序中的作用尤为显著，未来 5～10 年 BIM 技术将会得到更深入广泛的应用。因此，实现制造全方位的自动化，必然是未来 5～10 年钢结构制造发展方向。

（3）虚拟预拼装技术

采用三维设计软件，将钢结构分段构件控制点的实测三维坐标在计算机中模拟拼装形成分段构件的轮廓模型，与深化设计的理论模型拟合比对，检查分析加工拼装精度，得到所需修改的调整信息，经过必要校正、修改与模拟拼装，直至满足精度要求。主要包含以下内容：

1）根据设计图文资料和加工安装方案等技术文件，在构件分段与胎架设置等安装措施可保证自重受力变形不致影响安装精度的前提下，建立设计、制造、安装全部信息的拼装工艺三维几何模型，完全整合形成一致的输入文件，通过模型导出分段构件和相关零件的加工制作详图。

2）构件制作验收后，利用全站仪（或三维激光扫描仪）实测外轮廓控制点三维坐标。

① 设置相对于坐标原点的全站仪测站点坐标，仪器自动转换和显示位置点（棱镜点）在坐标系中的坐标。

② 设置仪器高和棱镜高，获得目标点的坐标值。

③ 设置已知点的方向角，照准棱镜测量，记录确认坐标数据。

3）计算机模拟拼装，形成实体构件的轮廓模型。

① 将全站仪（或三维激光扫描仪）与计算机连接，将测得的控制点坐标数据导入到EXCEL表格，换成（x，y，z）格式。收集构件的各控制点三维坐标数据、汇总整理。

② 选择复制全部数据，输入三维图形软件。以整体模型为基准，根据分段构件的特点，建立各自的坐标系，绘出分段构件的实测三维模型。

③ 根据制作安装工艺图的需要，模拟设置胎架及其标高和各控制点坐标。

④ 将分段构件的自身坐标转换为总体坐标后，模拟吊上胎架定位，检测各控制点的坐标值。

4）将理论模型导入三维图形软件，合理地插入实测整体预拼装坐标系。

5）采用拟合方法，将构件实测模拟拼装模型与拼装工艺图的理论模型比对，得到分段构件和端口的加工误差以及构件间的连接误差。

6）统计分析相关数据记录，对于不符规范允许公差和现场安装精度的分段构件或零件，修改校正后重新测量、拼装、比对，直至符合精度要求。

4. 工程案例

北京某集商业办公一体的大型综合项目，是由三栋塔体组成建筑群，每栋塔体的平面和立面都呈弧形，体现自然风动的感觉和效果，总建筑面积约 52 万 m^2。

其中的 T3 塔楼为三栋塔楼中的最高建筑，地上 45 层，地下 4 层，檐口高度 200m。塔楼平面形状酷似"鱼"形，立面和平面均为不规则曲线，整体结构从下至上向逐渐向内收缩，由首层 34 根钢管柱逐渐缩减至顶层的 17 根，钢柱最大直径 1200mm，塔楼顶为双曲面管桁架钢结构穹顶。工程设计中采用的超高层空间多变斜率钢管混凝土柱及空间流线造型，在国内乃至世界建筑领域都极具代表性。

针对斜率多变相贯钢管柱的加工，项目运用 BIM 技术建立 1：1 的三维模型，利用电脑放样、数控切割，为精确控制斜率多变的钢管柱等复杂构件的下料和加工提供了依据和保证。采用可移动式胎架进行变曲率相贯构件组装，利用合理的焊接工艺和焊接顺序进行构件相贯节点的制作，通过设置防止变形的支撑，有效控制了包括长相贯线钢节点、大直径变斜率钢管拐点等在内的重要焊接部位的变形，通过严格执行焊前检查验收、焊接、焊后矫正验收，以控制每一道工序，保证满足每一项精度要求。

针对屋顶多曲率变化的三角形管桁架穹顶，项目在管桁架加工阶段，采用三维模型数字化扫描技术，实现现实模型与虚拟模型的转化和比较，通过对构件在电脑上进行模拟拼装，检查构架加工质量（图 2-121）。在管桁架安装完成后，对钢结构穹顶整体扫描，与模型核对，检查钢结构的安装质量，保证了屋顶多曲率变化的三角形管桁架穹顶实现构件的精确加工、精确安装。

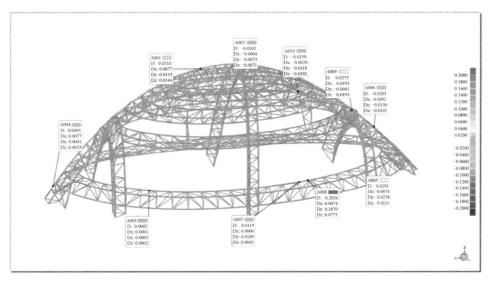

图 2-121　三维模型数字化扫描

2.7.3　钢结构安装技术

1. 钢结构安装技术发展

早期钢结构建筑造型较为简单，通常采用吊车、塔吊等设备直接吊装即可，然而随着社会经济的发展，钢结构安装时设备应用及施工方法也有诸多创新，如"卷扬机、扁担和滑轮组自行提升"的塔吊支撑系统安装爬升技术，"大塔互拆、以小拆大、化大为小、化整为零"的大型塔吊拆除技术，采用计算机控制整体提升技术，同时现场焊接工艺、施工测量等技术工艺的提升和改良也为钢结构工程的安装质量提供了保障。如在深圳发展中心大厦建设过程中，国内首次引进了 CO_2 气体保护焊焊接工艺；测量技术由单一的靠人工测量发展到后来的智能测控技术，大幅提高了安装质量、精度和效率。

2. 钢结构安装技术主要内容

（1）起重设备和安装技术

钢结构施工起重设备通常包括塔吊、汽车吊、履带吊、榄杆式起重设备、倒链、卷扬机、液压设备等。其中塔吊、汽车吊、履带吊为最重要的起重设备。

单层钢结构安装时，柱、梁、柱间支撑一般采用单件流水法吊装，考虑到吊车移动不便，可以 2～3 个轴线为单元进行节间构件安装。屋盖系统安装通常采用"节间综合法"吊装，即吊车一次安装完一个节间的全部屋盖构建后，再安装下一个节间的屋盖构件。

多高层钢结构安装时，在分片区的基础上，多采用综合吊装法，其吊装程序一般是：平面从中间或某一对称节间开始，以一个节柱网为一个吊装单元，按钢柱→钢梁→支撑顺序吊装，并向四周扩展；垂直方向由下至上组成稳定结构，同节柱范围内的横向构件，通常由上向下逐层安装。采取对称安装、对称固定的工艺，有利于将安装误差累积和节点焊接变形降低到最小。

安装时，一般按吊装程序先划分吊装作业区域，按划分的区域等级、顺序同时进行。当一片区吊装完毕后，即进行测量、校正、高强螺栓初拧等工序，待几个片区安装完毕，再对整体结构继续进行测量、校正、高强螺栓终拧、焊接，而后，进行下一节钢柱的吊装。

（2）测量校正技术

钢结构施工常用测量仪器主要有：经纬仪、水准仪、测距仪、全站仪、激光铅直仪。测量时应遵循"先整体后局部"、"由高等级向低等级精度扩展"的原则。平面控制一般布设三级控制网，由高到低逐级控制。

测量方法一般有四种方法，即直角坐标法、极坐标法、角度（方向）交会法、距离交会法，可根据仪器配置情况进行选择，以控制网满足施工需要为原则。

钢结构安装定位，需要分析自重、日照、焊接等因素可能引起的构件伸缩或弯曲变形，并采取包括预调、约束等在内的相应措施。

（3）焊接技术

焊接技术就是高温或高压条件下，使用焊接材料（焊条或焊丝）将两块或两块以上的母材（待焊接的工件）连接成一个整体的操作方法。钢结构焊接按照其自动化程度一般分为手工焊接、半自动焊接和自动化焊接三种（图 2-122）。

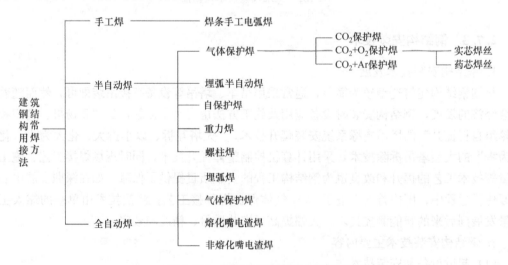

图 2-122　钢结构常用焊接方法分类

焊接是一个局部的迅速加热和冷却过程，焊接区由于受到四周工件本体的拘束而不能自由膨胀和收缩，冷却后在焊件中便产生焊接应力和变形，不同程度地影响焊接结构的性能。因此，重要产品焊后都需要消除焊接应力，矫正焊接变形。

在超高层建筑、大跨度结构等钢结构工程中，多应用 40mm 以上厚板焊接，其主要技术内容有：①厚钢板抗层状撕裂 Z 向性能级别钢材的选用；②焊缝接头形式的合理设计；③低氢型焊接材料的选用；④焊接工艺的制定及评定，包括焊接参数、工艺、预热温度、后热措施或保温时间；⑤分层分道焊接顺序；⑥消除焊接应力措施；⑦缺陷返修预案；⑧焊接收缩变形的预控与纠正措施。

3. 钢结构安装技术的新进展

（1）钢结构滑移、顶（提）升施工技术

滑移施工技术适用于大跨度网架结构、平面立体桁架（包括曲面桁架）、平面形式为矩形的钢结构屋盖和特殊地理位置的钢结构桥梁，特别是由于现场条件的限制，吊车无法直接安装的结构。

整体顶（提）升施工技术适用于体育场馆、剧院、飞机库、钢连桥（廊）等具有地面拼装条件，又有较好的周边支承条件的大跨度屋盖钢结构；电视塔、超高层钢桅杆、天线、电站锅炉等超高构件；大型龙门起重机主梁、锅炉等大型设备等。

滑移施工技术是在建筑物的一侧搭设一条施工平台，在建筑物两边或跨中铺设滑道，所有构件都在施工平台上组装，分条组装后用牵引设备向前牵引滑移（可用分条滑移或整体累积滑移），结构整体安装完毕并滑移到位后，拆除滑道实现就位。滑移可分为结构直接滑移、结构和胎架一起滑移、胎架滑移等多种方式。牵引系统有卷扬机牵引、液压千斤顶牵引与顶推系统等。结构滑移设计时要对滑移工况进行受力性能验算，保证结构的杆件内力与变形符合规范和设计要求。

整体顶（提）升施工技术是一项成熟的钢结构与大型设备安装技术，它集机械、液压、计算机控制、传感器监测等技术于一体，解决了传统吊装工艺和大型起重机械在起重高度、起重重量、结构面积、作业场地等方面无法克服的难题。顶（提）升方案的确定，必须同时考虑承载结构（永久的或临时的）和被顶（提）升钢结构或设备本身的强度、刚度和稳定性。要进行施工状态下结构整体受力性能验算，并计算各顶（提）点的作用力，配备顶升或提升千斤顶。对于施工支架或下部结构及地基基础应验算承载能力与整体稳定性，保证在最不利工况下足够的安全性。施工时各作用点的不同步值应通过计算合理选取。

顶（提）升方式选择的原则：一是力求降低承载结构的高度，保证其稳定性，二是确保被顶（提）升钢结构或设备在顶（提）升中的稳定性和就位安全性。确定顶（提）升点的数量与位置的基本原则是：首先保证被顶（提）升钢结构或设备在顶（提）升过程中的稳定性；在确保安全和质量的前提下，尽量减少顶（提）升点数量；顶（提）升设备本身承载能力符合设计要求。顶（提）升设备选择的原则是：能满足顶（提）升中的受力要求，结构紧凑、坚固耐用、维修方便、满足功能需要（如行程、顶/提升速度、安全保护等）。

滑移牵引力计算，当钢与钢面滑动摩擦时，摩擦系数取 0.12～0.15；当滚动摩擦时，滚动轴处摩擦系数取 0.1；当不锈钢与四氟聚乙烯板之间的滑靴摩擦时，摩擦系数取 0.08。

整体顶（提）升方案要做施工状态下结构整体受力性能验算，依据计算所得各顶（提）点的作用力配备千斤顶；提升用钢绞线安全系数：上拔式提升时，应大于 3.5；爬升式提升时，应大于 5.5。正式提升前的试提升需悬停静置 12 小时以上并测量结构变形情况；相邻两提升点位移高差不超过 2cm。

钢结构滑移、顶（提）升施工技术关键在于计算机控制和结构运动过程中的持续监测。计算机控制是通过数据反馈和控制指令传递，实现全自动同步动作、负载均衡、姿态矫正、应力控制、操作闭锁、过程显示和故障报警等；同时液压设备的行程传感器精度达到毫米级，且全行程显示，使得不管在手动或者自动操作过程中，均可以实现整体提升工艺中所需要的单点在 5mm 误差以内的控制。施工过程中的持续监测主要是对关键杆件的应力和变形状态、整体结构的变形以及结构运动过程中的姿态等进行监测，通过计算机及时进行数据分析与反馈，调整、修正施工路径，实现施工过程的伺服控制，保证施工过程的安全可靠。

（2）超高层塔吊应用技术

随着超高层钢结构建筑高度的不断攀升，重型动臂式塔吊在超高层施工领域的应用越来越广泛，具有单绳起重量大、吊装平稳的优点。常用型号有法福克公司生产的 M900D、M12800 型和中异建机生产的 ZSL1250 和 ZSL2700 型等。附着方式也呈多样化趋势，如核心筒内爬、核心筒外爬和集成钢平台。北京北京中信大厦项目 M900D 塔吊与智能顶升钢平台系统通过一体化设计，使 M900D 塔吊集成于钢平台系统，实现了塔吊与钢平台同步顶升，大大提高了爬升效率。

附着方式的多样性对支撑体系的设计、制作、安装和循环倒运提出新的挑战，集中表现为支撑体系在高空循环倒运的难度大，危险性高。塔吊支承架高效拆装成套施工技术通过"新型索具整体提升支撑架、高空分离后悬挂待用"的方法，解决了外挂式塔吊支撑架拆卸和周转难度大的难题，已成功应用于深圳平安金融中心项目。上海中心项目通过与塔吊设备厂家深度合作，在塔吊支撑体系中集成塔吊爬升装置，减少了塔吊爬升前后塔吊支撑系统的拆装次数，并实现了在有限范围内的高空平移。

（3）钢结构高效焊接技术

当前钢结构制作安装施工中能有效提高焊接效率的技术有：

1）焊接机器人技术；

2）双（多）丝埋弧焊技术；

3）免清根焊接技术；

4）免开坡口熔透焊技术；

5）窄间隙焊接技术。

焊接机器人技术克服手工焊接受劳动强度、焊接速度等因素的制约，可结合双（多）丝、免清根、免开坡口等技术，实现大电流、高速、低热输入的连续焊接，大幅提高焊接效率；双（多）丝埋弧焊技术熔敷量大，热输入小，速度快，焊接效率及质量提升明显；免清根焊接技术通过采用陶瓷衬垫和优化坡口形式（如 U 形坡口），省略掉碳弧气刨工序，缩短焊接时长，减少焊缝熔敷量，同时可避免渗碳对板材力学性能的影响；免开坡口熔透焊技术采用单丝可实现 $t \leqslant 12mm$ 板厚熔透焊接，采用双（多）丝可实现 $t \leqslant 20mm$ 板厚熔透焊接，免除坡口加工工序；窄间隙焊接技术剖口窄小，焊丝熔敷填充量小，相比常规坡口角度焊缝可减少 1/2～2/3 的焊丝熔敷量，焊接效率提高明显，焊材成本降低明显，效率提高和能源节省的效益明显。

（4）钢结构智能测量技术

钢结构智能测量技术是指在钢结构施工的不同阶段，采用基于全站仪、电子水准仪、GPS 全球定位系统、北斗卫星定位系统、三维激光扫描仪、数字摄影测量、物联网、无线数据传输、多源信息融合等多种智能测量技术，解决特大型、异形、大跨径和超高层等钢结构工程中传统测量方法难以解决的测量速度、精度、变形等技术难题，实现对钢结构安装精度、质量与安全、工程进度的有效控制。主要包括以下内容：

1）高精度三维测量控制网布设技术

采用 GPS 空间定位技术或北斗空间定位技术，利用同时智能型全站仪（具有双轴自动补偿、伺服马达、自动目标识别 ATR 功能和机载多测回测角程序）和高精度电子水准仪以及条码因瓦水准尺，按照现行《工程测量规范》GB/T 50026，建立多层级、高精度的三维测量控制网。

控制网精度可达：相邻点平面相对点位中误差不超过 3mm，高程上相对高差中误差不超过 2mm；单点平面点位中误差不超过 5mm，高程中误差不超过 2mm。

2）钢结构地面拼装智能测量技术

使用智能型全站仪及配套测量设备，利用具有无线传输功能的自动测量系统，结合工业三坐标测量软件，实现空间复杂钢构件的实时、同步、快速地面拼装定位。

3）钢结构精准空中智能化快速定位技术

采用带无线传输功能的自动测量机器人对空中钢结构安装进行实时跟踪定位，利用工业三维坐标测量软件计算出相应控制点的空间坐标，并同对应的设计坐标相比较，及时纠偏、校正，实现钢结构快速精准安装。

4）基于三维激光扫描的高精度钢结构质量检测及变形监测技术

采用三维激光扫描仪，获取安装后的钢结构空间点云，通过比较特征点、线、面的实测三维坐标与设计三维坐标的偏差值，从而实现钢结构安装质量的检测。该技术的优点是通过扫描数据点云可实现对构件的特征线、特征面进行分析比较，比传统检测技术更能全面反映构件的空间状态和拼装质量。

5）基于数字近景摄影测量的高精度钢结构性能检测及变形监测技术

利用数字近景摄影测量技术对钢结构桥梁、大型钢结构进行精确测量，建立钢结构的真实三维模型，并同设计模型进行比较、验证，确保钢结构安装的空间位置准确。

6）基于物联网和无线传输的变形监测技术。

通过基于智能全站仪的自动化监测系统及无线传输技术，融合现场钢结构拼装施工过程中不同部位的温度、湿度、应力应变、GPS 数据等传感器信息，采用多源信息融合技术，及时汇总、分析、计算，全方位反映钢结构的施工状态和空间位置等信息，确保钢结构施工的精准性和安全性。

4. 工程案例

（1）重庆某体育馆工程，地下一层，地上五层，建筑面积约 12 万 m^2，包含比赛馆、热身馆和附属商业用房。其中，比赛馆观众席总数 14886 个，含活动 3549 席、悬挂看台692 席，建成后成为重庆市新的体育、娱乐和休闲中心。

该工程体育馆于项目场地中部，下体育馆主体结构内含 36 根外包混凝土钢骨柱，柱底标高 −7.9m，柱顶标高 23.9m，柱顶通过固定球形铰支座与屋盖桁架连接。混凝土屋面结构标高为 23.5m，金属屋面檐口及最高点标高分别为 31.8m、35.0m。体育馆屋盖平面形状为圆角矩形（接近椭圆形），南北方向跨度 109.2m，东西方向跨度 126m，采用双向交叉平面钢桁架结构。

体育馆屋盖跨度大、重量大、下部净空高，且桁架构件数量多，结构形式复杂，受场地狭小、工期紧张等多方面不利因素限制。项目采用中心区域整体提升＋外围区整榀吊装相结合的施工方案见（图2-123）。中心区提前插入、外环齐头并进，可减少与混凝土结构的交叉作业施工，较常规的施工方案节约工期2～3个月，大量作业均在地面完成，亦可保证施工质量、安全。

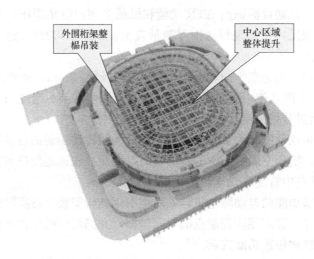

图2-123 屋盖桁架施工

中心提升区无梁、柱等永久结构，根据现场条件，通过受力计算，需设置8组临时支撑架，支撑架采用格构柱式体系，支架高42m，由10个标准节及1个转换节组成，每节次间通过高强螺栓连接。为确保提升单元及主体结构提升过程的平稳、安全，根据结构的特性，采用"吊点油压均衡，结构姿态调整，位移同步控制，顺序卸载就位"的同步提升和卸载落位控制策略。各个吊点在上升或下降过程中将同步性控制在±20mm，桁架整体提升高度约30m，提升速度10m/min。

（2）北京某国际机场航站楼核心区钢结构设计结合屋盖放射型的平面功能，由支撑系统钢结构和屋盖钢结构组成，用钢量共计4.2万t。支撑结构由内圈8组C形柱、中部12组支撑筒、6组钢管柱、外侧幕墙柱等组成，各类支撑结构共计26处，形成180m直径的中心区空间。屋盖为不规则自由曲面空间网格钢结构，横向宽568m，纵向长455m，顶点标高约50m，最大起伏高差约30m，球节点最大间距达10m，屋盖结构厚度2～8m不等，投影面积达18万m^2（图2-124）。屋盖钢结构共计球节点12300个，圆钢管63450根，焊缝长度约19万m，现场焊缝探伤一次合格率达99.9%，施工历时80天。其中焊接球节点的规格最小为WS400×12mm，最大为WSR900×35mm。局部受力较大部位采用铸钢球节点，网格杆件均为钢管构件，其规格主要为ϕ89×4mm～ϕ1400×40mm。结构体系繁多、结构造型复杂、空间曲面复杂多变是本工程钢结构的最大特点。钢结构主要材质为Q345、Q390、GS20Mn5QT、Q460等系列。

1）屋盖钢结构特点难点

航站楼主楼核心区屋盖网格结构覆盖面积大、造型复杂、施工难度极大。根据对航站楼主楼核心区结构体系的分析，其结构特点如下：

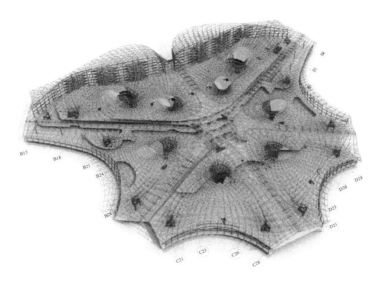

图 2-124　核心区屋盖钢结构示意图

① 建筑造型空间极为复杂：整个航站楼核心区结构造型完全成空间自由曲面造型，曲面极为不规则，空间坐标及标高落差大。

② 核心区屋盖结构支撑体系少，跨度大，且结构外悬挑较大：核心区屋盖结构整体覆盖面积达 18.2 万 m^2，而其整个支撑体系仅包括 8 组 C 形柱、12 组直筒柱、6 根钢管柱及周边幕墙柱等（图 2-125），结构跨度均较大，C 形柱之间跨度达 64m，其他结构柱之间结构跨度最大达 80m 以上。另外结构悬挑端悬挑尺度均较大，最大网格悬挑达 43m。

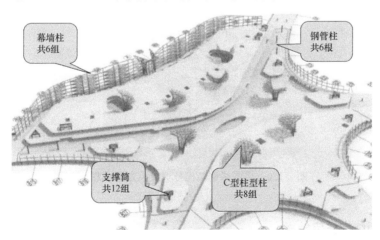

图 2-125　核心区屋盖支撑钢结构示意图

③ 核心区屋盖结构安装高度高、结构标高落差大：本工程核心区屋盖整个结构建筑空间造型复杂，最大结构标高达约 50m，而最低处屋盖结构标高仅 20 多米，单片屋盖结构安装高度落差达 20m 以上。

④ 核心区屋盖网格结构网格尺寸大，网格结构重量重：核心区屋盖网格结构为正交

型焊接球网格结构，网格尺寸均较大，最大网格超过 9m 以上，网格高度最大超过 8m，网格杆件截面相对较大，网格重量达 120～180kg/m²，大量单个网格重量在 10～20t 之间。

2）屋盖钢结构施工技术

屋盖钢结构整体受力体系复杂，位形控制精度高，不同部位构件刚度差异大，整体结构纵、横向刚度不对称，安装过程中焊接收缩变形及应力大、温度效应明显，给结构整体测量与安装精度控制增加难度；整体施工临时支撑用量多，整体卸载点多面积大。

根据结构受力特点创造性地提出了"分区安装，分区卸载，变形协调，总体合拢"的原则，以应变换应力，采取了 6 个分区单元先一次性将临时支撑完全卸载，各分区单元依靠自身结构体系支撑，然后通过嵌补各分区单元采光天窗之间的三角桁架形成合拢，达到降低合拢后结构受力不均匀变形产生的应力，减少临时支撑和设备数量，屋面等后续工作提前插入施工。其中 C2 区采用"分块提升"，C1 和 C3 区采用"分块提升"和"原位拼装"相结合的施工方法。施工时共需进行 26 次分块提升、13 块原位拼装、31 次小合拢、7 次卸载、1 次大合拢（图 2-126）。

图 2-126　盖网格钢结构分块安装方案示意图

2.7.4　钢结构住宅技术

1. 钢结构住宅技术主要内容及进展

钢结构住宅是指以钢作为建筑承重体系的住宅建筑，它的优点有：①重量轻、强度高，使用面积比钢筋混凝土住宅提高 4% 左右；②安全可靠性，抗震、抗风性能好；③钢构件在工厂制作，减少现场工作量，缩短施工工期；④钢结构工厂制作质量可靠，尺寸精确，安装方便；⑤钢材可以回收，污染较少。

钢结构住宅建筑设计应以集成化住宅建筑为目标，应按模数协调的原则实现构配件标准化、设备产品定型化。采用钢结构作为住宅的主要承重结构体系，对于低密度住宅宜采用冷弯薄壁型钢结构体系，墙体为墙柱加石膏板，楼盖为C形格栅加轻板；对于多、高层住宅结构体系可选用钢框架、框架支撑（墙板）、筒体结构、钢框架—钢混组合等体系，楼盖结构宜采用钢筋桁架楼承板、现浇钢筋混凝土结构以及装配整体式楼板，墙体为预制轻质板或轻质砌块。目前钢结构住宅的主要发展方向有可适用于多层的采用带钢板剪力墙或与普钢混合的轻钢结构；可适用于低、多层的基于方钢管混凝土组合异形柱和外肋环板节点为主的钢框架体系；可适用于高层以钢框架与混凝土筒体组合构成的混合结构或带钢支撑的框架结构；以及适用于高层的基于方钢管混凝土组合异形柱和外肋环板节点为主的框架—支撑和框架—核心筒体系以及钢管束组合剪力墙结构体系。

轻型钢结构住宅的钢构件宜选用热轧H型钢、高频焊接或普通焊接的H型钢、冷轧或热轧成型的钢管、钢异形柱等；多高层钢结构住宅结构柱材料可采用纯钢柱或钢管混凝土柱等，柱截面形状可采用矩形、圆形、L形等；外墙体可为砂加气板、灌浆料墙板或蒸压加气混凝土砌块，内墙体可选用轻钢龙骨石膏板等板材；楼板可为钢筋桁架楼承板、叠合板或现浇板。

除常见的装配化钢结构住宅结构体系之外，模块钢结构建筑开始发展。模块建筑是将传统房屋以单个房间或一定的三维建筑空间进行模块单元划分，每个单元都在工厂预制且精装修，单元运输到工地整体连接而成的一种新型建筑形式。根据结构形式的不同可分为：全模块建筑结构体系以及复合模块建筑结构体系，复合模块建筑结构体系又可分为：模块单元与传统框架结构复合体系、模块单元与板体结构复合体系、外骨架（巨型框架）模块建筑结构体系、模块单元与剪力墙或核心筒复合结构体系；模块外围护墙板可选用加气混凝土板、薄板钢骨复合轻质外墙、轻集料混凝土与岩棉板复合墙板；模块底板可采用钢筋混凝土结构底板、轻型结构底板；顶板可为双面钢板夹芯板。

钢结构住宅结构设计应符合工厂生产、现场装配的工业化生产要求，构件及节点设计宜标准化、通用化、系列化，在结构设计中应合理确定建筑结构体的装配率。

钢材性能应符合现行国家标准《钢结构设计规范》GB 50017和《建筑抗震设计规范》GB 50009的规定，可优先选用高性能钢材。

钢结构住宅应遵循现行国家标准《装配式钢结构建筑技术标准》GB/T 51232进行设计，按现行国家标准《建筑工程抗震设防分类标准》GB 50223的规定确定其抗震设防类别，并应按现行国家标准《建筑抗震设计规范》GB 50011进行抗震设计。结构高度大于80m的建筑宜验算风荷载的舒适性。

钢结构住宅的防火等级应按现行国家标准《建筑设计防火规范》GB 50016确定，防火材料宜优先选用防火板，板厚应根据耐火时限和防火板产品标准确定，承重的钢构件耐火时限应满足相关要求。

冷弯薄壁型钢以及轻型钢框架为结构的轻型钢结构可适用于低、多层（6层，24m以下）住宅的建设。多高层装配式钢结构住宅体系最大适用高度应符合《装配式钢结构建筑技术标准》GB/T 51232的规定。

对于钢结构模块建筑，1～3层模块建筑宜采用全模块结构体系，模块单元可采用集装箱模块，连接节点可选用集装箱角件连接；3～6层可采用全模块结构体系，单元连接可采用梁—梁连接技术；6～9层的模块建筑单元间可采用预应力模块连接技术；9层以上需要采用模块单元与剪力墙或核心筒相结合的结构体系。

钢结构住宅建设要以产业化为目标做好墙板的配套工作，以试点工程为基础做好钢结构住宅的推广工作。

2. 工程案例

安徽省某钢结构住宅项目，总建筑面积约 37 万 m^2，包含住宅、商业、幼儿园及配套设施等，其中住宅全部采用钢结构作为主体结构进行住宅装配式建造，设计为小截面钢管混凝土柱框架—支撑结构体系，外墙采用预制混凝土夹芯保温外墙挂板（单元式大板），内墙采用 ALC 条板，并使用了叠合楼板和预制楼梯，装配率达到 70％以上。

针对 $60m^2$、$90m^2$、$135m^2$ 户型从建筑设计方面合理优化了柱子的布局，通过隐藏、避让、弱化的原则，减少室内凸柱。选取小截面钢管混凝土柱作为竖向构件，能够较好地在室内隐藏，可大大减少对室内空间的占用。为减小凸柱尺寸，保证装修效果，柱截面尺寸控制在 300～450mm 之间，壁厚 12～20mm。采用叠合板时钢柱仅调整壁厚，截面尺寸保持上下一致，减少叠合板模具规格，提高标准化程度。

外墙采用的预制混凝土夹芯保温外挂墙板，由内外叶墙板、夹芯保温层、连接件及饰面层组成，属于单元式大板，通过四点与主体钢结构连接。内墙 ALC 条板安装后，使用 50mm 厚 ALC 板对钢梁和钢柱进行包覆，满足建筑的建筑效果和使用功能。

2.7.5 索结构施工技术

1. 索结构的分类和发展

索结构的结构形式丰富多彩，根据这些新型结构体系的受力性能、布置形式，对近 10 多年来工程领域预应力钢结构进行归类，通常可以分为以下两类：

（1）由刚性构件和柔性拉索组合而成的半刚半柔结构体系如单向张弦结构、双向张弦结构、空间张弦结构、弦支穹顶结构、预应力桁架结构、斜拉结构等（图 2-127、图 2-128）。

（2）以柔性拉索为主的索穹顶结构、悬索结构、马鞍形索网等（图 2-129）。

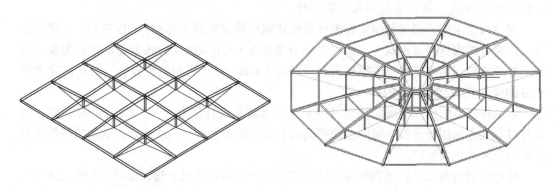

图 2-127　双向张弦结构　　　　　　　　图 2-128　空间张弦结构

索结构具有以下特点：

（1）便于建筑造型，适应多种多样的平面布置及外形轮廓，能较自由地满足各种建筑功能和表达形式的要求，建筑形式丰富多样。建筑是城市的诗篇，好的建筑除了满足功能

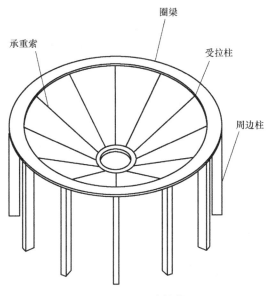

图 2-129 悬索结构

要求，还能给人以美的享受。钢结构和拉索经过建筑师的巧妙结合，可以创造出全新的建筑形式，满足人们对现代建筑美的需求。

（2）通过拉索的轴向拉伸来抵抗外荷载的作用，可以充分发挥材料强度。采用高强拉索，可以有效减轻结构自重，节省材料并跨越更大的跨度。当结构跨度很大时，自重则成为制约其技术经济合理性的主要因素，采用预应力钢结构可以有效解决这一问题。

（3）通过调整预应力可以改善刚性结构的受力性能，尽量减少弯矩效应，使构件处于轴力或小偏心受力状态。预应力还可以调整结构的刚度与变形，免除结构制作过程中的预变形。

（4）与全刚性结构不同，预应力钢结构设计与施工紧密相关。特别是对于一些复杂的预应力钢结构，在优选施工方案的基础上，实现施工过程仿真分析与结构设计的无缝对接已经成为优化设计和保证结构安全的重要措施。

随着近年来新材料、新工艺、新结构发展迅猛，在钢结构领域中预应力钢结构的应用有着很大的覆盖面。尤其对大跨度空间结构，其技术经济效益更为显著。预应力钢结构应用广泛的领域可包括公共建筑的体育场馆、会展中心、剧院、商场、飞机库、候机楼和工业建筑的大跨度屋盖结构及连廊结构等；而在高层建筑中也有采用预应力钢结构的实例，如南非约翰内斯堡市的发展银行大楼、北京新保利大厦等；另一应用较多的领域是桥梁结构，国内外许多悬索桥、斜拉桥都是技术成熟的工程应用范例；高耸构筑物是利用预应力增强结构刚度的一种类型，由于拉索作用大大提高了塔桅结构的水平刚度，如悉尼电视塔、巴塞罗那电讯塔、北京华北电力调度塔以及许多高压输电线路塔架等。把预应力技术用于服役钢结构的加固补强上更是种类繁多，并具有特殊效果。此外，预应力技术在轻钢结构、钢板结构中的应用研究也在进行中，可以预期索结构的应用发展具有良好的前景。

2. 拉索材料研发新成果

国内对于拉索之前主要采用材料有：钢丝绳拉索、钢丝束拉索（PE 拉索）、钢拉杆、高钒拉索（锌—5％铝—混合稀土合金镀层钢绞线拉索）。国内索结构材料研发取得新成果，开发出Z形密封拉索。在此之前，常用密封拉索主要由国外几家拉索生产厂家生产：瑞士布鲁克（BRUGG）、英国布顿（BRIDON）和德国法尔福（PFEIFER）等。密封钢绞线拉索与普通钢绞线拉索一样，都是一层或多层钢丝呈螺旋形绞合而成，以下简称密封拉索（图2-130）。不同的是密封拉索的外层钢丝采用异型钢丝螺旋扣合而成，有效地增加了钢丝绳的密实度，从而增加了单位截面积上的含钢量。与一般的捻制方法相比，尽管这样的做法只能少许提高索的极限承载力，但它仍被应用于工程是因为其以下优势：①防腐蚀性能得到改善；②更佳的美学效果；③可以承受更高的锚固握裹力；④更强的抗磨损性能。

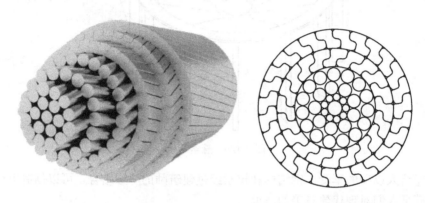

图2-130　密封拉索索体截面

3. 索结构施工技术

（1）节点深化设计

对于预应力钢结构来说，除钢结构本身的深化设计外，关键的深化设计内容主要包括：节点深化设计和拉索下料长度设计两个方面。

节点设计又是深化设计中的最重要的内容。对于常见的预应力钢结构体系，一般采用组合结构体系，即上部为预应力钢结构体系，下部支承体系则采用钢筋混凝土体系。两种体系的刚度和受力性能均有比较大的差别，因而两种体系的连接节点是结构传力的关键，也是节点设计中需要重点考虑的部位。对于上部的预应力钢结构来说，一般情况下至少包含两种不同材料的构件，即普通钢构件和高强拉索，或者是普通钢构件和高强钢拉杆的组合，在某些情况下则三种构件均有。因而，节点设计中另外一个需要重点关注的内容就是普通钢构件和高强拉索以及高强钢拉杆之间的连接。节点设计需综合考虑各种因素精心设计，并反复对节点设计进行优化。

（2）施工仿真分析

索结构的张拉力设计给定，按照设计数值进行张拉。但设计中经常给定的都是施工完成状态的张拉力，这是就需要施工单位根据设计要求及现场钢结构的施工方案确定拉索的张拉顺序和分级。然后根据拟定的张拉顺序和分级进行施工仿真计算，根据施工仿真计算结果来判断确定的张拉顺序和分级是否满足结构设计要求以及施工过程中结构的安全性，是否会出现部分杆件变形和应力较大，造成结构安全性有问题。索结构的施工方法与常规预应力钢结构施工包括与其结构形式相似的弦支穹顶结构施工不同，其结构成形过程更加复杂，索结构的张拉成形过程是由机构到结构的转变过程。因此必须对索结构施工成形全过程进行仿真分析，得到每一个关键施工步对应的拉索内力、节点变形、撑杆位移等关键技术参数的理论值。根据确定的施工方案，采用 ANSYS 有限元软件等进行全过程仿真计算，确定提升与张拉力值，指导施工过程。施工仿真计算结果还可以为工装设计和施工监测提供理论依据，并为监测提供理论指导。

（3）拉索安装

索体的安装方法还应根据拉索的构造特点、空间受力状态和施工技术条件，在满足工程质量要求的前提下综合确定，常用的安装方法有三种，是与索体张拉方法（整体张拉法、部分张拉法、分散张拉法）相对应的，施工要点如下：

1）施工脚手架搭设：拉索安装前，应根据定位轴线的标高基准点复核预埋件和连接点的空间位置和相关配合尺寸。应根据拉索受力特点、空间状态以及施工技术条件，在满足工程质量的前提下综合确定拉索的安装方法。安装方法确定后，施工单位应会同设计单位和其他相关单位，依据施工方案对拉索张拉时支撑结构的内力和位移进行验算，必要时采取加固措施。张拉施工脚手架搭设时，应避让索体节点安装位置或提供可临时拆除的条件。

2）索体安装平台搭设：为确保拼装精度和满足质量要求，安装台架必须具有足够的支承刚度。特别是，当预应力钢结构张拉后，结构支座反力可能有变化，支座处的胎架在设计、制作和吊装时应采取有针对性的措施。安装胎架搭设应确保满足索体各连接节点标高位置和安装、张拉操作空间的设计要求。

3）室外存放拉索：应置于遮篷中防潮、防雨。成圈的产品应水平堆放；重叠堆放时应逐层加垫木，以避免锚具压损拉索的护层。应特别注意保护拉索的护层和锚具的连接部位，防止雨水侵入。当除拉索外其他金属材料需要焊接和切削时，其施工点与拉索应保持移动距离或采取保护措施。

4）放索：为了便于索体的提升、安装，应在索体安装前，在地面利用放线盘、牵引及转向等装置将索体放开，并提升就位。索体在移动过程中，应采取防止与地面接触造成索头和索体损伤的有效措施。

5）索体安装时结构防护：拉索安装过程中应注意保护已经做好的防锈、防火涂层的构件，避免涂层损坏。若构件涂层和拉索护层被损坏，必须及时修补或采取措施保护。

6）索体安装：索体安装应根据设计图纸及整体结构施工安装方案要求，安装各向索体，同时要严格按索体上的标记位置、张拉方式和张拉伸长值进行索具节点安装。

7）为保证拉索吊装时不使 PE 护套损伤，可随运输车附带纤维软带。在雨季进行拉索安装时，应注意不损伤索头的密封，以免索头进水。

8）传力索夹的安装，要考虑拉索张拉后直径变小对索夹夹持力的影响。索夹间固定螺栓一般分为初拧、中拧和终拧三个过程，也可根据具体使用条件将后两个过程合为一个过程。在拉索张拉前可对索夹螺栓进行初拧，拉索张拉后应对索夹进行中拧，结构承受全部恒载后可对索夹做进一步拧紧检查并终拧。拧紧程度可用扭力扳手控制。

（4）拉索张拉

1）张拉设备标定

张拉用设备和仪器应按有关规定进行计量标定。施加索力和其他预应力必须采用专用设备。

施工中，应根据设备标定有效期内数据进行张拉，确保预应力施加的准确性。

2）张拉控制原则

根据设计和施工仿真计算确定优化的张拉顺序和程序，以及其他张拉控制技术参数（张拉控制应力和伸长值）。在张拉操作中，应建立以索力控制为主或结构变形控制为主的规定，并提供每根索体规定索力的偏差。

3）张拉方法

施加预应力的方法有三种：整体张拉法、分部张拉法和分散张拉法。

① 整体张拉法：整体张拉法是有效的拉索张拉方式之一。张拉机具可采用计算机控制的液压千斤顶集群，同时同步张拉，同步控制张拉伸长值，以便最大限度地符合设计力要求。

② 分部张拉法：采用分部张拉法时应对空间结构进行整体受力分析，建立模型并建立合理的计算方法，充分考虑多根索张拉的相互影响。根据分析结果，可采用分级张拉、桁架位移监控与千斤顶拉力双控的张拉工艺。施工过程的应力应变控制值可由计算机模拟有限元计算得到。

③ 分散张拉法：分散张拉法即各根索单独张拉，适用各种索的力值建立相互影响较少结构。

4）张拉监测及索力调整

预应力索的张拉顺序必须严格按照设计要求进行。当设计无规定时，应考虑结构受力特点、施工方便、操作安全等因素，且以对称张拉为原则，由施工单位编制张拉方案，经设计单位同意后执行。

张拉前，应设置支承结构，将索就位并调整到规定的初始位置。安装锚具并初步固定，然后按设计规定的顺序进行预应力张拉。宜设置预应力调节装置。张拉预应力宜采用油压千斤顶。张拉过程中应监测索体的位置变化，并对索力、结构关键节点的位移进行监控。

对直线索可采取一端张拉，对折线索宜采取两端张拉。几个千斤顶同时工作时，应同步加载。索体张拉后应保持顺直状态。

拉索应按相关技术文件和规定分级张拉，且在张拉过程中复核张拉力。

拉索可根据布置在结构中的不同形式、不同作用和不同位置采取不同的方式进行张拉。对拉索施加预应力可采用液压千斤顶直接张拉方法，也可采用结构局部下沉或抬高、支座位移等方式对拉索施加预应力，还可沿与索正交的横向牵拉或顶推对拉索施加预应力。

预应力索拱结构的拉索张拉应验算张拉过程中结构平面外的稳定性，平面索拱结构宜在单元结构安装到位和单元间联系杆件安装形成具有一定空间刚度的整体结构后，将拉索张拉至设计索力。倒三角形拱截面等空间索拱结构的拉索可在制作拼装台座上直接对索拱结构单元进行张拉。张拉中应监控索拱结构的变形。

预应力索桁和索网结构的拉索张拉，应综合考虑边缘支承构件、索力和索结构刚度间的相互影响和相互作用，对承重索和稳定索宜分阶段、分批、分级，对称均匀循环施加张拉力。必要时选择对称区间，在索头处安装拉压传感器，监控循环张拉索的相互影响，并作为调整索力的依据。

空间钢网架和网壳结构的拉索张拉，应考虑多索分批张拉相互间的影响。单层网壳和厚度较小的双层网壳拉索张拉时，应注意防止整体或局部网壳失稳。

吊挂结构的拉索张拉，应考虑塔、柱、钢架和拱架等支撑结构与被吊挂结构的变形协调和结构变形对索力的影响。必要时应做整体结构分析，决定索的张拉顺序和程序，每根索应施加不同张拉力，并计算结构关键点的变形量，以此作为主要监控对象。

其他新结构的拉索张拉，应考虑预应力拉索与新结构共同作用的整体结构有限元分析计算模型，采用模拟索张拉的虚拟拉索张拉技术，进行各种施工阶段和施工荷载条件下的组合工况分析，确定优化的拉索张拉顺序和程序，以及其他张拉控制的技术参数。

拉索张拉时应计算各次张拉作业的拉力和伸长值。在张拉中，应建立以索力控制为主或结构变形控制为主的规定。对拉索的张拉，应规定索力和伸长值的允许偏差或结构变形的允许偏差。

拉索张拉时可直接用千斤顶与配套校验的压力表监控拉索的张拉力。必要时，另用安装在索头处的拉压传感器或其他测力装置同步监控拉索的张拉力。结构变形测试位置通常设置在对结构变形较敏感的部位，如结构跨中、支撑端部等，测试仪器根据精度和要求而定，通常采用百分表、全站仪等。通过施工分析，确定在施工中变形较大的节点，作为张拉控制中结构变形控制的监测点。

每根拉索张拉时都应做好详细的记录。记录应包括：测量记录、日期、时间和环境温度、索力和结构变形的测量值。

索力调整、位移标高或结构变形的调整应采用整索调整方法。

索力、位移调整后，对钢绞线拉索夹片锚具应采取防止松脱措施，使夹片在低应力动载下不松动。对钢丝拉索索端的铸锚连接螺纹、钢棒拉索索端的锚固螺纹应检查螺纹咬合丝扣数量和螺母外侧丝扣长度是否满足设计要求，并应在螺纹上加防止松脱装置。

（5）张拉成形计算机同步控制

按照仿真计算结果进行提升与张拉工装设计，既要满足三维空间要求，又要满足受力要求；同时，要根据提升力选择合理的提升与张拉设备及需要的提升钢绞线和张拉杆。索结构成形过程中会使用大量千斤顶等设备，而且提升张拉的成形过程中，索力值和提升或张拉角度不断变化，因此，需要提升与张拉同步控制设备。在液压系统中，采用比例同步技术，这样可以有效地提高整个系统的同步调节性能。传感检测主要用来获得提升油缸的位置信息、载荷信息和整个被提升构件空中姿态信息，并将这些信息通过现场实时网络传输给主控计算机。这样主控计算机可以根据当前网络传来的油缸位置信息决定提升油缸的下一步动作，同时，主控计算机也可以根据网络传来的提升载荷信息和构件姿态信息决定整个系统的同步调节量。

（6）施工监测与健康监测

1）预应力索索力监测

拉索索力的监测主要有两部分内容：一是在每根拉索张拉时实时监测张拉索的索力；二是由于很多钢结构并非单向结构，索力在分批张拉时后张拉的拉索对前期张拉的拉索索力会产生影响，在实际施工时要对这些影响进行监测。第一种索力监测主要采用位于液压张拉设备上的高精度油压表或者油压传感器随着张拉进行监测。第二种索力监测方法，除了采用第一种监测方法，用张拉工装加液压设备一同进行测量外，为了提高工作效率，通常采用如下方法进行测试：动力测试方法；压力传感器测试方法；磁通量传感器测试方法；弓式测力仪测量。

2）钢结构变形监测

钢结构变形监测主要是在施工过程中，尤其是在张拉时，由于预应力钢结构为柔性结构，张拉过程中结构位形随时在改变，尤其是在张拉力平衡完成钢结构自重后，很小的索力就会引起很大的结构变形，因此要实时监测整个钢结构的变形，包括跨中起拱和支座位移，以确保钢结构施工安全和与设计状态相符。

3）钢结构应力监测

钢结构在张拉过程中经历着不同的受力状态，每根钢结构杆件的应力也随张拉力变化而发生改变，同时钢结构在张拉过程中的受力状态与设计状态不同，由于张拉起拱的不同步，存在结构受力不均匀的特点。因此有必要对施工仿真计算中应力变化较大，绝对数值较大的危险钢结构杆件的应力进行监测。由于现场的环境的复杂性，一般现场监测不能采用应变片进行监测，通常采用振弦应变计或者光纤光栅应变计进行监测。

4）健康监测

应定期测量预应力钢结构中拉索的内力，并做记录。与初始值对比，如发现异常应及时报告。当量测内力与设计值相差大于±10％时，应及时调整或补偿索力。

应定期监测钢丝索是否有断丝、磨损、腐蚀情况，及时更换索体。

应定期检查索体是否有渗水等异常情况，防护涂层是否完好；对出现损伤的索和防护涂层应及时修复。

应定期对预应力施加装置、可调节头、螺栓螺母等进行检查，发现问题应及时处理。

应定期监测结构体系中的预应力索状态，包括索的力值、变化情况。

在大风、暴雨、大雪等恶劣天气过程中及过程后，使用单位应及时检查预应力钢结构体系有无异常，并采取必要的措施。

4. 工程案例

内蒙古某体育中心索穹顶是目前我国第一个大型索穹顶结构工程，屋盖建筑平面呈圆形，设计直径为71.2m，屋盖矢高约5.5m。由外环梁、内环梁、环索、斜索、脊索及两圈撑杆组成，表面覆盖膜结构（图2-131）。

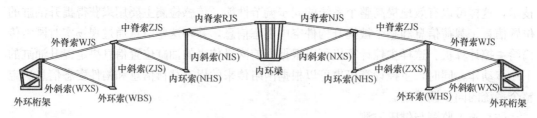

图 2-131 索穹顶构造

索穹顶施工关键技术在于四个方面：结构施工偏差及构件尺寸精度控制、结构安装成形方法、预应力张拉、施工过程仿真分析与监测控制。本工程主要应用了以下关键技术：

1）分析了钢结构施工偏差对结构索力及变形的影响，针对该索穹顶结构，在预应力值偏差10％的条件下，给出了钢结构施工偏差控制值为±5mm。同时给出了补偿预应力偏差的措施，通过实际验证，调整外脊索和外斜索长度的方法补偿由于钢结构耳板偏差带来的预应力损失是可行的。

2）拉索精确下料是索穹顶预应力施工前期质量控制的关键要素之一，根据设计提供初张力进行拉索精确下料，保证了拉索下料长度的精确性。针对该索穹顶，通过误差分析给出了拉索下料长度的精度控制范围为 $L/1200$。

3）根据索穹顶结构特点，创新性提出了索穹顶结构整体提升的施工方法，经实际工程应用证明，该施工方法不仅满足大跨度索穹顶结构的安装，避免了高空作业，保证了施工过程中的安全，而且减少了支撑塔架、大型履带吊等辅助措施，降低了施工成本。

4）本工程提出索穹顶结构分批分级张拉方法能够满足大跨度索穹顶结构的张拉施工要求，张拉完毕的索穹顶结构内力和变形和设计状态偏差较小。

5）由于索穹顶结构的特殊性，在施工前，对结构在整个施工过程进行了施工仿真计算，并积极与设计院进行沟通配合，达到施工中的每一个工况都做到在设计要求的应力及变形控制范围之内，最后张拉完成后保证与设计院的计算模型相吻合。

6）索穹顶结构张拉前，根据张拉力值进行张拉工装设计，工装的设计应做到有效、方便操作的原则。本工程工装设计分为提升工装和张拉工装，满足了各种施工工况需要，操作方便，提高了工作效率。

7）施工监测也是索穹顶结构施工的重要环节，通过对结构应力和变形的监测，能发现施工过程中的安全隐患，寻找原因，分析解决问题。从监测的结果来看，实测结果很好地验证了理论计算结果的正确性，同时说明了通过有限元计算软件进行施工仿真计算是比较可信的；同时还可积累资料，充分扩展对索穹顶结构特性的认识，推动预应力钢结构的发展。

2.7.6　钢结构施工风险防控

1. 专项施工方案

钢结构工程施工前，施工单位应编制专项施工方案，并履行相应的审批手续。

住房和城乡建设部在 2018 年先后更新发布了《危险性较大的分部分项工程安全管理规定》（住房城乡建设部令第 37 号）和《住房城乡建设部办公厅关于实施〈危险性较大的分部分项工程安全管理规定〉有关问题的通知》（建办质〔2018〕31 号）等有关规定对专项方案的编制提出了要求。2019 年，北京市住房和城乡建设委员会结合北京市实际，制定并发布了《北京市房屋建筑和市政基础设施工程危险性较大的分部分项工程安全管理实施细则》（京建法〔2019〕11 号），进一步规定了专项方案编制和审批的相关程序，特别是细化了危险性较大和超过一定规模的危险性较大的分部分项工程范围，其中超过一定规模的危险性较大的钢结构、网架和索膜结构安装工程范围定义如下：

1）安装高度 100m 及以上的钢结构安装工程。

2）跨度 36m 或悬挑 18m 及以上的钢结构安装工程，或跨度 60m 及以上的网架和索膜安装工程。

3）采用整体提升、顶升、平移（滑移）、转体，或安装净空高度 18m 及以上高空散装法施工的钢结构安装工程。

4）单个构件或单元采用双机或多机抬吊施工的钢结构安装工程。

5）采用分段、分条、分块安装，临时承重支架高度超过 18m 或其受力超过 50kN 的钢结构工程。

钢结构安装施工应严格执行经审批通过的专项施工方案，并有专人进行监督。

2. 大型钢结构施工过程分析与监测

（1）对原结构进行计算分析

当钢结构工程施工方法或施工顺序对整体结构或局部构件的内力、变形和稳定产生较大影响（与设计状态有较大差别）或设计文件对施工有特殊要求时，应进行施工过程结构计算分析。对施工过程不同阶段结构及构件的强度、刚度和稳定性进行验算，对临时连接节点也应进行强度、稳定性验算，其验算结果应满足设计要求，并提交原设计单位确认。

（2）对临时支撑结构（含基础）进行分析

当钢结构工程施工方案中考虑使用临时支撑时，对支撑结构的强度、刚度和稳定性也要进行分析计算，满足规范要求。

对于支撑架直接与基础伐板、承台或结构连接，可采用在混凝土中埋设埋件，安装时支撑胎架立柱直接与埋件板焊接的形式。对原结构的承载力要进行复核。

对于支撑架无法利用原结构或原结构基础的，可考虑采用独立基础或桩基础，对独立基础和桩基础要进行计算。

（3）对支承起重设备的地面或楼面进行分析

履带吊作业和行走时，要铺设路基箱，如果路基箱铺设在地面上，要对地面的承载力进行计算复核；如果路基箱铺设在楼面上，要对楼面的承载能力进行计算复核，确保安全后，方可使用。

汽车吊作业时，要打开支腿，并且支腿要完全伸展，支腿下面要放置垫块或枕木。垫块和枕木可能是放在地面上，也可能是放置在楼面上，除了要求地面或楼面平整外，也要根据汽车吊自重、起重构件的重量，以及吊装工况进行计算，计算出每个支腿的反力，然后复核地面或楼面承载力是否满足要求。

（4）当起重机械临近边坡作业时，应进行边坡稳定分析

起重机械在沟坑、边坡作业时，应与沟坑、边坡保持一定的安全距离（一般为沟坑、边坡深度的 1.1～1.2 倍），以防塌方倾翻。

（5）对吊耳、钢丝绳、缆风绳、地锚及配套机具等应计算确定

钢结构吊装方案中对吊耳要进行设计和计算，根据起重构件重量计算出单个吊耳需要承载的力，然后复核吊耳最薄弱部位的强度和焊缝的强度。对重要构件要求吊耳焊缝为部分融透或全融透，并对焊缝进行无损检测。

（6）施工监测

对于大型复杂钢结构的施工过程要进行实时监测，包含原结构和重要的临时支撑结构，监测的内容主要包括各个施工阶段的应力和变形。

3. 钢结构施工人员及防护

1）新入场的作业人员应经接受入场安全教育培训。施工作业前应由施工现场管理人员依据专项施工方案对施工作业人员进行书面的安全技术交底。

2）钢结构安装作业涉及的起重机司机、信号工、司索工、电焊工、电工和架子工等特种作业人员，应持有效证件上岗。

3）施工时，应为作业人员提供符合国家现行有关标准规定的合格劳动保护用品，并应培训和监督作业人员正确使用。

4）临边作业、攀登作业、悬空作业应有牢固可靠的安全绳、防护栏杆、操作平台、吊篮、脚手架、爬梯、防坠器等安全防护措施，验收合格后使用。

4. 起重设备及机具的检查

1）起重设备执行登记使用制度，建立特种设备安全技术档案，使用前应检查验收合格，使用过程中应定期检验。

2）吊具和索具应由专业厂家按照国家标准规定生产、检验，并提供产品合格证，使用时应进行必要的检查和维护保养，达到报废标准的不得使用。

5. 吊装作业过程主要风险控制点

1）吊装危险区域划为警示区域，用警示绳围护，必须有专人监护，非施工人员不得进入危险区。起吊物下方不得站人。

2）履带吊作业地面平坦坚实，坡度不大于 3 度；与沟渠、基坑保持安全距离；达到90％额定起重量时，严禁趴杆；超过 70％额定起重量时，不得行走。

3）汽车吊作业地面平坦坚实，与沟渠、基坑保持安全距离；作业中严禁调整支腿；达到额定起重量 90％时，严禁两个或两个以上动作同时操作。

4）双机抬吊时，要根据起重机的额定起重能力进行合理的荷载分配，构件重量不超过两台起重设备额定起重量总和的 75％，单台起重设备的负荷量不超过额定起重量的80％，并在操作时由一人进行统一指挥。在整个抬吊过程中，要使两台起重机的吊钩滑车组基本保持铅垂状态。

5）多塔作业，有群塔防碰撞措施。

6）吊装物吊离 200～300mm 时，应进行全面检查，并确认无误后再正式起吊。

7）当风速达到 10m/s 时，宜停止吊装作业；当风速达到 15m/s 时，不得吊装作业。

8）严格遵守起重作业"十不吊"规定。

6. 钢结构防火

1）焊、割作业不准在油漆、稀释剂等易燃易爆物上方作业。

2）高处焊接作业应设接火盆，下方应设专人巡视监护并配备灭火器和消防水桶。

3）焊、割作业点与氧气瓶、乙炔（丙烷）瓶等危险品的距离不得少于 10m，与易燃易爆物品不得少于 30m；乙炔（丙烷）瓶和氧气瓶的使用和存放之间距离不得少于 5m。

2.8　高层/超高层建筑施工技术

高层、超高层建筑在相同建设场地中，可以获得更多的建筑面积，在城市用地紧张和地价高涨的现代社会，可有效节省城市建设与管理的投资。近代超高层发展经历了三个阶段，19 世纪 80 年代～20 世纪 30 年代超高层的发展源于美国，高度 206m 的"大都会人寿保险公司大楼"是世界上第一幢高度超过 200m 的摩天大楼，此后出现的纽约帝国大厦（102 层，381m）保持世界最高建筑纪录长达 41 年，此阶段 200m 以上的钢结构建筑约 10幢。20 世纪 60 年代～20 世纪 80 年代，最具代表性的超高层建筑是芝加哥西尔斯大厦（110 层，442m），此阶段 200m 以上的钢结构建筑约 46 幢，钢筋混凝土建筑约 13 幢。20世纪 90 年代起，亚洲成为兴建超高层建筑的主要区域，我国先后兴建了如"京广中心""地王大厦""金茂大厦""上海环球金融中心"等超高层建筑。我国超高层建筑具有超高超大、功能复杂、造型新奇等特点。综合高层、超高层建筑的特点，合理的规划和设计可以达到美化城市环境的效果，可以预见，在相当长一段时间内，高层/超高层建筑仍将是世界上大部分国家在城市建设中的主要建筑形式。

2.8.1　高层/超高层建筑概述

1. 高层/超高层建筑的定义

我国《高层建筑混凝土结构技术规程》JGJ 3 规定，10 层及 10 层以上或房屋高度超过 28m 的建筑物为高层。建筑物高度超过 100m 时，不论住宅建筑及公共建筑，均为超高层。《民用建筑设计统一标准》GB 50352 规定：建筑高度超过 100m 时，不论住宅及公共建筑均为超高层建筑。联合国 1972 年国际高层建筑会议将 9 层直到高度 100m 的建筑定为高层建筑，而将 30 层或高度 100m 以上的建筑定为超高层建筑。

2. 高层/超高层建筑结构类型

高层/超高层建筑结构形式繁多，以材料来分有钢结构、钢筋混凝土结构、混合结构与组合结构。钢结构强度较高、自重较轻，具有良好的延性和抗震性能，并能适应建筑上大跨度、大空间的要求。钢筋混凝土结构强度较高、抗震性能较好，并且具有良好的可塑性。混合结构与组合结构一般是钢框架与钢筋混凝土筒体的组合，在结构体系的层次上将两者的优点结合起来。

3. 高层/超高层建筑结构体系

高层/超高层建筑结构体系繁多，主要有框架结构体系、剪力墙结构体系、筒中筒结构体系、框架—剪力墙筒体结构体系、巨型结构体系等。

框架结构体系一般用于钢结构和钢筋混凝土结构中，由梁和柱通过节点构成承载结构，框架形成可灵活布置的建筑空间，使用较方便，但其抗侧刚度较小，在水平力作用下将产生较大的侧向位移，因此在使用上层数受到限制。

剪力墙结构体系一般用于钢筋混凝土结构中，由墙体承受全部水平作用和竖向荷载，高层建筑剪力墙结构，以弯曲变形为主，其位移曲线呈弯曲形，特点是结构层间位移随楼层增高而增加。

框架—剪力墙筒体结构体系一般中央布置剪力墙薄壁筒以承受大部分水平力，周边布置大柱距的稀柱框架，受力特点类似于框架—剪力墙结构。也有把多个筒体布置在结构的端部，中部为框架的框架—筒体结构形式。

筒中筒结构体系是将剪力墙在平面内围合成箱形，形成一个竖向布置的空间刚度很大的薄壁筒体，也可由密柱框架或壁式框架围合，形成空间整体受力的框筒等，从而形成具有很好的抗风和抗震性能的内外几层组合筒体结构体系。北京某超高层主塔楼高度 295m，采用筒中筒结构体系（图 2-132）。

巨型结构体系由多级结构组成，一般有巨型框架结构和巨型桁架结构。巨型框架结构由楼、电梯井组成大尺寸箱型截面巨型柱，有时也可以是大截面实体柱，每隔若干层设置一道 1～2 层楼高的巨型梁。它们组成刚度极大的巨型框架，是承受主要的水平力和竖向荷载的一级结构。巨型桁架结构以大截面的竖杆和斜杆组成悬臂桁架，主要承受水平和竖向荷载。楼层竖向荷载通过楼盖、梁和柱传递到桁架的主要杆件上。超过 500m 的建筑多采用巨型结构体系（图 2-133）。

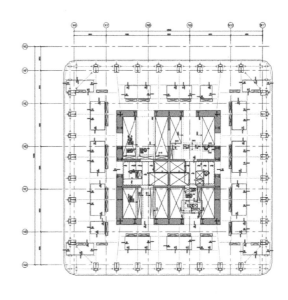

图 2-132　国贸三期 B 筒中筒结构体系

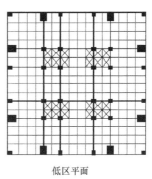

低区平面

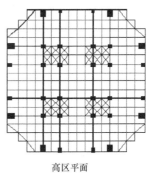

高区平面

图 2-133　台北 101 大厦巨型结构体系

2.8.2　国内高层/超高层建筑发展情况

超高层建筑作为一个地区的标志性建筑，不仅承担着重要的使用功能作用，而且组成了一个城市的天际线。因此，超高层建筑设计不能仅从建筑方面考虑，也不能仅从结构效率方面出发，而应综合考虑。超高层建筑结构工程造价的影响因素主要包括：建筑造型与平面布置、建筑物所在地区的地震烈度、结构体系选型以及各个国家结构设计规范等。

国内首个超高层建筑为广州的白云宾馆，1976年建成，114m，33层。此后，经历了四个不同发展阶段："准备阶段"为1978～1989年，"起步阶段"为1990～1999年，"发展阶段"为2000～2009年，"繁荣阶段"为2010年至今。

根据专业研究组织统计，截至2018年底，中国大陆地区已建成和封顶的200m以上超高层建筑达到714栋，规划与在建200m以上的有400余栋，其中规划与在建600m以上的有6栋，已建成4栋。相关国际研究数据也表明，中国超高层建筑规划在建和建成200m以上占比全世界总数的45%，全世界规划在建和建成600m以上的18栋超高层建筑中，有7栋在中国。其中，2015年的上海中心，高度632m，2016年的深圳平安金融中心，高度600m，在建的天津117大厦，高度596m，都是我国超高层建筑的代表作。

中国已经站到了世界上超高层建筑集聚区总体规模最大、密度最高、影响力最为深远的国家和地区的前列。中国的高密度城市集聚区和超高层建筑的腾飞历程，已经成为世界城市发展史上的重要篇章和经典范例。

综合在建和已经建成的超高层建筑，不难发现，超高层建筑的发展有以下趋势：①层数更多，高度更高；②平面布置更复杂，竖向变化更丰富；③新型材料的大量应用更广泛；④施工技术和工艺更完善和更成熟；⑤更节能和更智能。

2.8.3 高层/超高层关键技术

1. 成果概述

高层/超高层建筑施工混凝土需要解决高强高性能、大体积、超高泵送等诸多技术难题。随着建筑高度的不断突破，超高层建筑基础底板承受的荷载显著增加，竖向荷载达数十万吨，风荷载产生的弯矩达数百万吨，基础底板的强度和刚度要求越来越高，因此超高层建筑基础底板呈现出混凝土体量不断增大、强度等级逐步提高的发展趋势。超高泵送施工还有材料性能要求高、施工设备要求高、施工技术要求高等特点，目前国内不同项目已研制出多组分复合高性能混凝土，有效解决了混凝土大流动性与抗离析稳定性之间的矛盾。上海环球金融中心创造了将C40结构混凝土一次泵送至492m高度的国内纪录，广州西塔工程创造了将C100高强混凝土一次泵送到440m高度的国内记录，深圳京基工程创造了将C120高强混凝土一次泵送到417m高度的世界纪录。

2. 超厚基础筏板混凝土施工技术

超高层结构一般都会伴随超厚大体积基础筏板，其混凝土施工需要采取切实措施，保证施工质量。大体积混凝土施工关键技术如下：

（1）配合比设计

采用混凝土60d或90d强度作为指标时，应将其作为混凝土配合比的设计依据；所配制的混凝土拌合物，到浇筑工作面的坍落度不宜低于160mm；拌和水用量不宜大于175kg/m³；粉煤灰掺量不宜超过胶凝材料用量的40%；矿渣粉的掺量不宜超过胶凝材料用量的50%；粉煤灰和矿渣粉掺合料的总量不宜大于混凝土中胶凝材料用量的50%；水胶比不宜大于 0.55；砂率宜为 38~42%；拌合物泌水量宜小于 10L/m³。

在混凝土制备前，应进行常规配合比试验，必要时其配合比设计应当通过试泵送。

在确定混凝土配合比时，应根据混凝土的绝热温升、温控施工方案的要求等，提出混凝土制备时粗细骨料和拌合用水及入模温度控制的技术措施。

（2）温度控制

超厚筏板浇筑之前一般采用数值模拟对混凝土温度进行计算，预先了解混凝土温度变化，制定相应的施工措施。

大体积混凝土温控指标如下：混凝土浇筑体在入模温度基础上的温升值不宜大于 50℃；混凝土浇筑块体的里表温差（不含混凝土收缩的当量温度）不宜大于 25℃；混凝土浇筑体的降温速率不宜大于 2.0℃/d。混凝土浇筑体表面与大气温差不宜大于 20℃。

测温：大体积混凝土浇筑体里表温差、降温速率及环境温度及温度应变的测试，在混凝土浇筑后，每昼夜可不应少于 4 次；入模温度的测量，每台班不少于 2 次。对测温结果予以分析，确定后续养护方法和养护时间。

（3）混凝土浇筑方法的选择

大体积混凝土工程的施工宜采用整体分层连续浇筑施工或推移式连续浇筑施工。大体积混凝土的浇筑厚度应根据所用振捣器的作用深度及混凝土的和易性确定，整体连续浇筑时宜为 300~500mm。整体分层连续浇筑或推移式连续浇筑，应缩短间歇时间，并在前层混凝土初凝之前将次层混凝土浇筑完毕。层间最长的间歇时间不应大于混凝土的初凝时间。混凝土的初凝时间应通过试验确定。当层间间隔时间超过混凝土的初凝时间时，层面应按施工缝处理。混凝土浇筑宜从低处开始，沿长边方向自一端向另一端进行。当混凝土供应量有保证时，亦可多点同时浇筑。

大体积混凝土施工采取分层间歇浇筑混凝土时，水平施工缝的处理应符合下列规定：清除浇筑表面的浮浆、软弱混凝土层及松动的石子，并均匀地露出粗骨料；在上层混凝土浇筑前，应用压力水冲洗混凝土表面的污物，充分润湿，但不得有积水；对非泵送及低流动度混凝土，在浇筑上层混凝土时，应采取接浆措施。

在大体积混凝土浇筑过程中，及时清除混凝土表面的泌水，浇筑面应及时进行二次抹压处理。

（4）钢筋工程

超厚基础底板的配筋量都非常巨大，多则几千吨，施工中需采取相应的支撑措施将其临时固定，并需经过详细准确的计算以确保其安全可靠。在大体积混凝土浇筑过程中，应采取措施防止受力钢筋、定位筋、预埋件等移位和变形。某工程底板钢筋绑扎支撑，该工程底板厚 4.5m，采用钢桁架做为钢筋支撑（图 2-134）。

（5）模板工程

高层/超高层底板均设有电梯基坑、集水坑等深坑，导致模板的超高，所以侧向力巨大也是超厚基础底板施工时经常遇到的问题，需要选择合适的模板支撑体系，并通过详尽的计算确保其稳定安全。

（6）养护

大体积混凝土应进行保温保湿养护，在每次混凝土浇筑完毕后，除应按普通混凝土进行常规养护外，尚应及时按温控技术措施的要求进行保温养护。保湿养护的持续时间不得

图 2-134　超厚底板钢筋绑扎支撑架

少于 14d，应经常检查塑料薄膜或养护剂涂层的完整情况，保持混凝土表面湿润。保温覆盖层的拆除应分层逐步进行，当混凝土的表面温度与环境最大温差小于 20℃时，可全部拆除。在混凝土浇筑完毕初凝前，宜立即进行喷雾养护工作。

3. 钢板墙混凝土施工技术

钢板墙混凝土是指钢筋混凝土截面内配置钢板的墙体。通过钢板及其外包混凝土的相互作用，使其具有明显优于钢筋混凝土墙及纯钢板墙的一系列优点，其承载力、延性、防火性能得到明显提高，同时制作和施工方便，施工速度快。

（1）钢板墙深化设计

钢板墙的深化设计主要是形成构件加工详图，这个过程中需要解决钢板墙与土建钢筋、机电安装、幕墙埋件等专业之间的冲突问题，并最终在深化图纸上体现。其主要深化内容如下：

钢结构分段分节：不影响施工平台安装及爬升；考虑竖向钢筋接头位置，不影响钢结构对接焊；分段位置错开洞口及箍筋位置钢结构与各专业冲突协调；箍筋与钢板冲突；对拉钢筋与钢板墙连接；对拉螺栓与钢板墙连接；混凝土梁与钢板墙连接；钢板—混凝土组合剪力墙钢筋下料；机电孔、管道；幕墙埋件；大型塔吊、施工电梯等大型设备临时埋件或牛腿等。

（2）预留孔设计

流淌孔：钢板墙混凝土分单钢板墙和双钢板墙。为保证钢板墙两侧混凝土的密实性及均匀性，减小钢板剪力墙浇筑难度，一般需在钢板墙上开设直径 100～150mm，间距 1500mm 左右梅花形布置的流淌孔。工程应用实例如图 2-135 所示。

透气孔及浇捣孔：部分钢板剪力墙中局部位置会出现相对封闭的腔体，特别是双层钢板剪力墙中遇横向加劲肋处，为保证节点处混凝土的密实性，需要在腔体上下板上开设一定直径大于 30mm 的透气孔或浇捣孔（图 2-136），以便混凝土气体排出及混凝土浇筑振

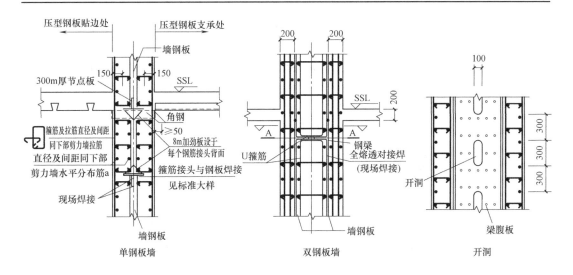

图 2-135 钢板剪力墙留孔示意图

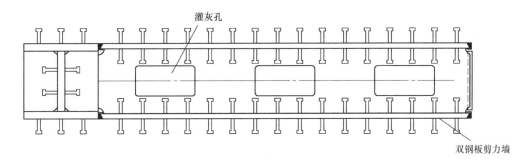

图 2-136 透气孔的设置

捣，保证节点区浇筑质量。

（3）混凝土浇筑振捣

混凝土浇筑时应根据不同的操作空间选用不同直径的振捣棒。双钢板墙体内腔混凝土浇筑要通过梁腹板上的混凝土流淌孔，其直径较小；由于振捣棒移动不便，宜选用 $\phi30$ 直径振捣棒。由于振捣是在盲视下操作，要选用经验丰富、手感好的振捣工人，上下振动，垂直且缓慢拔棒，逐点移动，根据所配混凝土的性能振动时间每点控制在 20～30s。在钢板墙浇筑过程中，控制浇筑分层高度≤50cm，以避免出现施工冷缝。

（4）墙体裂缝控制

超厚钢板墙混凝土施工时需按照大体积混凝土施工工艺控制混凝土墙体的有害裂缝的产生。引起大体积混凝土裂缝的因素很多，既有混凝土本身的温度、干缩等因素，也有外界因素，如约束条件，还有一些施工中的人为因素。主要影响因素如下：温度裂缝、收缩裂缝、施工工艺引起的裂缝。

4. 钢管柱混凝土施工技术

钢管混凝土是指在钢管中填充混凝土而形成的构件，通过钢管及其核心混凝土间的相互作用，使其具有承载力高、塑性和韧性好、制作和施工方便、耐火性能好以及经济效果好等一系列优越的性能。

（1）泵送顶升浇灌法

钢管混凝土泵送顶升工艺是指在钢管接近地面的适当位置安装一个带闸门的进料支管，直接与泵车的输送管相连，由泵车将混凝土连续不断地自下而上灌入钢管，无需振捣。钢管直径宜大于或等于泵径的两倍。其适用于截面为方形、圆形、日字形等各种形式的钢管混凝土柱工程，尤其是钢管内隔板复杂的超高层钢管混凝土工程（图 2-137）。

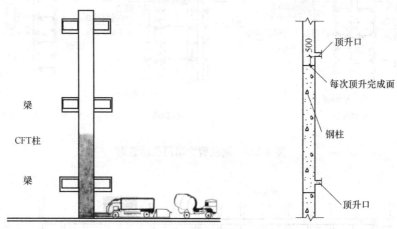

图 2-137　顶升法示意图

天津某超高层项目高度 336.9m，结构外围有 32 根钢柱，核心筒有 23 根钢柱，均为钢管柱，直径最大 1700mm，最小 600mm，钢管内混凝土均采用顶升法浇灌，一次最大顶升高度 12.6m。这是国内首个利用顶升法浇灌混凝土的工程。

（2）高位抛落无振捣法

钢管混凝土高抛免振捣施工工艺是指在混凝土直接从布料杆口倾泻至钢管内，靠混凝土下落时产生的动能达到振实混凝土的目的。它适用于管径大于 350mm，高度不小于 4m 的情况。对于抛落高度不足 4m 的区段，应用内部振捣器振实。一次抛落的混凝土量宜在 0.7m³ 左右，用料斗装填，料斗的下口尺寸应比钢管内径小 100～200mm，以便混凝土下落时，管内空气能够排出。

（3）立式手工振捣法

立式手工浇捣法是指混凝土自钢管上口灌入，用振捣器捣实。管径大于 350mm 时，采用内部振捣器。每次振捣时间不少于 30s，一次浇灌高度不宜大于 2m。当管径小于 350mm 时，可采用附着在钢管上的外部振捣器进行振捣。外部振捣器的位置应随混凝土浇灌的进展加以调整。

5. 混凝土超高泵送工艺

混凝土超高泵送是利用混凝土泵的压力将混凝土通过管道输送到超高层的浇筑地点，一次完成水平运输和垂直运输。泵送混凝土具有输送能力大、效率高、连续作业、节省人力等优点。其主要技术要点如下：

（1）坍落度或扩展度要求

不同入泵坍落度或扩展度的混凝土，其泵送高度宜符合表 2-16 的规定：

混凝土入泵坍落度与泵送高度关系表 表 2-16

最大泵送高度(m)	50	100	200	400	400 以上
入泵坍落度(mm)	100～140	150～180	190～220	230～260	—
入泵扩展度(mm)	—	—	—	450～590	600～740

（2）泵送混凝土搅拌的最短时间

当混凝土强度等级高于 C60 时，泵送混凝土的搅拌时间应比普通混凝土延长 20～30s。

（3）接力泵的设置

混凝土泵不宜采用接力输送的方式，当必须采用接力泵送混凝土时，接力泵的设置位置应使上、下泵的泵送能力匹配。对设置接力泵的结构部位应进行承载力验算，必要时应采取加固措施。

（4）混凝土泵的选型

要根据混凝土输送管路系统布置方案及浇筑工程量、浇筑进度以及混凝土坍落度、设备状况等施工技术条件，确定混凝土泵的选型。

（5）混凝土输送管的选择

规格应根据粗骨料最大粒径、混凝土输出量和输送距离以及拌合物性能等进行选择，粗骨料最大粒径 25mm，输送管最小内径为 125mm；粗骨料最大粒径 40mm，输送管最小内径为 150mm。

（6）布料设备的选型与布置

应根据浇筑混凝土的平面尺寸、配管、布料半径等要求确定，并应与混凝土输送泵相匹配。布料设备的作业半径宜覆盖整个混凝土浇筑范围。

（7）截止阀的设置

垂直向上配管时，地面水平这算长度不宜小于垂直管长度的 1/5，且不宜小于 15m；垂直泵送高度超过 100m 时，混凝土泵机出料口处应设置截止阀。

（8）弯管和水平管的设置

倾斜或垂直向下泵送施工时，且高差大于 20m 时，应在倾斜或垂直管下端设置弯管或水平管，弯管和水平管折算长度不宜小于 1.5 倍高差。

（9）混凝土输送管的固定

混凝土输送管的固定应可靠稳定。用于水平输送的管路应采取支架固定；用于垂直输送的管路支架应与结构牢固连接。支架不得支承在脚手架上。深圳某工程采用图 2-138 所示固定方式，将 C100 混凝土泵送到 1000m 高度。

2.8.4 高层/超高层钢结构施工技术

1. 成果概述

随着现代施工技术的发展，超高层建筑已由最初的框架结构向框剪、框筒、筒中筒等结构形式演变，所用材料也由单一的钢筋混凝土向包括钢结构、钢骨混凝土组合结构在内的多元化建筑形式发展，钢结构已经成为超高层建筑重要的组成部分。

超高层钢结构一般采用钢板、热轧型钢以及冷加工成型的一些薄壁型钢。相对于其他

图 2-138　混凝土泵送管道支撑

材料而言，钢结构在超高层建筑中拥有诸多优势，如重量轻、抗侧弯及抗压强度大、施工污染少、可回收再利用、现场施工强度小等。

2. 钢板墙施工技术

（1）钢板墙分段

钢板墙分段需考虑运输、刚度、安装、安全、操作等众多方面的因素，如分段合适，则运输可行、安装程序简单方便、施工过程安全；如分段不合适，则运输不可行，或严重影响施工效率，或安全质量无法得到保障。

钢板墙以竖向分段为主，2～3 层一节，最大长度为 14m，最大宽度小于 4.5m，横向分节位置在核心筒暗梁梁顶标高以上 1.2m 处。

（2）钢板墙分区安装

钢板墙安装时，为了解决场地不足的问题，并且为了科学合理地组织施工，对安装区域进行分区，组织流水施工。深圳某工程核心筒钢板墙分区安装情况如图 2-139～图 2-142 所示。

图 2-139　①安装 1 区钢板墙

图 2-140 ②安装 2 区钢板墙

图 2-141 ③安装 3 区钢板墙

图 2-142 ⑥安装 A 区钢板墙

（3）钢板墙临时固定

为了保证钢板墙安装过程的稳定，可采取两个措施：拉设缆风绳；每层设置角钢支撑（图 2-143、图 2-144）。

图 2-143 拉设缆风绳

图 2-144 设置角钢支撑

（4）钢板墙栓接

除了采用焊接之外，为了保证安装精度、方便施工操作，将连接板改为小块，并且将连接板设置成活页形式（图 2-145）。此时部分竖向拼接缝可采用高强螺栓连接，最长拼接缝可为 5m 左右（图 2-146）。

3. 多腔体组合截面巨柱施工技术

（1）多腔体组合截面巨柱形式

为了满足足够的刚度和强度，超高层建筑物往往采用巨柱，且多为多腔体组合截面形式。图 2-147～图 2-150 为几个著名超高层建筑物的巨柱形式。

（2）大体量组合截面巨柱分段

巨柱截面大、板厚较厚。受现场吊装设备吊重能力影响，巨柱分段位置可调性较小。巨柱分段综合考虑现场吊装及焊接便利、构件重量、运输能力、构件尺寸等因素。一般采取标准层巨柱水平分段、节点区巨柱竖向分段及水平和竖向分段相结合等多种分段方式并用，将各分段难点逐一攻破。图 2-151 为某工程巨柱可能分段方式分析。

图 2-145　连接板改为小块

图 2-146　钢板墙栓接

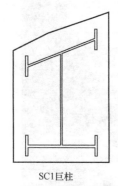

SC1巨柱

SC2巨柱

图 2-147　武汉绿地的巨柱形式

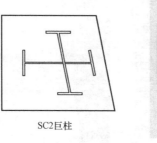

钢柱截面

图 2-148　沈阳宝能的巨柱形式

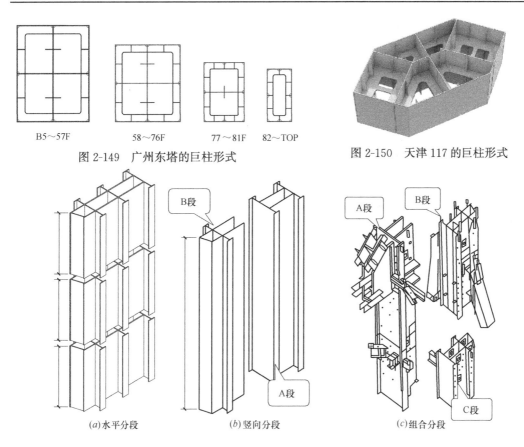

图 2-149　广州东塔的巨柱形式

图 2-150　天津 117 的巨柱形式

(a)水平分段　　　(b)竖向分段　　　(c)组合分段

图 2-151　巨柱分段形式示意图

（3）巨柱不同分段的吊点设置

巨柱分段方式不同，吊装时巨柱的吊点布置位置也有区别。图 2-152 为深圳某工程不同分段形式巨柱安装吊点布置的示意。

（4）巨柱翻身

巨柱截面尺寸较大、重量较重，通常巨柱由加工厂运输至现场与实际吊装就位的朝向不同，这就带来巨型构件现场翻身问题。为避免巨型构件翻身重心瞬间转移给吊绳、吊装

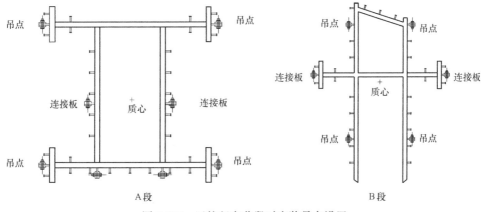

图 2-152　巨柱竖向分段时安装吊点设置

设备和下方基础面造成较大冲击荷载。超高层典型巨型柱翻身示意如图 2-153 所示。

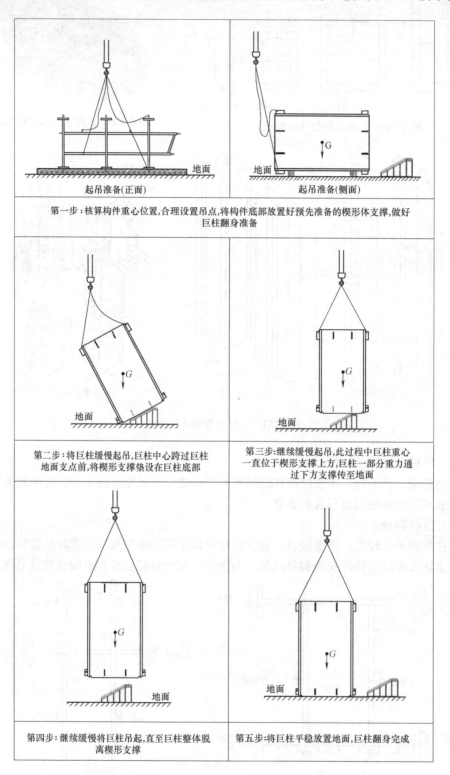

图 2-153　巨柱单机翻身流程图

4. 双机抬吊

超高层建筑施工过程中经常需要进行双机抬吊，解决超重构件的安装难题。双机抬吊危险较大，施工中要尤其注意。某工程带状桁架的双机抬吊示意分析如图 2-154 所示。

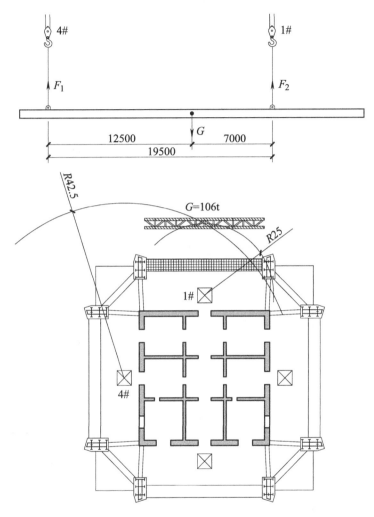

图 2-154　桁架双机抬吊分析图

(1) 桁架双机抬吊塔吊站位

带状桁架下弦在地面拼装成整体后，双机抬吊就位。一台塔吊为主塔吊（1♯），另一台为辅塔吊（4♯）。

(2) 桁架双机抬吊高空转运

1♯、4♯塔吊相互配合，将桁架下弦由北侧转至西侧；3♯塔吊吊住桁架下弦，由3♯塔吊代替4♯塔吊受力；4♯塔吊松钩，移至1♯塔吊吊点处吊住桁架下弦，由4♯塔吊代替1♯塔吊受力；1♯塔吊松钩；3♯、4♯塔吊相互配合，将桁架下弦由西侧转至南侧。最后，3♯、4♯塔吊将桁架下弦安装就位（图 2-155）。

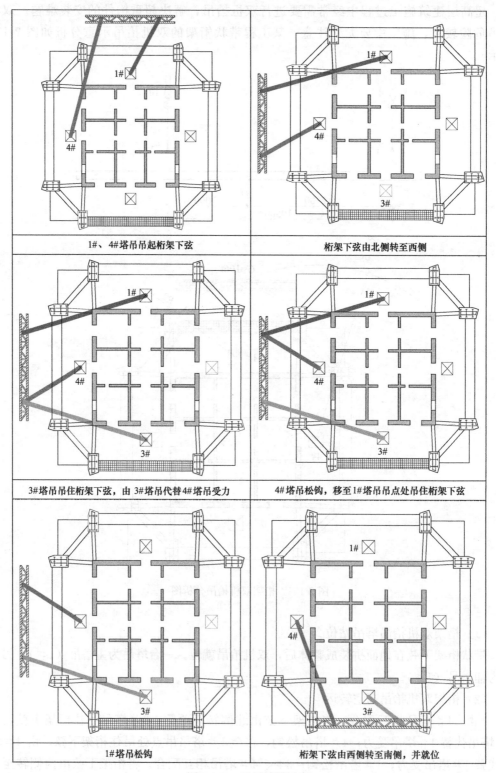

图 2-155　双机抬吊示意

2.8.5 高层/超高层模板工程施工技术

1. 高层/超高层的施工组织方式

高层/超高层一般采用核心筒加外框的结构体系，尤其是超过 350m 的超高层建筑，外框采用钢结构外包或内灌混凝土，核心筒采用混凝土内设钢板剪力墙或钢柱做为钢骨。这种结构体系一般采用核心筒先行的施工方式，即核心筒先于外框施工。某工程核心筒（以爬模为例）、外框相互关系示意如图 2-156 所示。

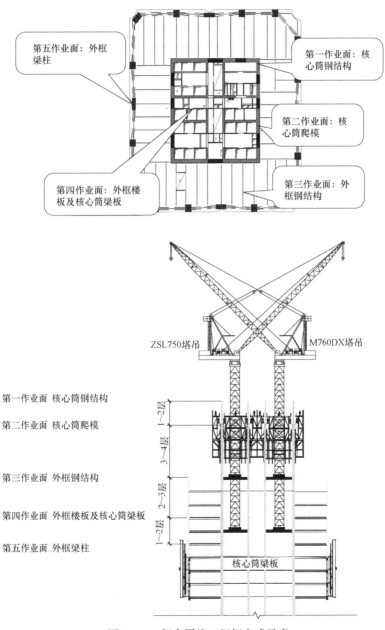

图 2-156　超高层施工组织方式示意

从图中可以看出：

第一作业面核心筒钢结构；

第二作业面为核心筒爬模，与第一作业面相差 1～2 层；

第三作业面为外框钢结构，与第二作业面相差 3～4 层；

第四作业面为外框混凝土梁板及核心筒楼板，与第三作业面相差 2～3 层；

第五作业面为外框梁柱，与第四作业面相差 1～2 层。

按照这种组织方式，目前核心筒的模板选择多采用两种方式，一种为爬模，一种为顶模。

2. 爬模施工技术

爬模由下架、上架、附墙挂座、导轨、液压油缸系统、模板、护栏等组成。根据墙体情况，布置机位，每个机位处设置液压顶升系统，架体通过附墙挂座与预埋在墙上的爬锥连接固定，爬升时先提升导轨，然后架体连同模板沿导轨爬升。核心筒爬模示意如图 2-157 所示。

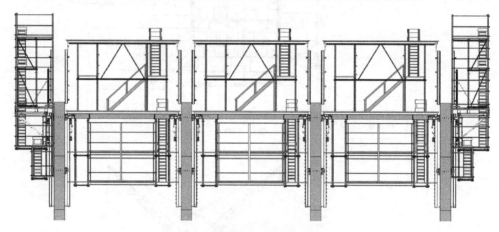

图 2-157 核心筒爬模示意图

3. 顶模施工技术

顶模系统主要由支撑系统、液压动力系统、控制系统、钢平台系统、模板系统、挂架系统六大部分组成。核心筒顶模示意如图 2-158 所示。

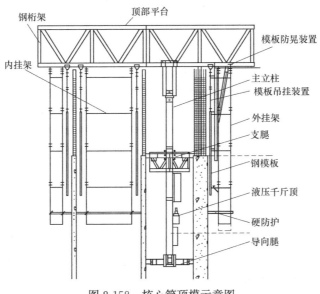

图 2-158　核心筒顶模示意图

2.8.6　高层/超高层结构复杂节点施工技术

1. 劲性梁柱节点施工技术

劲性混凝土组合结构构件由混凝土、型钢、纵向钢筋和箍筋组成，基本构件为梁和柱。劲性结构是钢筋混凝土内配置型钢而构成的组合结构，构件刚度大、强度高。一方面具有钢结构抗拉强度大的优点，更节约钢材，且增加了构件、建筑物的刚性；另一方面，具有混凝土结构抗压强度大的优点，又可减小截面和重量，增大了构件的延性。

劲性节点以其优越的受力性能大量被应用在高层、超高层结构中，广泛存在于超高层建筑的外框和核心筒，劲性混凝土柱和梁、核心筒剪力墙的劲性暗柱和暗梁、暗梁和钢板剪力墙。劲性节点存在大量的钢筋与钢骨交叉连接问题，在实际工程施工时，钢结构和土建交叉作业比较频繁，更增加了质量控制难度，如果处理不好不仅会对结构的可靠性产生很大的影响，而且也会给施工带来不便，耽误施工进度，影响工程质量。

(1) 劲性梁柱节点施工难点技术措施

设计型钢的规格较小而钢板厚度相对较大，使型钢的吊装和焊接难度系数增大，也就意味着柱本身的安装会存在偏差，导致与梁相交的节点施工难度加大。

在型钢上预留钢筋孔及在型钢翼缘上焊接钢板牛腿的位置需要极其精确，否则钢筋无法穿过或焊接。用牛腿与钢筋焊接时，梁底筋的焊接的操作空间非常小。存在多根框架梁相交于同一柱头的现象，导致多层钢筋互相重叠，钢筋与型钢柱连接及钢筋标高的控制难度很大。

(2) 劲性梁柱节点钢筋绑扎技术措施

劲性混凝土组合结构中因型钢柱和型钢梁的存在，钢筋工程在劲性混凝土节点施工尤为烦琐，钢筋制作和绑扎不如普通框架剪力墙结构简单和通俗易懂，存在施工难点，技术人员和施工人员要多加现场指导和交底，并及时与设计人员沟通，采取相应措施解决实际问题。解决时必须在型钢制作加工和钢筋制作时提前提出方法和方案。

为保证劲性柱梁柱节点的钢筋施工，可以采用三维图模型模拟施工节点过程，合理安排空间，调整结构及材料尺寸，确保钢筋的排列。

同时钢结构的深化设计应综合考虑梁、柱节点高度内箍筋的设置方式（如钻孔、加焊肋板等），并在构件的工厂加工过程中一并处理。

梁内钢筋与钢柱的连接，采用在型钢柱上设置牛腿，钢筋与牛腿焊接的连接形式。焊缝长度＞10d。

在钢柱腹板上开孔从而使钢筋穿过。此方法需要预留钢筋孔，且位置需要极其精确，否则会给穿筋工作带来极大麻烦。又因钢构件在工地不应随意制孔（除注明外，所有螺孔、预留钢筋孔、排气孔等不得采用气焰制孔），需在工厂机械开孔。穿孔制好后，在工厂预先试穿筋以试验现场施工可实行性。至于钢筋空洞制作的大小，要根据穿筋的直径来确定，太小将导致穿筋工作难度加大，太大又会影响型钢性能。

在型钢柱翼缘焊接牛腿，然后将混凝土梁主筋与牛腿进行可靠焊接，保证结构承载力满足设计要求。牛腿的位置与孔洞一样需要提前设计，而且在多根框架梁相交的柱头位置，两个方向的牛腿应有稍许的高低差，尽可能保证柱头部位梁钢筋的标高以及混凝土面成型后的高度。

对于柱主筋与型钢梁上下翼缘交叉、梁主筋与型钢柱腹板交叉及柱箍筋与型钢梁的腹板交叉的问题，可在二次设计及型钢梁柱加工制作时解决。

对于柱箍筋与型钢柱的抗剪栓钉交叉的问题，可在钢筋加工制作时解决。

对于柱箍筋与型钢梁腹板交叉而在二次设计时不能解决的问题，可在现场于设计人员共同协调解决。

劲性混凝土组合结构施工前，必须进行型钢的二次设计，绘出施工图纸，以便解决型钢下料和钢筋穿过型钢的问题。设计时主要解决梁柱节点部位，对一次设计图纸详细阅读，逐一进行混凝土梁柱编号。节点设计时必须考虑到钢筋数量、规格、位置和主次梁钢筋标高，梁上下排钢筋间距等，以便型钢开孔和设置钢垫块等。

2. 钢筋混凝土结构转换层施工技术

随着城市建设发展的需要，很多高层建筑向多功能、多用途方向发展。由于建筑物的各部分使用功能和要求的不同，对建筑物结构形式、柱网布置等也就提出了不同的要求。如商业用房、娱乐用房等大多布置在建筑物的下部，往往需要大跨度、大柱网以相适应。而办公、公寓等用房常常布置在建筑物的上部，他们的跨度、柱网又不宜过大。为了实现和适应这种结构形式的变化过渡，很多高层建筑中都设置了转换层。

（1）转换层实现上下结构的转化大致有以下三种类型：

上下层结构类型的改变，如转换层以下为框架、框架—剪力墙或框架—简体等结构形式，转换层以上为剪力墙、剪力墙—简体等结构形式。

上下层柱网、轴线的改变，转换层的上下层结构形式不变，仅柱网、轴线有所变化，常用于简体结构建筑中。

上下层不仅结构类型有所改变，而且柱网、轴线也有所改变，常用于上下层功能变化较大或较复杂的建筑物。

（2）转换层的结构形式

由于转换层上下结构转换有多种类型，所以转换层本身的结构形式也有不同，常用的有以下几种：

梁式结构的转换层。梁式结构的转化层一般在转换层的楼面设置纵横交错的钢筋混凝土承重大梁。为适应上部荷载的需要，梁的截面尺寸比较大。

桁架式结构的转换层。桁架式结构的转换层是由梁式结构的转化层变化而来的，整个转换层由多榀钢筋混凝土桁架组成承重结构，桁架的上下弦杆分别设在转换层的上下楼面的结构层内，层间设有腹杆。由于桁架高度较高，所以上下弦的截面尺寸相对较小。

箱式结构的转换层。箱式结构的转换层实际上也是由梁式结构的转化层变化而来的。有纵横交错的双向主次梁连同上下层楼面的楼板结构以及四周墙壁构成全封闭的箱式结构转换层，整个转换层就像一只大箱子，当然四周也可以适当开洞。

板式结构（厚板）的转换层。板式结构的转换层通常适用于上下层既有结构类型的改变，又有柱网、轴线的变化整个转换层是一块厚达 2.0～3.0m 的实心钢筋混凝土承重板。有的板式转换层中在一定的部位也设置暗梁，以满足上部结构的变化要求。

（3）转换层的施工特点

钢筋绑扎。转换层中的钢筋，其特点一是数量多，二是直径大。对梁式结构转化层来说，其钢筋绑扎通常在梁的底模板架设完成后进行。当转换层的梁或板混凝土分两次浇筑时，应在施工缝上增设若干抗剪钢筋，以保证上下层混凝土结合牢固。转换层结构设计中，目前也较多采用后张拉预应力结构。

混凝土浇筑。转换层的混凝土一次浇筑量很大，大多属于大体积混凝土施工，不仅对模板支撑系统带来很大困难，而且混凝土内部容易产生温度裂缝。为此，很多工程的施工，在征得设计单位的认可后，将混凝土二次叠浇成形，即分层浇筑，形成整体。

2.8.7 高层/超高层竖向变形控制技术

高层/超高层建筑从施工开始直至竣工投入使用 50 年甚至 100 年，在重力荷载长期作用下会产生较大的竖向变形。它主要由两部分组成：一部分是重力荷载作用下的弹性压缩变形，另一部分是混凝土收缩和徐变产生的非弹性变形。随着高层/超高层高度的增加，这种变形量越来越大。

高层/超高层结构体系不同，其整体竖向变形量不尽相同。同一结构体系，因其含钢率、应力比、不同地区材料之间的差异等使得其内、外筒之间的差异变形亦有显著区别。尤其是当超高层/高层结构采用"核心筒墙先行、筒内梁板随之、外框及组合楼板在最后"的施工顺序时，这种差异变形将更大。

目前对于如何消除这种变形，尚无权威性的理论，所有做法和措施都基于施工经验和理论研究阶段。

1. 竖向变形的不利影响

在施工时，核心筒预理的钢结构埋件以及钢筋等，由于竖向变形将出现错位，需采取后置埋件、植筋等措施方可，对施工质量及工程造价带来不利影响。

由于核心筒与外框结构的竖向荷载不同，如不能采取有效的施工方法控制差异变形，将会导致楼面出现倾斜，对建筑使用功能造成不利影响。

根据竖向荷载分布不同，核心筒与外框等各竖向构件存在竖向差异变形，对结构构件产生有害的附加内力，不利于结构整体稳定。

随着建筑高度的增加，结构在重力荷载作用下造成的不利影响将会更加明显。

2. 预留适当的变形高度

综合考虑高层/超高层的施工工况之后，采用软件（如 SAP2000 V14.0.0、Midas 等）对结构进行有限元模型建立，同时考虑含钢率、混凝土收缩徐变等影响。

计算投入使用 1 年作为变形补偿时间计算点，楼层标高预留高度即为该楼层施工后到投入使用 1 年的总下沉变形。某超高层建筑楼层预留高度示意详见图 2-159 和图 2-160。

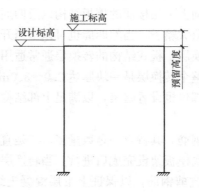

图 2-159 楼层预留高度示意图

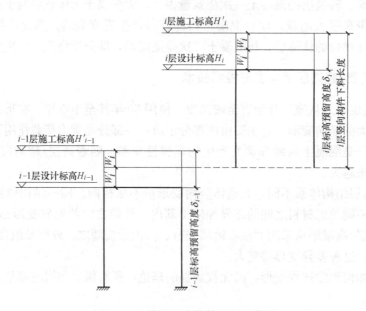

图 2-160 楼层竖向构件预留示意图

对计算结果进行分析得出各个施工楼层的施工预调标高以及钢结构构件预留长度。某工程楼层标高计算调整值如图 2-161 所示。

楼层	外框原设计楼面标高(m)	外框标高预留(mm)	外框调整后楼面标高(m)	内筒原设计楼面标高(m)	内筒标高预留(mm)	内筒调整后楼面标高(m)
80	368.95	161	369.111	369.15	198	369.348
79	364.55	161	364.711	364.65	198	364.848
78	360.05	161	360.211	360.15	198	360.348
77	355.55	161	355.711	355.65	198	355.848
76	351.05	160	351.210	351.15	198	351.348
75	346.55	160	346.710	346.65	198	346.848
74	342.05	160	342.210	342.15	197	342.347
73	337.55	159	337.709	337.65	196	337.846
72	333.05	159	333.209	333.15	195	333.345
71	328.55	158	328.708	328.65	195	328.845
70	324.05	158	324.208	324.15	193	324.343
69	319.55	157	319.707	319.65	192	319.842
68	315.05	157	315.207	315.15	191	315.341
67	310.55	156	310.706	310.65	190	310.840
66	305.65	156	305.806	305.65	190	305.840
65	300.15	155	300.305	300.35	189	300.539
64	295.75	153	295.903	295.85	188	296.038
63	291.25	152	291.402	291.35	187	291.537
62	286.75	151	286.901	286.85	187	287.037
61	282.25	150	282.400	282.35	186	282.536
60	277.75	148	277.898	277.85	185	278.035
59	273.25	147	273.397	273.35	184	273.534
58	268.75	145	268.895	268.85	183	269.033
57	264.25	144	264.394	264.35	181	264.531
56	259.75	142	259.892	259.85	180	260.030
55	255.25	141	255.391	255.35	179	255.529
54	250.75	140	250.890	250.85	178	251.028
53	245.80	139	245.939	245.85	176	246.026
52	241.30	139	241.439	241.35	175	241.525

图 2-161 楼层标高调整

3. 钢结构补偿、安装与延迟节点监测

（1）钢结构补偿

通过计算得出的钢结构竖向构件的预留长度是按每层进行，而钢结构构件是根据垂直运输设备的吊重能力、竖向构件的重量及运输长度等因素进行分节加工，每节竖向构件的加工长度不一，可能为一节一层或一节多层。

对于一节一层的钢结构构件预留下料长度设置在每节竖向构件的下端位置；对于一节

2 层或多层构件下料预留长度底层设置在构件下端，中间层设置在各层牛腿之间。同时，构件加工应控制其偏差在正偏差范围内。

（2）延迟节点设置

考虑核心筒与外框竖向变形不一致、钢骨混凝土组合结构与纯钢结构的竖向变形不一致，在巨型斜撑上端及伸臂桁架的弦杆和腹杆位置设置延迟连接节点。延迟节点采用先螺栓连接，螺栓孔留有足够间隙，主体结构完工后进行刚性连接。某工程延迟节点设置示意如图 2-162 所示。

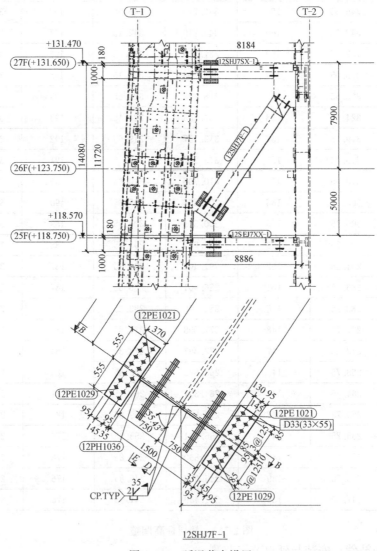

图 2-162　延迟节点设置

（3）延迟节点监测

在伸臂桁架以及外框斜撑的延迟节点处选取适当具有代表性的点位进行监测，焊接前监测延迟节点缝隙变化情况，为后期的延迟节点焊接提供依据；焊接后监测构件应力变化情况。

2～3d 采集一次数据。

监测数据处理：将巨柱与核心筒的竖向变形数据分开整理成表，内容包括：本次压缩量、本次压缩速率、累计压缩量、累计压缩速率以及压缩变化曲线图。

（4）监测结果

对采集的数据应用软件进行处理分析，得出每层核心筒及外框巨柱的竖向变形量，从而计算出累计变形量、变形速率、核心筒与外框巨柱竖向变形差，最终绘制竖向变形曲线图。某工程主楼竖向变形测量结果如图 2-163 所示。

楼层	分节	外框柱测量点位								分节	核心筒测量点位			
		1	2	3	4	5	6	7	8		9	10	11	12
L1	T2	−2.3	−0.25	−0.21	−0.3		−3.5	−2.8	−2.5	T2	−4	−4.5	−4.8	−3.2
L3	T3	−7.3	−6.9	−6.8	−7.5	−7.9	−8.1	−7.9	−6.3					
L5	T4	−10.4	−12.9		−11.7	−12.8	−13.9	−14.2	−1.1	T3	−14.7		−17.7	−16.9
L7	T5	−14.4	−15.9		−17	−16.9	−19.7	−18.5	−15.5	T4		−3.9	−6.7	−8.9
L10	T6	−2.3	0.5	2.3	−1.7	−1.8	−0.9	−0.5	1.6	T5	−7.9	−8.6	−7.9	−9.9
L13	T7	−8.2	−7.8	−10.3	−8.3	−7.9	−5.2	−7.3	−8.3	T6	−3.9	−7.8	−9.1	−6.6
L19	T9	−18.7	−20.3	−21.3	−22.2	−19.9	−21.3	−16.7	−18.9	T8	−17.8	−16.7	−19.3	−18.2
L25	T11	−17.3	−15.5	−16.7	−12.3	−14.4	−10.9	−8.7	−9.3	T10	−23.7	−22.6	−18.9	−19.7
L30	T13	−12.7	−11.9	−14.4	−15.6	−15.7	−14.6	−13.3	−14.5	T12	−10.7	−9.9	−7.8	−9
L36	T15	−0.5	1.3	1.5	0.9	−0.7		−1.3	0.9	T14	−3.1			1.2
L42	T17	−11.7	−16.3	−13.2	−15.5	−8.9	−9	−12.3	−8.7	T16	−15.3	−20.8	−17.6	−17.5
L48	T19	−4.3	−2.8	−5.7	−3	−4.2	−2.7	−2.6	−3.3	T18	−4.2	−3.1	−2.2	−1.7
L54	T21	−16.9	−20.3	−17.9		−17.7	−19.3	−15.7	−14.4	T20	−22.4	−23.5	−19.8	−17.7
L63	T24	−1.7	1.8	0.9	−2.7	1.6	−3.1	−3.5	−4.4	T23	−7.9	−8.7	−10.6	−11.5
L72	T27	2.3	1.7	3.5	−0.7	−1.2	4.4	3.5	−0.9	T26	3.5	4.4	6.7	5.2

图 2-163 主楼竖向变形测量结果（mm）

通过对监测结果进行分析，并与原计算的预调标高值进行对比分析，如施工阶段结构竖向变形变化趋势与原设计预调值吻合，则可继续后续结构施工；如出现变化趋势与原设计预调值相差较大，则需对模型以及工况进行重新分析并重新修正。

2.8.8 高层/超高层建筑幕墙施工技术

1. 成果概述

高层/超高层建筑一般采用幕墙维护体系，且多为单元式幕墙，主要为单元板块的安装。单元板块单块尺寸多在 2.5m 到 1.5m 之间，重量多在 1t 左右。对于超高层建筑来说，幕墙安装具有相当的难度。

2. 幕墙施工与结构施工同时进行

由于超高层结构施工周期很长，为了尽快投入使用，缩短施工周期，一般在结构施工至 20 层左右，幕墙陆续开始施工。由于在垂直作业面上有交叉施工，所以需要在幕墙施工面的上方设置硬防护，确保幕墙施工能够安全进行。某工程幕墙施工硬防护搭设情况如图 2-164、图 2-165 所示。

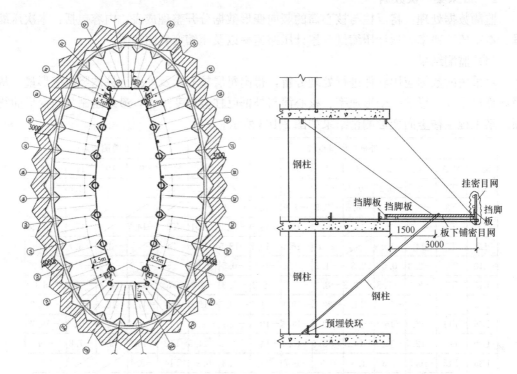

图 2-164 幕墙施工硬防护搭设示意图

图 2-165 幕墙施工硬防护实景

3. 幕墙板块的吊运技术

幕墙单元板块可采用施工电梯、吊篮运送至作业楼层或临近楼层，再通过楼面轨道运送至安装位置（图 2-166、图 2-167）。

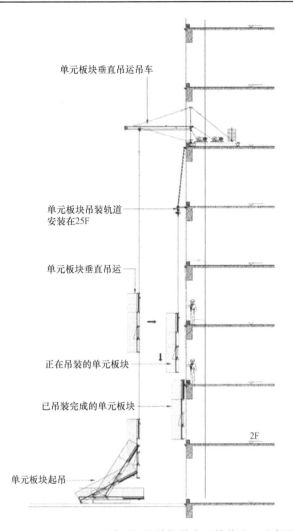

单元板块垂直吊运吊车

单元板块吊装轨道
安装在25F

单元板块垂直吊运

正在吊装的单元板块

已吊装完成的单元板块

2F

单元板块起吊

图 2-166 单元板块单轨道式"外装法"示意图

2.8.9 高层/超高层建筑施工垂直运输技术

超高层建筑多采用钢—混凝土组合结构设计形式，钢结构吊装单元重量大大增大，各种异形柱、巨柱、带状桁架、伸臂桁架等重量有的可以达到30t甚至更大，施工过程中对于超高层垂直运输工具的性能要求越来越高。

图 2-167 沿楼层结构外侧布置的吊装轨道

1. 塔吊选型与布置

大型塔吊的选型和布置直接关系着超高层钢结构的现场吊装方案，也关系着整个工程的垂直运输组织，是超高层建筑施工中一项非常关键的技术。超高层建筑中，由于各专业交叉多，吊装高度高，每次吊装时间长。因此超高层塔吊选型及布置需要结合业主对工期的要求，对施工过程进行详细的吊重吊次验算，并综合考虑工序之间的交叉影响、塔吊的安装和拆卸、材料堆场位置以及构件分布等多方面因素，确保满足现场施工需要，尽可能不出现施工盲区，从而确保塔吊方案的合理和经济。

对于超高层建筑来说，塔吊选型的因素主要有以下几点：起吊能力、最大作业半径、工期、塔吊附着的形式、塔吊拆除方式等。塔吊多采用动臂式塔吊，可采用内爬或外挂方式，300m以内时也可采用外附着形式。

内爬一般布置在核心筒内，采用型钢梁做为塔吊爬升架。某工程内爬钢梁布置及计算模型如图2-168所示。

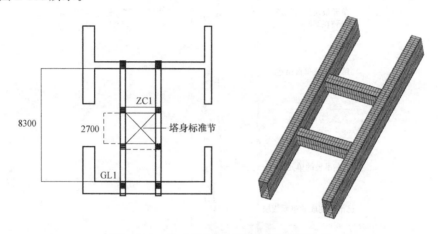

图2-168 某工程内爬钢梁布置及计算模型

外挂一般布置在核心筒外侧，采用型钢附着框。某工程外挂附着桁架平面和立面示意如图2-169、图2-170所示。

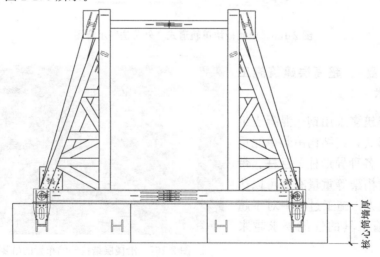

图2-169 某工程外挂附着桁架平面

除了传统的塔吊布置方之外，随着施工技术的发展，近几年也出现了整体施工平台等先进的施工技术。图2-171为沈阳某工程塔机—顶模一体化平台，在工程核心筒6～97层

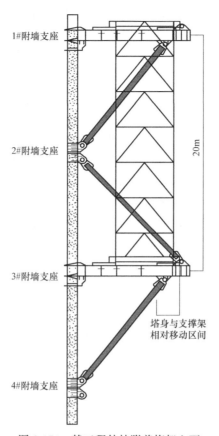

图 2-170　某工程外挂附着桁架立面

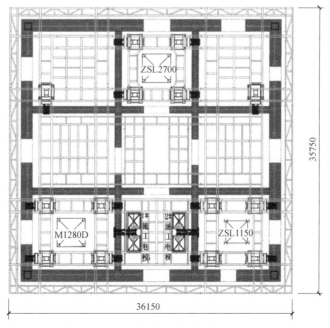

图 2-171　集成平台平面布置图

结构施工时，将 3 台塔机（ZSL2700、M1280D、ZSL1150）全部与集成平台一体化结合，97 层结构完成后 ZSL1150 塔机脱离集成平台，并拆除 M1280D、ZSL2700 塔机。

2. 施工电梯选型与布置

施工电梯的布置一般根据建筑的结构形式，可以从下一直到顶，也可以分段接力到顶。根据运行高度，一般运行高度在 200m 以上时选择高速电梯，200m 以下时选择中速或低速电梯。电梯布置时，在不影响正式电梯安装时，尽量布置在正式电梯井道内，如果影响正式电梯安装，可以考虑布置在结构外侧，但要考虑对外幕墙收口的影响。在施工后期，根据整体工程工期安排，可以提前使用正式电梯，一般选择消防电梯和货运电梯，以便尽早拆除施工电梯，减少对后续施工的影响。

高层/超高层除了采用传统施工电梯之外，近几年出现了多种新型的电梯技术。武汉绿地工程采用循环电梯，即多部电梯共用同一个电梯导轨架，借鉴城市轨道交通运行思路，通过在导轨架上安装轨道转换装置，实现一个导轨架上多台电梯的循环上下运输，一次性解决了施工电梯外附或内设占用空间、影响工期的问题。某工程所用循环电梯相关参数详见表 2-17。

3. 混凝土泵送体系选型与配置

对于混凝土输送泵，体现其泵送能力的两个关键参数为出口压力与整机功率，出口压力是泵送高度的保证，而整机功率是输送量的保证。超高层设备最大泵送能力应有一定的储备，以保证输送顺利、避免堵管。同时要考虑泵管的性能和泵管的固定方式。根据泵送高度不同，一般用于超高层的混凝土输送泵有 HBT90CH-2135D、SCHWING-8350HP、BSA14000SHP-D、HBT90.40.572RS 等。世界近期建设的著名超高层建筑混凝土泵配置情况详见表 2-18。

循环电梯相关参数　　　　　　　　　　　　　表 2-17

序号	项目	内容	备注
1	型号	循环电梯	8～10 笼
2	基础安装位置	核芯筒 B5 层	—
3	运行速度	0～90m/min	高速电梯
4	最大安装高度	600m(B5-L120)	每 50m 布置一道竖向卸载附墙
5	梯笼尺寸	吊笼尺寸长×宽×高为 3.2m×1.5m ×4.5m(含上部小车)	载重量为 2t

世界近期建设的著名超高层建筑混凝土泵配置（含备用泵）　　　　表 2-18

工程名称	建筑层数高度	楼层面积	结构类型	混凝土泵
上海金茂大厦	88 层,420.5m	2470m²	组(混)合结构	PutzmeisterBAS-2100HD 和 BAS-14000HD 各 2 台
上海环球金融中心	101 层,492m	3300m²	组(混)合结构	3 台三一重工 HBT90CH
台北 101 大厦	101 层,508m	2800m²	钢结构	2 台 Schwing BP8800
香港国际金融中心二期	88 层,415m	2110m²	组(混)合结构	3 台三一重工 HBT90CH
吉隆坡石油大厦双塔	88 层,452m	1940m²×2	钢筋混凝土结构	6 台 Schwing BP8800
阿联酋迪拜哈利法塔	162 层,828m	2050m²	钢筋混凝土结构	4 台 Putzmeister BAS-14000HD

2015 年 7 月 7 日，深圳某工程成功进行了"C100 混凝土泵送千米高度试验"，在实际试验中论证了 C100 混凝土泵送混凝土研究成果的可行性、千米泵送设备研究成果的可行性、千米高度泵送管道布置工艺的可行性以及其他相关施工技术的可行性。为实现千米泵送，通过增加水平管道来代替垂直管道的方法，实际盘管长度超过 1470m，模拟 C100 混凝土垂直泵送 1000m 高度时的泵送可行性。HBT90CH-2150D 拖泵技术参数详见表 2-19。

HBT90CH-2150D 拖泵技术参数 表 2-19

技术参数		HBT90CH-2150D	
整机质量	kg	17350	
外形尺寸	mm	7930×2490×2950	
理论混凝土输送量	m³/h	90(低压)/50(高压)	
理论混凝土输送压力	MPa	24(低压)/48(高压)	
输送缸直径×行程	mm	φ180×2100	
柴油机功率	kW	273×2	
上料高度	mm	1420	
料斗容积	m	0.7	
柴油箱理论容积	L	650	
理论最大输送距离(150mm 管)	m	水平 3000	垂直 1000

2.8.10 高层/超高层建筑施工测量技术

施工测量在超高层建筑施工中发挥极其重要的作用，是联系设计与施工的桥梁，是设计蓝图转化为现实的必经环节。施工测量定位工作完成以后，各项分部工程才能展开，贯穿于施工的全过程。施工测量也是超高层"健康"状况监测的重要手段之一，在施工过程中和运营期间进行的变形监测可以比较全面地反映建筑设计和施工的质量。

在超高层建筑施工中，施工测量面临的任务非常繁重，主要有：一是建立施工测量平面和高程控制网，为施工放样提供依据；二是随超高层建筑施工高度增加，逐步将施工测量的平面控制网和高程控制网引至作业面；三是根据施工测量控制网，进行超高层建筑主要轴线定位，并按几何关系测设次要轴线和各细部位置；四是开展竣工测量，为竣工验收和维修扩建提供资料；五是变形观测，在超高层建筑施工和运营期间，定期进行变形观测，以了解其变形规律，确保施工和运营安全。在施工测量的所有任务中，最重要和最具特色的是将平面控制网正确地向上传递至高空作业面，以确保超高层建筑的垂直度。超高层建筑许多施工测量方法和仪器都是为了完成测量控制网的垂直传递和垂直度控制任务而发展起来的。

1. 超高层建筑测量的特点和难点

超高层建筑测量的特点和难点详见表 2-20。

超高层建筑施工测量一般遵循"从整体到局部、先高级后低级、先控制后细部"的原则。实行分级布网，逐级控制。

2. 平面控制测量

平面控制一般布设三级控制网，由高到低逐级控制。同级控制网可以根据工程规模进一步划分，布设多个平级网。平级网之间必须相互贯通，以便联测校正，确保统一性。

超高层建筑测量的特点和难点 表 2-20

序号	特点难点	特点难点分析
1	技术难度大	由于超高层建筑结构超高，平面控制网和高程垂直传递距离长，测站转换多，测量累计误差较大。加之超高层建筑高度大，侧向刚度小，特别是体形奇特时，施工过程中受环境影响极为显著，又由于空间位置不断变化，高空测量控制网的稳定性也较差。特别是超高层建筑施工高空作业多，作业条件差，测量通视困难，高空假设仪器和接收装置也比较困难，常需设计特殊装置以满足观测条件。这些都极大地增加了超高层建筑施工测量的技术难度
2	精度要求高	超高层建筑设计和施工都对施工测量精度提出了更高要求。超高层建筑结构超高，结构受力受施工测量精度影响比较大，过大的施工测量误差不但会影响建筑功能正常发挥，如长距离高速电梯的正常运行，而且会恶化超高层建筑结构受力，因此必须严格控制施工测量误差。另外，为加快施工速度，超高层建筑大多采用阶梯状流水施工流程，大量采用工厂预制、现场装配的施工工艺，如钢结构工程、幕墙工程，工业化生产也对施工测量精度提出了较高的要求。因此，国家规范对超高层建筑施工测量精度要求较一般建筑工程高： 30m<H≤60m 时，轴线竖向投测允许偏差≤±10mm； 60m<H≤90m 时，轴线竖向投测允许偏差≤±15mm； 90m<H≤120m 时，轴线竖向投测允许偏差≤±20mm； 120m<H≤150m 时，轴线竖向投测允许偏差≤±25mm； H≥150m 时，轴线竖向投测允许偏差≤±30mm
3	影响因素多	超高层建筑施工测量精度除受测量仪器精度和测量技术人员素质影响外，还受建筑设计、施工工艺和施工环境影响。超高层建筑造型、基础和侧向刚度等设计对施工测量精度影响更显著。建筑高度越大、造型越复杂，施工过程中超高层建筑变形越显著。基础刚度越小，施工过程中超高层建筑沉降越大，差异沉降也越显著。建筑侧向刚度越小，施工过程中超高层建筑受施工环境和施工荷载影响就越大。超高层建筑在施工过程中的空间位置受施工工艺和施工环境影响也非常显著，施工环境中风和日照作用下超高层建筑的变形也非常明显

（1）首级平面控制网

首级平面控制网是其他各级控制网建立和复核的唯一依据，并可作为钢结构吊装等高空测量定位的空中导线网。首级平面控制网一般以建设单位提供的平面控制点为基础建立，布设在视野开阔、远离施工现场稳定可靠处。布设首级测量控制网，选择较稳定的地面或楼龄在 5 年以上并且楼高在 50m 以下的屋顶布设观测墩或观测站（控制点）。控制点应能视线通视，采用 GPS 定位时高度角 15°以上范围应无障碍物。为确保在超高层建筑施工全过程中稳定运行，首级平面控制网应满足观测条件。首级平面控制网可以是导线网、三角网、边角混合网等。

（2）二级平面控制网

二级平面控制网是场地平面控制网，发挥承上启下的作用，即依据首级平面控制网测设，并作为三级平面控制网建立和校核的基准，同时也可为重要部位的施工放样提供基准。但由于二级平面控制网紧邻施工现场，受施工影响比较大，稳定性较差，因此必须定期复测校核。二级平面控制网多为环绕施工现场的闭合导线网，也可为十字形轴线网。

（3）三级平面控制网

三级平面控制网是建筑物平面控制网，为超高层建筑细部放样而布设的平面控制网，一般布置在基础底板上。当结构施工至地面以上时，应及时将三级平面控制网转换到

±0.000 结构层，以便与二级平面控制网联测校核，进行施工测量控制。三级平面控制网位于超高层建筑内部，受施工和建筑沉降影响大，因此必须定期复测校核。

目前超高层建筑多采用框—筒结构体系、先核心筒后外框架的流水施工方式，因此二级平面控制网多分为核心筒内外二个平级网。

3. 高程控制测量

较之平面控制测量，高程控制测量相对比较简单。高程控制网一般分二级布置，由高到低逐级控制。首级高程控制网一般以建设单位提供的高程控制点为基础建立，一般布设在视野开阔、远离施工现场的稳定可靠处。创建过程中需考虑除了下发或提交的城市高程控制点外，还要增加冗余高程控制点，以增强高程控制系统的安全性。为保证高程系统的稳定性，点位应设置在不受施工环境影响，且不易遭破坏的地方。考虑季节变化、环境影响以及其他不可知因素，定期对高程控制点进行复测。二级高程控制网布设在建筑物内部，以首级高程控制网为依据创建。随着时间的推移与建筑物的不断升高，自重荷载的不断增加，建筑物会产生沉降。因此，要定期检测高程点的高程修正值，及时进行修正。高程控制网应结合平面控制网进行布设，控制点尽可能共享，以减少维护工作量。

4. 竖向测量控制

竖向测量是超高层建筑施工测量最重要的任务，也是超高层建筑施工测量技术研究的主要内容。目前，超高层建筑施工竖向测量方法主要有外控法、内控法和综合法三种。

（1）外控法

外控法是在建筑物外部，利用经纬仪，根据建筑物轴线控制桩来进行轴线的竖向投测，亦称作"经纬仪引桩投测法"。外控法操作简单，测量仪器要求低，普通经纬仪即可满足要求，因此早期的超高层建筑竖向测量多采用该方法。但是该方法场地要求高，建筑周边必须开阔，通视条件好。随着超高层建筑高度和城市建筑密度不断增加，外控法作业条件越来越差，因此该方法应用范围逐步缩小，仅限于超高层建筑地下结构和底部结构施工测量使用。外控法竖向测量示意如图 2-172 所示。

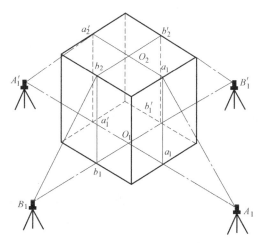

图 2-172 外控法竖向测量示意图

（2）内控法

内控法是在超高层建筑基础底板上布设平面控制网，并在其上楼层相应位置上预留

200mm×200mm 的传递孔，利用垂准线原理进行平面控制网的竖向投测，将平面控制网垂直投测到任一楼层，以满足施工放样需要，即在建筑物内部进行竖向测量。内控法竖向测量示意如图 2-173 所示。

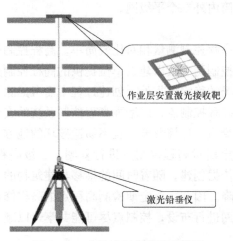

作业层安置激光接收靶

激光铅垂仪

图 2-173　内控法竖向测量示意图

（3）综合法

内控法虽然弥补了外控法易受环境制约的缺陷，但是随着超高层建筑高度的不断增加，内控法自身的缺陷也开始凸现，这就是平面控制网垂直转递过程中整体位移与转动难以检查和控制，因此又发展了内控法与外控法相结合的综合法进行超高层建筑竖向测量。竖向测量采用内控法进行平面控制网的竖向传递。为了控制传递误差，以首级平面控制网（空中导线网）为依据，采用外控法校核传递至高空作业面的平面控制网，可以得到良好效果。目前综合法在复杂超高层建（构）筑物施工测量中得到广泛应用。

5. 变形监测

超高层建筑从施工开始直至竣工投入使用 50 年甚至 100 年，在重力荷载长期作用下会产生较大的竖向变形。它主要由两部分组成：一部分是重力荷载作用下的弹性压缩变形，另一部分是混凝土收缩和徐变产生的非弹性变形。随着超高层高度的增加，这种变形量越来越大。根据对多个超高层建筑的跟踪，这种受结构沉降、混凝土收缩徐变、压缩变形、环境影响、钢结构安装、内外筒施工不同步等因素影响产生的结构位移变形最大达到200mm，给建筑物的正常使用甚至安全带来严重影响。相关研究开展得很多，但迄今为止，尚未形成可靠的方法。目前使用最多的是设计预调和现场调整相结合的方式。

6. GPS 及北斗系统校核技术应用

我国自主研制、生产北斗兼容 GNSSCSCEC-HC-5 高精度接收机，在深圳平安金融中心项目首次将北斗卫星引入到超高层建筑施工测量工作，精度达到毫米级测量精度，是现代测绘工程中一项非常重要的技术。GNSS 技术适用于所有超高层结构的施工测量工作，尤其适用于高度超过 300m 的超高层建筑。很好地解决了建筑高空施工交叉作业多，作业条件差，测量通视困难，高空架设仪器、接收装置困难，以及由于高空中风、自震等作用下的摆动变形逐渐增大，使得建筑垂直度控制归心困难等难题。具有观测时间短、操作简便、可全天候作业等优点，GNSS 网没有误差积累，而且误差分布比较均匀，各边的方位和边长的相对精度基本上是相同的。

2.8.11　高层/超高层临电、临水消防技术

近几年来，在超高层建筑施工过程中屡屡发生火灾，受超高层建筑高度和结构特点的限制，往往火灾救援困难，造成严重的人员伤亡和财产损失。超高层建筑施工临时用电、临水消防体系设计是超高层安全施工的重要内容。

1. 临时用电组织

超高层临时用电现场环境复杂，负荷起伏较大，因此临时用电组织设计应本着安全合理、节约能源和保护环境的原则进行。作为超高层建筑，安全性必然是施工临时用电体系设计所需要格外注意的地方，其次是供电可靠性。超高层临时用电涉及内容一般包括计算选择合理的导线截面、电器元件及其控制方式、主干线的平面布置并对安全技术用电措施和防火措施作具体的要求等内容。

根据《施工现场临时用电安全技术规范》JGJ 46—88 的规定：临时用电设备在 5 台以上或设备总容量在 50kW 及 50kW 以上者，应编制临时用电设计方案。编制临时用电施工组织设计方案的目的在于使施工现场临时用电工程有一个可遵循的科学依据，从而保障其运行的安全可靠；临时用电组织设计作为临时用电工程的主要技术资料，有助于加强对临时用电工程的技术管理，从而保障其使用的安全性和可靠性。

在超高层建筑的配电系统中，供电距离、电缆长度、电缆大小的适当调整及安装时的施工工艺是施工的难题。超高层临时用电供电线路配置应根据现场实际情况选择配电线路形式（放射式、树干式、链式或环形配线）；根据总计算负荷和峰值电流选择电源和备用电源；根据总负荷、支路负荷计算出的总电流、支路电流和架设方式选择总电源线线径和支路线径。配电系统的设计上，需考虑多回路供电及备用发电机组的配置。因超高建筑的高度，变配电房可以考虑设置在塔楼中部的楼层，以减少低压配电的损耗。备用柴油发电机一般设置于地库层，供电电压采用 10kW 输出，再经变压器降压至低压配电，保证配电至塔楼的高层。由于超高层面积大、楼层多，自然会出现远距离供电的问题，因此后备电源可考虑采用高压发电机来发电。另外还需要特别注意的是，超高层建筑遇到强风时，可能会出现左右晃动，在上升主干线的设计上可以考虑将电缆连接铜母线槽配电，以降低超高层建筑物在摇摆时对铜母线槽接驳组件位置的拉扯压力，减少发生故障及维修的概率，也相对地增加了主干系统的寿命。

2. 临水消防体系

《中华人民共和国消防法》《高层民用建筑设计防火规范》在超高层建筑防火方面的规定，仅针对已完成的工程。《建设工程施工现场消防安全技术规范》GB 50270 也仅提出了原则性的设置要求，而对于施工过程中如何设置临时消防并没有明确阐述。由于超高层建筑的特殊性，超高层消防供水无法实现"一泵到顶"，在施工过程中需考虑设置中转加压的接力转换措施，确保消防供水到达施工所有楼层。接力转换措施主要包括：采用水泵加压，水箱中转，重力补给的方式供水。

为减少临时措施的投入，部分超高层建筑采用"临时/永久结合"的方式解决超高层的临时消防水问题。"临时/永久结合"消防水系统工程是以正式消火栓系统的管道、设备等结合少量的临时管道及设备组成施工现场的消防系统，用来提供施工现场的消防保护。

北京某超高层项目高 600m，临时和永久系统转换的步骤及思路详见表 2-21。

"永临结合" 转换步骤及原理　　　　　　　　　　　　　表 2-21

阶段划分	内容	供水范围
第一阶段	18 层消防转输水箱投入使用前	B7 层～B1M 层采用市政压力供水，首层-22 层采用临时高压系统供水
第一阶段	18 层消防转输水箱投入使用	首层～6 层采用常高压系统供水，7 层-52 层采用临时高压系统供水
第一阶段	44 层消防转输水箱投入使用	首层～36 层采用常高压系统供水，37 层-82 层采用临时高压系统供水
第一阶段	74 层转输水箱投入使用	首层～66 层采用常高压系统供水，67 层-108 层采用临时高压系统供水
第一阶段	103 层消防水池投入使用	96 层及以下采用常高压系统供水，97 层-屋顶层采用临时高压系统供水
第一阶段	给水系统向 B1 层正式转输水箱及屋顶水箱供水	96 层及以下采用常高压系统供水，97 层-屋顶层采用屋顶水箱间、消防水池及消防水泵联合供水

其中临时消防泵与正式消防泵的转换方式为：①两台临时消防泵安装完成投入使用（一用一备），临时消防泵利用预留水泵位置（不占用正式消防水泵空间），安装时在正式消防泵位置预留进出口管道接口阀门，为切换做准备；②正式消防泵进场后就位安装，并与预留管道接口阀门完成接驳，阀门开启，利用夜间进行调试，调试完成后，正式消防水泵作为临时消防水泵的备用泵使用；③正式消防泵投入使用（一用一备），临时消防泵接口管道阀门关闭，临时消防泵拆除。

临时消火栓与正式消火栓的转换方式为：①本方案结构阶段采用临时消火栓，装饰阶段采用正式消火栓；②转换时，以竖向区域内的消火栓立管转换为基本单元，原则每次转换只进行一个竖向立管消火栓的转换，转换前将该立管泄空（其余三支消防立管处在正常消防保护状态），待此竖向立管完成转换后进行下一个竖向立管消火栓转换；③转换需泄水时，提前确定排水措施。

2.9　围护结构节能技术

2.9.1　高性能外墙保温技术

1. 国内外发展概况

我国保温材料主要由有机类保温材料、岩棉、矿渣棉、玻璃棉以及其他保温材料组成。根据国际板材制造商协会公布的资料，PU 和 PIR（聚异氰脲酸酯）板材在发达国家占建筑节能板材总消耗量的 73.8％，EPS、XPS 只占 20.6％。根据建筑保温材料行业预测，未来在我国石墨聚苯板和硬泡聚氨酯板的工程应用规模将有较大发展，适用于新建建筑和既有建筑节能改造中各种主体结构的外墙外保温，适宜在寒冷、严寒和夏热冬冷地区使用。

石墨聚苯乙烯（SEPS）板，全称为绝热用石墨模塑聚苯乙烯泡沫塑料板，是一种新型的聚苯乙烯保温板，其生产工艺是在可发性聚苯乙烯（EPS）中添加5％～50％质量的膨胀石墨和2％～20％的磷硫化合物作为阻燃剂，通过悬浮聚合的方法制备膨胀PS颗粒。在可发性聚苯乙烯（EPS）中导入石墨，使其在保持优良的保温性能上，具有更加良好的阻燃性能。与传统聚苯乙烯相比具有导热系数更低、防火性能高的特点，又兼有传统EPS板薄抹灰外保温系统的技术成熟可靠性。

硬质聚氨酯泡沫塑料以聚醚树脂或聚酯树脂为主要原材，与异氰酸酯定量混合，在发泡剂、催化剂、交联剂等的作用下发泡制成。硬泡聚氨酯板是采用硬泡聚氨酯为芯材，在工厂制成的双面带有界面层的保温板。聚氨酯芯材两面附以水泥基面材，解决了聚氨酯泡沫材料与建筑材料不容易黏结、粉化、抗紫外线等问题。硬泡聚氨酯板外保温系统与现场喷涂施工相比具有施工效率高、不受气候干扰、质量保证率好的优点，也具备传统现场发泡聚氨酯的高保温性能和高防水性能。硬质聚氨酯泡沫作为一种新型建筑材料很早已用于建筑领域。20世纪60年代初，英国已将聚氨酯做成夹芯板，用在墙体和屋面。目前，世界上聚氨酯在建筑业的用量已占其总量的50％以上，而且以年10％左右的速度递增。如美国1977年在建筑上的用量是6万t，1979年为15.7万t，1990年达27万t，其中在建筑屋顶上应用量最大，约占屋顶总量的2/3。

目前这两种高性能外墙保温体系在建筑墙体保温工程中得到越来越广泛的应用，近年来，其使用数量逐年都有较大幅度地提高，成为建筑保温材料市场的重要组成部分。以2010年我国保温材料产量构成为例进行分析，有机类保温材料占了43％，岩棉及矿渣棉占30％，两者一共占全部产量的3/4。其中，有机类保温材料中的EPS、石墨聚苯板和聚氨酯又占了全部产量的83％，成为我国保温材料中市场份额的绝对主体。

2. 技术要点

石墨聚乙烯板是在传统的聚苯乙烯板的基础上，通过化学工艺改进而成的产品。与传统聚苯乙烯相比具有导热系数更低、防火性能高的特点。

（1）构造

石墨聚苯乙烯外墙保温系统一般置于建筑外墙外侧，由黏结砂浆、石墨聚苯乙烯板、抹面胶浆、耐碱玻纤网格布、锚栓、饰面层等组成。

硬泡聚氨酯板外墙保温系统一般置于建筑物外墙外侧，有黏结砂浆、聚氨酯板、抹面胶浆、耐碱玻纤网格布、锚栓、饰面层等组成。

（2）技术指标

如表2-22所示。

石墨聚苯乙烯板基本性能指标　　　　　　　　　　　　　表2-22

指标性能	
密度	$\geqslant 18 \mathrm{kg/m^3}$
压缩强度（10％变形）	$\geqslant 100 \mathrm{kPa}$
导热系数	$\leqslant 0.033 \mathrm{W/(m \cdot K)}$
燃烧性能等级	B1级

2.9.2　高效外墙自保温技术

1. 国内外发展概况

外墙自保温体系在我国已经有几十年的生产使用经验，相应的标准、规范齐全，生产和施工简单，质量容易保证，墙体材料和保温材料自成一体，施工简单，易于确保工程质量，但自保温的推广也有其局限性，如墙体容易开裂，冷桥较多等。随着外墙自保温体系的推广应用，很多新材料、新技术不断出现，可弥补自保温体系的缺陷，自保温体系的应用推广进入新阶段。

目前，常用自保温体系以蒸压加气混凝土、陶粒增强加气砌块、硅藻土保温砌块（砖）、蒸压粉煤灰砖、淤泥及固体废弃物制保温砌块（砖）和混凝土自保温（复合）砌块等为墙体材料，并辅以相应的节点保温构造措施，并使外墙的热工性能等指标符合相应建筑节能标准要求的建筑外墙保温隔热技术体系。

2. 技术要点

墙体自保温体系是指墙体保温材料自身即可满足节能要求，具有构造简单、施工方便、耐久性好等优点。但由于砌块具有多孔结构，其收缩受湿度影响变化很大，干缩湿胀的现象比较明显，如果反映到墙体上，将不可避免地产生各种裂缝，严重的还会造成砌体本身开裂，要解决此类质量问题，必须从材料、设计、施工多方面共同控制，针对不同的季节和不同的情况，进行处理控制。

1）砌块在存放和运输过程中要做好防雨措施。使用中要选择强度等级相同的产品，应尽量避免在同一工程中选用不同强度等级的产品。

2）砌体砂浆宜选用黏结性能良好的专用砂浆，其强度等级应不小于 M5，砂浆应具有良好的保水性，可在砂浆中掺入无机或有机塑化剂。

3）为消除主体结构和围护墙体直接由于温度变化产生的收缩裂缝，砌块与墙柱相接处，须留拉结筋，竖向间距为 500～600mm，压埋 2Φ6 钢筋，两端伸入墙内不小于800mm；另每砌筑 1.5m 高时应采用 2Φ6 通长钢筋拉结，以防止收缩拉裂墙体。

4）在跨度或高度较大的墙中设置构造柱。一般当墙体长度超过 5m，可在中间设置钢筋混凝土构造柱；当墙体高度超过 3m（≥120mm 厚墙）或 4m（≥180mm 厚墙）时，可在墙高中腰处增设钢筋混凝土腰梁。

5）在窗台与窗间墙交接处是应力集中的部位，容易受砌体收缩影响产生裂缝。因此，宜在窗台处设置钢筋混凝土现浇带以抵抗变形。此外，在未设置圈梁的门窗洞口上部的边角处也容易发生裂缝和空鼓，此处宜用圈梁取代过梁，墙体砌至门窗过梁处，应停一周后再砌以上部分，以防止应力不同造成八字缝。

6）外墙墙面水平方向的凹凸部位（如线脚、雨罩、出檐、窗台等）应做泛水和滴水，以避免积水。

7）技术指标，如表 2-23 所示。

3. 工程案例

苏州某居民楼工程，位于江苏省苏州市工业园区，建筑为地上 14 层、地下 2 层，该建筑按照江苏省《居住建筑热环境和节能设计标准》DGJ 32 J71，节能 65％的强制性节能技术指标进行设计。

自保温体系的墙体材料技术指标 表 2-23

项　目	指标
干体积密度（kg/m³）	425～825
抗压强度（MPa）	≥3.5，且符合对应标准等级的抗压强度要求
导热系数［W/（m·K）］	≤0.2
体积吸水率（%）	12～25

外墙构造：CEZANNE 建筑反射涂热（2.0mm）＋中控保温腻子（20.0mm）＋水泥砂浆（10.0mm）＋ALC 加气混凝土砌块 190（200.0mm）。水泥石墙面的太阳辐射吸收系数 0.70。柱、梁、过梁、楼板等冷桥部位采用 CEZANNE 建筑反射涂热（2.0mm）＋中控保温腻子（20.0mm）＋水泥砂浆（10.0mm）＋钢筋混凝土（200.0mm），其热阻计算值为 $0.72m^2$·K/W，热阻满足《江苏省居住建筑热环境和节能设计标准》DGJ 32 J71 第 5.2.7 条 R≥0.52 的要求。

外墙加权平均传热系数为 1.09W/（m²·K），热惰性指标 D 为 3.33，外墙传热系数满足《江苏省居住建筑热环境和节能设计标准》DGJ 32 J71 第 5.2.1 条规定的 D＞2.5 时，K≤1.20 的要求。

2.9.3　高性能门窗技术

1. 高性能保温门窗

（1）技术内容

高性能保温门窗是指具有良好保温性能的门窗，应用最广泛的主要包括高性能断桥铝合金保温窗、高性能塑钢保温门窗、高性能玻璃钢门窗和复合窗。

高性能断桥铝合金保温窗的原理是利用 PA66 尼龙将室内外两层铝合金既隔开又紧密连接成一个整体，构成一种新的隔热型的铝型材，依其连接方式不同可分为穿条式及注胶式，用这种型材做门窗，其隔热性优越，彻底解决了铝合金传导散热快、不符合节能要求的致命问题，同时采取一些新的结构配合形式可彻底解决铝合金密封不严的问题。高性能断桥铝合金保温门窗采用的玻璃主要采用普通 Low-E 中空玻璃、三玻双中空玻璃及真空玻璃。

高性能塑钢保温门窗，即以聚氯乙烯（UPVC）树脂为主要原料制作而成的门窗，塑钢门窗为多腔式结构，具有良好的隔热性能，其传热性能甚小，仅为钢材的 1/357，铝材的 1/250，可见塑钢门窗隔热、保温效果显著。高性能塑钢保温门窗采用的玻璃主要采用普通 Low-E 中空玻璃、三玻双中空玻璃及真空玻璃。

高性能玻璃钢门窗是采用玻璃纤维无捻粗纱及其织物作为增强材料，采用不饱和树脂基体材料，并添加固化剂和其他矿物填料，经过浸润工艺将这两种材料混合，在通过加热固化，拉挤成各种不同功能的空腹门窗型材。玻璃钢型材为空腹多腔结构，具有空气隔热层，门窗保温性能显著，常采用玻璃主要为普通 Low-E 中空玻璃、三玻双中空玻璃及真空玻璃。

复合窗是指型材采用两种不同材料复合而成，市场上使用较多的复合窗主要是铝木复合窗。铝木复合窗是以铝合金挤压型材为框、梃、扇的主料作受力杆件（承受并传递自重和荷载的杆件），另一侧覆以实木装饰制作而成的窗，由于实木的导热系数较低，因而使得铝木复合窗整体的保温性能大大提高。铝木复合窗目前常用型号为 93 系列及 130 系列。复合窗采用的玻璃主要采用普通 Low-E 中空玻璃、三玻双中空及真空玻璃。

（2）技术指标

公共建筑使用的门窗的传热系数应符合《公共建筑节能设计标准》GB 50189 的规定。

居住建筑使用的门窗按所在气候区的不同，其传热系数应相应符合《严寒和寒冷地区居住建筑节能设计标准》JGJ 26、《夏热冬暖地区居住建筑节能设计标准》JGJ 75 和《夏热冬冷地区居住建筑节能设计标准》JGJ 134 的规定，不应高于门窗的最大限值要求。

（3）适用范围

适应用于公共建筑、居住建筑，广泛应用于超低能耗建筑、绿色建筑、被动用房等对门窗保温性能要求极高的建筑。

（4）工程案例

北京某公租房项目，包括地上 12 栋住宅楼、3 栋配套工程、两个地下车库、一个幼儿园等。建筑面积 4000m²，门窗面积将近 900m²。

幼儿园项目对围护结构及门窗性能要求较高，需要按照被动式建筑特点进行施工。

本项目采用 75 系列玻璃钢型材窗（三玻两腔 LOW-E 玻璃），整窗传热系数 $K = 0.9W/(m^2 \cdot K)$。

通过第三方检测本工程外窗性能优良。

2. 耐火节能窗

（1）技术内容

耐火窗是指在规定时间内，能满足耐火完整性要求的窗。目前市场上常用的建筑外窗，如断桥铝合金窗、塑钢窗、玻璃钢窗等，经采取一定的技术手段，可实现耐火完整性不低 0.5 的要求。对有耐火完整性要求的建筑外窗，所用玻璃最少有一层应符合《建筑用安全玻璃第 1 部分：防火玻璃》GB 15763 的规定，耐火完整性达到 C 类不小于 0.5h 的要求。

耐火窗可以采用湿法和干法安装，与普通窗洞口安装不一样的地方就是在洞口与窗框之间的密封要采用防火阻燃密封材料（如防火密封胶）。

（2）技术指标

高层建筑耐火节能窗的耐火完整性按照《镶玻璃构件耐火试验方法》GB/T 12513 试验，其耐火完整性不小于 0.5h。

按照《建筑外门窗保温性能分级及检测方法》GB/T 8484 的规定进行试验，其传热系数可以满足工程设计要求。

（3）适用范围

1）住宅建筑

建建筑高度大于 27m，但不大于 100m，当其外墙外保温系统采用 B1 级保温材料时，其建筑外墙上门、窗的耐火完整性不应小于 0.5h；建筑高度不大于 27m，当其外墙外保温系统采用 B2 级保温材料时，其建筑外墙上门、窗的耐火完整性不应小于 0.5h。

建筑高度大于 54m 的住宅建筑，每户应有一间房间的外窗耐火完整性不宜小于 1.0h。

2）除住宅建筑外的其他建筑（未设置人员密集场所）

建筑高度大于 24m，但不大于 50m，当其外墙外保温系统采用 B1 级保温材料时，其建筑外墙上门、窗的耐火完整性不应小于 0.5h；

建筑高度不大于 24m，当其外墙外保温系统采用 B2 级保温材料时，其建筑外墙上门和窗的耐火完整性不应小于 0.5h。

（4）工程案例

北京某新村建设项目，主要包括 B—2 地块 A—5♯楼、A—6♯楼、2♯地下室车库等。建筑面积为 46326.05m²，其中地上面积 33473.99m²，地下面积 12852.06m²，高度 16～22 层不等。

A—5♯楼部分外窗需要满足防火要求，按照设计要求应当使用耐火窗。

本项目采用 60 系列玻璃钢中空玻璃施工，通过材料检验耐火时长达到了 1h，耐火性能符合规范要求。

2.9.4 被动式建筑节能技术

1. 被动式建筑概念

指将自然通风、自然采光、太阳能辐射和室内非供暖热源得热等各种被动式节能手段与建筑围护结构高效节能技术相结合建造而成的低能耗房屋建筑。这种建筑在显著提高室内环境舒适性的同时，可大幅度减少建筑使用能耗，最大限度地降低对主动式机械采暖和制冷系统的依赖。

2. 控制主要指标

（1）耗能指标：采暖热需求：$\leqslant 15kWh/(m^2 \cdot a)$；制冷需求：$\leqslant 15kWh/(m^2 \cdot a)$

总一次能源需求：$\leqslant 120kWh/(m^2 \cdot a)$；采负荷：$\leqslant 10W/m^2$；

（2）室内舒适性指标：室内温度：20～26℃；相对湿度：40%～60%；超温频率：$\leqslant 10\%$；

CO_2 含量：$\leqslant 1000ppm$；室内表面温度差：$\leqslant 3℃$；噪声：功能房$\leqslant 30dB$、机房$\leqslant 35dB$；

（3）气密性指标：气密性必须满足 $N50 \leqslant 0.6$，即在室内外压差 50Pa 的条件下，每小时的换气次数不得超过 0.6 次；

（4）热回收率指标：冬季通风换气时必须对排出空气进行热回收，热回收率宜满足下式要求 $R_h \geqslant 75\%$。

3. 主要技术手段

（1）良好的外墙外保温系统

被动式建筑要想达到如此低的能耗标准，就要求建筑的围护结构保温隔热性能足够好，所以外墙外保温的厚度相对一般房屋要厚许多，通常为 240～300mm。其构造特点是保温性能好、传热系数（K 值）低，同时保温层厚度大、重量大，对抵抗风荷载、地震荷载带来不利影响，在选用保温材料时要综合考虑保温材料的种类、固定方式及方法，以满足整体耐候性、耐久性的要求。

（2）良好的气密性

气密性保障是一个三分设计七分施工的程序，如果施工质量得不到保障，你用再好的产品，节点设计得再完美，到最后都会前功尽弃。施工过程中重点体现在以下几个部位：

1）门窗安装：被动式门窗应当采取外挂式安装，窗户内外侧使用的防水隔汽膜、防水透气膜要与洞口侧壁黏贴紧密，同时洞口侧壁收口抹灰时切勿破坏相应防水隔汽膜等；

2）建筑构件：严格控制墙体砌筑质量、抹灰质量，重点控制砌筑灰缝厚度及砂浆饱满度、不同材料交接部位、新旧材料交接部位、墙体剔凿后修补部位等，并均应采取防开裂措施。建筑构件必须保证其永久的气密性，杜绝任何因开裂导致的漏风现象；

3）穿墙、楼板管道：凡贯穿室内外或被动式与非被动式区域的管道、线管、线盒均应进行气密性处理，防止非受控空气渗透；

4）通风、排水管道：厨房补风阀必须为高气密补风阀，关闭不用时无空气渗透现象；必须安装气密性优异的烟道止回阀，且止回阀四周用密封胶密封；排水管道支管必须设置存水弯，且水封深度不得小于 50mm；相应出屋面管道优先选用气凝胶毡进行保温及密封。

（3）无热桥设计

建筑物热桥主要集中在保温体系形状变化和不能严格连续的部位，如：建筑物外围护结构的拐角处、建筑物管道进出处、窗户与建筑物主体连接处、保温材料变换处等。施工中重点体现在以下部位：

1）结构性构件：例如雨棚、悬挑板等采取中间断开的方式，确保保温连续、不中断；

2）穿墙/板管线：管道穿墙预埋管宜采用圆管留设，断热桥处理时即可以采用预制聚氨酯管壳，也可以采用现场发泡的方式，现场发泡时应支设模板，确保聚氨酯发泡剂完全膨胀及密实；

3）措施孔洞：对拉螺杆的螺栓孔，悬挑脚手架措施孔等均应在外墙保温前进行断热桥及气密性封堵；

4）后置埋件：对屋面雨落管、爬梯、太阳能等支架等与主体结构连接时，采取聚氨酯隔热垫块进行隔断处理。

（4）新风热回收系统

热回收新风系统就是房屋的整体通风换气系统。热回收新风系统将室外的新鲜空气，经过滤后，引入室内，并将经过能量交换的室内浑浊空气排出室外，减少能量损失。热回收新风系统是一个健康、舒适、可控制的通风系统。

（5）遮阳系统

建筑遮阳是建筑物为适应环境、构造绿色建筑必然产生的一种自我调节、改善室内热环境和视觉舒适性的手段，是一种主动有效的建筑节能措施。

建筑遮阳产品根据不同的部位划分为以下 4 种：

1）建筑外遮阳产品：户外百叶帘、户外织物类、户外遮阳板、户外卷帘闸；

2）建筑内遮阳产品：卷帘、百叶帘、风琴帘、柔纱窗；

3）遮阳智能化产品：楼宇智能化、家居智能化等；

4）中置遮阳产品。

4. 工程案例

河北省廊坊市某超低能耗建筑项目，主要包括一栋普通宿舍楼、一栋装配式办公楼、一栋超低能耗建筑宿舍楼。项目总建筑面积为 44673.3m²，合同价格为 11894 万元。

本项目超低能耗建筑基础类型为独立承台＋连系梁体系，结构为3层钢筋混凝土框架结构体系，建筑总高度13.75m，单层建筑面积1200m²，建筑用途为职工食堂及宿舍楼。外墙保温系统使用250mm厚岩棉带（密度不小于100kg/m³）双层错缝铺设，屋面保温系统使用250mm厚石墨聚苯板（抗压强度不小于200kPa）双层错缝铺设，基础以下使用200mm厚XPS保温板双层错缝铺设、墙体底部采用200mm厚泡沫玻璃（抗压强度不小于0.5MPa）进行保温隔离，被动窗采用75系列玻璃钢被动窗（三玻两腔中空玻璃），部分外窗配备百叶帘外遮阳系统，项目建成后将通过康居、PHI、德国能源署三方认证。

本工程的重点及难点主要体现在以下几个方面：

1）独立基础三维热桥的处理，图纸做法在地梁底部与承台斜坡面交界处存在三维空间区域，此处防水及保温施工难度极大，通过将承台坡面浇筑C20细石混凝土至地梁底部变为二维空间，此时地梁底部防水与新浇筑混凝土即可便捷收头；

2）首层雨棚及屋面钢爬梯采用与结构断开式独立形式，对比传统安装方法无论混凝土结构雨棚还是钢结构雨棚都是与主体结构连接，通过预埋件或者膨胀螺栓进行固定，传统方法将不可避免导致外墙保温不连续，增加热桥传输的隐患；

3）首层地面防水保护层厚度为60mm厚，施工时需要提前埋设墙体芯柱及构造柱钢筋，否则后期植筋容易破坏保温及防水且拉拔值很难满足要求。另外内隔墙底部使用的泡沫玻璃仅仅起到保温隔热作用无法在上面植筋；

4）外保温与窗台板交接处如何达到密实是本工程关键点。总体施工思路为先做外保温，然后预留豁口后装窗台板。施工时先将预压膨胀密封带黏贴到窗台板侧边，再其未膨胀时在槽口内填实岩棉，使预压膨胀密封带压紧，再做抹面层；

5）外窗与外保温交接处是质量控制重点。应当确保整条门窗连接线条可靠地黏贴在窗框上，确保不会有雨水渗入保温层内部，避免造成外保温系统受潮；

6）屋面系统防水分区有效设置是关键。施工期间必须考虑天气变化对系统造成的影响，当快要下雨时，必须停止施工，并且将自粘卷材与隔汽层黏结密封，防止雨水湿气进入保温层。雨停后，卷材表面干燥后继续进行施工。大型屋面防水施工时可用此方法进行分区域防水，防止屋面局部渗漏时形成蹿水破坏整个屋面防水保温系统。

通过精细化组织施工，各个节点严格按照样板施工确保了气密层的施工质量，经过第三方专业机构检测本工程气密性指标达到了 $N50 = 0.28$，施工质量达到了优良（图2-174）。

2.10 防水施工技术

2.10.1 防水卷材机械固定施工技术

1. 技术内容

机械固定即采用专用固定件，如金属垫片、螺钉、金属压条等，将聚氯乙烯（PVC）或热塑性聚烯烃（TPO）防水卷材以及其他屋面层次的材料机械固定在屋面基层或结构层上。机械固定包括点式固定方式和线性固定方式。固定件的布置与承载能力应根据实验结果和相关规定严格设计。

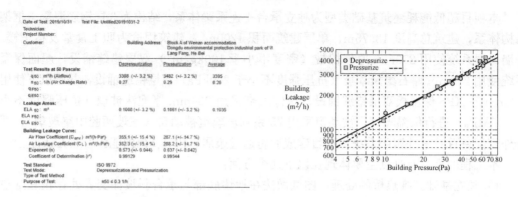

图 2-174　气密性指标监测

聚氯乙烯（PVC）或热塑性聚烯烃（TPO）防水卷材的搭接是由热风焊接形成连续整体的防水层。焊接缝是因分子链互相渗透、缠绕形成新的内聚焊接链，强度高于卷材且与卷材同寿命。

点式固定即使用专用垫片或套筒对卷材进行固定，卷材搭接时覆盖住固定件。

线性固定即使用专用压条和螺钉对卷材进行固定，使用防水卷材覆盖条对压条进行覆盖。

2. 技术指标

1）屋面为压型钢板的基板厚度不宜小于 0.75mm，且基板最小厚度不应小于 0.63mm；当基板厚度在 0.63～0.75mm 时，应进行固定钉拉拔试验。钢筋混凝土板的厚度不应小于 40mm，强度等级不应小于 C20，并应进行固定钉拉拔试验。

2）聚氯乙烯（PVC）防水卷材的物理性能应满足《聚氯乙烯（PVC）防水卷材》GB 12952 标准要求、热塑性聚烯烃（TPO）防水卷材物理性能指标应满足《热塑性聚烯烃（TPO）防水卷材》GB 27789 标准要求，主要性能指标详见表 2-24、表 2-25。

聚氯乙烯（PVC）防水卷材主要性能　　　　　　　　　　　　　　表 2-24

试 验 项 目		性能要求
最大拉力/(N/cm)		≥250
最大拉力时延伸率/%		≥15
热处理尺寸变化率/%		≤0.5
低温弯折性		−25℃，无裂纹
不透水性(0.3MPa，2h)		不透水
接缝剥离强度/(N/mm)		≥3.0
人工气候加速老化(2500h)	最大拉力保持率/%	≥85
	伸长率保持率/%	≥80
	低温弯折性(−20℃)	无裂纹

3. 施工方法

（1）点式固定

点式固定即使用专用垫片和螺钉对卷材进行固定，卷材搭接时覆盖住固定件（图 2-175）。

热塑性聚烯烃（TPO）防水卷材主要性能 表 2-25

试验项目		性能要求
最大拉力/(N/cm)		≥250
最大拉力时延伸率/%		≥15
热处理尺寸变化率/%		≤0.5
低温弯折性		−40℃，无裂纹
不透水性(0.3MPa,2h)		不透水
接缝剥离强度/(N/mm)		≥3.0
人工气候加速老化(2500h)	最大拉力保持率/%	≥90
	伸长率保持率/%	≥90
	低温弯折性/(℃)	−40,无裂纹

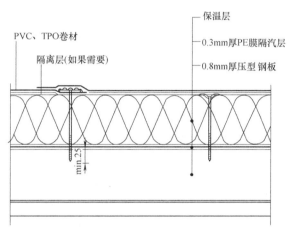

图 2-175　点式固定示意图

（2）线性固定

线性固定即使用专用压条和螺钉对卷材进行固定，使用防水卷材覆盖条对压条进行覆盖（图 2-176）。

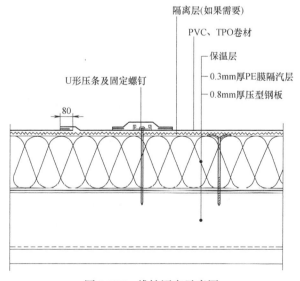

图 2-176　线性固定示意图

4. 机械固定法施工操作工艺

（1）PE膜的铺设

施工PE膜前首先清扫基层，去除表面尖锐的异物，并打扫干净，发现基层有问题要及时汇报，不得麻痹大意。

PE膜平铺于基层上，使用专业丁基胶带搭接连接，搭接宽度60mm；屋面周边PE膜必须按照设计用丁基胶带密封，确保隔汽层的整体密闭性。

（2）保温板的铺设：

保温板材料质量应符合要求，铺设时应平整、紧靠基层，错峰搭接。使用专用保温板固定垫片及配套螺钉固定在钢板基层上，保温板尺寸为2400mm×1200mm×70mm，固定件的数量为6套/块。

固定垫片与保温板表面平齐，螺钉穿过屋面板至少25mm。

（3）PVC卷材的铺设

1）施工时，首先要进行预铺，把自然疏松的卷材按轮廓布置在基层上，平整顺直，不得扭曲，并进行适当的剪裁。

2）机械固定法施工时，卷材纵向搭接宽度为120mm，其中的50mm用于固定件（金属垫片和螺钉）固定。短边采用对接后覆盖匀质PVC卷材的方式连接，覆盖条宽度150mm。

3）在卷材搭接边处采用专用垫片和螺钉进行固定。当基层为钢结构时，螺钉自钻固定；基层为混凝土结构时，需使用5.5mm钻头预钻孔，钻孔深度需大于收口螺钉的长度+20mm。固定件布置和具体加密区宽度详见图纸。严格按照图纸设计的固定件间距用螺钉和垫片固定卷材，不得随意增大螺钉间距，否则将降低卷材抗风揭能力。屋面周边女儿墙的根部应按图纸使用U形压条进行加强固定。

4）应使用厂装配套的固定件，施工时注意区分加密区与非加密区的固定间距。

5）卷材铺贴方向：平行于屋脊的搭接缝应顺流水方向搭接，垂直于屋脊的搭接缝应顺年最大频率风向搭接。施工前进行精确放样，尽量减少短边搭接接头，有接头部位，相邻接头相互错开至少30cm，搭接缝应按照有关规范进行。

6）卷材焊接：卷材焊接应由经验丰富的技术工人操作。大面卷材焊接应尽量使用自动焊机。焊机使用前要做试焊，达到焊接质量要求后，方准大面焊接；同时，自动焊机要加用铁垫片才能进行焊接。卷材收口应及时处理，每天下班前不得有未处理的收口，特殊情况时应加以保护；卷材T形接点处要用刮刀进行处理，以确保卷材的焊接质量。

5. 工程案例

北京某新建机务维修项目，15个单体建筑，主要包括机库及附楼、航材库、业务楼、特种车库等，本工程为国家重点工程，占地面600亩，总建筑面积85399.36m²，总造价5亿元。

其中机库大厅屋面采用TPO防水卷材，屋面结构形式为三层斜放四角锥网架，大门开口处采用五层边桁架加强。屋面南北跨度147m，东西跨度101m。工艺流程为：屋面网架→檩条安装→底板（DECK板）安装→PE隔汽层→机械固定保温层→机械固定TPO卷材→热风焊接卷材。

根据屋面结构形式、荷载分布情况，对TPO系统进行了深化设计。分析屋面底板

（DECK 板）的受力特点，优化檩条的分布及间距。原设计主檩条为 H 形钢，尺寸为 200mm×150mm×4.5mm×6mm，间距 4.9m；次檩条为 C 形钢，尺寸为 200mm×70mm×20mm×2.5mm，间距为 0.5m；底板为 0.6mm 厚 DECK 板，尺寸为 5000mm×550mm。优化后采用底板为 0.8mm 厚 DECK 板，尺寸为 5000mm×750mm，；主檩条材质和间距不变；次檩条材质不变，间距变为 0.7m。

按照原设计机库屋面需要布置次檩条 316t，每吨综合单价为 7385 元；优化后需要布置次檩条 237t，节约 58.34 万元。底板由 0.6mm 厚变为 0.8mm 厚，费用增加 4.47 万元。合计共约 53.87 万元。

优化檩条厚，次檩条间距增大，在满足荷载要求的同时，减少了檩条的工作量，加快了施工进度。为下道工序提前插入施工提供了保障。经过测算，工程可缩短工期约 1 个月。

2.10.2　地下工程预铺反粘防水技术

1. 技术内容

（1）技术创新点

该技术创新点包括材料设计及施工两部分。地下工程预铺反粘防水技术所采用的材料是高分子自粘胶膜防水卷材，该卷材系在一定厚度的高密度聚乙烯卷材基材上涂覆一层非沥青类高分子自粘胶层和耐候层复合制成的多层复合卷材；其特点是具有较高的断裂拉伸强度和撕裂强度，胶膜的耐水性好，一、二级的防水工程单层使用时也可达到防水要求。采用预铺反粘法施工时，在卷材表面的胶粘层上直接浇筑混凝土，混凝土固化后，与胶粘层形成完整连续的黏结。这种黏结是由混凝土浇筑时水泥浆体与防水卷材整体合成胶相互勾锁而形成。高密度聚乙烯主要提供高强度，自粘胶层提供良好的黏结性能，可以承受结构产生的裂纹影响。耐候层既可以使卷材在施工时可适当外露，同时提供不粘的表面供施工人员行走，使得后道工序可以顺利进行。

（2）技术指标

该技术主要技术指标详见表 2-26。

主要物理力学性能指标　　　　　　　　　　表 2-26

项　目		指　标
拉力/(N/50mm)		≥500
膜断裂伸长率/%		≥400
低温弯折性		-25℃，无裂纹
不透水性		0.4MPa，120min，不透水
冲击性能		直径(10±0.1)mm，无渗漏
钉杆撕裂强度/N		≥400
防窜水性		0.6MPa，不窜水
与后浇混凝土剥离强度/(N/mm)	无处理	≥2.0
	水泥粉污染表面	≥1.5
	泥沙污染表面	≥1.5

续表

项　目		指　标
与后浇混凝土 剥离强度/(N/mm)	紫外线老化	≥1.5
	热老化	≥1.5
与后浇混凝土浸水后剥离强度(N/mm)		≥1.5
热老化(70℃,168h)	拉力保持率/%	≥90
	伸长率保持率/%	≥80
	低温弯折性	−23℃,无裂纹

　　传统的建筑工程防水卷材往往是将防水卷材黏贴或空铺在垫层或结构层上，防水层与结构本体的缝隙易造成防水层结构的分离。预铺反粘法，即卷材施工时将黏结面铺在上面，然后将主体结构混凝土直接浇筑在卷材黏结面上，待混凝土凝固后，卷材面层特制胶层和浇筑混凝土浆体形成永久结合体，可解决传统防水卷材与结构混凝土之间不黏结而造成的审水问题，从而提高了防水可靠度。

　　2. 预铺反粘防水卷材的特点

　　预铺高分子自粘胶膜防水卷材（非沥青）是专门针对地下工程需用预铺法施工的工程部位而研发的一种性能优越的多层复合防水材料，其主要由高密度聚乙烯（HDPE）片材、高分子自粘胶膜和有特殊性能要求的表面颗粒保护层组成（图 2-177）。后浇混凝土在初凝前，混凝土在重力作用下与卷材自粘胶层慢慢地产生交联啮合，在水泥固化过程中产生物理吸附和卯榫作用，使得卷材与后浇混凝土牢牢地黏结在一起，不易脱开。

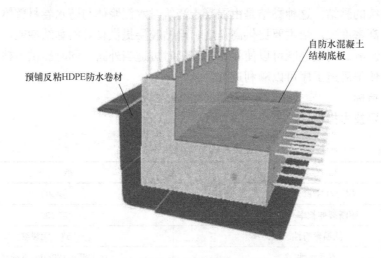

图 2-177　预铺反粘防水卷材

　　（1）先进的湿黏结技术：浇筑混凝土时的水泥浆与卷材黏结层特殊的高分子聚合物固化反应黏结，卷材与结构层永久性黏结为一体，中间无串水隐患；即使卷材局部遭遇破坏，也会将限定在很小的范围内，完全提高了防水层的可靠性。

　　（2）防水卷材与基层空铺、无黏结，基层沉降变形不会影响其防水性能。

　　（3）抗冲击和耐穿刺性能优异，能承受直接作用其上的施工荷载及钢筋骨架的冲击，而不需要格外的保护，可直接实施钢筋混凝土浇筑。

（4）特制的高分子防水卷材抗拉、抗撕裂及抗冲击性能良好，加上一层刺破后能自愈的保护层，因此背粘式湿铺法高分子防水卷材对于在防水层上进行绑扎钢筋等施工操作，有着独特耐刺破性及刺破后的自愈性。

（5）较强的耐化学腐蚀性，对来自混凝土的碱水有很好的抵抗性，不受生活垃圾及生物侵害，防霉、耐腐蚀。

（6）湿法施工，无需找平层，对基层要求低，可在潮湿面上施工，但表面若有积水，则需清除干净。雨期施工及赶工期工程有其独特的明显优势。

（7）冷作业、无明火、无毒无味、无环境污染及消防隐患，安全环保。

预铺反粘聚合物改性沥青聚酯胎防水卷材具有较高的断裂拉伸强度和撕裂强度、对基层伸缩和开裂变形适用性强、黏结性能好等特点。此外，卷材接缝自身粘接与卷材寿命同步，可以承受结构产生的裂纹影响，与建筑结构满黏结，有效阻止液态水和水蒸气进入结构中，一二级防水工程单层使用时也可达到防水要求，具有安全性、环保性等特点。再者，此种卷材胶膜的耐水性好，其耐候层既可以使卷材在施工时可适当外露，同时提供不粘的表面供工人行走，使后道工序可以顺利进行。预铺卷材施工后，可直接铺设钢筋和混凝土，不需设置防水保护层，可以加快施工进度。

3. 施工工艺原理及流程

高分子自粘胶膜防水卷材预铺反粘法是将表面处理后不粘的胶粘层朝向施工人员，然后将预拌混凝土直接浇筑在卷材上，待混凝土固化后，在卷材与混凝土之间形成连续牢固的黏结。

平面施工顺序如下：基层处理→基层弹线→铺设预铺反粘卷材→搭接处理→节点处理→揭卷材隔离膜→绑扎钢筋、浇筑混凝土。

立面施工顺序如下：安装立面支撑（垫片）→弹线→铺设预铺反粘卷材→机械固定防水卷材（焊接或小钉钉固）→搭接处理→节点处理→揭卷材隔离膜→小钉头部涂刷专用胶密封→绑扎钢筋、浇筑混凝土。

（1）基层清理

基层表面铲除清理干净，并基本平整，无明显凸出部位和尖锐物品。施工时基面无明水，如有明水，需清除干净，以免影响搭接边的黏结，从而影响防水性能。

（2）基层验收

基层清理完毕之后，及时申请监理检查，在验收合格方可进行下道工序施工。

（3）弹线

在基层表面弹出均匀的铺贴边线。方法如下：

1）根据卷材宽度、留出卷材搭接宽度（长边和短边均不小于 100mm）弹出平面横线；

2）根据相邻卷材搭接要错缝 300mm 宽的位置弹出平面纵线；

3）根据立面卷材搭接缝必须留在距根部 600mm 处弹出立面纵线（图 2-178、图 2-179）。

4）节点部位加强处理

针对地下室底板阴阳角、后浇带、变形缝、穿墙管、桩头部位进行加强处理。梁槽、承台坑等凹陷部位可以采用湿铺法先行铺贴。

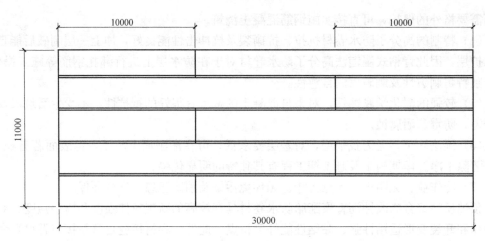

图 2-178　预铺反粘防水卷材底板定位

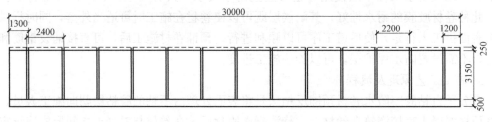

图 2-179　防水立面定位

5）阴阳角处理

阴阳角处基层采用 1：3 水泥砂浆做成半径为 50mm 的圆弧，转角处、阴阳角等特殊部位，应增贴 1 层相同的卷材，宽度不宜小于 600mm（图 2-180）。

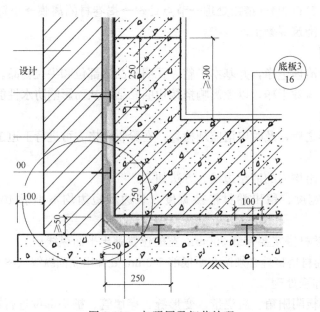

图 2-180　加强层及细节处理

6）预埋件、穿墙管防水附加层处理

根据穿墙管管径大小，在宽度为（600m＋管径）的方形卷材上开洞，同时在穿墙管、预埋件根部 600mm 范围内涂一道 BP-201 胶粘剂，卷材穿过套管铺贴在管子根部，用聚氨酯封严或作加强处理：在此部位增加一道附加防水卷材，其宽度距细部中心不小于300mm（图 2-181）。

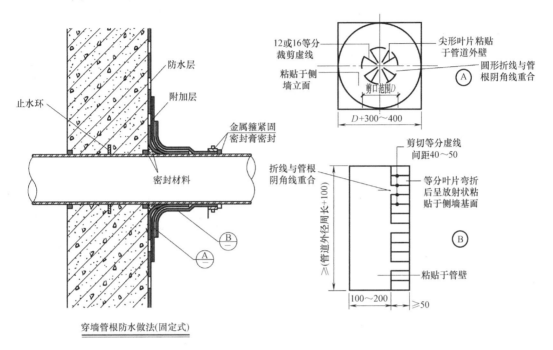

图 2-181　预埋件、穿墙管防水附加层处理

4. 适用范围

适用于地下工程底板和侧墙外防内贴法防水。

5. 工程案例

西安欧亚论坛三期地下工程，此项目总占地 3 万余 m^2，总建筑面积约 6.1 万 m^2，主要由一栋单体超高层建筑及裙楼组成。其中单体超高层建筑地上设计 31 层，地下设计 2 层，地上总建筑高度近 140m，整个建筑形态呈"门"字造型。

本建筑工程设计使用年限 100 年，抗震烈度 8 度，主体钢筋混凝土框筒结构，裙房部分钢筋混凝土框架结构。

项目位于浐灞黄金三角洲洲头，为浐河与灞河交汇点，但由于位于两河交汇点的三角洲地带，地质情况异常复杂，地表开挖至 7m 左右即可见水。由于建筑物的特殊重要性及如此高的地下水位，设计及业主经过综合考虑最终选择全外包的防水系统，所有防水层必须与结构层形成满粘，地下室底板采用预铺反粘工艺。

2.10.3　种植屋面防水施工技术

1. 发展概述

屋顶绿化（又称为"种植屋面"是城市多元绿化中的一种方式）具有建筑节能、截留雨水，净化空气，缓解城市雨洪压力及热岛效应等生态效益。随着城市发展不断发展，城市生态、低碳环保等观念日渐深入人心，屋顶绿化已成为建筑绿化的重要组成部分，政府通过政策鼓励来促进屋顶绿化的全面发展。

20 世纪六七十年代，国内多座城市就已开展屋顶绿化实践，其中主要是在涉外饭店等公共建筑开始建造屋顶花园。随着屋顶绿化的发展，可有效缓解城市平面绿化用地紧张的矛盾，增加城市绿量，缓解城市热岛效应。对建筑物的屋顶进行绿化，已经被国内各大城市列入议事日程。如上海正加紧屋顶绿化的立法进程，武汉、成都、重庆、广州、济南等城市也纷纷将屋顶绿化提上日程，制定相关规则。住房和城乡建设部和北京市关于城市绿地规划建设的有关条例已把建筑物屋顶的绿化面积按一定比例计入城市绿地率和绿化覆盖率，近几年来，在绿色建筑的政策引导下，技术研发和成果推广方面均取得了一定成效。

与传统的屋顶相比，绿化屋面能做到雨水存储，下渗补给地下水、缓慢排除雨水等一系列的作用，也为城市的雨水利用开辟出了一条生态的、可行的途径。

2. 技术内容

种植屋面具有改善城市生态环境、缓解热岛效应、节能减排和美化空中景观的作用。种植屋面也称屋顶绿化，分为简单式屋顶绿化和花园式屋顶绿化。简单式屋顶绿化土壤层不大于 150mm 厚，花园式屋顶绿化土壤层可以大于 600mm 厚。一般构造为：屋面结构层、找平层、保温层、普通防水层、耐根穿刺防水层、排（蓄）水层、种植介质层以及植被层（图 2-182）。

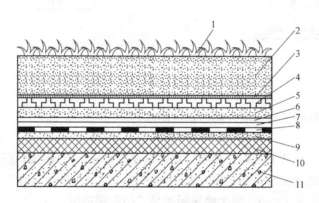

图 2-182　种植屋面构造图

1—植被层；2—种植基质；3—过滤层；4—排（蓄）水层；5—细石混凝土保护层；6—隔离层；

7—耐根穿刺防水层；8—普通防水层；9—找坡（平）层；10—保温层；11—结构层

屋顶绿化是系统工程，防水工程是实现屋顶绿化的前提，按照《种植屋面工程技术规程》JGJ 155 的规定，防水设防等级为一级，防水层必须使用一道耐根穿刺防水材料，且耐根穿刺防水层应设置于普通防水层之上，消除植物的根系对普通防水层的破坏。耐根穿刺防水材料应通过耐根穿刺性能实验，实验方法应符合现行国家标准《屋顶绿化用耐根穿刺防水卷材》GB/T 23457 的规定，试验报告需由具有资质的检测机构出具。

耐根穿刺防水材料是指具有抑制根系进一步向防水层生长，避免破坏防水层的一种功能性防水材料，因植物根系具有极强的穿透性，若不采取防穿刺措施，防水层将会被植物根茎穿透，造成屋面渗漏。此外，若植物的根系扎入屋面结构层（如电梯井、通风口、女儿墙等）会危及建筑物本身的使用安全和寿命。

根穿刺性是指屋面或种植顶板表面防水层平面和防水层接缝处植物根系侵入、贯穿、损伤防水层的现象。目前有阻根功能的防水材料有：聚脲防水涂料、化学阻根改性沥青防水卷材、热塑性聚烯烃（TPO）防水卷材、聚氯乙烯（PVC）防水卷材、铜胎基—复合铜胎基改性沥青防水卷材、聚乙烯高分子防水卷材等。

3. 技术指标

改性沥青类防水卷材厚度不小于 4.0mm，塑料类防水卷材不小于 1.2mm。

种植屋面系统用耐根穿刺防水卷材基本物理力学性能，应符合相应国家标准中的全部相关要求，尺寸变化率应符合规定（表 2-27、表 2-28）。

现行国家标准及相关要求 表 2-27

序号	标准	要求
1	GB 18242	Ⅱ型全部相关要求
2	GB 18243	Ⅱ型全部相关要求
3	GB 12952	全部相关要求（外露卷材）
4	GB 27789	全部相关要求（外露卷材）
5	GB 18173.1	全部相关要求

应用性能 表 2-28

序号	项目			技术指标
1	耐霉菌腐蚀性		防腐等级	0 级或 1 级
2	尺寸变化率(%)≤		均质材料	2
			纤维、织物胎基或背衬材料	0.5
3	接缝剥离强度	无处理 (N/mm)	改性沥青防水卷材 SBS	1.5
			改性沥青防水卷材 APP	1.0
			塑料防水卷材 焊接	3.0 或卷材破坏
		热老化处理后保持率(%)≥		80 或卷材破坏

4. 适用范围

建筑工程种植屋面和地下工程种植顶板。

5. 种植屋面的施工

（1）种植屋面需设计 1%～3% 的排水坡度，使得在大雨时多余雨水能及时排走。在屋面四周应设混凝土或砖砌挡墙，挡墙下部留有泄水孔，在孔内侧放置疏水粗、细骨料或铺聚酯无纺布过滤层，防止种植介质流失，排水层应与排水系统相通，并保持排水畅通。排水层施工应符合下列要求：

1）陶粒或卵石的粒径不宜小于 25mm，且含泥量不应大于 1%，排水层铺设时应做到整体平整、厚度均匀。

2）挡墙泄水孔不得堵塞。

（2）种植隔热层与防水层之间增加细石混凝土保护层。种植介质的施工时应注意对防水层的保护；覆盖材料的表面密度、厚度应按设计的要求选用。

（3）分隔缝宜采用整体浇筑的细石混凝土硬化后用切割机锯缝，深度为2/3细石混凝土的厚度，填密缝材料后，用加聚合物水泥砂浆嵌缝，以减少植物根系穿刺防水层。

（4）过滤层土工布应沿种植介质周边向上铺设至种植介质高度，并与挡土墙（板）固定牢靠；土工布的搭接宽度≥100mm，接缝宜采用黏合或缝合。

（5）种植介质的厚度、质量应符合设计要求，种植介质需做到表面平整，且应低于挡墙高度100mm。

6. 种植屋面使用要求

（1）屋面防水层完工后应及时养护，且及时覆土或覆盖多孔松散种植介质。

（2）种植屋面应有专人管理，及时清除枯草，翻松植土，及时洒水。

（3）定期清理泄水孔和粗细骨料，检查排水是否通畅、顺利。

7. 工程案例

上海某超高层办公楼工程，地下3层，地上59层，总建筑面积200345m²，预算总投资约9亿元。塔楼结构形式为型钢混凝土框架柱＋剪力墙核心筒，裙房结构形式为钢筋混凝土框架结构体系。

该工程主要包括正置式不上人卷材防水保温屋面、正置式上人卷材防水保温屋面、正置式种植屋面。其中种植屋面位于地下室顶板，面积约为8383m²，该处结构板厚度250mm，混凝土强度等级为C35P8。地下室顶板使用种植屋面具有如下优点：①保温隔热，优化建筑物附近环境，缓解"热岛效应"；②保护建筑构造层，延长建筑物的使用寿命；③通过储水，减轻城市排水系统的压力，降低干旱和洪水的危害；④节约能源，屋顶花园是冬暖夏凉的"绿色空调"，大面积屋顶绿化的推广有利于缓解城市的能源危机；⑤能够隔音，减低城市噪音；⑥吸附灰尘，吸收有害气体；⑦维护生物的多样性和保护自然环境；⑧丰富城市景观，美化城市视觉环境，给城市带来艺术的美感，给人们提供更多的休息活动场所。

该工程种植屋面区域除广场绿化外，也设置了水池、喷泉和一些高大乔木，这些要素的应用使得阻根防水性能显得更为重要。遵循着"防水可靠、耐根穿刺、防排结合、因地制宜"的原则及考虑屋面的结构和荷载能力，该工程种植屋面的最终防水做法为：钢筋混凝土屋面板→1∶8水泥陶粒找坡层（最薄处30mm厚）→110mm厚泡沫玻璃保温层（A级）→20mm厚干粉地面砂浆（DS20）找平层→素水泥浆黏结层→3mm厚改性沥青防水卷材→4mm厚自粘耐穿刺型改性沥青防水卷材→无纺布一层→50mm厚C20细石混凝配φ6@200双向→塑料夹层组合排水板H25→土工布一层→300mm厚轻质人工合成土。

该工程在耐根系穿刺防水施工前后，各进行一次蓄水试验，每次蓄水试验不少于24h，检查无渗漏且验收合格后，方可进入下道施工工序。蓄水试验结束后，做好成品保护措施，严防施工机具等把防水层戳破，施工人员不允许穿带钉子的鞋在防水层上走动。严禁在防水层上凿孔打洞、重物冲击，不得任意在防水层上堆放杂物，尤其是钢筋、钢模板等。

在做保护层时运送材料的小车铁腿根部必须用橡胶卷材垫好，并要捆绑牢固，避免小车铁腿损坏防水层。

该工程在耐根系穿刺防水施工时，将耐根穿刺防水层位于普通防水层之上，避免植物的根系对普通防水层的破坏。耐根系穿刺防水工程质量与设计、施工和材料都有密切的关系。在该工程中，一切所需要的管道、排水孔、预埋铁件及支柱等出地下室顶板结构的设施，均在做防水层时按照规范要求妥善处理好其节点构造。

该工程在地下室顶板结构施工结束后，依据相关变更文件对局部位置增加管井洞口，该处在细部处理上，根据管径的不同，选用不同的节点做法（图 2-183）。

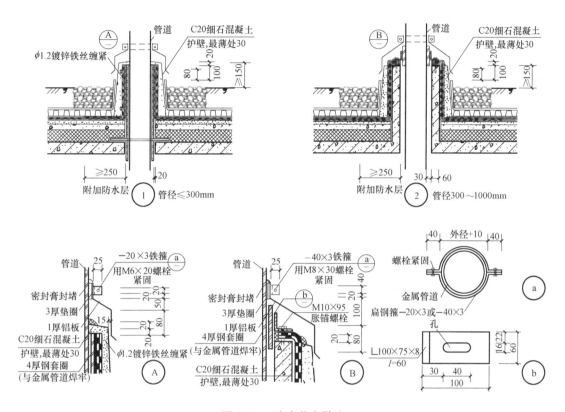

图 2-183　防水节点做法

2.10.4　装配式建筑密封防水应用技术

1. 发展概况

目前，国家大力推动装配式建筑的发展，但装配式建筑是分块拼装，构配件之间会留下大量的拼装接缝，接缝处很容易形成渗漏水的通道，因此对建筑防水处理提出了更高的要求。另外，为了降低地震力的影响，一些非承重部位在一定范围内需做到可活动，更是增加了防水的难度，所以对装配式建筑中接缝防水处理提出了更高的要求。预制外墙缝的防水一般采用构件防水和材料防水相结合的双重防水措施，密封胶作为外墙板缝防水的第一道防线，其性能直接关系到工程防水效果和建筑立面效果等。一旦由于密封胶出现问题引起漏水，检查和维修都比较困难，因此，合理选用建筑密封胶对建筑耐久性和保值性具有重要意义。

建筑密封胶中幕墙用的硅酮胶比例很大，但对混凝土为主的装配式建筑并不适用，目前国内常用的装配式建筑密封胶，包括硅酮密封胶、硅烷改性聚醚密封胶、硅烷改性聚氨酯密封胶、聚氨酯密封胶，不同的材料，性能指标也不尽相同。

在我国，关于预制装配式建筑，国家和各省市陆续发布许多设计和施工规范和规程，包括行业标准《装配式混凝土结构技术规程》JGJ 1以及各地地方标准，但规范只对接缝密封胶的性能和选用方法提出了基本要求，缺乏对密封胶的细化指标和设计、使用及检测方法的规定。例如，《装配式混凝土结构技术规程》JGJ 1中指出，外墙板接缝所用的防水密封材料应选用耐候性密封胶，密封胶应与混凝土具有兼容性，并具有低温柔性、防霉性及耐水性等性能。我国已经发布的建筑用密封胶产品标准，包括《混凝土建筑用接缝密封胶》《建筑密封胶分级和要求》《建筑用硅酮结构密封胶》等，但这些标准不是直接针对混凝土结构墙板接缝用密封胶，若直接采用规范内容，易引起选用不当。因国家现行相关标准缺少对于装配式结构接缝密封胶材料选择、设计要求、接缝构造要求、施工工艺及工程施工验收指标和方法等相关内容，最终没有形成统一的设计和施工方法。

2. 技术内容

密封防水是装配式建筑应用的重要技术环节，对装配式建筑的使用功能及耐久性、安全性起关键性影响。装配式建筑的密封防水主要指外墙、内墙防水，其方式有材料防水、构造防水两种。

（1）材料防水

材料防水主要指各种密封胶及辅助材料的应用。装配式建筑密封胶除了用于混凝土外墙板之间板缝的密封，也用于混凝土外墙板与混凝土结构、混凝土内墙板间缝隙、钢结构的缝隙，主要为混凝土与钢、混凝土与混凝土之间的黏结。装配式建筑密封胶的主要技术性能如下：

1）力学性能。由于外墙板接缝会因温湿度变化、建筑物的轻微震荡、混凝土板收缩等产生位移或变形，所以装配式建筑密封胶应具备一定的弹性并能随着接缝的变形而变形以保持密封，经过循环变形后仍能保持并恢复原有性能和形状，其主要的力学性能包括位移能力、拉伸模量和弹性恢复率。

2）耐污性。传统硅酮胶中的硅油会渗透到墙体表面，使得空气中的污染物质由于静电作用而吸附在硅油上，从而产生接缝周围的污染。有美观要求的建筑外立面，密封胶的耐污性需满足设计要求。

3）耐久耐候性。我国建筑物的结构设计使用年限为50年，因装配式建筑密封胶用于装配式建筑外墙板处，长期暴露于室外空气中，因此其耐久耐候性能就格外重要，相关技术指标主要包括定伸黏结性、冷拉热压后定伸黏结性和浸水后定伸黏结性。

4）相容性等其他要求。预制外墙板是混凝土材质，在其外表面还可能铺设保温材料、黏贴面砖或涂刷涂料等，装配式建筑密封胶能否这几种材料的相容也是必须提前考虑的。

装配式建筑使用密封胶施工时，有几个重要步骤要注意：

1）接缝清洁处理

① 装配式建筑待接缝处，都会有浮尘、水泥浮浆等异物，这些异物不利于密封胶与墙体黏结，需要清除，一般先用砂轮机或铲刀刷去除不利于黏结的物质。

② 然后用毛刷或者压缩空气清洁接缝基面上由于打磨而残留的灰尘、杂质等（图2-184）。

③ 处理过的接缝表面，应干净、干燥、清洁、密实、质地均一。

图 2-184　清理粘接缝

2）背衬材料的选用

① 使用柔软闭孔的圆形或扁平的聚乙烯条作为背衬材料，控制密封胶的施胶厚度，通常情况下，背衬材料宽度应大于接缝宽度在 25％以上（图 2-185）。

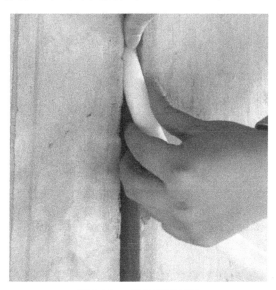

图 2-185　装填背衬材料

② 建议密封胶宽度：厚度在 2∶1 到 1∶1 之间，且厚度不宜小于 10mm（密封胶越厚防水密封效果越好，使用寿命越长，但密封胶厚度超过宽度时，不利于胶体弹性变形）。当接缝宽度小于 10mm 时，建议将缝隙切割至 10mm 以上，当宽度超过 30mm 时，建议密封胶施胶厚度为 15mm（图 2-186）。

3）密封胶施胶

① 如果施工时需要使用底涂的，按照厂家说明涂刷底涂，然后再施胶，漏刷底涂会造成密封胶与墙体不粘，无法保证防水密封效果；不需要使用底涂的，在上述步骤完成后即可施胶，施胶时将胶嘴探到接缝底部，保持合适的速度，连续打足够的密封胶并有少许

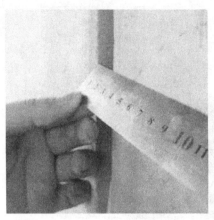

图 2-186　胶缝宽度和厚度测量

外溢，避免胶体和泡沫棒之间产生空腔（图 2-187）。

图 2-187　胶缝施胶

　　② 施胶完成后，将密封胶压实、刮平，胶体边缘与缝隙边缘涂抹充实，加强密封效果（图 2-188）。

图 2-188　压实及修整密封胶

③ 夏秋季节高温时施工，需用抹刀将胶表面修饰成平整美观的平面形状，冬春季节低温时施工，需将胶体表面修饰成凹面形状（图 2-189）。

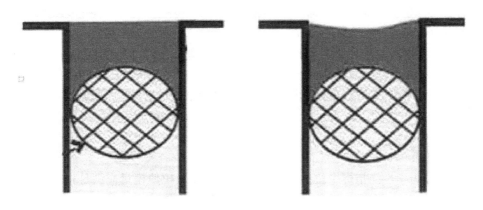

图 2-189　胶体表面平面、凹面示意图

④ "十" 字接口或者 "T" 字接口打胶时，应先在接口处挤进足量密封胶，分别向其他几个方向牵引施胶，确保密封胶接头处连接效果（图 2-190）。

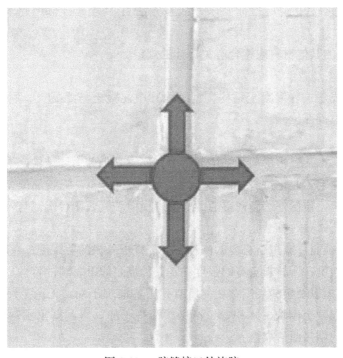

图 2-190　胶缝接口处施胶

（2）构造防水

除材料防水外，构造防水常作为装配式建筑外墙的第二道防线，在设计应用时主要做法是在接缝的背水面，根据外墙板构造功能的不同，采用密封条形成二次密封，两道密封之间形成空腔。垂直缝部位每隔 2～3 层设计排水口。所谓两道密封，即在外墙的室内侧

与室外侧均设计涂覆密封胶做防水。外侧防水主要用于防止紫外线、雨雪等气候的影响，对耐候性能要求高。而内侧二道防水主要是隔断突破外侧防水的外界水汽与内侧发生交换，同时也能阻止室内水流入接缝，造成漏水。预制构件端部的企口构造也是构造防水的一部分，可以与两道材料防水、空腔排水口组成的防水系统配合使用。

外墙产生漏水需要三个要素：水、空隙与压差，破坏任何一个要素，就可以阻止水的渗入。空腔与排水管使室内外的压力平衡，即使外侧防水遭到破坏，水也可以排走而不进入室内。内外温差形成的冷凝水也可以通过空腔从排水口排出。漏水被限制在两个排水口之间，易于排查与修理。排水可以由密封材料直接形成开口，也可以在开口处插入排水管。

3. 技术指标

1）密封胶力学性能指标中位移能力、弹性恢复率及拉伸模量应满足指标要求，试验方法应符合国家现行标准《混凝土建筑接缝用密封胶》JC/T 881、《硅酮建筑密封胶》GB/T 14683 中的要求。

2）密封胶耐久耐候性中的定伸黏结性、浸水后定伸黏结性和冷拉热压后定伸黏结性应满足指标要求，试验方法应符合国家现行标准《混凝土建筑接缝用密封胶》JC/T 881 及《硅酮建筑密封胶》GB/T 14683 的要求。

3）密封胶耐污性应满足指标要求，试验方法可参考《石材用建筑密封胶》GB/T 23261 中的方法。

4）密封防水的其他材料应符合有关标准的规定。

4. 适用范围

适用于装配式建筑（混凝土结构、钢结构）中混凝土与混凝土、混凝土与钢的外墙板、内墙板的缝隙等部位。

5. 工程案例

（1）工程概况：某公租房项目结构类型为钢筋混凝土剪力墙结构，采用预制装配式混凝土技术体系。住宅工业化拼缝打胶，胶缝总量约 30000m，施胶部位为外墙 PC 预制构件迎水面拼缝部位，包括外墙竖向贯通的竖缝，横向胶缝，阳台端部与外墙拼缝的翻边。

（2）施工工艺

1）施胶前必须由厂家进行必要的修补，保证瓷板外檐的美观度。专用材料需要满足：①与构件的粘接强度；②材料自身的强度；③其他满足修补材料的特性。

2）要把接缝内以及接缝周围存在的所有残留物清理干净，无论是发泡剂、泡沫板还是混凝土砂浆、混凝土砌块、木块等，都必须清理干净，直到露出预制构件的混凝土基面。保证密封胶的粘接面可靠性。

3）预制构件安装时定位不准确引起的，一块板安装定位偏差，其相邻构件拼缝界便会出现拼缝宽窄不一的现象。设计拼缝尺寸为 20mm±5mm，现场实际拼缝宽度有时超过 40mm，有时缝宽不足 2mm。均不满足密封胶施工条件。局部接缝宽度太窄，密封胶注入困难，也无法保证密封胶的注入深度和粘接面黏结大小，需要人工用机械切割构件两侧面，使接缝宽度符合设计标准（20mm±5mm）。接缝切割施工难度极大，耗费人工也很多（图 2-191）。

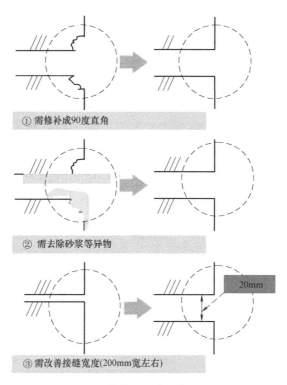

① 需修补成90度直角

② 需去除砂浆等异物

20mm

③ 需改善接缝宽度(200mm宽左右)

图 2-191　施胶前胶缝清理作业流程图示

注：接缝切割时要重点考虑竖向接缝的顺直情况，保证施工后接缝竖向贯通顺直。

4）施胶作业流程详见图 2-192。

（3）施工要点

1）材料：密封胶材料包含基剂、固化剂和色包，打胶施工必须用配套底漆。

2）加入固化剂：双组分改性硅密封胶分为 A、B 组分，施工前必须加入固化剂（基剂和固化剂重量配比为 10∶1）。

3）加入色包：根据设计要求选择符合设计要的颜色。特殊的颜色需要定制加工（基剂、固化剂和色包重量配比为：100∶10∶5.2）。

4）放入搅拌机：双组分改性硅密封胶材料必须用专用搅拌机进行搅拌。

5）混合搅拌：密封胶必须充分搅拌均匀，搅拌时间为 15min（搅拌机搅拌时间可以设定，搅拌匀速且正反面自动切换搅拌时间）。

6）吸入胶枪：用吸入式胶枪进行吸胶、注胶。降低施工难度，且保证了预制构件拼缝内注入的密封胶均匀密实。

7）接缝施胶填充：施胶必须均匀、饱满、填充密实，无气泡。

8）接缝平整处理：用专用刮刀进行刮匀收光，按压密实。预制构件拼缝内的密封胶，通过正反方向的刮胶按压，使密封胶填充更加密实，从而保证接缝内密封胶的施工质量。

9）撕去防护胶带：施胶完成后，拆除美纹纸（美纹纸胶带除了能保护预制构件拼缝两侧板面不受污染，还能控制密封胶施工的宽度，使局部错台的拼缝能呈现横平竖直的效果）。

10）缝周边清扫：清洁干净板面周围的残胶，不污染周围墙体。

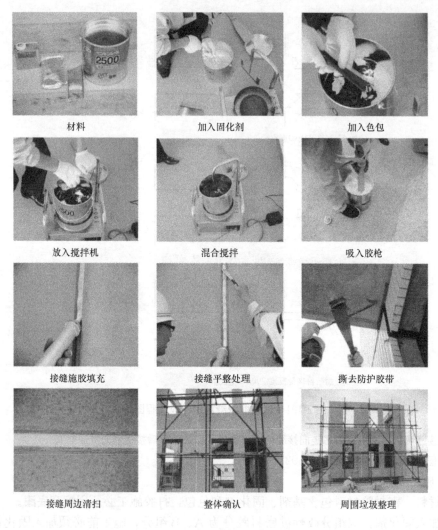

材料	加入固化剂	加入色包
放入搅拌机	混合搅拌	吸入胶枪
接缝施胶填充	接缝平整处理	撕去防护胶带
接缝周边清扫	整体确认	周围垃圾整理

图 2-192　施胶作业流程图

11）整体确认：施胶完成，目测完成效果。

12）周围垃圾整理：每天必须做到工完场清。

（4）本工程采用日本 SUNSTAR 技研株式会社生产的 MS 双组份改性硅酮密封胶 MS2500。项目部根据工程实际情况编制了装配式外墙打胶专项施工方案，对操作人员进行了技术交底，在施工过程中严格控制打胶施工作业流程及施工质量控制，施工后观感效果良好。

2.11　抗震加固及消能减振技术

2.11.1　抗震加固

1. 抗震加固

当前在很多房屋建筑工程项目中，使用时间一长，尤其是在施工初期抗震加固设计不充分，一旦受到地震及余震的冲击，就会引发安全风险隐患，给居民群众的生命财产安全带来影响。为了增强抗震性能，往往需要进行加固处理。我们国家在建筑工程抗震加固研究探索最初始于唐山大地震，但是也仅仅局限于基本的加固技术手段。后来随着建筑抗震设计标准的出台，以及房屋建筑工程在施工设计包括投入使用后一些质量安全隐患的出现，尤其是汶川地震以来，房屋建筑工程抗震加固逐渐被社会各界高度重视。抗震加固通常指对结构构件进行抗震与整体性加固，加强其强度、延性。加固方法包括黏贴碳纤维材料、黏贴刚性材料等方式。通过建筑物结构构件在地质灾害作用力下的受力情况的检测、评估，有针对性地采取加固方法，提高抵抗地质灾害的能力。

2. 常用抗震加固技术

目前在我国较为常用的建（构）筑物结构件抗震加固技术方法可主要分为两种：增设构件加固技术和增强构件加固技术。

增设构件加固技术是应用比较普遍的加固方法。该方法能有效地提高建筑物抗震结构件的刚度、强度、稳定性和整体性。此加固方法的优点是抵抗破坏能力较强、加固结构刚度高。但加固后因新增墙体较多，结构物的基础结构将会承载更多的载重，另外，新增墙体工程量较大，施工时间较长。

增设构件加固技术主要应用类型包括：增设抗震墙（剪力墙和翼墙）加固法、增设支撑加固法、增设刚架加固法等。既有结构件抗震间距无法满足相关抗震规范要求或抗震承载能力不足时，可采用增设抗震墙加固法。利用增设抗震墙结构来提高既有结构的承载能力和抵抗变形的能力，削弱地震的破坏力，保护既有结构物不受损坏，减轻既有结构物的变形与位移。此技术难点在于处理好增设抗震墙（剪力墙和翼墙）结构与既有建筑物结构件之间的连接问题。要保证连接的可靠性，又不能对既有建筑物结构构件造成损害，还要在设计新建抗震墙体时充分考虑到抗震墙的结构特性，使新结构与既有结构件之间的刚度保持统一，避免出现受力集中点，或应力转移。

采用外贴结构物的方法加强既有构件的刚度，提承载能力、强度、稳定性，以达到建筑物抗震与加固的目的。方法主要有：外粘型钢加固法、黏贴钢板加固法、黏贴纤维增强复合材料加固法等。

3. 工程案例

某办公楼建于 1985 年前后，位于北京市，抗震设防烈度为 7 度，设计基本地震加速度为 0.15g。主体结构地上 5 层、南北两侧裙房为地上 2 层。总建筑面积约为 3208m² （图 2-193）。

加固前对该房屋进行了检测鉴定，混凝土抗压强度经回弹法（钻芯修正）检测，推定值为 18.0～26.3MPa；砌筑砂浆抗压强度平均值为 3.6～8.9MPa，抗压强度推定值为 4.7MPa。墙体砖的抗压强度推定等级为 MU10。经安全性鉴定和抗震鉴定，主要结果为：

1）安全性评定为 Du 级，极不符合《民用建筑可靠性鉴定标准》GB 50292 对 Au 级的要求，严重影响结构整体承载能力；

2）结构部分抗震措施不满足第一级鉴定要求，1～4 层部分墙体不满足第二级抗震鉴定要求。需要对该建筑的上部主体结构及时采取加固或其他有效处理措施。

基于检测验算结果，采取对 1 层承载力不足的墙体，采用双面钢筋混凝土板墙的方法进行加固，每侧加固钢筋混凝土板墙厚度为 60mm，混凝土强度等级为 C20，采用喷射混

图 2-193　建筑外观照片

凝土施工工艺。对于 2～4 层受剪承载力不足的墙体，采用无黏结预应力筋进行加固。考虑到各层加固墙体位置不尽相同，预应力筋采用分层法布置（图 2-194）。

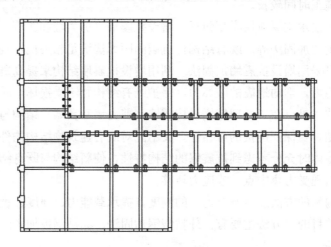

图 2-194　预应力筋平面位置布置示意图

　　预应力加固砖砌体墙体的主要施工工序包括：①清理原结构；②在加固墙体上定位放线，标注张拉端和锚固端的位置、预应力筋的位置；③在预应力筋安装部位墙体两侧剔凿出凹槽，在张拉端和锚固端墙体上开洞，并在其对应位置的楼板上开洞；④安装并固定预应力筋及其锚固装置、支承垫板等零部件；⑤张拉并锚固预应力筋；⑥进行施工质量体的构造做法检验；⑦对墙、地面进行表面封闭施工及其防护面层的施工（图 2-195）。

　　该工程实践表明，砌体结构的预应力加固技术在具有良好实用性的同时，还具有以下特点：相比传统加固方式，该加固技术成本较低，具有良好的经济性；湿作业少，施工过程中产生的噪声少、粉尘少，对外部环境影响也较少；加固后不影响建筑的使用面积，不破坏房屋的美观性；施工简单工期较短；加固材料（预应力筋）质轻高强，几乎不增加墙体自重，不改变结构的刚度分配。砌体结构的预应力加固技术具有明显的优势，适合在城镇砌体房屋加固改造工程中推广。到当前需加固的砌体建筑数量过于庞大，且大量分布在经济相对落后的村镇地区，该技术将是当前既有建筑改造工作的重要发展方向。

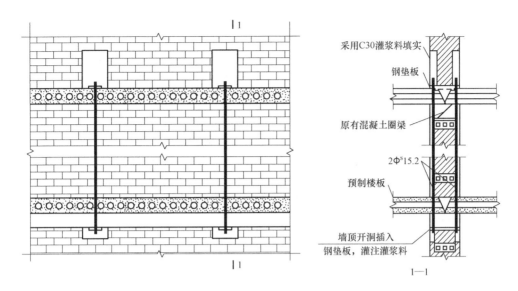

图 2-195　预应力筋加固墙体的构造做法

2.11.2　消能减震技术

1. 隔震技术

隔震技术，通过以软隔代替硬抗，切断原有基础与上部结构间的框架柱，布置隔震支座，形成隔震层，减小上部结构的地震反应，达到加固的目的。隔震层可以通过设置阻尼的装置，使上部结构在地震发生后，具有复位的功能。在结构设置隔震层后，自振周期大大增加，从而避免与场地特征周期接近，上部结构不宜发生共振。尽管传统加固技术施工工艺已比较成熟，但仍存在一些弊端，比如进行传统加固时，存在烟尘和噪声污染、加固期间上部结构不能正常使用，需要进行高空作业，施工具有一定危险性。而隔震加固技术的出现可以解决以上问题，隔震加固后，隔震层对水平向地震波向上传递有很好的阻止作用。隔震加固主要对隔震层进行施工，施工过程对上部结构影响较小，具有很好的经济性。

2. 消能减震技术

消能减震加固技术，是指通过将建筑结构的某些非承重构件设计成消能杆件，或在结构物的某些部位装设消能阻尼器，以消耗上部结构的振动能量，以达到抗震设防要求。目前主流的消能器产品包括黏滞阻尼器、黏弹性阻尼器、金属阻尼器、摩擦阻尼器、复合型阻尼器、屈曲约束支撑等。

消能减震结构的能量表达式：$Ein = ER + ED + ES + EA$。表达式中，Ein 为地震时输入结构的能量；ER 为结构地震反应能量（弹性变形能）；ED 为结构阻尼消耗的能量（一般不超过 5%）；ES 为主体结构及承重构件非弹性变形（或损害）消耗的能量；EA 为消能构件或消能装置消耗的能量。从表达式可以看出，消耗地震能量，EA 增大，则 ER、ES 减小，这样既衰减了结构的地震反应，又避免了结构构件产生过大变形或损坏。消能减震可全面提高新建建筑的抗震性能，又可以通过加固已有建筑，提高抗震性能。

3. 工程案例

（1）北京某国际机场位于北京市南部永定河北岸，航站区主要包括航站楼及综合换乘中心、停车楼和综合服务中心等三个主要的建筑单元。航站区总用地面积约 27.9hm²，南北长 753.4m，东西宽约 1591m，总建筑面积约 143 万 m²（含地下一层），其中航站楼建筑面积约 80 万 m²，综合服务楼建筑面积约 13 万 m²，停车楼建筑面积约 26 万 m²，轨道交通建筑面积约 23 万 m²。航站楼混凝土结构南北长 996m，东西方向宽 1144m，由中央大厅、中央南和东北、东南、西北、西南五个指廊组成。

北京某国际机场工程集高铁、地铁、机场为一体，高速行驶的高铁穿过时，航站楼核心区主要受震动和噪声的影响。航站楼核心区设计为减隔震体系，由 1044 套橡胶隔震支座、108 套弹性滑板支座及 144 套粘滞阻尼器等减隔震设备共同组成，为当前全球最大的单体减隔震建筑（图 2-196～图 2-199）。

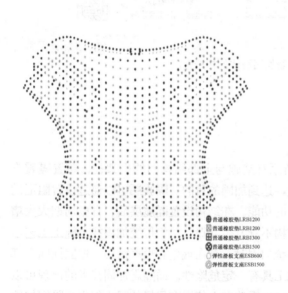

普通橡胶垫LRB1200
普通橡胶垫LRB1200
普通橡胶垫LRB1300
普通橡胶垫LRB1500
弹性滑板支座ESB600
弹性滑板支座ESB1500

图 2-196　隔震支座布置点位示意

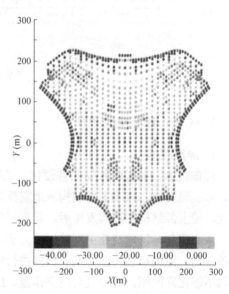

图 2-197　隔震支座正压力分布状态

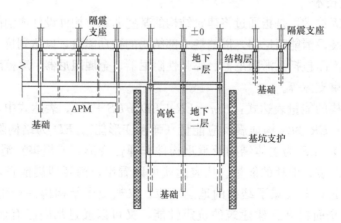

图 2-198　隔震层局部剖面示意

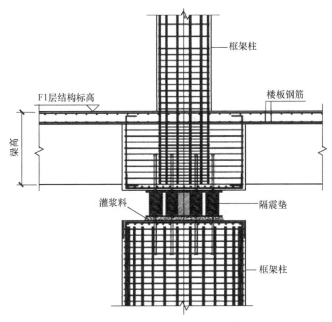

图 2-199　隔震支座与上下部结构连接构造示意

隔震支座安装工艺流程：根据橡胶隔震支座的组成及在结构中的构造，主要施工流程为：下支墩钢筋绑扎→环状钢埋件安装→下部连接件安装→下支墩侧模安装→下支墩混凝土浇筑、清浆剔凿→二次灌浆→隔震支座安装→上部连接件安装→油毡铺设→上支墩钢筋绑扎→上支墩侧模安装→上支墩混凝土浇筑。

隔震支座通过锚筋与上下支墩相连，为保证支座的平整度，在支座与下支墩连接时通过二次灌浆进行找平。该连接形式可保证满足安装精度的同时进行快速高效安装。

随着新的《中国地震动参数区划图》GB 18306 的颁布与实施，隔震技术得到越来越广泛的关注与应用，建筑设计也从传统的"抗震"逐渐向"减震""隔震"方向发展。北京某国际机场的层间隔震技术实施，探索了在大型公共建筑中采用隔震技术的可行性，并付诸工程实践中。通过一系列的计算分析表明，工程的隔震设计可有效减小地震作用，可大幅提高罕遇地震作用下上部结构的受力性能。

（2）北京某金融中心总建筑面积 5.4 万 m^2，结构高度 78m，位于北京市东北三环与四环之间，临近首都机场高速。项目建筑平面窄长，核心筒偏置，原结构同时具有多项不规则项，需要申报超限抗震审查，造成设计周期和成本大幅增加。

阻尼器的安装位置（图 2-200）：楼层平面内的布置遵循"均匀、分散、对称"的原则。阻尼器竖向布置应先对非减震结构进行计算分析，确定层间位移角最大楼层，将阻尼器安装在此楼层处，然后再对安装了阻尼器的结构进行分析，再将阻尼器安装到此时层间位移角最大楼层，如此循环直到将所有阻尼器安装完毕。而在安装过程中，需要注意的是某一层的阻尼器数量不能太多，当某一层所需的阻尼器过多时，可以将其安装到下面几层中层间位移较大的楼层，计算结果证明阻尼器对其上部临近几层的减震效果要好于下部几层，通过这种方法确定的阻尼器安装位置能起到较好的减震效果，同时阻尼器基本保持沿楼层连续布置。

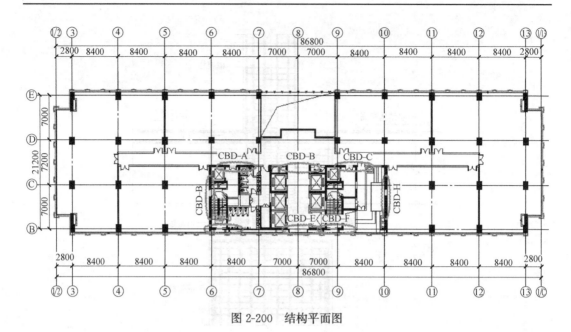

图 2-200　结构平面图

安装在建筑物中的连梁阻尼器在主体结构发生塑性变形前进入屈服状态，以吸收大量的地震能量来保护主体结构。阻尼器一般布置连梁式如图 2-201、2-202 所示。

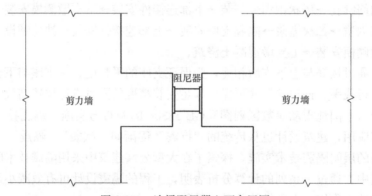

图 2-201　连梁阻尼器立面布置图

图 2-202　安装效果

本工程减震设计采用连梁阻尼器作为消能减震部件，根据阻尼器的参数核算，结构总阻尼比提高至 5.5%（采用阻尼器后，多遇地震的情况下，阻尼器提供 0.5% 的附加阻尼比）；对其结果进行分析可知：原来按常规传统方法直接进行抗震计算所遇到的种种问题均得到解决。通过在连梁上增设高性能钢滞变阻尼器提高结构延性，调整结构动力特性，改变结构地震反应，避免了结构超限问题。在有效保证结构安全的同时，同时阻尼器的设置也使结构的钢筋及混凝土的用量相应减少，减少了结构主体部分的造价。

2.12 绿色建筑与绿色施工

2.12.1 绿色建筑概述

1. 绿色建筑定义

绿色建筑是在建筑的全寿命周期内节约资源、保护环境、减少污染，为人们提供健康、适用、高效的使用空间，最大限度地实现人与自然和谐共生的高质量建筑。这一定义明确了通过提高能源、资源利用效率，减少建筑对能源、土地、水和材料资源的消耗，提升建筑内部环境品质，减少建筑对外部环境影响的核心任务；突出了在"全寿命周期"范畴内统筹考虑的原则，强调了健康、适用、高效的使用功能要求，体现了"与自然和谐共生"、营造和谐社会的思想。

2. 绿色建筑发展

（1）国外绿色建筑发展概况

20 世纪 80 年代中期，人们认识到了保护环境的重要性，联合国提出了可持续发展的概念，生态环境的破坏呼唤着绿色建筑的到来，绿色建筑已经成为可持续发展理念在建筑领域的必然发展趋势。

1990 年，英国建筑研究所宣布了绿色建筑评估体系-BREEAM。该体系对生存环境和建筑本身的关系做出了合理的解释。此后，许多国家参照 BREEAM 做出了适合自己国家的绿色建筑评估体系。亚洲第一个绿色评估体系是日本的 CASBEE，这个评估体系为亚洲各国的绿色建筑发展提供了基础。

2000 年以后，世界各个国家开始越来越重视环境保护，绿色建筑得到飞速发展。

（2）国内绿色建筑发展概况

1994 年我国发表了《国家重大科技产业工程-2000 年小康型城乡住宅科技产业工程》，该项目以改善人民居住环境为目的，推动了我国绿色建筑业的发展。

2004 年建设部设立了国家绿色建筑创新奖。深圳市建科大楼、上海申都大厦改造工程、中国国家博物馆改扩建工程、中共中央组织部办公楼等优秀的绿色建筑获奖。

2006 年，建设部颁布了《绿色建筑评价标准》GB/T 50378，并不断地修订与完善。

2007 年出台了《绿色建筑评价标识管理办法（试行）》（建科〔2007〕206 号），成立了绿色建筑评价标识管理办公室（以下简称"绿标办"），自 2008 年起开始启动我国的绿色建筑评价标识工作。

2013 年 1 月 1 日，国务院办公厅的 1 号文件转发了国家发展改革委和住房城乡建设部的《绿色建筑行动方案》，明确了绿色建筑的发展目标和任务，要求自 2014 年起政府投资的国家机关、学校、医院、博物馆、科技馆、体育馆等建筑，直辖市、计划单列市及省会城市的保障性住房，以及单体建筑面积超过 2 万 m² 的机场、车站、宾馆、饭店、商场、写字楼等大型公共建筑全面执行绿色建筑标准。

2017 年国家发布了"十三五"节能减排综合工作方案，在文件中指出到 2020 年，城镇绿色建筑面积占新建建筑面积的比例提高到 50%，推出了绿色施工方法，推行装配式、钢结构建筑等。

2.12.2 绿色建筑评价体系

1. 绿色建筑评价体系

近年来，围绕着绿色建筑的推广和发展要求，一些国家和地区相继推出了各自的绿色建筑评估标准体系，国际上绿色建筑综合评价大致经历了三个发展阶段，即"早期"，绿色建筑产品及技术的一般评价、介绍和展示；"中期"，建筑方案环境、物理性能的模拟与评价；"近期"，以"可持续发展"为主要目标尺度，对建筑整体环境与能源资源消耗表现进行综合评价。

英国采用的是 BREEAM 评价体系，该体系对建筑的全生命周期进行考察，评估为条款式，操作简单，易于理解和接受，评估框架开放透明，数据库为建筑设计提供了环境影响因素，使设计师可在早期阶段进行项目影响评估。

美国采用的是 LEED 评价体系，采用第三方认证机制，增加了该体系的信誉度和权威性，评定标准专业化且评定范围已形成完善的链条，该体系已成为世界各国建立绿色建筑可持续性评估标准及评价体系的范本。

日本采用 CASBEE 评价体系，该体系明确划定了建筑物环境效率评价边界，提出了以用地边界和建筑最高点之间的假想封闭空间作为建筑物环境效率评价的封闭体系。该体系的创新点是提出了建筑环境效率 BEE（Building Environmental Efficiency）概念，使得建筑物环境效率评价结果更加简洁、明确；评价对象更广泛，实用性和可操作性更强。这是首个亚洲国家开发的绿色建筑评价体系，对我国开发绿色建筑评估体系有很大的参考价值。

我国目前执行的绿色建筑评价标准为《绿色建筑评价标准》GB/T 50378。绿色建筑评价指标体系应由安全耐久、健康舒适、生活便利、资源节约、环境宜居 5 类指标组成，且每类指标均包括控制项和评分项；评价指标体系还统一设置加分项。控制项的评定结果为达标或不达标；评分项和加分项的评定结果为分值。绿色建筑评价分值详见表 2-29。

绿色建筑评价分值 表 2-29

	控制项基础分值	评价指标评分项满分值					提高与创新加分项满分值
		安全耐久	健康舒适	生活便利	资源节约	环境宜居	
预评价分值	400	100	100	70	200	100	100
评价分值	400	100	100	100	200	100	100

《绿色建筑评价标准》GB/T 50378 将绿色建筑划分为基本级、一星级、二星级、三星级四个等级。当满足全部控制项要求时，绿色建筑等级为基本级。一星级、二星级、三星级 3 个等级的绿色建筑均应满足标准全部控制项的要求，且每类指标的评分项得分不应

小于其评分满分值的 30%；一星级、二星级、三星级 3 个等级的绿色建筑均应进行全装修，全装修工程质量、选用材料及产品质量应符合国家现行有关标准的规定。当总得分分别达到 60 分、70 分、85 分且应满足相应的技术要求时，绿色建筑等级分别为一星级、二星级、三星级（表 2-30）。

一星级、二星级、三星级绿色建筑的技术要求　　　　　表 2-30

项目	一星级	二星级	三星级
围护结构热工性能的提高比例，或建筑供暖空调负荷降低比例	围护结构提高 5%，或负荷降低 5%	围护结构提高 10%，或负荷降低 10%	围护结构提高 20%，或负荷降低 15%
严寒和寒冷地区住宅建筑外窗传热系数降低比例	5%	10%	20%
节水器具用水效率等级	3 级	2 级	
住宅建筑隔声性能	—	室外与卧室之间、分户墙（楼板）两侧卧室之间的空气声隔声性能以及卧室楼板的撞击声隔声性能达到低限标准限值和高要求标准限值的平均值	室外与卧室之间、分户墙（楼板）两侧卧室之间的空气声隔声性能以及卧室楼板的撞击声隔声性能达到高要求标准限值
室内主要空气污染物浓度降低比例	10%	20%	
外窗气密性能	符合国家现行相关节能设计标准的规定，且外窗洞口与外窗本体的结合部位应严密		

2. 绿色建筑标识评审

我国绿色建筑评价标识的申请，由业主单位、房地产开发单位提出，鼓励设计单位、施工单位和物业管理单位等相关单位共同参与申请。申请评价标识的住宅建筑和公共建筑应当通过工程质量验收并投入使用一年以上，未发生重大质量安全事故，无拖欠工资和工程款。申请单位应当提供真实、完整的申报材料，填写评价标识申报书，提供工程立项批件、申报单位的资质证书，工程用材料、产品、设备的合格证书、检测报告等材料，以及必须的规划、设计、施工、验收和运营管理资料。

绿色建筑评价标识工作由住房和城乡建设部负责指导和管理，制定管理办法，监督实施，公示、审定、公布通过的项目。对审定通过的项目由住房和城乡建设部公布，并颁发证书和标志。住房和城乡建设部委托其科技发展促进中心负责绿色建筑评价标识的具体组织实施等日常管理工作，并接受建设部的监督与管理。住房和城乡建设部科技发展促进中心负责对申请的项目组织评审，建立并管理评审工作档案，受理查询事务。

2.12.3　绿色施工概述

1. 绿色施工定义

近年，我国国民经济迅猛发展的同时也给环境造成了巨大负担，为节约资源和保护环境，实现国家、社会和行业的可持续发展，国家积极推进绿色施工。住房和城乡建设部

《绿色施工导则》对绿色施工定义为：工程建设中，在保证质量、安全等基本要求的前提下，通过科学管理和技术进步，最大限度地节约资源与减少对环境负面影响的施工活动，实现"四节一环保"（节能、节地、节水、节材和环境保护）。新版国家标准《建筑与市政工程绿色施工评价标准》（报批稿），对绿色施工的定义增加了"以人为本，因地制宜"的内涵，并把绿色施工进一步扩大为"环境保护、节材与材料资源利用、节水与水资源利用、节能与能源利用、节地与土地资源保护、人力资源节约与保护"等六个方面（即五节一环保）。

2. 绿色施工技术发展

绿色施工技术应是符合可持续发展的施工技术，其应用能够最大限度地节约资源并减少对环境负面影响，对于促使环境友好、提升建筑业整体水平发挥重要作用。绿色施工技术的形成发展，重点围绕两个方面：一是对传统施工技术进行绿色化审视与改造，二是大力进行绿色施工专项技术创新研究。目前我国建筑工程绿色施工技术的发展，各地区发展水平尚不均衡，但基本都经历了以下三个阶段。

第一阶段（2004～2008年）：启动阶段，被动发展。

2004年"全国绿色建筑创新奖奖"的启动和后续系列绿色建筑评价体系的出台，引导了绿色施工的发展。2007年建设部与科技部颁布了《绿色施工导则》。在这一阶段，绿色施工概念被首次提出，各地方和企业开始对绿色施工技术进行研究，并根据本地区本企业实际情况制定绿色施工发展计划。

第二阶段（2009～2012年）：起步阶段，摸索积累。

2009年，全国开始绿色施工工程试点，2010年住房和城乡建设部发布《建筑工程绿色施工评价标准》GB/T 50640，从框架体系、评价指标、评价方法、评价组织和程序等方面规范了绿色施工评价工作，促进了绿色施工的推进。同时，随着工业的迅猛发展，环境污染和资源短缺现象日益显著，加剧了对绿色施工技术的需求。在这一阶段，绿色施工技术的应用深度和广度都得到了极大的推进。

第三阶段（2013年至今）：发展阶段，主动创新。

2013年9月，国务院发布《大气污染防治行动计划》，提出"大气十条"，PM2.5开始受到关注，治理环境的呼声和意识越来越强烈。2014年住房和城乡建设部发布《建筑工程绿色施工规范》GB/T 50905，为建筑工程的绿色施工实施提供了标准和依据。同时，建筑施工企业在经济时代大发展以及可持续发展的背景要求下，必须要对传统建造技术进行绿色化审视与改造，并进行绿色施工技术创新和推广，以促使企业获得更多的经济效益，在物竞天择的竞争机制下生存和发展。在这一阶段，绿色施工理念被社会普遍接受，更加强调建筑垃圾减量减排、设计、施工"绿色双优化"和绿色技术创新，也取得了丰硕的创新成果。

在此期间，中国建筑业协会总结提出了基于"五节一环保"的6大类90项绿色施工技术；住房和城乡建设部于2017年7月推广试行《绿色施工推广应用技术公告》，总结了基坑支护技术、地基与基础工程技术、钢筋工程技术、混凝土工程技术、钢结构工程技术、模板与脚手架技术、信息技术、施工设备、永临结合技术、临时设施装配化和标准化技术及其他技术等11大项、77小项绿色施工技术，进一步指引我国绿色施工技术的应用和发展。

2.12.4　工程项目绿色施工

工程项目绿色施工的实现途径是绿色施工技术的应用和绿色施工管理的升华。下面从绿色施工技术和绿色施工管理两方面进行具体阐述。

1. 工程项目绿色施工技术

（1）环境保护技术

1）扬尘控制，包括现场自动喷雾（淋）降尘系统、现场绿化综合技术、施工用车出场自动洗车技术、地铁工程渣仓自动喷淋降尘技术、高层建筑封闭管道建筑垃圾垂直运输及分类收集技术等；

2）废气排放控制，包括油烟净化技术、电焊烟气净化技术、电力车应用技术等；

3）建筑垃圾处置，包括建筑垃圾减量化与再利用技术、建筑垃圾回收利用技术、预制装配式技术等；

4）污水排放控制，包括地下水清洁回灌技术、管道设备无害清洗技术、泥浆分离循环系统施工技术、中水处理技术、成品隔油池、化粪池、泥浆池、沉淀池应用技术等；

5）光污染控制，包括限时施工、遮光或封闭等防治光污染措施、焊接作业挡光措施等；

6）噪声控制措施，包括采用低噪声施工设备、加工棚降噪应用技术、混凝土输送降噪技术、场界动态连续噪声监测系统等；

7）环保综合技术，包括场地土壤污染综合防治技术、可移动式临时厕所应用技术、地下封闭止水帷幕技术、逆作法施工技术、逆作法施工安全及作业环境控制技术、自密实混凝土施工技术、混凝土内支撑切割技术等。

（2）节材与材料资源利用技术

1）临时设施，包括临时设施与安全防护的定型标准化技术、施工道路永临结合技术、消防管线永临结合技术等；

2）模架材料，包括早拆模板施工技术、铝合金模板施工技术、定型模壳施工技术、钢网片脚手板技术、装配式剪力墙结构悬挑脚手架技术、承插型盘扣式钢管脚手架技术、附着式升降脚手架技术、钢木龙骨技术、集成式爬升模板技术、压型钢板楼板免支模施工技术等；

3）材料节约，包括混凝土结构预制装配施工技术、建筑构配件整体安装施工技术、节材型电缆桥架开发与应用技术、两墙合一地下连续墙技术、高强钢筋应用技术、全自动数控钢筋加工技术、钢筋集中加工配送技术、清水混凝土施工技术、内隔墙与内墙面免抹灰技术等；

4）资源再生利用，包括建筑垃圾减量化与再利用技术等。

（3）节水与水资源利用技术

1）节约用水，包括节水器具配置、施工用车出场自动洗车技术、现场自动加压供水系统施工技术、混凝土无水养护技术、现场混凝土喷淋自动控制养护技术、全自动标准养护室用水循环利用技术、超高层施工混凝土泵管水气联洗技术等；

2）水资源保护，包括基坑封闭降水施工技术、透水地面应用技术等；

3）水资源利用，包括现场雨水收集利用技术、利用消防水池兼做雨水收集永临结合技术、基坑降水现场储存利用技术、非自来水水源开发应用技术等。

（4）节能与能源利用技术

1）临时用电设施，包括现场节能型照明灯具配置、现场低压照明技术、LED灯应用技术、临时照明声光控技术、工地生活区节约用电综合控制技术等；

2）机械设备，包括变频施工设备应用技术、现场临时变压器安装功率补偿技术、塔吊镝灯使用时钟控制技术等；

3）临时设施，包括使用热工性能达标的复合墙体和屋面板、采取外窗遮阳等防晒措施等；

4）运输，包括建筑材料及设备就近选用、施工现场临时设施合理布置技术、垂直运输机械（塔吊、施工升降机）能耗监测技术等；

5）现场施工，包括地下工程溜槽替代输送泵输送混凝土技术、钢结构整体提升技术、钢结构高空滑移安装技术、布料机与爬模一体化技术、自爬式卸料平台施工技术等；

6）施工现场新能源及清洁能源利用技术，包括醇基燃料应用技术、可再生能源（太阳能、风能、空气能等）综合利用技术等。

（5）节地与土地资源保护技术

1）节约用地，包括逆作法施工技术、现场材料合理存放避免二次搬运技术、施工现场临时设施合理布置技术、现场装配式多层用房开发与应用技术、施工场地土源就地利用技术、施工道路永临结合技术、拼装式可周转钢制（钢板和钢板路基箱）路面应用技术、预制混凝土板临时路面技术、钢筋集中加工配送技术等；

2）保护用地，包括现场非临建区域绿化覆盖技术、耕植土保护利用技术、地貌和植被复原技术、土方开挖减量化技术等。

（6）人力资源节约与保护技术

1）劳动力节约，包括全自动数控钢筋加工技术、清水混凝土施工技术、内隔墙与内墙面免抹灰技术、电力车应用技术，采用机械喷涂、抹灰等自动化施工设备，使用低噪、高效施工机具和设备，结构构件装配化安装、管道设备模块化安装、建筑部件整体化安装技术等；

2）劳动力保护与人员健康保障，包括加工棚除尘降噪应用技术、木工机械双桶布袋除尘技术、密闭空间临时通风及空气检测技术、钢结构采用现场免焊接技术、工人宿舍设置报警、防火等安全装置等。

（7）绿色信息化技术

绿色施工在线监控技术、远程监控管理技术、建筑信息模型（BIM）技术等，可以大幅提升现场管理效率，绿色施工综合效益显著。

2.工程项目绿色施工管理

绿色施工管理是在施工过程中进行施工的组织、策划、实施、评价及控制等管理活动，是实现绿色施工的管理保障。

（1）组织管理

应以工程项目部为主体建立完善的绿色施工管理体系，项目经理为第一责任人，落实到项目部所有部门，贯穿项目全过程。施工总承包单位应对工程项目的绿色施工负总责，专业分包单位应对承包范围内的工程项目绿色施工负责。

（2）策划管理

工程项目开工前，项目部应进行绿色施工影响因素分析，明确绿色施工目标，进行绿色施工策划。绿色施工策划应通过绿色施工组织设计、绿色施工方案和绿色施工技术交底等文件的编制实现。绿色施工组织设计及其方案应包括技术和管理创新的内容及相应措施，重视设计图纸和施工方案的绿色双优化，积极推广应用"建筑业 10 项新技术"和住房和城乡建设部试行的《绿色施工推广应用技术公告》中的技术，重视"四新"技术应用。

（3）实施管理

绿色施工的实施要注重过程管理，应建立健全的管理制度，设立清晰醒目的绿色施工宣传标识，开展专业和岗位相结合的绿色施工培训，对各相关管理人员进行绿色施工组织设计和绿色施工方案交底，对各分项工程操作人员进行详细的绿色施工技术交底。同时，施工过程中对绿色施工管理活动要进行严格控制，定期进行计量、检查、对比分析，制定改进措施并监督整改落实。实施过程中积极进行技术创新，高度重视技术创效。采集和保存覆盖全面的绿色施工典型图片或影像资料。

（4）评价管理

工程项目绿色施工应按要求开展批次评价、阶段评价和单位工程评价。单位工程绿色施工批次评价应由施工单位组织，建设单位和监理单位参加；单位工程绿色施工阶段评价应由建设单位或监理单位组织，建设单位、监理单位和施工单位参加；单位工程绿色施工评价应由建设单位组织，施工单位和监理单位参加。评价结果均应由建设、监理、施工单位三方签认。项目部会同建设和监理单位应根据绿色施工情况，制定改进措施，由项目部实施改进。各阶段的相关评价资料应完整齐全，由总承包项目部保存归档。

总承包单位应对本企业范围内绿色施工项目进行随机检查，并对项目绿色施工完成情况进行评估。

项目部应接受建设单位、政府主管部门及其委托单位等的绿色施工检查。

绿色施工评价框架体系如图 2-203 所示（以建筑工程为例）。

2.12.5　工程案例

海口某国际机场指廊工程，总建筑面积 78070.4m²，主要包括东北、东南、西北、西南四个指廊部分，地上三层，不设地下室。指廊工程地上三层、无地下室，檐口高度 23.825m，层高分别为 4.5m、3.8m。指廊基础采用桩基承台＋抗水板基础，主体结构采用钢筋混凝土框架结构。屋盖采用平面桁架支承单层交叉网格结构，支承结构为钢管柱。指廊屋面为金属屋面，并设采光天窗。指廊外檐采用玻璃幕墙。绿色建筑三星级设计标准。工程已获住房和城乡建设部"绿色施工科技示范工程"。

（1）工程绿色建筑设计

1）节地与室外环境

节约集约利用土地，容积率达 2.11。场地内合理设置绿化用地，绿地率达到 40% 并向社会公众开放。

建筑及照明设计避免产生光污染，在垂直玻璃幕墙中，选用 12（LOW-E）＋16A＋12 钢化中空超白 LOW-E 玻璃，采光顶部分采用 12（超白双银 LOW-E）＋12A＋10（超

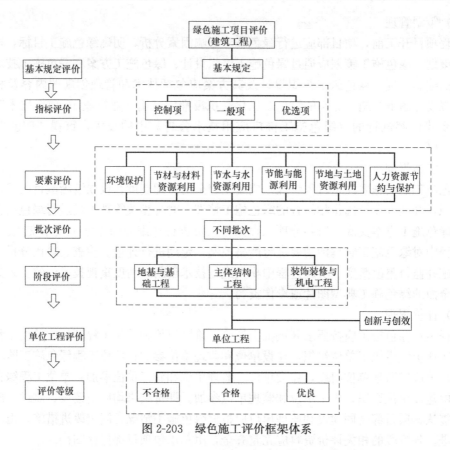

图 2-203　绿色施工评价框架体系

白）＋1.52SGP＋10（超白）中空双银 LOW-E 钢化玻璃。玻璃幕墙可见光反射比不大于 0.2。

　　红线范围内户外活动场地有乔木、构筑物遮阴措施的面积比为 37.17%；太阳辐射反射系数不低于 0.4 的道路路面、建筑屋面面积占道路路面及建筑屋面总面积的比例为 98.22%，能够很好地降低热岛强度。

　　场地与公共交通设施具有便捷的联系，机场周边公交线路发达，流线快捷，场地内设置功能完善的出租车、公交车、大巴及高铁站。从海口的城市道路或东向而来的离港旅客可以直接进入到三个航站楼的离港车道边或停车场，而无须穿过任何其他的功能设施。

　　充分利用场地空间合理设置绿色雨水基础设施。屋面雨水采用压力流（虹吸式）雨水排水系统。雨水立管在建筑周边幕墙边沿结构柱安装，由首层板下引出室外，排出管流速大于 1.8m/s 的管线经消能井后排入室外雨水管网。地面以上污水满足重力排放条件下，全部采用重力排放。有调蓄雨水功能的绿地和水体的面积之和占绿地面积的比例为 58%，透水铺装面积的比例超过 50%。

　　2）节能与能源利用

　　本项目对照明、空调、动力、给排水设备、景观照明及其他主要用电负荷等设置独立分项电能计量装置；其中对冷热源、输配系统还设置了独立分项计量装置。

　　本项目采用全空气变风量空调系统，夏季机组按最小新风量运行，过渡季和冬季新风系统可 100% 新风运行。对空调系统进行分区控制，并根据负荷变化调节制冷量，水系统、风系统采用变频技术，且采取相应的水力平衡措施。

本项目采用节能型灯具以及分区、定时、感应等智能照明控制系统，大量采用 LED 灯、金卤灯等绿色光源。采用高效的节能电梯和电梯群控、扶梯自动启停等智能化控制技术，配合设备工艺要求，采用变频技术对电动机运行进行变速控制，以达到节能效果。

合理利用可再生能源，采用空气源热泵系统提供生活热水比例达到 94%。

3）节水与水资源利用

制定水资源利用方案，统筹利用各种水资源。

节水设备使用率达到 100%。旅客用公共卫生间采用光电感应式延时自动关闭、停水自动关闭水龙头；感应式高效节水型小便器和蹲便器；大便器选用自带水封型。

绿化浇灌、道路及车库地面冲洗全部采用中水。绿化灌溉、道路冲洗、洗车用水采用非传统水源的用水量占其总用水量的比例不低于 80%。采用节水高压水枪进行车库和道路冲洗的用水量达到总的车库和道路冲洗用水量的 100%。节水灌溉主要采用滴灌和微灌，采用高效节水灌溉方式的绿化面积比例为 100%。

各用水部门按照使用用途和付费管理单元安装水表并计量收费，采用三级计量。

空调系统采用节水冷却技术，设置多座冷却塔，冷却塔的循环冷却水系统设置采取加大集水盘、设置平衡管或平衡水箱等方式的水处理措施，避免冷却水泵停泵时冷却水溢出。

4）节材与材料资源利用

建筑造型要素简约，无大量装饰性构件。所有部位均采用土建与装修一体化设计。

对地基基础、结构体系、结构构件进行优化设计。桩基采用桩端后注浆施工工艺，提高了单桩承载力，经过优化布置减少了桩的数量；采用高强混凝土，逐步收进柱截面和混凝土强度等形式，节省材料、增加建筑使用面积，提高建筑节能效率；钢结构构件及金属屋面龙骨通过受力验算，保证安全稳固的前提下选用最小钢材截面和材料厚度，并对钢梁、檩条等构件跨度间距做合理布局，减少用钢量；优先选用简易的钢结构梁柱节点及钢混组合节点，从根源上节约资源、减少材料损耗。

采用 100%预拌混凝土和预拌砂浆。400MPa 级及以上受力普通钢筋用量的比例为 99.67%。

5）室内环境质量

针对机场工程特性，进行专项声学设计，合理规划混响时间控制、噪声控制、扩声设计，满足相应功能要求。主要功能房间采取合理的控制眩光措施，如在满足照明要求的前提下，减小灯具的功率，避免高亮度照明；在室内照明中用间接照明的手法；利用材质对光的漫反射和漫透射的特性对光进行重新分配，产生柔和自然的扩散光的效果等。

屋面和立面均采取可调节遮阳措施，降低夏季太阳辐射得热。屋面中央天窗采光带布置遮阳膜。指廊标准段形式规整，采用电动遮阳，其余区域根据需要采用固定遮阳。

项目采用室内 CO_2 浓度监控，根据人员密度的变化情况控制新风量，节约空调采暖能耗。非人员密集空间比例大于 20%的空调系统设置新风流量计，在新风量超过设计状态 10%范围内自动报警。地下一层设置 CO 浓度监控装置。可以通过监测 CO 的浓度，控制排风机的启停。

6）提高与创新

卫生器具的用水效率均为国家现行有关卫生器具用水等级标准规定的 1 级。

对主要功能房间采取有效的空气处理措施。根据航站楼各空调区域室内温湿度参数要求，允许风速、噪声控制、空气质量、室内温湿度梯度，结合航站楼空间、装修、室内布局的条件，合理组织室内气流，使人员工作和活动区空气温湿度、流速和洁净度最大限度地满足旅客对舒适性的要求和工艺设备的热环境要求。

规划设计应用建筑信息模型（BIM）技术。

进行建筑碳排放计算分析，采取措施降低单位建筑面积碳排放强度。

（2）工程绿色施工技术应用及创新

1）环境保护技术

现场进出口设置高效洗轮机，配备成品洒水车。运送土方、渣土等易产生扬尘的车辆采用密闭式车辆。预拌砂浆采用密闭砂浆罐存放。配置新型空气质量仪器检测设备，对施工现场空气质量进行连续动态监测（图2-204）。

（a）自循环水洗轮机

（b）预拌砂浆罐

（c）成品洒水车

（d）PM检测仪

图 2-204　扬尘控制措施

对进出场车辆进行检查，查验其尾气排放是否符合国家年检要求，并进行登记记录。无绿色环保标志车辆禁止进入施工现场。食堂使用清洁燃料，设置油烟净化装置，并定期维护保养（图2-205）。

(a) 车辆年检标识

(b) 油烟净化机

图 2-205 废气排放控制措施

施工场地进行综合绿化，最大限度减少硬化面积（图 2-206）。

(a) 轻松驿站

(b) 施工现场绿化

(c) 办公区绿化

图 2-206 现场绿化

基础桩头全部破碎用于环场路路基回填，同时利用开挖出的孤石雕刻文化石（图 2-207）。

(a)办公区文化石　　　　　　　　　　　　(b)施工现场文化石

图 2-207　现场文化石

电池、废墨盒等有毒有害的废弃物封闭分类回收。有毒有害废物分类率达到 100％（图 2-208）。

图 2-208　废弃办公物品回收

现场设置可分类封闭垃圾站，定期分拣重复利用，建筑垃圾回收利用率达到 50％。生活垃圾桶定期消毒、清运（图 2-209）。

食堂设置成品隔油池，厕所设置成品化粪池，并定期进行清理。生活污水收集处理后用于冲洗厕所。污废水经沉淀处理后接入机场市政排污管线，进入机场污水站处理。

施工现场夜间室外照明采用 LED 可调角度灯罩式灯具，透光方向集中在施工范围，保证强光线不射出工地外。电焊作业采取遮挡措施，避免电焊弧光外泄（图 2-210）。

2）节材与材料资源利用技术

使用广联达软件进行钢筋优化，并优化钢筋下料方案，定尺采购，减少钢筋浪费。钢筋接头采用直螺纹连接。应用 BIM 技术对钢筋复杂节点和钢筋与钢结构连接节点进行深化，对蒸压加气混凝土砌块墙体进行排版，对钢结构、金属屋面、幕墙等专业工程进行深化设计（图 2-211）。

(a)垃圾分类存放、定期清运　　　　　　　(b)垃圾桶消毒

图 2-209　现场垃圾管理

(a)塔吊安装可调角度灯具　　　　　　　(b)焊接遮光措施

图 2-210　光污染控制措施

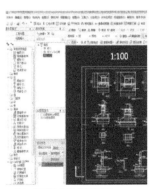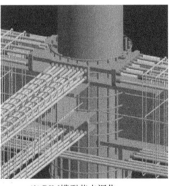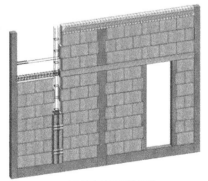

(a) 广联达软件钢筋下料　　(b)BIM模型节点深化　　　(c) 填充墙BIM排版图

图 2-211　广联达软件及 BIM 优化下料

现场机械加工棚、安全防护及围挡等按照集团标准化使用定型可周转材料，现场库房及办公用房均使用集装箱房，实现材料设施周转目标（图2-212）。

(a)型钢机械加工棚　　　　　　　　(b)定型可周转安全防护

图 2-212　加工棚及加工区域

3）节水与水资源利用技术

现场进出口设置高效洗轮机自动洗车。设置全自动标准养护室，实现养护用水循环利用。办公区、生活区采用感应式洗手池、小便斗，节水器具配置率达到100%。浴室、盥洗室、食堂张贴节水标语（图2-213）。海南地区降雨量极大，现场设置雨水收集池，将收集的雨水用于灌溉、洗车。办公区通过在板房顶部设置雨水收集槽及雨落管将雨水收集到雨水收集池，经过沉淀用于卫生间及绿化喷洒（图2-214）。

(a)感应式洗手池　　　　　　　　(b)感应式小便斗

图 2-213　节水设备

4）节能与能源利用技术

对施工现场的生产、生活、办公分别设定用电控制指标，生产、办公、生活用电分别计量、统计、核算、对比分析；使用国家、行业推荐的节能、高效、环保的施工设备和机具，如变频式塔式起重机、变频式水泵等。在工人生活区使用36V USB插座充电设备，减少能耗；在楼道处安装LED消防应急照明灯，通过光控减少能源浪费；安装电动车充

(a) 现场雨水收集水箱

(b) 办公区雨水收集池

图 2-214 雨水收集设备

电桩为电动车进行充电（图 2-215）。

(a) 工人生活区使用USB插座充电设备

(b) LED消防应急照明灯

(c) 电动车充电棚

图 2-215 节能设备

选用新型清洁能源，包括太阳能照明灯、热水器、装饰灯，充分利用太阳能进行照明与部分生活热水供应；引入空气能热水器，使用空气压缩能提供项目部淋浴间热水（图 2-216）。

(a) 太阳能照明灯

(b) 太阳能热水器

(c) 空气能热水器

图 2-216　清洁能源设备

5) 节地与土地资源保护技术

办公生活区打造花园式景观，营造花园式办公，停车场利用原有土地铺植草砖，避免车辆破坏原有土质；办公生活区择地种植各种蔬菜，保护土地资源美化环境。施工现场进行绿化及硬化（图 2-217）。

(a) 办公区充分绿化

(b) 施工场地绿化硬化

图 2-217　土地资源保护措施

航站楼四个指廊分散布置，均位于飞行区，指廊各阶段平面布置，既要满足指廊工程的施工平面要求，还要满足飞行区场道工程的施工界面要求和施工进度。在这种条件下，项目充分策划优化，以节约用地，互不影响，平面能够及时转换为原则，合理确定指廊围界。指廊内侧场地布设结合结构、装修、机电安装等各阶段的特点，合理规划施工道路和材料堆场，避免二次搬运，并充分考虑避开地下管线、登机廊桥基础等位置，减少因影响其他施工而拆除的风险。

6) 人力资源节约与保护技术

本工程分为东北、东南，西北、西南共四个指廊，东区和西区为镜像关系，结构形式相同。在保证总体工期前提下，合理规划分区、分段流水施工，实现了劳务投入的最优化。项目部开工之初编制切实可行的施工进度计划，定期进行计划纠偏和用工分析，防止窝工现象。

工程施工使用低噪、高效施工机具和设备，采用了全自动数控钢筋加工技术、清水混凝土施工技术、电力车应用技术、管道设备模块化安装技术等。

工人现场施工佩戴安全防护器具；加工棚采取除尘降噪措施。工人宿舍设置报警、防火等安全装置。食堂清洁卫生、操作行为规范，保证职工的健康饮食。海南地区蚊蝇较多，采取高效的灭蝇蚊消毒措施。加强防暑降温物品的配置和发放，避免高温天气人员中暑（图2-218）。

(a) 生活区阴暗潮湿地带消毒　　　　　(b) 防暑降温物资发放

图 2-218　人员健康保障

7）智慧工地建设应用

远程视频监控系统：指廊区域较分散，现场设置了全面覆盖的摄像系统，离散的各个区域的视频监控，通过局域网串联，统一通过云端的方式共享，公司各部门可通过可视化安防监控平台实现协同调度。可通过桌面 PC、手机和平板电脑查看任意区域的视频监控（图2-219）。

图 2-219　远程视频监控系统

　　塔式起重机防碰撞管理系统：通过吊重传感器、回转传感器、幅度传感器、高度传感器等多项智能终端采集设备，将塔机实时运行状态数据化展现，超过警戒值预警并截断，有效预防塔式起重机超重、碰撞、倾覆等安全事故（图 2-220）。

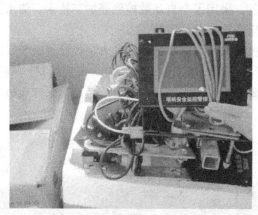
(a) 塔吊防碰撞系统液晶显示器等配件

(b) 塔吊防碰撞系统传感器安装

图 2-220　塔机防碰撞管理系统

　　施工现场及办公生活区采用门禁、劳务管理系统；采用基于云计算的电子商务采购系统（图 2-221）。

(a) 办公生活区门禁系统

(b) 智能劳务管理系统

(c) 电子商务采购系统

图 2-221　门禁及各项信息化管理系统

8）自主创新技术

① 可调钢筋连接技术

本工程框架梁、柱与钢管柱连接方式原设计为焊接，为保证连接质量、减少焊接污染及降本增效，实现两端机械连接，优化为可调钢筋连接技术（图 2-222）；钢管柱外壁设置钢牛腿；钢牛腿顶面和底面分别设有竖向的连接支座，支座的外侧面上、对应梁纵筋的设计高度位置，沿水平方向间隔设有可焊接套筒；通过可调钢筋连接器实现结构主筋与钢结构的可靠连接。可调连接器技术代替焊接，提高了施工速度，避免了焊接高温对钢板的形变影响，减少了焊接作业对环境的废气污染和光污染。

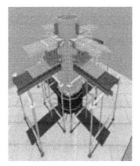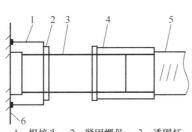

1、焊接头；2、紧固螺母；3、透围杆；
4、连接器；5、钢筋；6、钢结构

(a) 可调钢筋连接节点深化图　　　(b) 可调连接器构造详图　　　(c) 可调钢筋连接现场实施

图 2-222　可调连接器应用技术

② 木质圆柱定型模板

本工程结构柱均为圆柱，直径 900mm 及 1200mm，在模板选型方面，结合施工质量、成本及绿色等比选，最终选用 18mm 厚木质圆柱定型模板，人工即可倒运安装，极大地节约了塔吊的吊运使用；定型木模板 6 次周转使用，实现了模板材料的节约；接口处设有凹凸槽，拼缝紧密，拆模后外观质量光滑美观，达到清水效果，节约了抹灰的人工和材料（图 2-223）。

(a) 木质圆柱定型模板安装　　　　　　　　(b) 拆模后圆柱混凝土观感

图 2-223　木质圆柱定型模板应用

③ 贝壳碎屑岩地质桩基施工技术

本工程在地下 19～60m 存在多层不连续分布的贝壳碎屑岩层，为了保证桩身成孔质量、提高Ⅰ类桩成桩率，同时有效加快施工进度和减少因漏浆、塌孔造成的返工成本，在贝壳碎屑岩地层采用"水＋膨润土掺量＋纤维素＋碱"配置的专用护壁泥浆；在贝壳碎屑岩层连续多层分布的桩位，采取钻进换填二次成孔方法，换填材料采用水泥土（现场开挖的黏土与水泥按一定比例拌合），取代常规混凝土换填，就地取材，节约成本。

④ 小半径、大圆心角填充墙砌体施工技术

指廊内钢浮岛商业区域因设计造型原因，设计了大量小半径、大圆心角填充墙砌体。为降低砌块损耗，保证圆弧墙体的垂直度和曲线圆滑度，采用矢高法对弧形墙体进行预排砖，以矢高不大于 3mm 为标准，确定适宜的标准砌块切割分块。根据灰缝宽度，把砌块切割成等腰梯形，保证砌体内外的竖向灰缝均匀一致；砌筑顺序为从圆弧的两端同时向中间推进，以更好地消除累计误差。

通过预排砖和提前切割，节约了砌块用量，提高了工人砌筑效率，减少了抹灰找补工作量。

⑤ 钢结构施工综合技术

考虑施工周期及运输成本，因地制宜地制定运输及加工方案。管桁架材料运输方式由汽运优化为船运；现场设置临时加工场，设置龙门吊，租赁管桁架加工设备，根据模型数据进行现场下料切割冷弯制作（图 2-224）。

图 2-224　钢结构临时加工厂

屋面管桁架吊装方采用电动倒链分块提升方案：合理划分为多个提升单元；制作可拆卸式三角形提升架，每个桁架单元在四个提升架上设置电动倒链，进行同步提升；穹顶则通过在柱顶设置提升反力架，挂设倒链提升。相较整体提升，大幅节约工期、用电以及支撑胎架租赁安装费用（图 2-225）。

⑥ 金属屋面外檐悬挑结构可滑动施工平台技术

根据悬挑结构外形和工期要求，自主研发设计了一种外檐悬挑结构下挂式可滑动施工平台（图 2-226）；平台通过滑动支座与悬挑结构连接，形成悬挑结构下方施工作业面；下挂平台可在悬挑结构上进行滑动，当前施工部位作业完成后可滑动至下一部位进行施工，各工序形成流水作业。该平台安全灵活，可大大加快施工进度、节约模架成本，获得

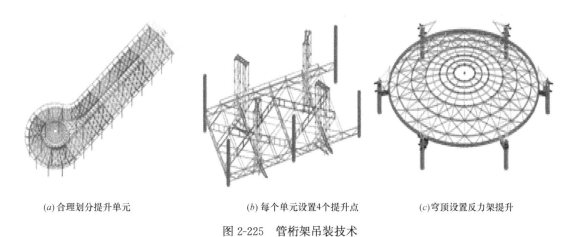

(a) 合理划分提升单元   (b) 每个单元设置4个提升点   (c) 穹顶设置反力架提升

图 2-225　管桁架吊装技术

了显著的绿色施工综合效益。

(a) 平台三维模型   (b) 平台现场使用

图 2-226　可滑动施工平台